Vahlens Lernbücher

Controlling

von

Prof. Dr. Kai Wiltinger

Prof. Dr. Thomas Heupel

und

Prof. Dr. Klaus Deimel

2., vollständig überarbeitete Auflage

Verlag Franz Vahlen München

Prof. Dr. Kai Wiltinger ist Professor für ABWL, Rechnungswesen und Controlling an der Hochschule Mainz.

Prof. Dr. Thomas Heupel ist Prorektor für Forschung der FOM Hochschule, wissenschaftlicher Gesamtstudienleiter des Hochschulstudienzentrums Siegen und Professor für Betriebswirtschaftslehre, insbesondere Controlling und Rechnungswesen.

Prof. Dr. Klaus Deimel ist Professor für BWL, insbesondere Controlling, Entrepreneurship und Mittelstand am Fachbereich Wirtschaftswissenschaften der Hochschule Bonn-Rhein-Sieg sowie geschäftsführender Direktor des CENTIM.

ISBN Print: 978 3 8006 5784 1
ISBN E-Book: 978 3 8006 5785 8

Wilhelmstr. 9, 80801 München
Satz: Fotosatz Buck
Zweikirchener Str. 7, 84036 Kumhausen
Druck und Bindung: Beltz Grafische Betriebe GmbH
Am Fliegerhorst 8, 99947 Bad Langensalza
Umschlaggestaltung: Ralph Zimmermann – Bureau Parapluie

Gedruckt auf säurefreiem, alterungsbeständigem Papier
(hergestellt aus chlorfrei gebleichtem Zellstoff)

Vorwort

Vor dem Hintergrund der zunehmenden Dynamik, Unsicherheit, Komplexität und neuerdings auch Ambiguität des Umfeldes, in dem Unternehmen agieren, der sogenannten VUCA-World, sind die Anforderungen an das Management deutlich gestiegen. Aufgabe des Managements ist eine zielorientierte Führung des Unternehmens und ein Ausgleich der Anforderungen unterschiedlicher Stakeholder. So haben gesellschaftliche Anforderungen, wie z. B. Nachhaltigkeit oder CO_2-Neutralität, an Bedeutung gewonnen. Zur Erfüllung der Führungsaufgabe benötigt die Unternehmensführung die Unterstützung durch effektive und effiziente Controllingprozesse sowie engagierte und kompetente Controller. Daher kommt einem modernen Controlling ein extrem hoher Stellenwert im Unternehmen zu.

Die Controllinginstrumente haben sich in den letzten Jahren in Theorie und Praxis teilweise stürmisch weiterentwickelt. Neben den klassischen Planungs-, Steuerungs- und Kontrollaufgaben sowie der kennzahlengestützten Informationsversorgung revolutionieren Controllingtrends wie Beyond Budgeting, Agiles Controlling, Predictive Analytics oder Objectives and Key-Results (OKR) das betriebswirtschaftliche Denken der Controller.

Den Lesern dieses Lehrbuchs werden die wesentlichen Grundlagen des Controllings ebenso vorgestellt wie ausgewählte Spezialgebiete und die neuesten Entwicklungen. Die behandelten Themengebiete werden in einer Tiefe zu behandeln, die es dem Leser erlaubt, die vorgestellten Instrumente in der Praxis anzuwenden. Bei der Auswahl der Themengebiete haben wir uns an ihrer Bedeutung in der Unternehmenspraxis orientiert.

Die Darstellung der Inhalte greift auf Erfahrungen zurück, die wir mit Studierenden in Bachelor- und Masterstudiengängen an der Hochschule Bonn-Rhein-Sieg, der Hochschule Mainz, der FOM Hochschule für Oekonomie & Management, der TH Bingen und der Frankfurt School of Finance & Management sammeln konnten. Unsere Erfahrungen aus mehrjährigen Tätigkeiten in der Unternehmenspraxis und aus Beratungsprojekten sind ebenfalls eingeflossen.

Die vorliegende zweite Auflage wurde gegenüber der ersten Auflage maßgeblich überarbeitet. Zum einen wurden auf Basis neuer Erfahrungen in der Lehre – unter anderem in Zeiten der Covid19-Pandemie – didaktische Elemente verändert. Zum anderen wurden inhaltliche Schwerpunkte verlagert und durch völlig neue Elemente ergänzt. So wurden in den Abschnitten A bis C veraltete Inhalte, wie z. B. zu den Controllingkonzeptionen, gestrafft, dafür aber Themen wie die Digitalisierung des Controllings oder Objectives and Key Results ergänzt. Zudem wurde ein gänzlich neuer Abschnitt D zum Funktionalen Controlling mit Ausführungen zum Personal-, Marketing- und Produktionscontrolling hinzugefügt.

Zum besseren Verständnis der behandelten Sachverhalte haben wir die durchgehende Fallstudie der fiktiv-anonymisierten EuroAir SE aus der ersten Auflage weiterentwickelt. Die Fallstudie dient einer praxisorientierten Einordnung des Stoffs und einer Sensibilisierung für die jeweiligen Kapitelinhalte. Darüber hinaus zeigen

Beispiele aus unterschiedlichen Branchen, wie die behandelten Controllinggebiete in der Unternehmenspraxis umgesetzt werden.

Umfangreiche Materialien wie Aufgaben mit Lösungen und einen Foliensatz der Abbildungen stellen wir auf der Internetseite des Vahlen Verlags für Studierende bzw. Dozenten zur Verfügung.

An dieser Stelle möchten wir uns für die zahlreichen Gespräche bedanken, die das Entstehen dieser zweiten Auflage begleitet haben. Dieser Dank gilt etlichen Kollegen an unseren Hochschulen und Praktikern aus vielen Unternehmen. Unser Dank gilt auch den wissenschaftlichen Hilfskräften, die uns bei der Erstellung der beiden Auflagen unterstützt haben. Hervorzuheben sind für die zweite Auflage Herr Jonathan Weber, Herr Igor Mirkovic und Herr Marco Bauer.

Ein ganz besonderer Dank gilt unserem Lektor, Herrn Dennis Brunotte, für seine sehr hilfreichen Anmerkungen und seine Geduld sowie unseren Familien für die dauerhafte, nie nachlassende Unterstützung und die Diskussionsfreude in Fragen der Betriebswirtschaftslehre.

Hervorheben wollen wir auch unsere Dankbarkeit für das deutsche Hochschulsystem, das die Freiheit von Forschung und Lehre gewährleistet und eine fruchtbare wissenschaftliche Arbeit erst ermöglicht. Die Entwicklung in etlichen Ländern der Erde verdeutlicht, dass es ein keinesfalls selbstverständliches Privileg ist, unter solch positiven Bedingungen arbeiten zu können.

Bonn, Siegen und Mainz im Januar 2022

Klaus Deimel
Thomas Heupel
Kai Wiltinger

Inhaltsverzeichnis

A Grundlagen des Controllings

Die Dynamik und Komplexität globalisierter Märkte mit sich verkürzenden Produktlebenszyklen, neuen Wettbewerbern und digitalen Geschäftsmodellen, aber auch die sich daraus ergebenden Veränderungen in unternehmensinternen Prozessen und Strukturen stellen Mitarbeiter und Führungskräfte vor große Herausforderungen. Nichts ist in den heutigen Unternehmen so beständig wie der Wandel. Aufgabe eines modernen Controllings ist es, Mitarbeiter und Führungskräfte in dieser dynamischen und komplexen Welt durch die Entwicklung und Implementierung von Planungs-, Kontroll- und Informationssystemen zu unterstützen.

Wir werden uns in Abschnitt A dieses Buches mit den definitorischen Grundlagen, den zentralen Aufgaben des Controllings sowie der organisatorischen Eingliederung des Controllings in das Unternehmen beschäftigen. Beginnen wollen wir aber zunächst mit einer Einführung in unsere durchgehende Fallstudie EuroAir. Die EuroAir SE ist an ein reales Luftfahrtunternehmen angelehnt, allerdings anonymisiert und von geringerer Komplexität.

Fallstudie EuroAir

Die EuroAir SE ist ein europäisches Luftfahrtunternehmen. Das Unternehmen ist in vier strategische Geschäftseinheiten SGEs unterteilt: die SGE Passage für die Beförderung von Passagieren, die SGE Cargo für Luftfracht, die SGE Technik für die Wartung eigener und fremder Flugzeuge sowie die SGE Corporate Center. Letztere umfasst den Vorstand, verschiedene zentrale Aufgabenbereiche der Verwaltung sowie einige kleinere Geschäftseinheiten wie z. B. die Business Unit Catering.

Aktuelle Destinationen, Flottenpolitik und Vielfliegerprogramm

Aktuell fliegen die Flugzeuge von EuroAir zu 67 Destinationen in 19 Ländern. Im Schwerpunkt werden Ferienziele am Mittelmeer wie Spanien, Italien, Griechenland oder die Türkei angeflogen. Daneben gibt es zahlreiche City-Links zu den europäischen Metropolen. Ankerflughafen (Hub) ist der Flughafen Köln/Bonn, der im Passagierverkehr auf Platz vier und im Frachtbereich auf Platz zwei in Deutschland rangiert.

Die Flugzeugflotte umfasst 147 Airbus A319/A320. Das Flottenalter beträgt durchschnittlich nur 5,9 Jahre. Durch die Investitionen in neue Flugzeuge fliegen EuroAir-Jets mit einem geringen Kerosin-Verbrauch von 3,90 Liter Kerosin pro 100 Passagierkilometer und niedrigen Emissionen.

Das Kundenbindungsprogramm von EuroAir heißt FreeQuent und hat mehr als 1,5 Millionen Teilnehmer. Auf den Flügen und bei Partnern können die Kunden Meilen sammeln, die für Upgrades und andere Prämien genutzt werden können.

Die Strategie der EuroAir

Die Strategie umfasst die folgenden Kernelemente:

- **Profitables Wachstum**: Zentrale Zielsetzung ist die langfristige Wertschaffung für die Aktionäre bei gleichzeitigem profitablem Wachstum.

- **Fokus auf die Kerngeschäftsbereiche**: Als relativ kleiner Luftfahrtkonzern will sich EuroAir auf die drei Geschäftseinheiten Passage, der Personenbeförderung, Cargo, der Luftfracht, und Technik, d.h. der Wartung eigener und fremder Flugzeugen fokussieren.
- **Fokus auf die Premiumkunden**: EuroAir will sich dem Preiskampf der Billiganbieter im Luftverkehrsmarkt entziehen. Strategischer Fokus ist die Ausrichtung an den Bedürfnissen von Premiumkunden mit einem hochwertigen Produkt- und Serviceangebot.
- **Verantwortung gegenüber Mitarbeitern und Gesellschaft**: Als Dienstleistungsunternehmen hängt die Qualität der Services von der Motivation der Mitarbeiter ab. Zudem möchte EuroAir eine positive Rolle als Corporate Citizen in den Ländern spielen, in denen sie operiert, und für Nachhaltigkeit stehen.

Kennzahlen

Die EuroAir SE beschäftigte am 31.12. des Basisjahres 4.990 Mitarbeiter und erwirtschaftete bei einem konsolidierten Konzernumsatz von 2,72 Milliarden € ein EBIT in Höhe von 794 Mio. €. Der ROCE (Return on Capital Employed) lag bei 9,10 %; damit konnte EuroAir etwas mehr als die Kapitalkosten erwirtschaften und ein EVA™ (Economic Value Added) in Höhe von 41 Mio. € erreichen. Wichtige Kennzahlen aus Gewinn-und-Verlust-Rechnung, Bilanz sowie wertorientierter Steuerung finden Sie in Abb. 1, weitere operative Kennzahlen in Abb. 2.

Gewinn- und Verlustrechnung		Bilanz	
	(in TEURO)		(in TEURO)
Umsatz	2.718.921	**Aktiva**	
Personalkosten, davon	-228.514	Immaterielles Vermögen	44.841
- Crew	-105.370	Sachanlagevermögen, davon	3.490.420
- Abfertigungspersonal	-21.504	- Flugzeuge	3.245.924
- Sonstige	-101.640	Finanzanlagevermögen	291.462
Abschreibung	-312.750	Anlagevermögen	3.826.723
Treibstoffe	-580.027	Vorräte	235.670
Wartung	-53.579	Forderungen LuL	144.809
Marketing und Vertrieb	-15.768	Liquide Mittel	670.850
Fluggebühren	-259.165	Sonstiges Umlaufvermögen	590.645
Flughafengebühren	-156.226	Umlaufvermögen	1.641.974
Other	-318.970	Summe Aktiva	5.468.697
Operativer Aufwand	-1.924.999	**Passiva**	
Operatives Ergebnis (EBIT)	793.922	Gezeichnetes Kapital	129.335
Finanzergebnis	-96.150	Kapitalrücklagen	523.431
Ergebnis vor Steuern (EBT)	697.772	Gewinnrücklagen	820.000
Ertragssteuern	-174.443	Jahresüberschuss (Net Earnings)	523.329
Jahresüberschuss (Net Earnings)	523.329	Eigenkapital	1.996.095
Wertkennzahlen		Rückstellungen	872.323
NOPAT	619.479	Verbindlichkeiten Kreditinstitute	994.347
Average Capital Employed	6.805.819	VerbindlichkeiterLuL	329.289
Kapitalkosten	8,50%	Sonstige Passiva	738.943
ROCE	9,10%	Fremdkapital	3.472.602
EVA	40.948	Summe Passiva	**5.468.697**

Abb. 1: EuroAir – Kennzahlen aus GuV, Bilanz und wertorientierter Steuerung

Kennzahl	Wert	
Passagiere	25.200.000	PAX (Passagiere)
Umsatz je Passagier	107,89	Euro
Kosten je Passagier	76,39	Euro
Flotte (Anzahl Flugzeuge)	147	Flugzeuge
Starts pro Tag und Flugzeug	5	Starts
Starts pro Tag der Flotte	735	Starts
Durchschnittliche Flugzeit	135	Minuten
Abfertigungszeit (Zeit am Boden zwischen zwei Flügen)	87	Minuten
Mitarbeiteranzahl insgesamt, davon	4.990	Mitarbeiter
- Flight und Cabin Crew	2.058	Mitarbeiter
- Abfertigungspersonal	512	Mitarbeiter
Anzahl Kündigungen	99	Kündigungen p.a.
Kosten pro Mitarbeiter (Crew)	51.200	Euro
Kosten pro Mitarbeiter (Boden)	42.000	Euro
Cockpit und Cabin-Crew je Flugzeug	14	Mitarbeiter
Durchschnittalter der Flotte	5,90	Jahre
Durchschnitt: Sitze pro Flugzeug	228	Sitze
Sitzladefaktor	80,00	Prozent
Durchschnittliche Anschaffungskosten pro Flugzeug	27.500.000	Euro
Nutzungsdauer der Flugzeuge	10	Jahre

Abb. 2: EuroAir – operative Kennzahlen

1 Controlling als Unterstützung der Unternehmensführung

Controlling als **Teil der Unternehmensführung** ist aus Unternehmen jeglicher Größe und Branche, aber auch aus der öffentlichen Verwaltung oder anderen Institutionen nicht wegzudenken. In einem zunehmend dynamischen und komplexen Umfeld bedarf es eines hoch entwickelten Controllinginstrumentariums, das die Unternehmensführung durch die Bereitstellung von betriebswirtschaftlichen Methoden und Modellen sowie entscheidungsrelevanten Informationen versorgt. Der Begriff **VUCA** kennzeichnet eine Situation, in der das Umfeld der Unternehmen durch eine extrem hohe **V**olatility, **U**ncertainty, **C**omplexity und **A**mbiguity gekennzeichnet ist. Unternehmen reagieren hierauf, indem sie das Controlling neu ausrichten und ausbauen. Auf der anderen Seite gehören Controllingabteilungen zum Overhead des Unternehmens und müssen ihren Wert für das Unternehmen im Rahmen von **Kostensenkungsprogrammen** nachweisen. Dies löst einen bisher nicht gekannten Effizienzdruck in Controllingabteilungen aus und kann beispielsweise zur Bündelung von Controllingaufgaben in Shared Service Centern oder auch zum Outsourcing bzw. Stellenabbau führen.

Historisch sind erste Ursprünge des Controllings ins 15. Jahrhundert auf einen Controulleur am englischen Königshof zurückzuverfolgen. In den USA überwachte im Jahr 1778 ein Comptroller das Gleichgewicht von Staatsausgaben und Staatseinnahmen. Erste eher finanzwirtschaftlich ausgerichtete Controllingabteilungen entstanden in den 1920er-Jahren in Großunternehmen wie General Motors, Ford oder DuPont ebenfalls in den USA. In Deutschland etablierten sich Controllingabteilungen ab den 1960er-Jahren zunächst in Großunternehmen. Seit den Anfängen hat sich das Controllingbild allerdings mehrfach gewandelt.

- Während historisch das Controlling aus dem finanzwirtschaftlichen Rechnungswesen entstanden ist, findet man heute **Controller in allen Funktionsbereichen**, z. B. Personalcontroller, Vertriebscontroller, Projektcontroller oder F&E-Controller (vgl. Kapitel D zum funktionalen Controlling).
- Während sich Controller früher fast ausschließlich mit monetären Zielen und Kennzahlen – und hier insbesondere mit den Kosten – beschäftigt haben, beinhaltet ein modernes Controlling heute auch viele **nicht monetäre Ziele und Kennzahlen** (vgl. Kapitel C.4.4 zur Balanced Scorecard).
- Die zunächst eher operativ ausgerichteten Controllingabteilungen wurden durch eine zunehmend stärkere **strategische Orientierung** ergänzt (vgl. Kapitel B.2 zu den strategischen Controllingprozessen).
- Seit einigen Jahren ist eine Übertragung des Controllinggedankens auf **nicht gewinnorientierte Unternehmen** (Non-Profit-Organisationen, NPOs), wie z. B. Krankenhäuser, gemeinnützige Stiftungen oder Hochschulen, festzustellen.

1.1 Controllingkonzeptionen und Controllingbegriff

Betrachten wir die **Anforderungen an eine Controllingdefinition** aus wissenschaftlich-theoretischer Perspektive, müssen sich die Begriffsinhalte deduktiv aus allgemeinen betriebswirtschaftlichen Theorieansätzen ableiten lassen. Dies erfordert, dass

- das Controlling eine **eigene, originäre Aufgabe** im Rahmen der Betriebswirtschaftslehre besitzt, die in anderen Gebieten der Betriebswirtschaftslehre fehlt, und
- die Aufgabe des Controllings eindeutig von der anderer betriebswirtschaftlicher Disziplinen wie z. B. der des Rechnungswesens, abzugrenzen ist.

In einer pragmatischen Herangehensweise könnte die Definition des Controllings aus der Beobachtung der Aufgaben der Controller in der Unternehmenspraxis induktiv abgeleitet werden: Controlling is what Controllers do!

Eine Analyse der wissenschaftlichen Auseinandersetzung mit dem Controllingbegriff in der Literatur zeigt folgende wesentliche Controllingkonzeptionen (vgl. Küpper, Friedl, Hofmann, Hofmann & Pedell, 2013; Weber & Hirsch, 2003):

- gewinnzielorientierter Ansatz,
- informationsversorgungsorientierter Ansatz,
- koordinationsorientierter Ansatz und
- rationalitätssicherungsorientierter Ansatz.

Gewinnzielorientierter Ansatz

Die Vertreter des **gewinnzielorientierten Ansatzes** des Controllings sehen die Hauptaufgaben des Controllings darin, alle Handlungen und Entscheidungen der Entscheidungsträger des Unternehmens auf das oberste, dominierende Unternehmensziel – das Gewinnziel – auszurichten. Mit den Controllinginstrumenten muss in diesem Sinne ständig überprüft werden, inwieweit die Entscheidungen des Managements zum Erreichen des Gewinnziels beitragen (vgl. Franz, 2004, S. 287).

Zentrale Einwände gegen den gewinnzielorientierten Ansatz sind:

- Eine solche Definition würde ein Controlling in nicht erwerbswirtschaftlichen Unternehmen oder im öffentlichen Bereich, wie z. B. Hochschulen, ausschließen.

- Controlling wird auf quantitative Sachverhalte des Rechnungswesens und der Optimierung im Sinne eines Operations-Research-Ansatzes der BWL reduziert.

Informationsversorgungsorientierter Ansatz

Reichmann als Vertreter des informationsversorgungsorientierten Ansatzes sieht Controlling als „die zielbezogene Unterstützung von Führungsaufgaben, die der systemgestützten Informationsbeschaffung und Informationsverarbeitung zur Planerstellung, Koordination und Kontrolle dient; es ist eine rechnungswesen- und vorsystemgestützte Systematik zur Verbesserung der Entscheidungsqualität auf allen Führungsstufen der Unternehmung“ (Reichmann, Kißler & Baumöl, 2017, S. 19).

Nach dem informationsversorgungsorientierten Ansatz ist es Hauptaufgabe des Controllings, die zur Führung eines Unternehmens **notwendigen Informationen zu sammeln, zu verarbeiten und für die Führungskräfte zusammenzustellen**.

Einwand gegen den informationsversorgungsorientierten Ansatz ist, dass sowohl eine Abgrenzung des Controllings gegenüber dem internen und externen Rechnungswesen als Informationssystem als auch eine Abgrenzung zur Wirtschaftsinformatik nicht eindeutig zu ziehen ist.

Koordinationsorientierter Ansatz

Horváth als Hauptvertreter des koordinationsorientierten Ansatzes definiert Controlling wie folgt: „Controlling ist – funktional gesehen – dasjenige Subsystem der Führung, das Planung und Kontrolle sowie Informationsversorgung systembildend und systemkoppelnd zielorientiert koordiniert und so die Adaption und Koordination des Gesamtsystems unterstützt“ (Horváth, Gleich & Seiter, 2020, S. 62). Im Zentrum des Ansatzes stehen die **Koordination des Planungs- und Kontrollsystems** – dem sogenannte Controllingkreislauf – sowie die **Informationsversorgung** der Führungskräfte.

Zunächst ist es Aufgabe des Controllings, die Gesamtsteuerung des Unternehmens durch ein System von Planungs- und Kontrollprozessen zu gewährleisten. Zudem sollen auf das objektive Informationsbedürfnis der Führungskräfte abgestimmte Informationen beschafft, aufbereitet und zur Verfügung gestellt werden.

Horváth unterscheidet zwischen systembildender und systemkoppelnder Koordination:

- Unter einer **systembildenden Koordination** versteht Horváth die Aufgabe der Konzeption und Implementierung der Controllingsysteme, wie z. B. die Vorgabe der Planungsinhalte und Planungsprämissen, das Erstellen von Planungsformularen und Planungszeitplänen sowie Planungsrichtlinien und Planungsbriefen (vgl. Horváth et al., 2020, S. 49).
- Die **systemkoppelnde Koordination** bezieht sich darauf, dass Controller in Planung, Kontrolle und Informationsversorgung nicht nur Prozesse abstrakt gestalten, sondern auch in allen Prozessen selbst mitarbeiten. In der Planung ist es z. B. Aufgabe des Controllings, einlaufende Planungspakete von verschiedenen Abteilungen zu konsolidieren und zu kommentieren. Im Rahmen der Kontrolle werden Plan-Ist-Analysen durchgeführt, Abweichungen aufgedeckt, Ursachen aufgeklärt und Gegenmaßnahmen vorgeschlagen.

Küpper erweitert den von Horváth geprägten koordinationsorientierten Ansatz, indem er den Koordinationsumfang ausweitet. So spricht Küpper von Controlling als einem „Subsystem der Führung mit der Funktion der führungsinternen ergebniszielorientierten Koordination, also von einer Koordination des gesamten Führungssystems eines Unternehmens“ (Küpper et al., 2013, S. 37).

Positiv ist am koordinationsorientierten Ansatz hervorzuheben, dass sich die koordinationsorientierte Definition des Controllings sehr eng an der Realität der Controlleraufgaben in der Praxis orientiert, aber das Controlling trotzdem wissenschaftlich sauber von anderen Disziplinen der BWL abgrenzt. Kritiker sehen jedoch eine schwierige Abgrenzung zu den Aufgaben der Unternehmensführung selbst.

Rationalitätssicherungsorientierter Ansatz

Weber/Schäffer definieren Controlling als **Rationalitätssicherung der Führung** (vgl. Weber & Schäffer, 2020, S. 39).

Die Autoren begründen diesen Ansatz damit, dass Entscheidungsträger aus verschiedenen Gründen nicht in der Lage sind oder nicht willens sind, unternehmerische Entscheidungen rational zu fällen. In der Praxis neigen Manager häufig zu einer eher schnellen, spontanen, wenig durchdachten, als praxisorientiert bezeichneten Entscheidungsweise, die häufig auf Bauchgefühl beruht. Rationale Entscheidungstechniken werden dabei oftmals vernachlässigt.

Aufgabe des Controllers im entscheidungsorientierten Ansatz ist es daher, das Management – ganz egal aus welchen Geschäfts- oder Funktionsbereichs des Unternehmens oder welcher Hierarchieebene –durch Gestaltung von Prozessen und Methoden, durch Zurverfügungstellung von Informationen und durch Diskussionen als Business Partners zu rationalen Entscheidungen anzuhalten. Der Controller wird zum kaufmännischen Gewissen des Unternehmens.

Gemeinsamkeiten der Controllingkonzeptionen

Die Unterschiede zwischen den Controllingkonzeptionen bestehen teilweise nur in einer unterschiedlichen Schwerpunktsetzung. Daher wollen wir die gemeinsamen Elemente herausheben, die sich zu einer Controllingdefinition zusammenführen lassen?

- So scheint es unstrittig, dass es sich bei dem Begriff Controlling um eine das Management unterstützende **Querschnittsfunktion** handelt.
- Zweitens besteht eine zentrale Aufgabe des Controllings darin, einen **Planungs-, Kontroll- und Steuerungsprozess** im Unternehmen zu gestalten und seine Durchführung zu koordinieren.
- Drittens hat Controlling diejenigen **Informationen zu erfassen**, in einer Form **aufzubereiten und zu kommunizieren**, die für die Entscheidungsträger und für deren Entscheidungen relevant sind. Dies betrifft neben dem Berichtswesen den Aufbau von IT-basierten Managementinformationssystemen.
- Viertens hat das Controlling für eine **Bereitstellung und Anwendung von betriebswirtschaftlichen Entscheidungstechniken** im Unternehmen im Sinne eines betriebswirtschaftlichen Werkzeugkoffers zu sorgen.
- Fünftens und letztens hat das Controlling alle Managemententscheidungen in Hinblick auf das Unternehmensziel **kritisch zu prüfen**.

Controllingbegriff

Aufbauend auf den verschiedenen Konzeptionen definieren wir Controlling wie folgt:

Controlling ist ein Subsystem der Führung, das Planung, Kontrolle und Informationsversorgung zielorientiert und rationalitätssichernd koordiniert. Controlling umfasst eine Gestaltungs-, Nutzungs- und Unterstützungsaufgabe.

- Die **Gestaltungsaufgabe** beinhaltet die Bildung und Strukturierung des Planungs- und Kontrollsystems, die Bereitstellung betriebswirtschaftlicher Methoden sowie den Aufbau und die Pflege eines Informationssystems (vgl. Steinle, 2007, S. 291).
- Die **Nutzungsaufgabe** richtet sich auf die Koordination der Durchführung von Planungs-, Kontroll- sowie Informationsversorgungsprozessen. Das Controlling übernimmt z. B. Konsolidierungen, Kommentierungen und Abstimmungen von Plänen und Berichten
- Controlling hat zudem eine **Unterstützungsaufgabe**. Controller sorgen als Business Partner für einen Dialog und eine Rationalitätssicherung der Führung.

Unsere Definition steht im Einklang mit der eher praxisorientierten Sichtweise des Controllings, die der Internationale Controller Verein (ICV) in seinem 2013 überarbeiteten Controller-Leitbild definiert.

„Controller leisten als Partner des Managements einen wesentlichen Beitrag zum nachhaltigen Erfolg der Organisation.

Controller ...

1. gestalten und begleiten den Management-Prozess der Zielfindung, Planung und Steuerung, sodass jeder Entscheidungsträger zielorientiert handelt.
2. sorgen für die bewusste Beschäftigung mit der Zukunft und ermöglichen dadurch, Chancen wahrzunehmen und mit Risiken umzugehen.
3. integrieren die Ziele und Pläne aller Beteiligten zu einem abgestimmten Ganzen.
4. entwickeln und pflegen die Controlling-Systeme. Sie sichern die Datenqualität und sorgen für entscheidungsrelevante Informationen.
5. sind als betriebswirtschaftliches Gewissen dem Wohl der Organisation als Ganzes verpflichtet" (Internationaler Controller Verein, 2013).

Gliederung und Abgrenzung des Controllings

Im Laufe der Jahre ist es zu einer Ausdifferenzierung und Erweiterung des Controllingbegriffs und der Controllingaktivitäten gekommen. Wie Abb. 3 zeigt, ist neben das operative Controlling ein strategisches Controlling getreten. In funktionaler Hinsicht führt die Erweiterung der Controllingaufgaben zu einer Ausdifferenzierung entsprechend den betrieblichen Funktionsbereichen, so z. B. in ein Produktionscontrolling, ein Vertriebs- und Marketingcontrolling oder ein IT-Controlling. Im Zuge der Übertragung des Controllings auch auf nicht-kommerzielle Organisationen ergibt sich neben dem Controlling in gewinnorientierten Unternehmen auch ein Controlling in Non-Profit-Organisationen oder in der öffentlichen Verwaltung als Teilgebiete eines modernen Controllings.

Neben dem Controlling der Gesamtunternehmung tritt mehr und mehr auch das Controlling der einzelnen **Funktionsbereiche** in den Vordergrund, was letztendlich zu einer Dezentralisierung des Controllings führt. Während sich das funktionsorientierte Controlling vornehmlich mit der operativen und strategischen Ausrichtung der Teilbereiche des Unternehmens beschäftigt, soll das **einsatzfaktorenorientierte Controlling** die wirtschaftlich sinnvolle Nutzung der eingesetzten Produktionsfaktoren sichern.

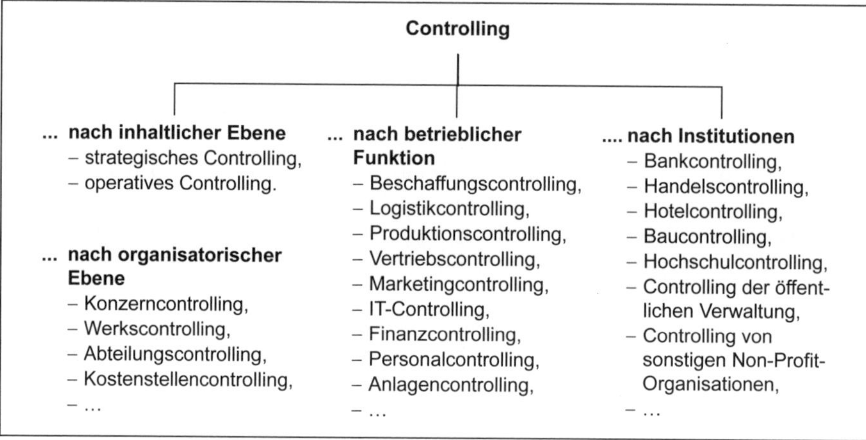

Abb. 3: Gliederung des Controllings

Wir haben uns in den letzten Kapiteln intensiv mit den Aufgaben des Controllings und des Controllers auseinandergesetzt. Wo liegen aber die Unterschiede zwischen dem Controlling und anderen, ähnlichen Teilgebieten des externen und internen Rechnungswesens? Sind Controller nur verkappte Kostenrechner bzw. Buchhalter? Wir wollen deshalb zur Bestimmung des Controllingbegriffs auch die Abgrenzungen zu anderen Disziplinen der BWL untersuchen.

Zentral ist die **Abgrenzung zum Rechnungswesen**. Dies gilt umso mehr, da – wie schon erwähnt – das Controlling in Deutschland aus dem internen Rechnungswesen hervorgegangen ist. Zudem ist es auch heute noch so, dass Unternehmen in ihrem Lebenszyklus zunächst ein externes Rechnungswesen aufbauen, da dieses handels- und steuerrechtlich vorgeschrieben ist. Mit zunehmender Unternehmensgröße wird zunächst eine Kosten- und Leistungsrechnung als internes Rechnungswesen aufgebaut. Erst mit weiterem Wachstum und zunehmender Komplexität des Leistungsangebots und der Unternehmensorganisation werden Abteilungen des internen und externen Rechnungswesens einzelne Controllingaufgaben übertragen. Meist handelt es sich dabei um regelmäßige interne Managementreports wie z. B. die gesetzlich nicht vorgeschriebene Monatsberichterstattung. Wächst das Unternehmen weiter, werden die vielen im Rechnungswesen oder anderen Bereichen des Unternehmens verstreuten Controllingaufgaben in richtigen Controllingabteilungen gebündelt.

Das betriebliche Rechnungswesen hat die Aufgabe, innerbetriebliche ökonomische Prozesse sowie die wirtschaftlichen Beziehungen des Unternehmens zu seinem Umfeld quantitativ zu erfassen, zu dokumentieren, aufzubereiten sowie eine Auswertung der Informationen zu ermöglichen. Somit kommt dem Rechnungswesen eine vergangenheitsorientierte Erfassungs- und Dokumentationsaufgabe zu, während das **Controlling** die Informationen aus dem Rechnungswesen analysiert, interpretiert und zukunftsorientierte Steuerungsmaßnahmen ableitet. Somit ist das Rechnungswesen ein Vorsystem bzw. ein Informationslieferant für das Controlling. Abb. 4 fasst die Merkmale beider Systeme noch einmal zusammen.

Controlling	Betriebliches Rechnungswesen
Steuerung von Erfolgspotenzialen / Erfolg	Ermittlung des Betriebserfolgs
zukunftsbezogen	(überwiegend) vergangenheitsorientiert
Informationen werden in Auswertungsrechnungen analysiert, selektiert und verdichtet	Informationen werden durch Grundrechnungen ermittelt und bereitgestellt
Erstellung und Weiterleitung von Berichten mit Zusammenfassungen, Forecasts, Erläuterungen und Handlungsempfehlungen	Erstellung einer Vielzahl von tabellarischen Aufstellungen und Berichten sowie der periodischen Abschlüsse

Abb. 4: Abgrenzung des Controllings zum betrieblichen Rechnungswesen (Quelle: in Anlehnung an Ziegenbein, 2012, S. 234 f.)

Die Literatur beschäftigt sich auch mit der Abgrenzung des Controllings von interner Revision oder Wirtschaftsinformatik (vgl. Küpper et al., 2013, 678 ff.).

1.2 Aufgabenbereiche des Controllings

Nach Schierenbeck & Wöhle sind die zentralen Aufgabenfelder des Controllings (vgl. Schierenbeck & Wöhle, 2016, S. 177 ff.)

- die Entwicklung und Pflege der Planungs- und Kontrollfunktion des Controllings,
- die Entwicklung und Pflege der Informationsfunktion des Controllings sowie
- die zweckrationale Unterstützungs- und Beratungsfunktion für das Management.

Abb. 5 zeigt diese **zentralen Aufgabenfelder** mit zugeordneten Aufgaben. Hierbei sind Planung und Kontrolle voneinander getrennt, obwohl sie im Controllingkreislauf miteinander verbunden sind. Lange Zeit galt: „Jeder gründlich ausgebildete Betriebswirt hat heute gelernt, das Planung ohne Kontrolle sinnlos, Kontrolle ohne Planung unmöglich ist. Dieser enge Zusammenhang hat Veranlassung gegeben, von Zwillingsfunktionen zu sprechen" (Schreyögg, 1991, S. 267).

Die Zwillingseigenschaft liegt in den meisten Fällen der Unternehmenspraxis vor. In diesem Kapitel lernen wir den Controllingkreislauf kennen, der diese **Zwillingseigenschaft von Planung und Kontrolle** stützt. Allerdings werden gerade seit den 2010er-Jahren vermehrt Ausnahmen diskutiert, in den der enge Zusammenhang aufgelöst wird und einzelne Elemente der Planung oder der Kontrolle durch andere Instrumente ersetzt werden. Beispiele hierfür finden sich in den Konzepten des Beyond Budgeting und des agilen Controllings, auf die wir im Verlaufe des Buches intensiv eingehen (Kapitel B.1.4 bzw. C.4.7).

Planung	Kontrolle	Informationsversorgung (Berichtswesen)
– Entwicklung der Planungsverfahren (systembildend) – Festlegung der Planungsinhalten – Festlegung der grundsätzlichen Vorgabewerte und der Planungsmethoden – Erstellung von Planungsrichtlinien – Durchführung des Planungsprozesses (systemkoppelnd) – Terminplanung – Prüfung und Konsolidierung der Einzelpläne – Kommentierung der Pläne – Beratung der Fachabteilungen	– Durchführungskontrolle geplanter Maßnahmen – Ergebniskontrolle der Zielerreichung durch Soll-Ist- oder Ist-Ist-Vergleiche – Kontrolle der Wirtschaftlichkeit des Unternehmens, von Gesellschaften, Abteilungen, Produkten, Vertriebswegen, Mitarbeitern, ... – Analyse und Kommentierung von Planabweichungen und Veränderungen im Umfeld des Unternehmens – Entwicklung von Gegenmaßnahmen und rationalitätssichernde Beratung der Führungskräfte (Business Partner)	– Konzeption und Implementierung eines leistungsfähigen Informationssystems – Etablierung von KPI und KPI-Systemen (Performance Controlling) – Entwicklung und Implementierung des Berichtswesens auf funktionaler, divisionaler und Gesamtunternehmensebene – Etablierung eines effizienten Ad-hoc-Berichtswesens – Weitere Aufgaben wie Ermittlung von Kostensätzen z. B. für die Kalkulation oder die Festlegung von Verrechnungspreisen

Abb. 5: Aufgabenfelder des Controllings

Planung und Kontrolle als Aufgabe des Controllings

Die **betriebswirtschaftliche Systemtheorie** unterteilt Unternehmen in Subsysteme, die miteinander in einer permanenten Verbindung stehen und sich gegenseitig beeinflussen (vgl. Baetge, 1974, S. 11 ff.). Die Unternehmensleitung hat als Bestandteil des Führungssystems die Aufgabe, geeignete Ziele für das Unternehmen zu formulieren, diese mithilfe des Leistungssystems umzusetzen und zu erreichen. Controlling ist Bestandteil des Führungssystems und erfüllt hier seine Aufgaben durch die Koordination der Planungs-, Kontroll- und Informationsversorgungsprozesse.

Der Planungs- und Kontrollprozess kann im Rahmen der betriebswirtschaftlichen Systemtheorie durch einen **kybernetischen Regelkreis** beschrieben werden. Technische Beispiele für kybernetische Regelkreise sind die Temperaturregelung durch einen Heizkörperthermostat in einem Zimmer oder die Geschwindigkeitsregelung durch einen Tempomaten im Auto.

Kybernetischer Regelkreis Temperaturregelung

Am Beispiel der Temperaturregelung durch einen Heizkörperthermostat wird das Konzept des kybernetischen Regelkreises deutlich. Wenn durch das Öffnen eines Fensters die Temperatur in einem Zimmer von den gewünschten 21 °C auf 17 °C abfällt, stellt die Messeinheit im Heizkörperthermostat die Abweichung der Ist-Temperatur von der Soll-Temperatur um -4° (Abweichung = Ist-Wert – Soll-Wert) fest. Der Heizkörperthermostat öffnet das Heizkörperventil, der Heizkörper erwärmt sich und heizt die Lufttemperatur im Idealfall wieder auf, bis die Zimmertemperatur wieder auf 21 °C gestiegen ist.

Ein Regelkreis ist also ein System, das bei richtiger Gestaltung – trotz der Einwirkung von unvorhergesehenen Störgrößen – durch ein ständiges Durchlaufen der verschiedenen Schritte selbstständig die vorgegebenen Soll-Werte einhält (vgl. Baetge, 1974,

S. 28). Regelkreise messen dabei regelmäßig Ist-Werte und stellen so Abweichungen der Ist-Werte von den Soll-Werten fest, die durch Störgrößen innerhalb und außerhalb des Systems verursacht werden. Durch einen auf die Regelstrecke angepassten Regelungsmechanismus stellen sie den Soll-Zustand wieder her.

Übertragen wir das Grundprinzip des kybernetischen Regelkreissystems auf das Steuerungsmodell im Controlling, so ergibt sich das in Abb. 6 dargestellte Grundmodell des Controllingkreislaufs.

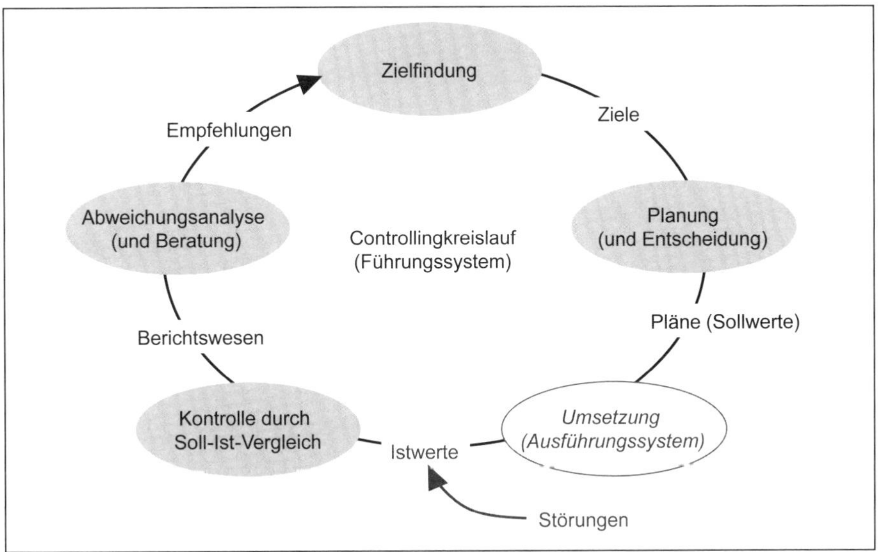

Abb. 6: Grundmodell des Controllingkreislaufs

Ausgangspunkt des **Controllingkreislaufs** ist die Zielfindung durch das Management. Hier werden für das Unternehmen oder einzelne Geschäfts- und Funktionsbereiche messbare und motivierende Ziele festgelegt. Im Rahmen der Planung werden Maßnahmen zur Zielerreichung identifiziert, ausgearbeitet und budgetiert. Das Management entscheidet über die Maßnahmen, die umgesetzt werden sollen. Das Ergebnis sind Pläne mit Soll-Werten. Außerhalb des Führungssystems – im Ausführungssystem – findet die Umsetzung der Pläne durch die operativen Einheiten statt. Das Ergebnis der Umsetzung und eventueller Störungen von außen sind die Ist-Werte, die im Rahmen der Kontrolle durch einen Soll-Ist-Vergleich im Führungssystem festgestellt und berichtet werden. Die Analyse der Abweichungen führt gegebenenfalls zu Empfehlungen, die wiederum Einfluss auf eine mögliche Überarbeitung der Ziele und nachfolgend der Pläne haben können.

Das allgemeine Grundmodell des Controllingkreislaufs wird im Unternehmen im Rahmen der meist jährlich stattfindenden **strategischen und operativen Planungsprozesse** sowie **der Monats-, Quartalsberichterstattung** sowie der **Jahresabschlüsse umgesetzt**. Dies führt zu dem angepassten Controllingkreislauf in Abb. 7. Im Rahmen einer strategischen Unternehmensplanung – möglicherweise basierend auf einer Vision für das Unternehmen – werden die langfristig zu erreichenden Unternehmensziele und die zu deren Erreichung notwendigen Strategien festlegt. Die Strategieumsetzung manifestiert sich dann in der jährlichen operativen Unternehmensplanung, die auch als Budgetierung bezeichnet wird. Ergebnis der operativen Planung sind Maßnahmen und Soll-Vorgaben für die Plandurchführung. Eine typische Soll-Vorgabe wäre ein operatives Umsatz-, Kosten- oder Ergebnisziel für das nächste Jahr.

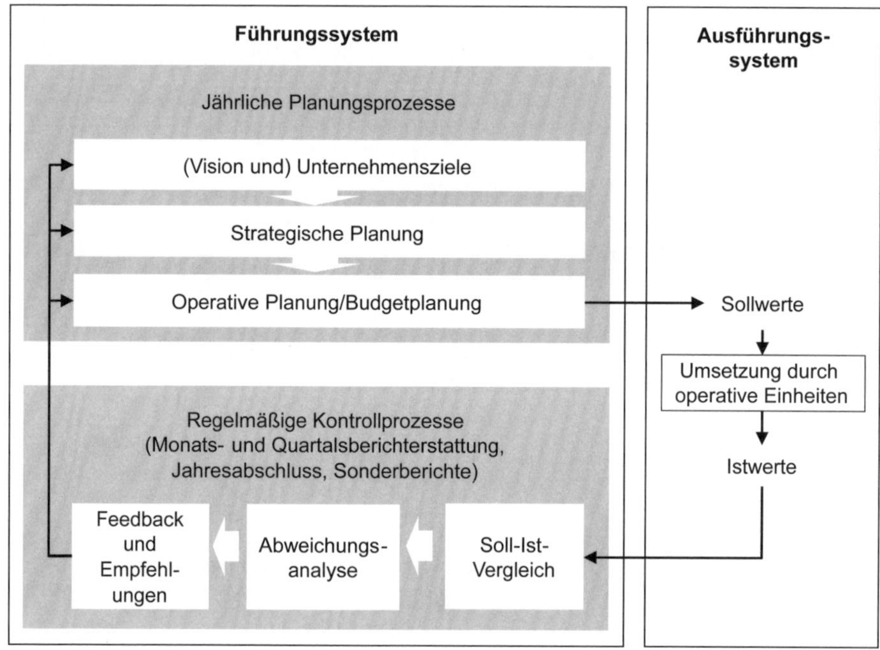

Abb. 7: Controllingkreislauf im Rahmen der regelmäßigen Planungs- und Berichterstattungsprozesse

Im Laufe des Geschäftsjahres werden die Maßnahmen umgesetzt. Wir befinden uns damit im Ausführungssystem des Unternehmens. Aus der Umsetzung der geplanten Maßnahmen und den auf die Märkte und das Unternehmen einwirkenden Umfeldfaktoren resultieren Ist-Werte.

Im Rahmen der Kontrollprozesse erfolgt zunächst einmal die Messung der Ist-Werte. Im weiteren Verlauf werden die Ursachen für Abweichungen zwischen Soll-Vorgaben und Ist-Werten untersucht. Geht man davon aus, dass die grundsätzlichen Ziele und Strategien nach wie vor zielführend sind, müssen Vorschläge zur Gegensteuerung entwickelt, geplant und umgesetzt werden oder aber es wird die Strategie an sich revidiert. Die Entwicklung neuer Unternehmensziele und neuer Strategien im Rahmen einer strategischen Planung und/oder von neuen Maßnahmen im Rahmen einer operativen Planung ist die Folge. Der ganze Regelkreis beginnt daher wieder von Neuem.

Die Unternehmenssteuerung mithilfe eines Controllingkreislaufs erlaubt ein Führen des Unternehmens mithilfe von Zielvereinbarungen (**Management-by-Objectives**). Da Entscheidungsträgern auf verschiedenen Ebenen des Unternehmens entsprechende Ziele vorgegeben werden, kann die Verantwortung für die Zielerreichung und die operative Umsetzung von Maßnahmen von der Unternehmensleitung delegiert werden.

Umsatzsteigerung bei EuroAir

Das Managementboard der EuroAir SE hat auf der letzten strategischen Geschäftsführungsklausur beschlossen, die Umsätze des Unternehmens in den nächsten fünf Jahren von heute 2,72 Milliarden € sukzessive auf dann 3,5 Milliarden € zu steigern (**Soll-Wert**).

Zur Umsetzung dieses Vorhabens wird vom Management eines Geschäftsbereichs eine Wachstumsstrategie durch ein verbessertes Vielfliegerprogramm beschlossen. Die Geschäftsbereichsleitung hat dies zum Anlass genommen, verschiedene Maßnahmen zur Umsetzung dieser Strategie zu diskutieren.

Als Lösung wurde eine groß angelegte Werbekampagne beschlossen, die die besonderen USPs (Unique Selling Propositions) des FreeQuent-Programms im Sinne einer **Maßnahmenplanung** herausstellt. Für diese Kampagne wurde ein zusätzliches Marketingbudget von 100 Mio. € bereitgestellt und in der **Formalzielplanung** als Kostenbudgets entsprechend budgetiert. Der Umsatz soll dadurch um die geforderten 800 Mio. € wachsen. Dies ist als **Umsatzziel** ein Soll-Wert.

Gesagt – getan, die Werbekampagne wurde gestartet, allerdings stellt das Controlling im Rahmen eines Plan-Ist-Vergleichs am Ende der Abrechnungsperiode fest, dass das Marketingbudget um 50 Mio. € überschritten wurde, die Umsätze aber nur um 400 Mio. € gestiegen sind (**Ist-Werte**). Im Rahmen einer Klausurtagung im Dezember des Jahres wurde dann diskutiert, wie dieses unbefriedigende Ergebnis zu erklären ist (**Abweichungsanalyse**) und welche Maßnahmen getroffen werden müssen, um das Ziel von 800 Mio. € doch noch zu erreichen (**Empfehlung von Gegensteuerungsvorschlägen**).

Aufbau, Strukturierung, Pflege und Anpassung eines adäquaten Informationssystems als Gegenstand des Controllings

Die zweite wesentliche Aufgabe des Controllings besteht darin, den Entscheidungsträgern diejenigen Informationen zur Verfügung zu stellen, die diese für eine zielorientierte Steuerung des Unternehmens benötigen. Diese Informationen können sowohl quantitativer als auch qualitativer Natur sein. Bei der **Gestaltung eines Controlling-Informationssystems** geht es darum, folgende Grundregeln einzuhalten, nämlich:

- die richtige Information,
- in der richtigen Menge,
- zur richtigen Zeit,
- an den richtigen Empfänger,
- in der richtigen Form zu kommunizieren.

Inhaltlich bedeutet dies vor allem, dass durch das Controlling **steuerungsrelevante Informationen** erhoben oder aus Vorsystemen wie z. B. der Finanzbuchhaltung, der Kostenrechnung oder ERP (Enterprise Resource Planning)-Systemen entnommen und diese Informationen in einem geeigneten Informationssystem gespeichert werden. Anschließend werden diese Informationen im Controlling zum Zwecke der besseren Verständlichkeit und Verarbeitung aufbereitet, verdichtet und interpretiert. Abschließend erfolgt die Informationsbereitstellung an die Entscheidungsträger des Unternehmens.

Im Rahmen eines umfassenden Controllings bezieht sich dies sowohl auf **unternehmensinterne Informationen** des internen und externen Rechnungswesens als auch auf **unternehmensexterne Informationen**, sprich Umfeldinformationen.

Letztendlich geht es bei diesem Aspekt des Controllings darum,

- ein **adäquates Informationssystem** aufzubauen, das steuerungsrelevante Informationen zur Verfügung stellt, dieses zu pflegen und an veränderte Bedürfnisse anzupassen;
- laufend die **Informationen zu erfassen und auszuwerten**, die die Entscheidungsträger für ihre tägliche Arbeit benötigen, und diese an die Entscheidungsträger **zu kommunizieren**;
- den Entscheidungsträgern solche **betriebswirtschaftlichen Instrumente und Methoden** an die Hand zu geben, mit denen diese ihre Entscheidungsaufgaben erfüllen können;
- **Unternehmensentscheidungen** in Hinblick auf die zweckrationale Erreichung der Unternehmensziele zu moderieren.

In Hinblick auf die **Business Partner-Rolle des Controllings** sollte das Controlling zur Sicherung zweckrationalen Verhaltens der Entscheidungsträger Schwachpunkte und Probleme in der Unternehmensführung aufdecken und Lösungsansätze aufzeigen. Dabei ist es Aufgabe des Controllings, Planungen und Entscheidungen in Hinblick auf die **Auswirkungen auf die Unternehmensziele Rentabilität, Liquidität und Risiko** des Unternehmens zu prüfen. Nicht zuletzt versucht ein modernes Controlling auch, eine **neutrale Vermittlerrolle** bei Interessenkonflikten im Unternehmen einzunehmen und in Streitfällen zu schlichten.

1.3 Anforderungsprofil des Controllers

1.3.1 Entwicklung des Controllerbildes

Die Aufgaben und das **Selbstverständnis des Controllers** haben sich in den letzten Jahren und Jahrzehnten verändert. Wie schon einleitend im Rahmen der Darstellung der Historie des Controllings geschildert, entstand das Controlling aus dem Rechnungswesen von Unternehmen. Anfangs standen die Aufzeichnung von Geschäftsvorfällen sowie die Kontrolle der Resultate dieser Geschäftsvorfälle im Vordergrund der Tätigkeit der Controller.

Controller wollen heute aber zunehmend nicht als Zahlenknechte, sondern in der Rolle des internen Beraters, des ökonomischen Gewissens, des Steuermannes oder Business Partners gesehen werden. Controller sehen sich als die internen Treiber von unternehmerischen Veränderungen. Es gibt unserer Erfahrung nach aber oftmals eine Divergenz zwischen dem, was sich Controller als ihre Rolle wünschen, und dem, wie sie tatsächlich von Führungskräften und Kollegen wahrgenommen werden. Die Hauptrolle des Controllers ist aus Sicht der Führungskräfte in den meisten Unternehmen noch immer die des **Scorekeepers**, also des Herrschers über das Berichtswesen.

Die Bedeutung der Rolle des **Business Partners** im Sinne eines internen Beraters oder Sparring-Partners des Managements fällt deutlich dahinter zurück. Erfreulich ist, dass der Controller zumindest nicht mehr als Erbsenzähler oder Aufpasser gesehen wird.

Dies deckt sich auch mit empirischen Studien zu den Aufgabenfeldern des Controllers (vgl. Abb. 8). Hier stehen Berichtswesen, die operative Planung, Budgetierung sowie Kontrolle mit der Abweichungsanalyse im Vordergrund – also die klassischen Aufgaben des Controllings. Auch wenn in der Controlling-Literatur viel über die neue Rolle des Controllers als Business Partner geschrieben wird (vgl. Weißenberger, Wolf, Neumann-Giesen & Elbers, 2012, S. 330 ff.), verrichten die Controller im Unternehmensalltag doch weiterhin ihre klassischen Aufgaben.

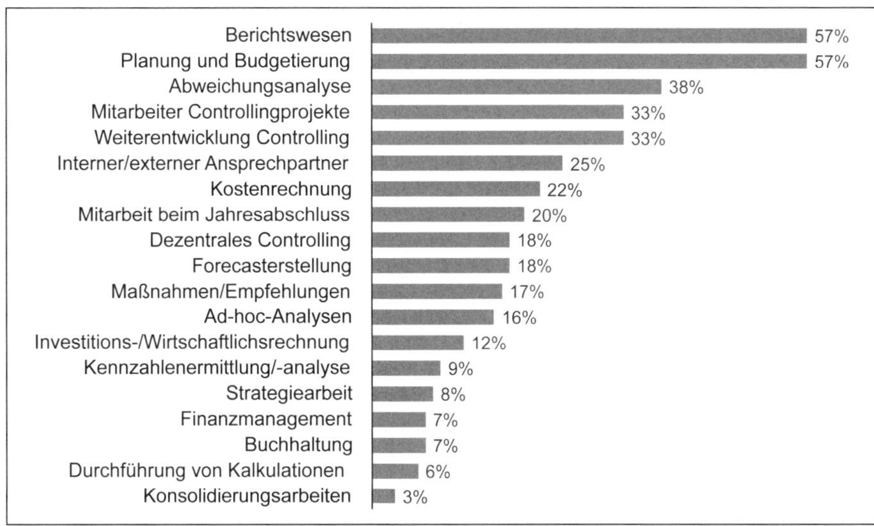

Abb. 8: Aufgaben des Controllers
(Quelle: Losbichler & Ablinger, 2018, S. 52)

Die Wahrnehmung der vielfältigen Aufgaben des Controllings erfordert von den Controllern sowohl fachliche Kenntnisse als auch persönliche Kompetenzen. Das WHU Controllerpanel 2014 hat erhoben, dass neben dem Beherrschen des Controllinginstrumentariums Geschäftsverständnis und Teamfähigkeit die wichtigsten Kompetenzen der Controller sind. Dagegen wird die Bedeutung von Kommunikationsfähigkeit, Überzeugungsfähigkeit und Führungskompetenz für Controller eher geringer eingestuft (vgl. Abb. 9).

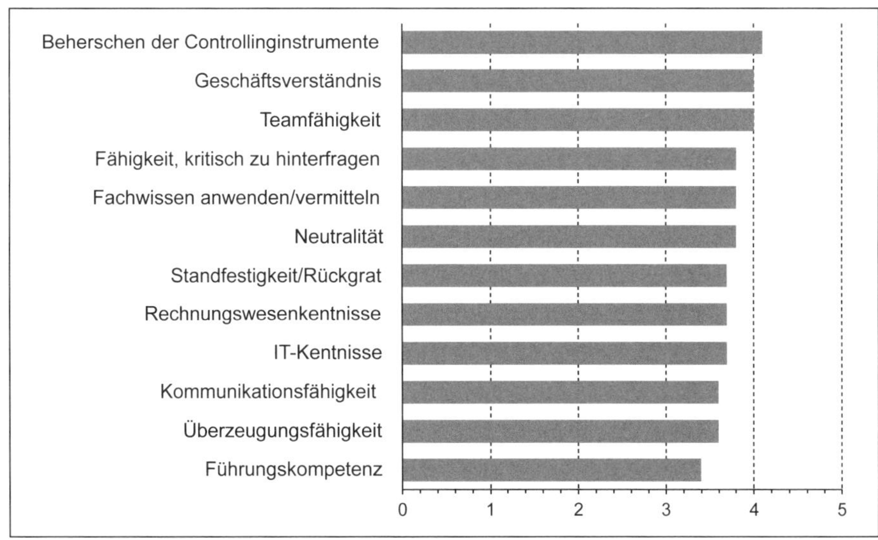

Abb. 9: Kompetenzprofil des Controllers
(Quelle: WHU Controllerpanel 2014)

Abb. 10 zeigt eine Stellenanzeige für eine Controllerposition, die die Aufgaben eines Controllers in der Praxis am Beispiel eines Chemieunternehmens und die Anforderungen an ihn noch einmal zusammenfasst.

Controller

Unser Kunde ist ein weltweit operierender Chemiekonzern. Zur Verstärkung der Finanzabteilung wird für einen Standort in Nordrhein-Westfalen ein Controller für die Handelsorganisation des Unternehmens gesucht.

Nordrhein-Westfalen | m/w | Attraktives Gehaltspaket

- Aufbau und Ausbau (Vereinheitlichung) eines Managementinformationssystems zur Früherkennung von Risiken und Abweichungen sowie Erarbeitung entsprechender Korrekturmaßnahmen
- Mitarbeit bei der operativen Planung, bei der Monats- und Quartalsberichtserstattung sowie beim Jahresabschluss
- Entsprechende Investitionsrechnungen zur Vorbereitung größerer Investitionen
- Analyse und Steigerung der Wettbewerbsfähigkeit
- Analyse und eventuelle Verbesserung der administrativen Vorgänge/interner Kontrollsysteme

- Betriebswirtschaftliches Studium, vorzugsweise mit den Schwerpunkten Finanzen und Controlling oder eine vergleichbare Ausbildung
- Ca. 3-5 Jahre Berufserfahrung als Controller im Großhandel
- Sehr gutes EDV- Know-how, idealerweise mit fundierten SAP R/3 Kenntnissen
- Sehr gute Englischkenntnisse in Wort und Schrift
- Kommunikationsstarke Persönlichkeit mit einem ausgeprägten Zahlenverständnis
- Erfahrener Teamplayer mit selbstständiger und zielbewußter Arbeitsweise

Bitte senden Sie Ihre ausführlichen Bewerbungsunterlagen an Frau Christiane Biallas unter Angabe der Referenznummer FDCB/85958 per E-Mail an: duesseldorf.fin@michaelpage.com.

Abb. 10: Beispiel einer Controller-Stellenanzeige

1.3.2 Controllerbild der Zukunft

Die Entwicklung im Bereich der digitalen Transformation wird das **Berufsbild des Controllers** verändern (vgl. Heupel & Lange, 2019, S. 201 ff.). Durch Big Data, Predictive Analytics und Echtzeitverfügbarkeit von operativen Vorsystemen werden sich Informationsbedarfe und -möglichkeiten des Managements verändern Auf Basis von Technologien wie dem Internet of Things (IoT), in dem Maschine-zu-Maschine-Interaktionen möglich werden, können Produktionsanlagen zu Smart Factories 4.0 ausgebaut werden (vgl. Bitkom, 2012, S. 51 ff.). Abb. 11 gibt einen Überblick über Technologien von Industrie 4.0.

Der Controller der Zukunft hat vor diesem Hintergrund die Möglichkeit, die Position des intelligenten Informationslieferanten zu festigen, indem er einen Mehrwert aus der Auswertung der neuen Datenmengen für das Management generiert (vgl. Thiele, Munck & Riechmann, 2016, S. 76). Diese Chance könne die Transformation der Controllerrolle vom reinen Zahlenlieferanten zum **Business Partner** des Managements festigen (vgl. Losbichler & Ablinger, 2018, S. 57).

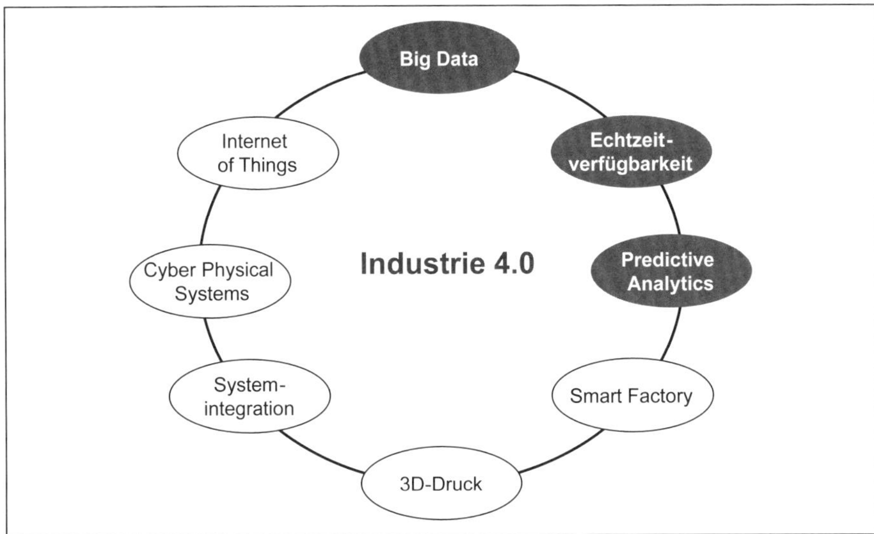

Abb. 11: Industrie 4.0 und zugehörige Technologien

Der Controller wird zum Data Scientist

Aufgrund des deutlich gesteigerten Volumens an Daten sowie der Komplexität der IT-Systeme muss der Controller sich Fragestellungen der IT, der Data Science und der Business Intelligence zuwenden. Der Controller muss diese Kompetenzen entwickeln, bevor viele seiner Aufgaben von anderen, z. B. von IT-Abteilungen, übernommen werden (vgl. Heupel & Reinhardt, 2019, S. 121 f.). Big Data erfordert einerseits Systemkenntnisse, um große Datenmengen sinnvoll filtern und aufbereiten zu können. Andererseits wird der Controller der Zukunft weiterhin Verantwortlicher für die Datenqualität sein.

Der Controller wird sich folglich zumindest teilweise zum **Data Scientist** entwickeln. Als Data Scientist sollte er auch Programmiersprachen wie Python, R oder C++, die Datenbanksprache SQL oder Statistikprogrammbibliotheken wie SAS oder SPSS beherrschen. Als Data Scientist besteht für den Controller die Chance, die Schnittstelle zwischen IT und Management zu besetzen (vgl. Gleich, Munck & Schulze, 2016, S. 37). Es geht letztlich darum, aus den vorhandenen Daten durch Predictive Insights (Was wird geschehen?) und Real Time Insights (Was geschieht gerade?) die Rolle als am besten informierten Business Partner des Managements zu festigen. Damit der Controller den Anforderungen dieser Position gerecht wird, bedarf es einer grundlegenden Weiterentwicklung seiner Kompetenzen und der konsequenten Einführung neuer Controllinginstrumente, die die Rahmenbedingungen der digitalen Transformation berücksichtigen (vgl. Heupel & Reinhardt, 2019, S. 121; Losbichler & Ablinger, 2018, S. 57).

Anforderungen an das zukünftige Berufsbild des Controllers

- Big Data und Predictive Analytics fordern die mathematischen Kompetenzen und Programmierfähigkeiten des Controllers. Um mit den komplexen Strukturen, dem Zugriff in Echtzeit sowie spezieller Software effizient arbeiten zu können,

wird ein tieferes und sowohl technisches als auch analytisches Verständnis für die neuen Datenquellen benötigt (vgl. Schön, 2016, S. 153).
- Der Controller soll zukünftig die Rolle eines Business Partners einnehmen, „der mit seiner Expertise Prozesse vorausdenkt, Befunde interpretiert, ganzheitlich einordnet und so die Unternehmensführung unterstützt" (Regelmann, Schmelting & Kordus, 2018, S. 163). Sowohl IT-Kompetenz als auch Persönlichkeitsmerkmale rücken dabei in den Vordergrund.
- Durch die Weiterbildung wird sowohl das erforderliche technische als auch soziale Know-how für den Umgang mit den großen Datenmengen und neuen Auswertungsmöglichkeiten geschaffen (vgl. Weichel & Hermann, 2016, S. 10).

2 Controlling in institutioneller Perspektive

2.1 Aufbauorganisation

Einordnung des Controllings in die Unternehmenshierarchie

Die institutionalisierte Betrachtung des Controllings behandelt die Frage, wie das Controlling in die Unternehmensorganisation eingebunden werden kann. So stellt sich beispielsweise die Frage, ob alle Controllingaufgaben von einer speziell dafür eingerichteten, eigenständigen organisatorischen Einheit mit der Bezeichnung Controlling wahrgenommen werden oder Controllingaufgaben auf eine Vielzahl operativer Stellen verteilt sind (vgl. z. B. Küpper et al., 2013, S. 667 ff.).

Die organisatorische Einordnung des Controllings hängt insbesondere von verschiedenen Kontextfaktoren ab, so z. B. von

- der Größe der Unternehmen,
- der Unternehmenskultur,
- den allgemeinen Organisationsstrukturen im Unternehmen,
- von der Dynamik und Komplexität des Unternehmensumfelds und
- der grundlegenden Philosophie und Strategie des Unternehmens.

Es gibt verschiedene Alternativen, das Controlling in die Organisation eines Unternehmens einzubetten. **Gestaltungsparameter** sind dabei:

- das Ausmaß der Kompetenz, mit der das Controlling ausgestattet werden soll,
- der gewünschte Grad der Zentralisierung/Dezentralisierung des Controllings und
- die gewünschte hierarchische Einordnung der Controllingabteilung.

Grundsätzlich ist bei einer Organisationsgestaltung zunächst einmal die Frage zu beantworten, ob die Controllingabteilung als Linien- oder Stabsstelle in die Organisation eingebettet werden soll. Diese Entscheidung hängt auch davon ab, welche Kompetenzen die Controllingabteilung bekommen soll.

Darüber hinaus ist darüber zu entscheiden, auf welcher Hierarchieebene die Controllingabteilung in die Organisation eingegliedert werden soll. Diese Einstufung ist ein starker Indikator für den Stellenwert des Controllings im Unternehmen.

In größeren Unternehmen muss darüber hinaus noch über den Grad der Zentralisierung/Dezentralisierung des Controllings nachgedacht werden. So kann die Controllingfunktion zentral in der Unternehmenszentrale oder dezentral in den einzelnen Funktions- oder Geschäftsbereichen angeordnet werden.

Controlling als Linien- oder Stabsabteilung

Ist das Controlling eine **Linienabteilung** (vgl. Abb. 12), ist es eine gleichberechtigte Abteilung neben anderen Unternehmensfunktionen. Die Controllingabteilung genießt bei dieser Einordnung in die Führungsorganisation eine hohe Wertschätzung der Unternehmensleitung und der anderen Linienmanager. Das Controlling hat als Linienabteilung zur Erfüllung seiner Aufgaben meist umfangreiche Vorschlags-, Beratungs- und Mitsprachekompetenzen. Der Leiter der Controllingabteilung nimmt aufgrund der Einordnung in die Hierarchie an vielen Gremiensitzungen der Führungskräfte teil und vertritt dort die Interessen des Controllings. Diese Kompetenzen erleichtern es, einheitliche Controllingstandards und -prozesse im Unternehmen durchzusetzen.

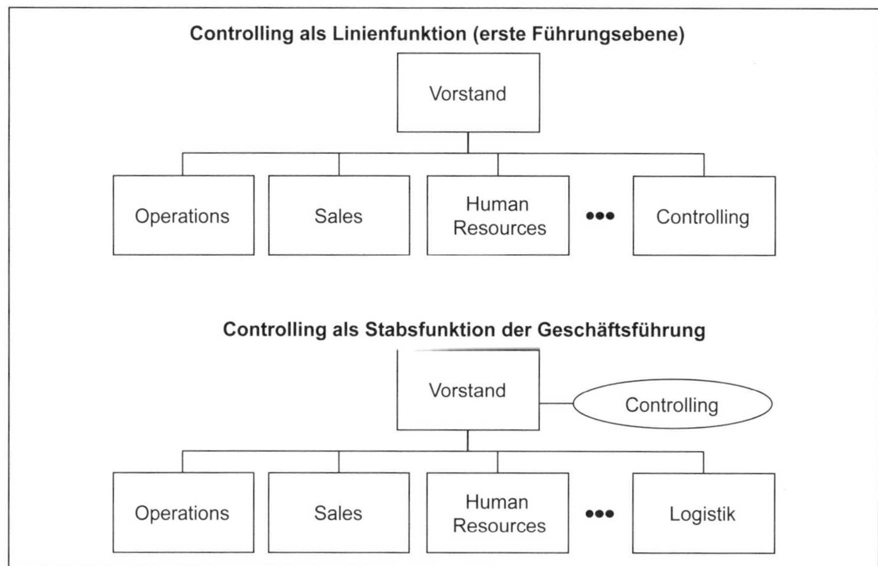

Abb. 12: Einbindung des Controllings als Linien- oder Stabsabteilung

Ist das Controlling als **Stabsstelle** organisiert, ist es aus der Linienorganisation herausgelöst und als unterstützende Stabsstelle oder Stabsabteilung direkt an einen Linienmanager angehängt. Im Beispiel der Abb. 12 unten ist dies ein Mitglied des Vorstands, z. B. der Vorstandsvorsitzenden oder der Finanzvorstand. Eine Stabsabteilung Controlling hat keine eigenen Weisungsbefugnisse. Sie kann Vorschläge zur Steuerung des Unternehmens nur mithilfe ihres Vorstandsmitgliedes umsetzen. Als Stabsstelle hat das Controlling lediglich eine Informations- und Beratungsfunktion. Die Bedeutung des Controllings in dieser Konstellation hängt damit entscheidend von der Akzeptanz und Unterstützung durch das für das Controlling zuständige Vorstandsmitglied ab.

Zentralisierung vs. Dezentralisierung des Controllings

Insbesondere in größeren Unternehmen wie internationalen Konzernen stellt sich die Frage der Zentralisierung/Dezentralisierung von Controllingaufgaben und Controllingabteilungen. Bei einer **zentralisierten Controllingorganisation** ist das Controlling organisatorisch in der Unternehmenszentrale oder -holding angesiedelt. Werden im Rahmen dieser Organisationsform neben dem Zentralcontrolling auch spezialisierte Controllingstellen wie ein Marketingcontrolling oder ein IT-Controlling eingerichtet, werden diese disziplinarisch und fachlich der Zentralabteilung unterstellt

Insgesamt kann eine reine Zentralisierung zu einer komplexen und vom Rest des Unternehmens abgeschlossenen Controllinghierarchie führen. Das Zentralcontrolling ist für die Koordination aller Controllingbereiche zuständig und trägt die Verantwortung für die unternehmensweite Erfüllung der Controllingaufgaben sowie die Gestaltung der Controllingsysteme und Controllingprozesse.

Die Vorteile einer solchen zentralen Controllingorganisation liegen in einer engen Bindung des Controllings an die Unternehmensleitung und vor allem der unproblematischen Etablierung und schnellen Anpassung unternehmenseinheitlicher Controllingstandards, wie z. B. einheitlicher Kennzahlen, sowie einheitlicher Controllingprozesse. Darüber hinaus kann ein zentrales Controlling eher der Aufgabe als kritischer, von den Geschäfts- oder Funktionsbereichen unabhängiger Berater der obersten Führungsebene nachkommen. Als Nachteil leidet eine solche ausschließlich zentrale Organisation des Controllings oftmals unter einer geringen Kenntnis des operativen Geschäfts und daher einer häufig nur geringen Akzeptanz in den operativen Bereichen. Darüber hinaus wird dem zentralisierten Controlling häufig innerhalb des Unternehmens mit Misstrauen begegnet. Dies führt dazu, dass die von den Geschäftsbereichen übermittelten Informationen oftmals nicht zuverlässig sind.

Bei einem **dezentralen Controlling** hat jeder Geschäftsbereich ein eigenes Controlling. In der Reinform sind diese unabhängig von der Unternehmensleitung oder einem eventuell vorhandenen Zentralcontrolling. Das Bereichscontrolling ist disziplinarisch und fachlich der jeweiligen Bereichsleitung unterstellt.

Vorteile dieser dezentralen Organisationsform sind die unmittelbare Einbindung in das operative Tagesgeschäft der Geschäftsbereiche und eine hohe Akzeptanz bei den operativen Linienmanagern. Dies kann aber zu einem Bereichsegoismus und einer fehlenden Unabhängigkeit des Controllings vom Geschäftsbereich führen. Damit kann auch die für einen Business Partner notwendige kritische Distanz fehlen. Unternehmenseinheitliche Controllingstandards sind bei einer dezentralen Organisation nicht so einfach durchzusetzen.

Um die Vorteile von zentralen und dezentralen Organisationsformen miteinander zu verbinden, sind heute Controllingabteilungen in größeren Unternehmen zumeist zentral-dezentral organisiert (vgl. Abb. 13). Häufig wird dies auch als **Dotted-Line-Organisation** bezeichnet. Man unterscheidet hierbei die fachliche von der disziplinarischen Unterstellung. In der Dotted-Line-Organisation gibt es neben einem Zentralcontrolling dezentralen Controllingabteilungen in den Funktions- und Geschäftsbereichen. Die Bereichscontrollingabteilungen sind fachlich dem Zentralcontrolling und disziplinarisch den Bereichsleitungen unterstellt.

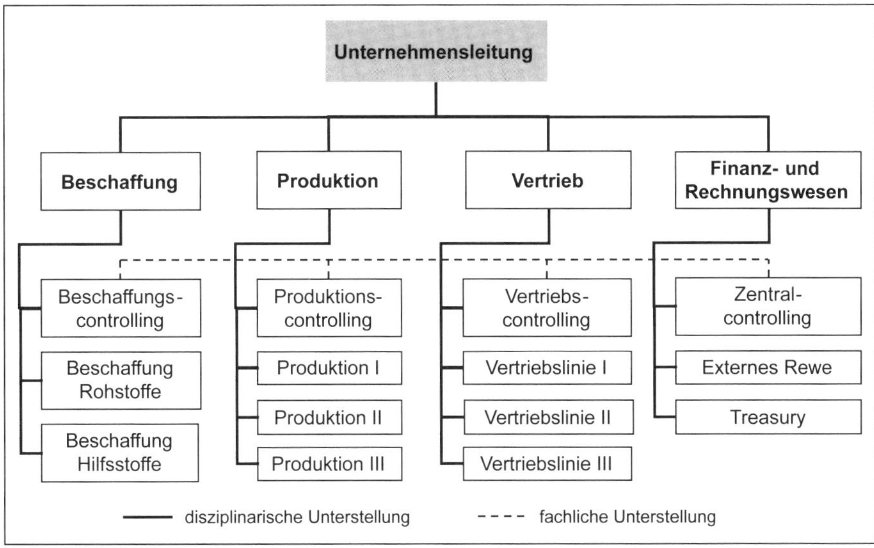

Abb. 13: Zentral-dezentrale Dotted-Line-Controllingorganisation

Dies soll durch die disziplinarische Einordnung einerseits eine große Nähe und hohe Kenntnis der Controller in Bezug auf die operativen Bereiche sicherstellen, andererseits durch die fachliche Dotted-Line die Durchsetzung einheitlicher Controlling- und Rechnungswesenstandards ermöglichen, wie z. B. unternehmensweit vereinheitlichte Bilanzierungsregeln oder Planungsprozesse.

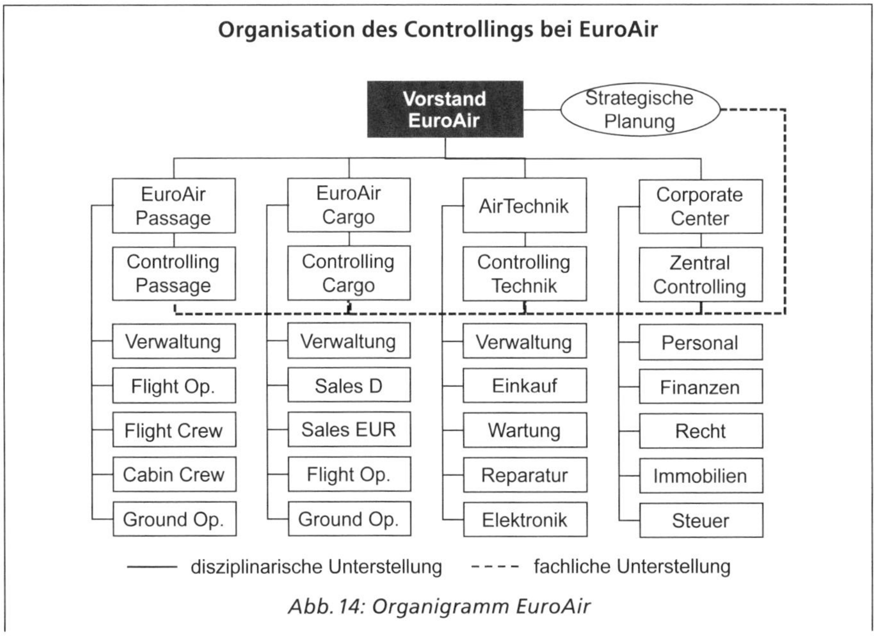

Abb. 14: Organigramm EuroAir

Bei EuroAir sind Controlling-Funktionen und Abteilungen über das gesamte Unternehmen verteilt. Es gibt eine Linienfunktion Zentralcontrolling. Sie wurde im Bereich Corporate Center eingerichtet. Daneben gibt es Controlling-Stabsabteilungen in allen operativen Geschäftsbereichen – bei Passage, Cargo und Technik. Zudem wurde direkt beim Vorstandsvorsitzenden auch eine strategische Planungsabteilung eingerichtet.

Es handelt sich um eine Dotted-Line-Controllingorganisation, da das Zentralcontrolling allen anderen Controllern in Bezug auf die Methoden des Controllings sowie andere fachliche Fragestellungen vorgesetzt ist.

2.2 Prozessorganisation

Lehrbücher zur Unternehmensorganisation haben sich historisch zu 90% mit der Aufbauorganisation beschäftigt – und nur wenig mit der Ablauforganisation. Die Ablauforganisation wurde letztlich seit den 1910er-Jahren nur im Bereich der Produktion intensiv untersucht. Im Jahr 1993 erschien das Buch „Reengineering the Corporation: A Manifesto for Business Revolution" von Michael Hammer und James Champy, das sich mit dem **Business Process Reengineering** beschäftigt hat und ein Bestseller wurde. Ab diesem Zeitpunkt war die **Prozessorganisation**, das **Prozessmanagement** sowie das **Processredesign**, wie man die Themen der Ablauforganisation nun nannte, ein Kernthema im Management und damit auch im Controlling.

Der Bedeutungszuwachs des Prozessmanagements kam nicht von ungefähr. Zwei Entwicklungen haben diesen begünstigt:

- Die Gemeinkosten und insbesondere die Gemeinkosten außerhalb der Fertigung sind seit den 1950er kontinuierlich gestiegen. Wollte man im Unternehmen Kosten senken, musste man sich die Prozesse im Gemeinkostenbereich wie Rechnungswesen, Personalwesen, Marketing oder allgemeine Verwaltung anschauen.
- Die Einführung des PCs Anfang der 1980er-Jahre hat es grundsätzlich ermöglicht, Prozesse in den genannten Gemeinkostenberichten durch IT zu automatisieren. Die Erstellung von entsprechender Software setzt aber eine detaillierte Prozessanlyse voraus.

Getrieben durch die rasante Entwicklung der IT und die Kostenmanagementprogramme der Unternehmen wurden etliche neue Methoden und Instrumente des Prozessmanagements im Unternehmen entwickelt. Ein Beispiel ist das Framework SixSigma, das in den 1990er-Jahren von Jack Welch im US-amerikanischen Konzern General Electric eingeführt wurde, aber auch internationale Normen zum Prozessmanagement wie DIN EN ISO 9004:2017.

Die **International Group of Controlling (IGC)** ist eine Organisation, deren Zielsetzung es ist, Controllingverständnis international zu verbreiten. Die IGC hat vor einigen Jahren einen ersten Versuch unternommen, ein **Controllingprozessmodell** zu entwickeln. Dieses wurde zunächst im Jahr 2011 publiziert (vgl. IGC, 2011). Im Jahr 2017 wurde eine zweite, überarbeite Version, das Controllingprozessmodell 2.0, veröffentlicht (vgl. IGC, 2017).

Das Controllingprozessmodell der IGV umfasst die Abb. 15 gezeigten Elemente: eine definierte Prozesshierarchie, eine detaillierte Beschreibung der Prozesse und KPI zur Messung der Prozessperformance (vgl. IGC, 2011, S. 18 ff.):

- Die **Prozesshierarchie** des IGC-Prozessmodells definiert Controlling als einen Geschäftsprozess, der als Führungsprozess auf einer Ebene mit anderen Geschäftsprozessen wie dem Führungsprozess Personalmanagement oder dem Kernprozess Vertriebe und Kundenbeziehung steht. In der Prozesshierarchie untergliedert sich der Führungsprozess Controlling in Hauptprozesse wie Management Reporting. Hauptprozesse wiederum untergliedern sich in Teilprozesse und Teilprozesse letztlich in Aktivitäten.
- Die **umfassende Beschreibung** der Prozesse beinhaltet neben der Aktivitätenkette der Prozessbeschreibung, z. B. in Form von Flussdiagrammen bzw. Flowcharts, die Elemente Prozessanfang und Prozessende sowie Input und Output.
- Das letzte Element des Controllingprozessmodells sind **KPI zur Messung der Prozessperformance.** Diese beziehen sich auf die Aspekte Kosten, Zeit und Qualität, die man auch aus dem magischen Dreieck des Projektmanagements kennt.

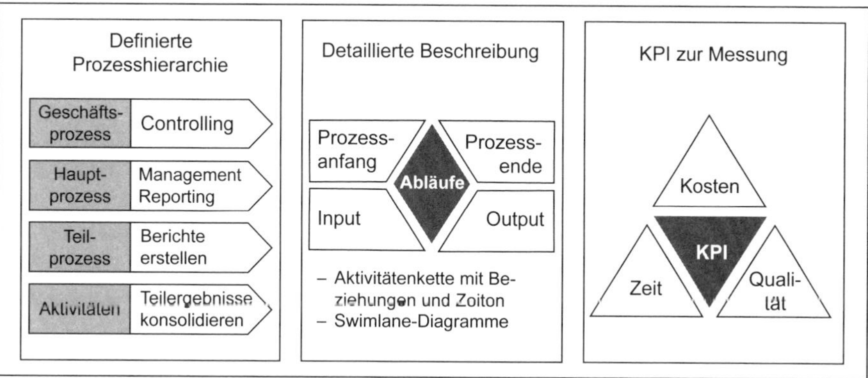

Abb. 15: Elemente des Controllingprozessmodells der IGC (Quelle: in Anlehnung an IGC, 2011)

Ein wesentlicher Aspekt des **Prozesshierarchie des Controllingprozessmodells** sind die Hauptprozesse, in die sich der Führungsprozess Controlling untergliedert. Hier hat die Arbeitsgruppe Anpassungen zwischen dem ersten Controllingprozessmodell von 2011 und dem Controllingprozessmodell 2.0 von 2017 vorgenommen.

Hauptprozesse des Controllingprozessmodell 2.0 sind, wobei die ersten sechs Hauptprozesse nochmals als Kernprozesse hervorgehoben werden:

- Strategische Planung,
- Planung, Budgetierung und Forecast,
- Investitionscontrolling,
- Kosten-, Leistungs- und Ergebnisrechnung,
- Management Reporting,
- Business Partnering,
- Projektcontrolling,
- Risikocontrolling,
- Datenmanagement,
- Weiterentwicklung von Organisation, Prozessen, Instrumenten und Systemen.

Funktionscontrollingprozesse, wie z. B.

- Personalcontrolling,
- Marketing- und Vertriebscontrolling,
- Produktionscontrolling,
- Beschaffungscontrolling oder
- IT-Controlling,

sind ebenfalls Hauptprozesse.

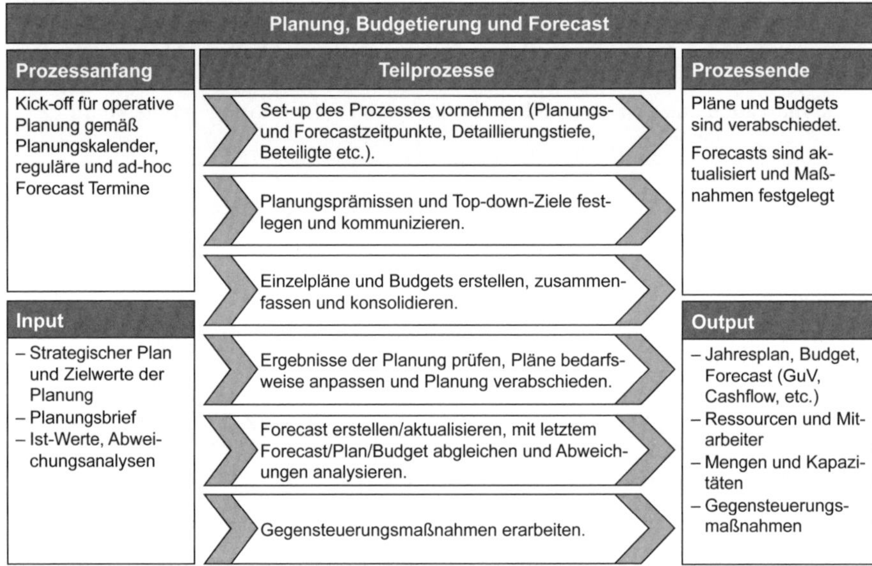

Abb. 16: Hauptprozess Planung, Budgetierung und Forecast (Quelle: in Anlehnung an IGC, 2017, S. 34)

In Abb. 16 ist der Hauptprozess Planung, Budgetierung und Forecast dargestellt, in Abb. 17 der Hauptprozess Management Reporting. Die Abbildungen beider Hauptprozesse beinhalten jeweils den Prozessanfang und das Prozessende sowie den Prozessinput und den Prozessoutput. Zusätzlich sind die Hauptprozesse jeweils in die Teilprozesse aus der nächsten Ebene der Prozesshierarchie untergliedert.

Eine Stärke des Controllingprozessmodells der IGC ist, dass erstmalig versucht wird, eine Übersicht über die in deutschen Unternehmen üblichen Controlling-Hauptprozesse zu geben. In der Literatur des Prozessmanagements wird eine solche Übersicht als **Prozesslandkarte** bezeichnet. Jedes Unternehmen kann seine Prozesslandkarte der eigenen Controlling-Hauptprozesse mit der Prozesslandkarte der IGC vergleichen und hier seine Schlüsse ziehen. Denkbar wäre zum Beispiel, in einem zweiten Schritt die Hauptprozesse hinsichtlich des **Prozessreifegrads** und der **Resourcenbindung** zu bewerten, um sich mit anderen Unternehmen zu benchmarken oder den Bedarf für ein Prozessredesign zu ermitteln.

Abb. 17: Kernprozess Management Reporting (Quelle: in Anlehnung an IGC, 2017, S. 45)

Einen wesentlichen Kritikpunkt am Controllingprozessmodell der IGC kann man Abb. 16 und Abb. 17 direkt entnehmen. Die Unterteilung der Hauptprozesse in Teilprozesse sowie die Beschreibung von Prozessanfang, Prozessende, Input und Output der beiden Hauptprozesse bleiben zu generisch. Auf dieser Basis kann keine sinnvolle Prozessanalyse mit Ist-Prozess und Soll-Prozess durchgeführt werden.

Für ein Prozessredesign benötigt man eine Darstellung des Prozesses als Flussdiagramm, wie sie in Abb. 18 in Form eines Swimlane-Diagramms dargestellt ist. Bei Flussdiagrammen sieht man den Startpunkt des Prozesses, alle Aktivitäten, die Abfolge der Aktivitäten mit Verzweigungen und speziell beim Swimlane-Diagramm die ausführenden Organisationseinheiten. Ein Flussdiagramm kann noch beliebig augmentiert werden. In Abb. 18 werden zu den Aktivitäten die verwendeten Datenbanksysteme gezeigt. Man könnte aber auch die Zeitdauer der Aktivität, die Resourcenbindung in GTK oder die generell verwendeten IT-Systeme jeder Aktivität ergänzen. Flussdiagramme werden auch zur Softwareentwicklung verwendet, daher gibt es für ihre Erstellung einfachere Softwarepakete wie Microsoft Visio oder komplexere Softwarepakete wie ARIS.

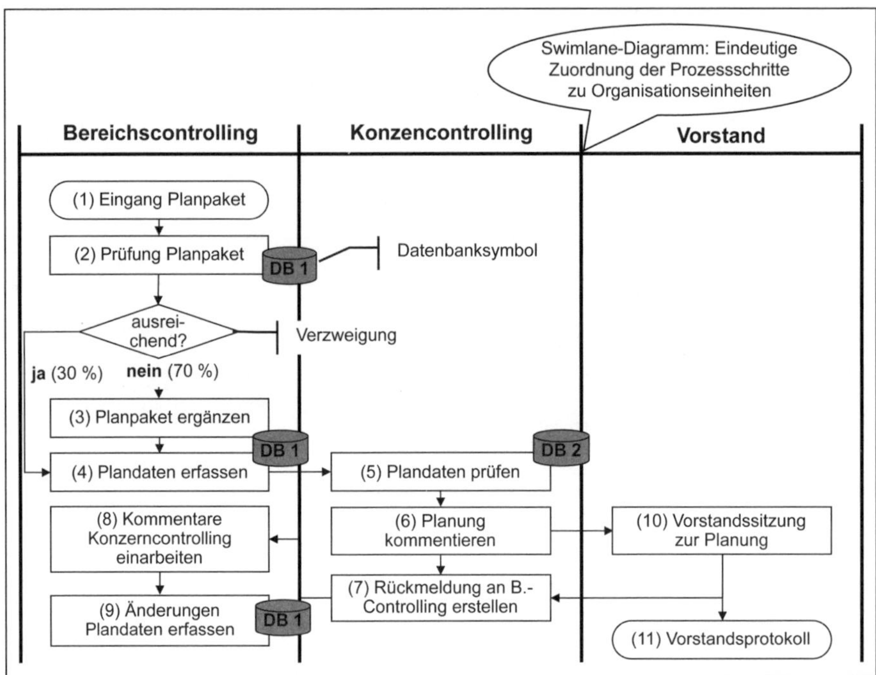

Abb. 18: Prozessdarstellung für ein Prozessredesign

Der Detaillierungsgrad für ein Prozessredesign im Controlling sollte so gewählt werden, dass die abgebildeten Aktivitäten zwischen ca. 15 min. und 4 h dauern und von einzelnen Mitarbeitern erledigt werden. Wird eine Aktivität regelmäßig von einem Mitarbeiter begonnen und von einem anderen beendet, sind es wahrscheinlich zwei Aktivitäten, die aufeinander folgen und getrennt dargestellt werden sollten.

Die Erstellung solcher Prozessdokumentationen ist zeitaufwendig und bedarf erheblicher Erfahrung. Sie sind aber unverzichtbar, wenn man erfolgreich die Effizienz der Controllingprozesse durch ein Prozessredesign erhöhen möchte. Es müssen nicht alle Controllingprozesse in diesem hohen Detaillierungsgrad gleichzeitig erhoben werden. Es ist ausreichend, wenn man zunächst nur die Prozesse aufnimmt und dokumentiert, mit deren Prozessredesign man beginnen möchte.

B Planungs-, Kontroll- und Informationsprozesse

Man unterscheidet zwischen operativem Controlling und strategischem Controlling. Operative Controllingprozesse beschäftigen sich mit Effizienzfragestellungen im Unternehmen. Sie geben dem Management Unterstützung für die Fragestellung „Tun wir die Dinge richtig?“ wie auch die Frage „Gehen wir wirtschaftlich mit unseren Resourcen um?“. Operative Fragestellungen haben eher einen kurzen Zeithorizont.

Im Gegensatz zu strategischen Controllingprozessen, die sich mit der Fragestellung „Tun wir die richtigen Dinge?“ beschäftigen und in denen wir grundsätzlich über die langfristige Richtigkeit der Zielsetzungen und Strategien des Unternehmens nachdenken, konzentriert man sich im operativen Controlling darauf, wie die festgelegten Strategien möglichst effizient umgesetzt werden können.

Zunächst beschäftigen wir uns in Kapitel B.1 mit den operativen Planungs- und Kontrollprozessen, in Kapitel B.2 folgen die strategischen Planungs- und Kontrollprozessen. Der Abschnitt B zu Planungs-, Kontroll- und Informationsprozessen endet mit Kapitel B.3 zur Kennzahlensteuerung des Unternehmens als zentraler Bestandteil des Informationsprozesses.

1 Operative Planungs- und Kontrollprozesse

1.1 Einordnung von operativen Planungs- und Kontrollprozessen

Planung und Kontrolle sind neben der Informationsversorgung die zentralen Aufgaben des Controllings. Dabei sind Planung und Kontrolle als wesentliche Bestandteile in das Führungssystem des Unternehmens eingebettet (vgl. Abb. 19). Parallel zu dem Führungssystem gibt es das Ausführungssystem mit seinen Geld- und Güterströmen.

Das operative Planungs- und Kontrollsystem ist sicherlich der am weitesten und detailliertesten entwickelte Aufgabenbereich des Controllings. Operative Planungs- und Kontrollprozesse gibt es heute in fast jedem Unternehmen ab einer Größe von ca. 20 Mitarbeitern. Operative Controllingsysteme sind in den 1920er-Jahren mit dem Entstehen erster Großunternehmen in den USA und Europa entstanden. Damals zeigte sich mit der zunehmenden Unternehmensgröße und Komplexität von Automobil- und Chemieunternehmen wie General Motors, Ford oder DuPont die wachsende Notwendigkeit einer integrierten Unternehmensplanung. Auslöser war die Notwendigkeit der Koordination der durch die vertikale Integration immer komplexer werdenden Unternehmensaktivitäten.

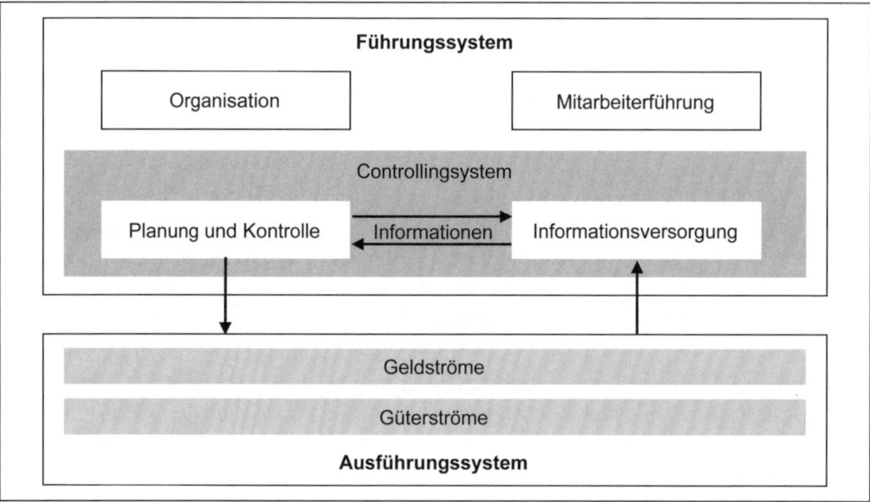

Abb. 19: Einordnung des Controllingsystems in Führungs- und Ausführungssystem (Quelle: verändert nach Horváth et al., 2020, S. 61)

Notwendigkeit zur Planung und Steuerung

Die Ford Motor Company aus der Zeit des Modell T bildet ein gutes Beispiel für die Notwendigkeit der Koordination bei hoher vertikaler Integration. Die gesamte Planung des Unternehmens war auf die Serienproduktion des Model T ausgerichtet. Hierbei überließ Ford fast keinen Teilschritt der Wertschöpfung externen Zulieferern. Das Werk produzierte seinen eigenen Strom sowie die damals zentralen Komponenten Glas und Stahlblech. Die Stahlversorgung basierte auf eigenen Kohle- und Erzbergwerken, der Transport wurde mit eigenen Schiffen und einer eigenen Eisenbahngesellschaft abgewickelt (vgl. Koch, 2006, S. B2). **Operative Planungssysteme** in Form einer Budgetierung wurden damals notwendig, um zum Beispiel die Produktionsmengen in den Gummiplantagen in Brasilien mit der Absatz- und Produktionsplanung des Model T in den USA abzustimmen.

Abb. 20: Fließbandproduktion des Ford Modell T (1913) (Quelle: Wikipedia, 2019)

Heute verfügen nicht nur Großunternehmen über operative Controllingsysteme – auch wenn diese nicht immer als solche bezeichnet werden. Insbesondere die auf formale Ziele wie Gewinn, Umsatz oder Liquidität ausgerichtete operative Planung, die häufig als **Budgetierung** bezeichnet wird, und die regelmäßige interne Monats- oder Quartalsberichterstattung sind als operative Controllingsysteme weit verbreitet.

1.2 Planungs- und Budgetierungsprozesse

1.2.1 Begriff der Planung

„Wer den Hafen nicht kennt, in den er segeln will, für den ist kein Wind der richtige." Das Zitat des römischen Philosophen Seneca sagt viel über die Bedeutung von Zielen und Plänen im Allgemeinen und im Unternehmen aus.

„Planung ist ein bewusster geistiger Prozess, durch den zukünftiges Geschehen gestaltet werden soll. Über die gedankliche Vorwegnahme, das Durchdenken künftiger Handlungsmöglichkeiten, der sie begrenzenden Rahmenbedingungen, ihrer Wirkungen auf die eigenen Ziele und andere Größen will man Handlungsalternativen finden, analysieren und auswählen" (Küpper et al., 2013, S. 131).

Wesentliche Merkmale der Planungsprozesse sind ihre Zukunftsbezogenheit sowie ihr Informations- und Gestaltungscharakter. Planungsprozesse kommen im Unternehmen als regelmäßig wiederkehrende, aber auch unregelmäßige, sporadisch oder nur einmalig auftretende Prozesse vor. So denkt man bei Planung zunächst an den in den meisten Unternehmen jährlich stattfindenden, meist sehr formalisierten, operativen Budgetplanungsprozess. In vielen größeren Unternehmen finden auch strategische Planungsprozesse statt – allerdings deutlich weniger formalisiert, standardisiert und wesentlich unregelmäßiger.

Neben wiederkehrenden Planungsprozessen gibt es in fast allen Unternehmen situativ veranlasste Planungsprozesse, die meist problembezogen bzw. anlassbezogen sind wie z. B. bei der Planung und Eröffnung eines Produktionswerks oder der Markteinführung eines neuen Produktes. Situative Planungsprozesse werden regelmäßig durch das Controlling selbst ausgelöst, wenn eine Soll-Ist-Abweichungen im Rahmen des Controllingkreislaufs besteht und Gegenmaßnahmen geplant werden.

Grundmodell situativer Planungsprozesse nach Wild 1974

Das Grundmodell für einen situativen Planungsprozess wurde von Wild 1974 entwickelt. Es besteht aus acht Phasen (vgl. Abb. 21).

- **Problemidentifikation und -analyse**
  In dieser ersten Phase erfolgen die Problemidentifikation sowie eine detaillierte Analyse und Beschreibung der Problemstellung. Ein Planungsprozess kann anlassbezogen ausgelöst werden, wie z. B. aufgrund strategischer Initiativen, die umgesetzt werden sollen, oder aber durch größere Soll-Ist-Abweichungen im Rahmen der regelmäßigen Berichterstattung, die Gegenmaßnahmen erforderlich machen.
- **Zielbildung**
  Im Rahmen der Zielbildung werden – abgeleitet aus den allgemeinen Unternehmenszielsetzungen – konkrete Ziele im Hinblick auf die in der Vorphase beschriebene Problemstellung festgelegt.

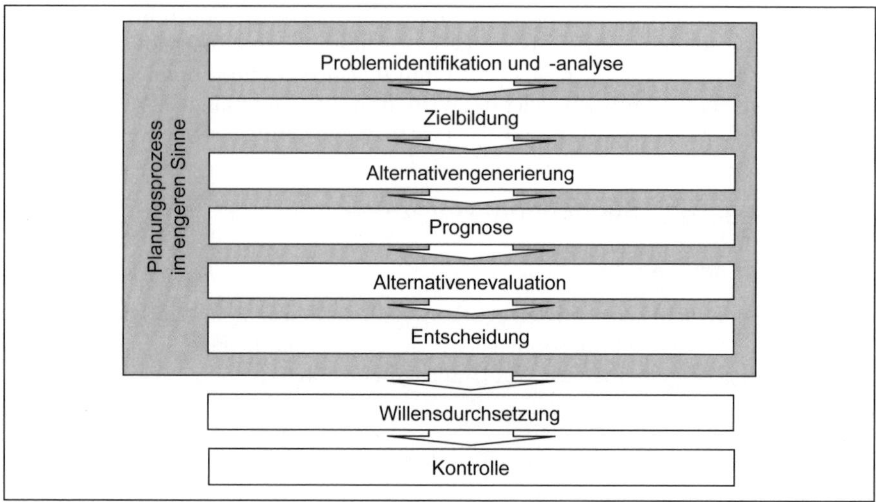

Abb. 21: Grundmodell der Planung
(Quelle: verändert nach Wild, 1974, S. 46 ff.)

- **Alternativengenerierung**
  Die Alternativengenerierung ist der kreative Teil des Grundmodells. Es werden Möglichkeiten gesucht, wie man das identifizierte Problem unter wirtschaftlichen Gesichtspunkten lösen kann. Ergebnis der Alternativengenerierung sind konkrete Maßnahmen bzw. Maßnahmenpakete, die sogenannten Sachpläne, die so umfassend dargestellt sind, dass ihre Kosten, im Allgemeinen als Budgets bezeichnet, und der Nutzen bekannt sind.
- **Prognose**
  In der Prognosephase wird die Entwicklung des Umfeldes des Unternehmens in Hinblick auf das Planungsproblem prognostiziert. Die Prognose ist mit Unsicherheit oder Risiko behaftet, denn einerseits sind die Wirkungsmechanismen im Unternehmen selbst komplex und unsicher und andererseits ist auch das Umfeld des Unternehmens dynamisch.
- **Alternativenbewertung**
  Im Rahmen der Alternativenbewertung werden die Informationen der Zielbildung, der Alternativengenerierung und der Prognose zusammengeführt. Ergebnis ist eine umfassende Dokumentation, welche der Alternativen die Zielsetzung am besten erfüllt. Hier kommen idealerweise Methoden der Investitionsrechnung zum Einsatz.
- **Entscheidung**
  Eine gute Alternativenbewertung sollte dazu führen, dass in der Entscheidungsphase nur noch die Auswahl der wirtschaftlichsten Alternative erfolgt.
- **Willensdurchsetzung und Kontrolle**
  Willensdurchsetzung und Kontrolle gehören nicht mehr zum Planungsprozess im engeren Sinne, sind hier aber der Vollständigkeit halber erwähnt.

Planungsprozess bei EuroAir

Beginnen wir das EuroAir-Beispiel mit der Problemidentifikation. Im Vergleich zum Wettbewerb und im Vergleich zum Umsatz des Vorjahres wurde ein signifikanter Rückgang an Flugbuchungen festgestellt. Im Rahmen der Zielbildung wurde festgelegt, dass die Anzahl der Flugbuchungen zu den spanischen Inseln, nach Griechenland, Portugal, in die Türkei und zu Zielen in Nordafrika um 20 % gesteigert werden soll.

Im kreativen Teil der Planung – der Alternativengenerierung – wurden verschiedene Lösungsideen gegeneinander abgewogen. Eine Idee zur Umsatzsteigerung war die Verdoppelung der eigenen Bonusmeilen im Vergleich zu Vielfliegerprogrammen der Konkurrenz: „Double Your Miles". Eine alternative Idee war die Entwicklung günstiger Kombiangebote mit Hotels oder Mietwagenfirmen.

In der Prognose wurden alternative Szenarien des Umfeldes und die Auswirkungen der Alternativen in Hinblick auf Zusatzumsätze, zusätzliche Kosten, notwendige Investitionen usw. analysiert. Aus einem Worst-Case-Szenario und einem Best-Case-Szenario wird bei EuroAir ein realistisches Base-Case-Szenario entwickelt, das Grundlage der wirtschaftlichen Bewertung und Entscheidung ist.

Nach der Entscheidung für das Double Your Miles-Programm erfolgte die konsequente Umsetzung. In der Kontrollphase wurde der Erfolg überprüft. Schon während der Laufzeit des Programms konnte eine Ziel-Lückenanalyse EuroAir Klarheit darüber bringen, dass sich die gewünschten Umsatzsteigerungen ohne wesentliche Margenverluste eingestellt hatten.

Pläne und Planinhalte

Das Ergebnis der Planung sind **Pläne**. Pläne beinhalten Vorhersagen über zukünftige Entwicklungen sowie Vorgaben für die Handlungen des Managements und der Mitarbeiter. Pläne sind meistens verbindlich und sollen von den verantwortlichen Mitarbeitern umgesetzt werden.

Strategische Planung bei EuroAir: Transatlantic 2040

EuroAir beabsichtigt, das Streckennetz auf einzelne US-amerikanische Destinationen zu erweitern. Da ein organischer Aufbau eigener Strecken im US-Markt und auf der Transatlantik-Route aufgrund des scharfen Wettbewerbs und fehlender Slots unmöglich erscheint, soll eine US-Airline übernommen werden. Das Ergebnis der Überlegungen hierzu ist ein strategischer Plan, der intern als **Transatlantic 2040** bezeichnet wird und folgende Kernelemente beinhaltet:

- Das zentrale Ziel von Transatlantic 2040 ist der Markteintritt in USA.
- Die erwartete Entwicklung des amerikanischen Luftverkehrsmarktes und weitere Prämissen sind in dem Plan niedergelegt und die Probleme eines organischen Wachstums erläutert.
- Die Akquisitionsstrategie wird begründet und die wichtigsten Player im amerikanischen Luftverkehrsmarkt werden hinsichtlich ihrer strategischen und operativen Stärken sowie ihres strategischen und operativen Fit zu EuroAir bewertet.
- Neben zwei möglichen Akquisitionstargets werden im Rahmen eines Business Cases die notwendigen finanziellen und personellen Resourcen benannt.
- Der Plan beinhaltet auch eine Bewertung der Rendite des Projektes und eine Analyse der Auswirkungen auf die EVA™ sowie GuV und Bilanz von EuroAir.

Ein Team aus dem Vorstandsvorsitzenden, dem Vorstand SGE Passage und dem CFO übernimmt die Umsetzung des strategischen Plans, die bis 2040 erfolgen soll.

Im Einzelnen treffen Pläne, wie am vorangegangenen Beispiel der EuroAir zu erkennen ist, Aussagen zu folgenden Aspekten:

- **Ziele**
  Basis eines Planes können sowohl die allgemeinen Unternehmensziele als auch die speziellen Zielsetzungen eines Projektes sein.
- **Prämissen**
  Die Prämissen sind die expliziten oder impliziten Annahmen, auf denen ein Plan beruht. In der Budgetplanung gibt es Prämissen über zukünftige Wechselkursänderungen oder über Kostensteigerungen bei Rohstoffen und Gehältern.
- **Maßnahmen und Resourcen**
  Pläne enthalten Maßnahmen mit den zur Umsetzung notwendigen Resourcen. Bei der Resourcenplanung ist ein Abgleich von Mittelbedarf und Mittelverfügbarkeit notwendig.
- **Termine und Verantwortliche der Planerfüllung**
  Pläne beinhalten Listen von Mitarbeiter oder Abteilungen, die die Umsetzung der einzelnen Maßnahmen verantworten, und von Terminen der Maßnahmenerfüllung.
- **Ergebnisse**
  Schließlich beinhaltet ein Plan auch die Ergebnisse im Hinblick auf die Unternehmenszielsetzung, meist in Form der angestrebten Erfolgs- und Liquiditätsauswirkungen.

Funktionen der Planung

Aber warum plant ein Unternehmen und warum kann es „die Dinge nicht einfach auf sich zukommen lassen“? Die **Notwendigkeit von Planungen** können wir unmittelbar erkennen, wenn wir uns ein Unternehmen ohne Planung vorstellen:

- Die Entscheidungsträger könnten auf jede Veränderung im Unternehmen oder im Umfeld nur spontan reagieren; sie müssten also immer improvisieren.
- Die einzelnen Unternehmenseinheiten würden sich unter Umständen in völlig unterschiedliche Richtungen entwickeln und ihre Maßnahmen nicht untereinander abstimmen.
- Es wäre sehr unwahrscheinlich, dass das Unternehmen eine langfristige Vision oder Strategie verfolgen würde.

Planung eröffnet **Handlungsspielräume** und richtet das Unternehmen, seine Abteilungen und seine Führungskräfte und Mitarbeiter auf ein gemeinsames Ziel aus. Genau hier setzt die Aufgabe des Controllings an: Es koordiniert die Planungs- und Kontrollprozesse aller Kostenstellen, Abteilungen oder Unternehmensteile und schafft einen gemeinsamen instrumentellen und organisatorischen Rahmen für die Planungs- und Kontrollprozesse. Aus vielen Einzelplänen kann so ein abgestimmter Gesamtplan entstehen.

Abb. 22 zeigt die grundlegenden Funktionen der Planung.

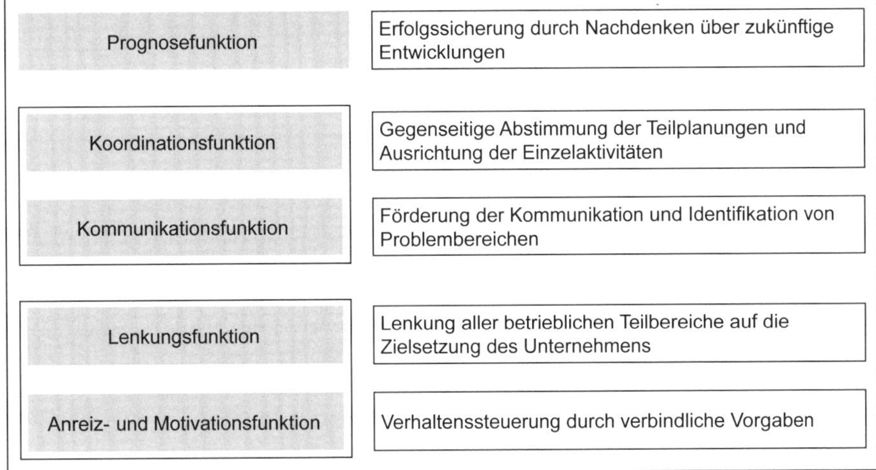

Abb. 22: Planungsfunktionen

- **Prognosefunktion**
  Im Rahmen der Prognosefunktion wird über zukünftige Entwicklungen nachgedacht. Dabei werden Veränderungen im Unternehmen und im Umfeld des Unternehmens vorhergesagt und somit die Prämissen für das zukünftige Handeln festgelegt. Zur Prognosefunktion gehört im Rahmen der strategischen Planung auch eine Frühwarnfunktion, die auf langfristige Risiken hinweist.
- **Koordinationsfunktion**
  Im Rahmen der Koordinationsfunktion der Planung werden die Teilpläne der einzelnen Kostenstellen, Abteilungen, Geschäftsbereiche aufeinander und auf das Gesamtunternehmensziel abgestimmt. Gerade in diversifizierten und internationalen Unternehmen ist die Koordinationsfunktion bedeutsam.
- **Kommunikationsfunktion**
  Die Kommunikationsfunktion ist eng mit der Koordinationsfunktion verknüpft. Im Rahmen der Planungsprozesse werden Engpass- und Problembereiche des Unternehmens identifiziert und Widersprüche in den Einzelplänen von Abteilungen durch intensive Kommunikation ausgeräumt.
- **Lenkungsfunktion**
  Planung dient dazu, die Handlungen der Mitarbeiter und des Managements auf die Unternehmenszielsetzung auszurichten. Pläne lenken die Handlungen von intrinsisch motivierten Mitarbeitern auch extrinsische Anreize wie Boni.
- **Anreiz- und Motivationsfunktion**
  Mitarbeiter werden durch die verbindliche Vorgabe von Plänen zu plankonformem Verhalten motiviert. Über die Verknüpfung der Pläne mit der Leistungsbeurteilung und -incentivierung wird eine Verstärkung der Motivationsfunktion angestrebt.

Die unterschiedlichen Planungsfunktionen stehen nicht unbedingt im Einklang. Wenn wichtige Planwerte als Basis für die Leistungsbeurteilung und -incentivierung verwendet werden, kann es aus Sicht des einzelnen Mitarbeiters oder der einzelnen Abteilungen sinnvoll sein, die zukünftige Entwicklung extrem vorsichtig zu planen und Reserven, sogenannte Budgetary Slacks, in die Pläne einzubauen. Wenig anspruchsvolle Pläne sollen so einen hohen Zielerreichungsgrad und damit einen hohen Bonus sichern. Moderne Controllingmethoden wie Objectives and Key Results (OKR) verzichten daher explizit auf die Verknüpfung von Planung und Bonuszahlungen (vgl. Kapitel C.4.7 zu OKR).

1.2.2 Ebenen der Planung

Planungsprozesse und Pläne lassen sich nach etlichen Gesichtspunkten differenzieren. Bereits oben haben wir die regelmäßig wiederkehrenden operativen Jahresplanungen von den situativ angestoßenen Planungsprozessen unterschieden. Weitere Differenzierungsmöglichkeiten beziehen sich auf den inhaltlichen Detaillierungsgrad (Global- vs. Detailplanung) oder auf die Fristigkeit (kurzfristig vs. langfristig). Unter den Differenzierungsmöglichkeiten von Planungsprozessen findet die Differenzierung nach inhaltlichen und nach organisatorischen Planungsebenen besondere Beachtung, die wir im Nachfolgenden detailliert betrachten wollen. Zunächst betrachten wir aber die Zielplanung.

1.2.2.1 Zielplanung

Ziele sind ein elementarer Bestandteil des Controlling- und Führungsprozesses. Unternehmensziele stellen den zentralen Ausgangspunkt der Unternehmensplanung dar.

> **Ziele** sind in der Zukunft liegende, positiv bewertete und angestrebter Zustände. Unternehmens-, Geschäftsbereich- und Abteilungsziele sind Maßstäbe, an denen deren Erfolg der Einheiten gemessen werden kann.

Unternehmensziele können in Formalziele und Sachziele untergliedert werden.

- **Formalziele**
  sind übergeordnete Ziele, in denen sich der Erfolg des unternehmerischen Handelns widerspiegelt, wie z. B. Gewinn, Liquidität, Wirtschaftlichkeit oder Rentabilität.
- **Sachziele**
  sind Entscheidungsvorgaben für konkret zu ergreifenden Maßnahmen, wie z. B. Maßnahmen bezüglich der Art, Menge und der Zeit der zu produzierenden Güter oder Maßnahmen der einzelnen Funktionsbereiche, wie z. B. Beschaffungsziele, Produktionsziele oder Absatzziele.

EuroAir – Ausgewählte Formal- und Sachziele

Sachziele	Formalziele
– **Flugangebote:** Um eine höhere Flexibilität der Flugbuchungen für die Kunden zu erwirken, sollen 80 % der Destinationen zukünftig viermal statt dreimal am Tag angeflogen werden. – **Destinationen:** Es wird eine Ausweitung des Streckennetzes auf die USA erfolgen. – **Komplementärangebote:** Man strebt an, mit Partnern auch Hotelübernachtungen und Mietwagenangebote zu inkludieren. Zunächst sollen attraktive Hotelangebote am gebuchten Zielort automatisch angeboten werden.	– **Umsatzziele:** Der Umsatz von EuroAir soll in den nächsten 5 Jahren um 50 % steigen. – **Kostenziele:** Im Bereich Fluggastabfertigung muss EuroAir im nächsten Jahr die Kosten um 12 % senken. – **Rentabilitätsziele:** Der ROCE soll immer 3 Prozentpunkte über den Kapitalkosten liegen. – **Liquiditätsziele:** EuroAir strebt eine Liquidität zweiten Grades von 105 % an.

Abb. 23: Ausgewählte Formal- und Sachziele der EuroAir SE (Quelle: in Anlehnung an Wöhe, Döring & Brösel, 2016, S. 69)

Ziele sollten nach den SMART-Regeln formuliert werden. Das Akronym SMART steht dabei für:

- **Spezifisch**
  Spezifisch bedeutet zunächst, dass sich die Ziele inhaltlich direkt, konkret und nachvollziehbar aus der Unternehmensvision oder -strategie ableiten lassen. Formal sollen spezifische Ziele eindeutig und präzise –ohne Interpretationsspielraum – formuliert sein.
- **Messbar**
  Zu den Zielen müssen Kennzahlen definiert werden, auf deren Basis zunächst das Zielausmaß im Plan und später dessen Erreichung im Ist gemessen werden können. Ziele müssen also operationalisiert werden. Hierzu gehört auch die konkrete Formulierung des Zielausmaßes, wie z. B.: „Die Mitarbeiterfluktuation im Vertrieb, definiert als Anzahl der Mitarbeiter, die im Verlaufe eines Jahres die Vertriebsabteilung verlassen haben, geteilt durch den Mitarbeiterbestand des Vertriebs am Anfang des Jahres jeweils gemessen in GTK, soll vom Jahr 2019 bis zum Jahr 2022 von 8,9 % auf 7,0 % gesenkt werden".
- **Aktionsorientiert**
  Für die Mitarbeiter muss aus der Zielformulierung deutlich werden, wie sie durch ihr eigene Aktionen dazu beitragen können, dass ihr Unternehmen, ihre Abteilung oder ihr Team die Ziele erfüllt. Am besten gelingt dies, wenn die Zielformulierung der Unternehmensziele einen Einklang mit den Zielen des einzelnen Mitarbeiters herstellt.
- **Realistisch**
  Ziele sollten so formuliert werden, dass diese anspruchsvoll sind, aber dennoch realistisch erreichbar. Sowohl unerreichbare, also zu anspruchsvolle Ziele, als auch zu anspruchslose Ziele demotivieren. Die zur Zielerreichung seiner Ziele notwendigen Resourcen müssen jedem Mitarbeiter zur Verfügung gestellt werden.
- **Terminiert**
  Zur Festlegung eines Zieles gehört auch eine klare zeitliche Vorgabe, bis zu welchem Zeitpunkt es erreicht werden soll.

Inhaltlich werden Unternehmensziele durch die Ansprüche der acht in Abb. 24 dargestellten Stakeholder, auch Anspruchs- oder Interessengruppen genannt, geprägt. Der Ausgleich der zum Teil widersprüchlichen Interessen und Forderungen der Stakeholder ist Teil des normativen Managements – hier gibt es kein Richtig und Falsch. Das Unternehmen muss in einem politischen Prozess den Ausgleich zwischen den Interessen der Stakeholder suchen und seinen Platz in der Gesellschaft finden. Gerade in der seit einigen Jahren zunehmenden Diskussion zu Nachhaltigkeit und zur Verantwortung von Unternehmen für die Erreichung der Klimaziele zeigt sich der Einfluss des Staates und der Gesellschaft als Stakeholder auf die Unternehmensziele. Die Bedeutung der verschiedenen Stakeholder hat sich über die Jahre hinweg auch immer wieder verändert.

	Stakeholder	Interessen/Ziele für das Unternehmen (Beispiele)
Interne	Eigentümer	– Einkommen/Gewinn – Verzinsung und Wertsteigerung des investierten Kapitals
	Management	– Selbstständigkeit/Entscheidungsautonomie – Macht, Einfluss, Prestige
	Mitarbeiter	– Entfaltung eigener Ideen – Einkommen, Sicherheit, sinnvolle Beschäftigung, Status
Externe	Fremdkapitalgeber	– sichere Kapitalanlage – befriedigende Verzinsung, Vermögenszuwachs
	Lieferanten	– stabile Liefermöglichkeiten – Zahlungsfähigkeit der Abnehmer
	Kunden	– gute Marktleistungen zu günstigen Preisen – Service, günstige Konditionen
	Konkurrenz	– Einhaltung fairer Grundsätze und Spielregeln der Marktkonkurrenz, Kooperationen
	Staat und Gesellschaft	– Steuern – Sicherung von Arbeitsplätzen, Sozialleistungen

Abb. 24: Stakeholder des Unternehmens

Um die Ziele der verschiedenen Anspruchsgruppen im Rahmen der Unternehmenszielsetzungen zu berücksichtigen und diese innerhalb des Unternehmens aufeinander abzustimmen, bildet man im Zielbildungsprozess **Zielhierarchien** mit Ober- und Unterzielen. Ziele von hierarchisch nachgelagerten Einheiten werden konsistent und systematisch aus den Zielen der jeweils übergeordneten Einheit abgeleitet. Eine Zielhierarchie entsteht daher üblicherweise in Form eines Top-down-Zielplanungsprozesses.

Die Idee der Zielhierarchie liegt den Kennzahlensystemen wie dem DuPont-Kennzahlensystem, aber auch Werttreiberbäumen oder der Balanced Scorecard aus dem Bereich des Performance Controllings, das wir in Kapitel C.4 ausführlich behandeln, zugrunde.

1.2.2.2 Inhaltliche Planungsebenen

In Abb. 25 sind die beiden am häufigsten genannten inhaltlichen Planungsebenen, die strategische Planung und die operative Planung, dargestellt (vgl. Hahn & Hungenberg, 2001, S. 96 ff.). Die Abgrenzung zwischen **operativem** und **strategischem Controlling** erfolgt zunächst einmal vornehmlich über die Fristigkeit. Unter operativem Controlling wird die Koordination von Planung und Kontrolle sowie die Informationsversorgung mit einem kurzfristigen, meist einjährigen Betrachtungshorizont verstanden. Im Wesentlichen ist der Betrachtungsfokus des operativen Controllings auf Vergangenheit, Gegenwart und nahe Zukunft gerichtet. Dagegen beschäftigt sich das strategische Controlling meist mit einem langfristigen, zukünftigen Zeitrahmen von fünf und mehr Jahren.

Merkmal	Operative Planung	Strategische Planung
Zeitbezug	1–3 Jahre (nahe Zukunft)	5–20 Jahre (mittlere bis ferne Zukunft)
Zielgrößen	Deckungsbeitrag, Gewinn, Liquidität	Erfolgspotenzial, Existenzsicherung, Unternehmenswert
Fragestellung	Die Dinge richtig tun	Die richtigen Dinge tun
vorherrschende Orientierung	unternehmensintern	unternehmensextern
Rahmenbedingungen	überschaubares und stabiles Umfeld	komplexes und dynamisches Umfeld
Sicherheit der Informationen	weitestgehend sichere Informationen	weitestgehend unsichere und unscharfe Informationen
Informationsinhalt	quantitativ, monetär	meist qualitativ

Abb. 25: Merkmale des operativen und strategischen Controllings (Quelle: in Anlehnung an Baum, Coenenberg & Günther, 2013, S. 14)

- **Strategische Planung**
  Bei der strategischen Planung handelt es sich um eine langfristige und grundsätzliche Planung des Unternehmenserfolgs auf einem hohen Abstraktionsniveau. Eine strategische Planung findet nur in wenigen, großen Unternehmen formalisiert und regelmäßig statt.
  Die strategische Planung fällt inhaltlich meist in den Verantwortungsbereich der Unternehmens- oder Geschäftsbereichsleitung. Das strategische Controlling unterstützt diese und koordiniert den strategischen Planungsprozess, indem es beispielsweise Analyseinstrumente vorschlägt und auch strategische Analysen durchführt bzw. begleitet. Wir behandeln die strategische Planung in Kapitel B.2.
- **Operative Planung**
  Jedes Unternehmen ab einer gewissen Größe und Professionalität verfügt über eine formalisierte, operative Unternehmensplanung, die sich meist mit dem nächsten Jahr oder aber den nächsten zwei bis drei Jahren auseinandersetzt. Inhalte operativer Pläne sind zunächst konkrete Maßnahmen, wie z. B. die Einstellung von Mitarbeitern, geplante Werbekampagnen, Neuprodukteinführungen oder Produktionsplänen, die im Planungszeitraum erfolgen sollen. Diesen Teil der

operativen Planung bezeichnet man als **Maßnahmenplanung** oder Sachplanung. Die Maßnahmenplanung wird in eine formale Planung, die sogenannte **Budgetplanung** überführt, die die Auswirkungen der konkreten Maßnahmen auf die **quantitativ-monetären Kenngrößen** der Gewinn- und Verlustrechnung, der Bilanz und der Cashflow-Rechnung darstellt.

Das **Budget** ist ein formalzielorientierter, in wertmäßigen Größen formulierter Plan, der einer Organisationseinheit oder einem Unternehmen für einen Zeitraum – von meist einem Jahr – mit einer sehr hohen Verbindlichkeit vorgegeben wird (vgl. Horváth et al., 2020, S. 133).

In manchen, aber wenigen Unternehmen gibt es zwischen der strategischen und der operativen Planung noch eine taktische Planung als dritte Planungsebene. Letztlich könnte man zudem die Vision als höchste Planungsebene bezeichnen, da diese als extrem langfristige Zielplanung über der strategischen Planung angesiedelt ist.

Planungsebenen bei E.ON

Der E.ON-Konzern verfügt über einen geschlossenen Zyklus aus drei inhaltlichen **Planungsebenen**. Oberste inhaltliche Planungsebene ist eine weitestgehend qualitative strategische Planung, die den Rahmen für die dreijährige Mittelfristplanung darstellt. Die Koppelung zwischen strategischer Planung und Mittelfristplanung erfolgt durch Zielvorgaben und strategische Maßnahmen, die in der Mittelfristplanung budgetiert werden. Die **Mittelfristplanung** stellt andererseits eine Fortschreibung der einjährigen Budgetplanung dar. Rein ablauforganisatorisch handelt es sich bei der Budgetplanung und der Mittelfristplanung um einen einzigen integrierten Drei-Jahres-Planungsprozess; das erste Planjahr bildet das verbindliche Budget, die Jahre 2 und 3 sind meist eine angepasste Fortschreibung des ersten Jahres.

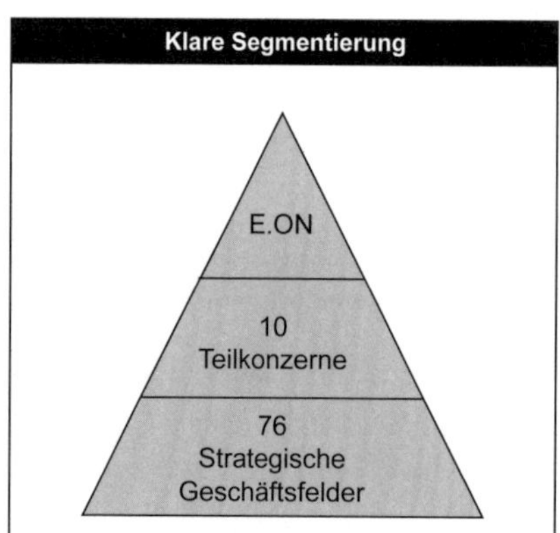

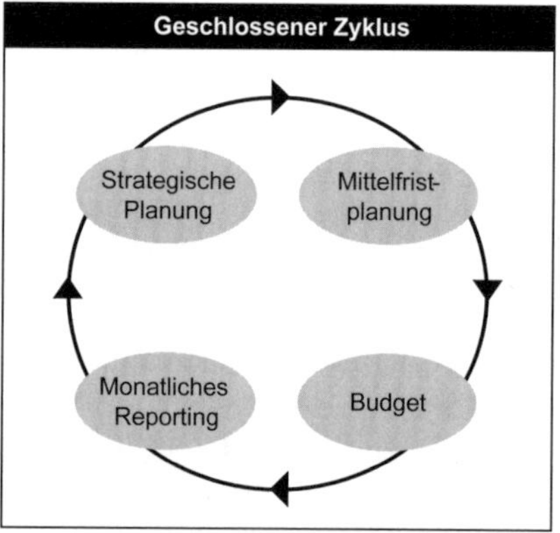

Abb. 26: Planungsebenen im E.ON-Konzern aus dem Jahr 2000 (Quelle: Landsmann, 2007)

1.2.2.3 Organisatorische Planungsebenen

Neben den inhaltlichen Planungsebenen lassen sich organisatorische Ebenen der Planung unterscheiden (vgl. Abb. 27):

- die Planung für das Gesamtunternehmen (Corporate Plan),
- die Planung der Business Units bzw. Geschäftsbereiche (Business Unit Plans) sowie
- die Planung der Funktionsbereiche (Functional Plans), wie z. B. der Marketingplan oder der Produktionsplan.

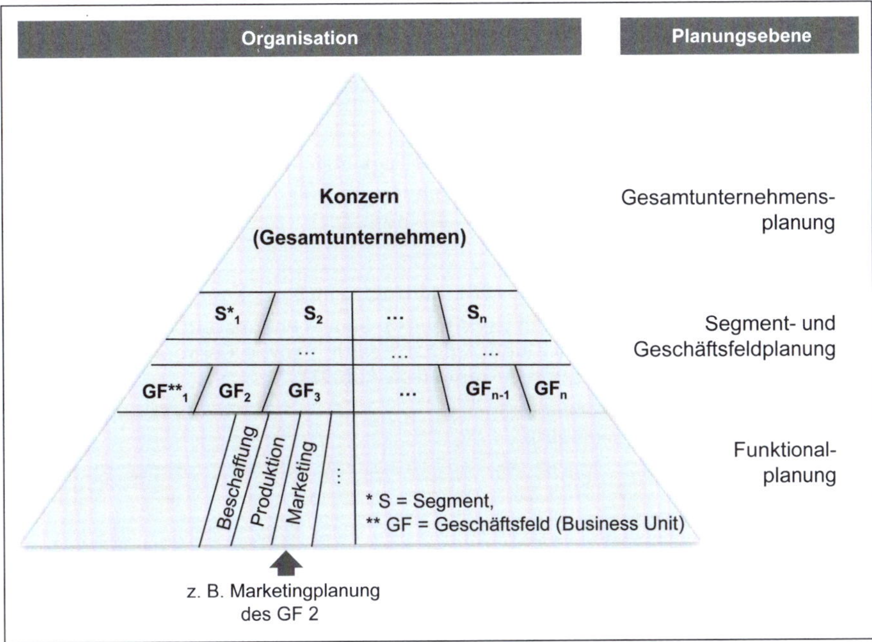

Abb. 27: Differenzierung der Planung nach organisatorischen Ebenen

Planungsebene des Gesamtunternehmens (Corporate Plan)

Auf dieser Ebene wird ein Plan erstellt, der die Entwicklung des Gesamtunternehmens im Planungshorizont umfasst. Der Gesamtunternehmensplan ist für die Kommunikation mit den Investoren, wie z. B. Aktionären börsennotierter AGs, relevant.

Ein Gesamtunternehmensplan sollte folgende Aspekte umfassen:

- Betätigungsfelder bezogen auf Märkte/Branchen, das Unternehmensportfolio,
- grundlegende Erlösmodelle des Unternehmens und der Geschäftseinheiten,
- strategische Zielsetzungen des Gesamtunternehmens und der Einheiten,
- strategische Positionierung und Stoßrichtungen der Geschäftseinheiten,
- Resourcenallokation innerhalb des Gesamtunternehmens sowie
- Organisationsgestaltung und Entwicklung der Managementstruktur.

Im Rahmen der Gesamtunternehmensplanung wird oft davon ausgegangen, dass Unternehmen aus mehreren strategischen Geschäftseinheiten (SGEs) bestehen. Der

Begriff der strategischen Geschäftseinheit wurde erstmalig in den 1980er-Jahren von der Beratungsgesellschaft McKinsey bei General Electric eingeführt. Damals wurden bei General Electric 170 Profit Center zu 43 SGEs zusammengefasst (vgl. Welge, Al-Laham & Eulerich, 2017, S. 472 f.).

Eine **strategische Geschäftseinheit (SGE)** ist ein eigenständiges Betätigungsfeld des Gesamtunternehmens – im Sinne einer Produkt-Markt-(Technologie-)Kombination –, für das unabhängig von den anderen SGEs strategische Entscheidungen getroffen werden können. Einzelne SGEs können liquidiert oder verkauft werden, ohne dass dies Rückwirkungen auf die verbleibenden SGEs hat, da SGEs voneinander strategisch und operativ unabhängig sind (vgl. Welge et al., 2017, S. 472 f.).

Obwohl eine absolute Trennbarkeit in der Praxis nur selten gegeben ist, haben viele Unternehmen den Grundgedanken der SGEs übernommen. Diese werden dann meist unter vielfältigen anderen Bezeichnungen wie Geschäftsbereiche, Geschäftsfelder, Interessensgebiete, Arbeitsgebiete, Tätigkeitsfelder, Business Units, Market Units oder Segmente geführt. Wir verwenden im Folgenden hierfür die Begriffe Geschäftsbereiche bzw. Business Units synonym.

Implementierung des SGE-Konzeptes im Bayer-Konzern

Der **Bayer-Konzern** gliedert sich in vier Arbeitsgebiete – Pharmaceuticals, Consumer Health, Crop Science und Animal Health – sowie Corporate Functions & Business Services und Currenta (vgl. Abb. 28).

Struktur des Bayer-Konzerns 2018

Vorstand		
Pharmaceuticals	Consumer Health	Crop Science
		Animal Health
Corporate Functions & Business Services		
Currenta (60 %)		

Abb. 28: Konzernstruktur Bayer – Arbeits- und Servicegebiete (Quelle: Bayer, 2019, S. 46)

Zum Beispiel beschreibt Bayer das Arbeitsgebiet Consumer Health wie folgt. „Consumer Health ist ein führender Anbieter von verschreibungsfreien Medikamenten (OTC = Over the Counter), Medizinprodukten, Kosmetika und anderen Self-Care-Lösungen […]. Die Produkte werden in der Regel über Apotheken, Supermarkt- und Drogerieketten, Online-Händler und andere Großanbieter verkauft (Bayer, 2019, S. 46).

Die Arbeitsgebiete sind dann wiederum in Tätigkeitsfelder gegliedert (vgl. Abb. 29). Bei den Tätigkeitsfeldern handelt es sich tendenziell um SGEs im theoretischen Sinne. Der Bayer-Konzern verfügt derzeit über ca. 25 SGEs.

Tätigkeitsfelder, Indikationen und Marken im Bereich Consumer Health BAYER		
Dermatologie	Wundheilung, Hautpflege, Intim- und Hautgesundheit	Bepanthen™, Canesten™
Nahrungsergänzung	Multivitaminpräparat, Nahrungsergänzungsmittel	One A Day™, Elevit™, Berocca™, Supradyn™, Redoxo™
Schmerz	Schmerz allgemein	Apirin™, Aleve™
Magen-Darm-Gesundheit	Magen-Darm-Erkrankungen	MiraLAX™, Rennie™, Iberogast™
Allergien	Allergien	Claritin™
Erkältung	Erkältung	Aspirin™, Alka-Seltzer™, Afrin™
Fußpflege	Fußpflege	Dr. Scholls™
Sonnenschutz	Sonnenschutz	Coppertone™

Abb. 29: Konzernstruktur BAYER – Tätigkeitsfelder im Bereich Consumer Health (Quelle: Bayer, 2019, S. 47)

Typische Entscheidungen im Rahmen des strategischen Corporate Planning sind sogenannte Portfolioentscheidungen. Hier werden beispielsweise Desinvestitionen von Unternehmensteilen bzw. SGEs, sogenannte Portfoliobereinigungen, geplant beziehungsweise wird der zukünftige Ausbau von einzelnen SGEs durch internes oder externes Wachstum beschlossen. Vergleicht man beispielsweise die Struktur von BAYER in den 1970er-Jahren mit der heutigen, kann man feststellen, dass etliche Portfoliobereinigungen im Bereich der Chemieprodukte erfolgten, wie z. B. die Ausgliederung und der Börsengang der klassischen Chemie als LANXESS AG im Jahr 2004 oder des Material Science-Bereiches als COVESTRO AG im Jahr 2015. Auf der anderen Seite wurden im Bereich Life Sciences etliche Unternehmen gekauft, wie z. B. die Akquisition der Monsanto Inc. für umgerechnet € 66 Mrd. im Jahr 2018.

Wie an den Beispielen zu erkennen ist, sind differenzierte Gesamtunternehmensstrategien vornehmlich in diversifizierten Großunternehmen vorzufinden. In kleinen und mittleren Unternehmen mit nur einem Betätigungsfeld dagegen fallen solche Portfolioentscheidungen nicht an.

Planungsebene der Geschäftsbereiche bzw. Business Units (Business Unit Plans)

Im Rahmen der strategischen Geschäftsbereichsplanungen wird festgelegt, wie ein Geschäftsbereich oder eine SGE, also einer Produkt-Markt-(Technologie-)Kombination, im Wettbewerb der Märkte auftritt. Betrachtungsobjekt sind beispielsweise der Aufbau und die Verteidigung strategischer Wettbewerbsvorteile gegenüber dem Wettbewerb, die Positionierung in Märkten, Produktionsstrategien oder die bereits oben erwähnten Erlösmodelle.

Operative Geschäftsbereichspläne beinhalten Aussagen über die Entwicklung des Geschäftsbereichs im Planungshorizont von einem bis drei Jahren. Sie umfassen alle Detailplanungen der einzelnen betrieblichen Funktionen aus der Ebene der Funktionalplanungen in aggregierter Form. Im Rahmen der Budgetierung haben operative Geschäftsbereichspläne dabei eine besondere Motivations- bzw. Anreiz- und Lenkungsfunktion. Die Geschäftsbereichspläne dienen als verbindliche Zielvorgaben für das Management und die Mitarbeiter der Geschäftsbereiche.

Ebene der Funktionalplanungen (Functional Plans)

Funktionalstrategien stellen die oberste Planungsebene in den Funktionsbereichen des Unternehmens dar. Funktionale Strategien leiten sich inhaltlich aus der Geschäftsbereichsstrategie ab und fungieren zumeist als Schnittstelle zwischen strategischer Unternehmensplanung und operativer Umsetzung. In vielen Unternehmen gibt es Personalstrategien, Marketingstrategien oder auch IT-Strategien.

Operative Funktionalpläne beschäftigen sich mit den konkreten Maßnahmen der betrieblichen Funktionsbereiche, deren Abteilungen und Kostenstellen in den Planjahren inhaltlich im Rahmen der Maßnahmenplanung und in Hinblick auf die Auswirkung der geplanten Maßnahmen auf Umsätze, Investitionen und Kosten im Rahmen der Formalzielplanung.

1.2.3 Koordination der Planungsebenen im Planungsprozess

Unter dem Begriff **Ablauf der Planung** beantworten wir die Frage, welche Planungsschritte im Unternehmen in welcher Reihenfolge erfolgen. Optimaler Weise würden alle Einheiten eines Unternehmens eine **simultane Planung** unter Berücksichtigung aller Abhängigkeiten mit anderen Einheiten durchführen. Aufgrund der Komplexität der dann notwendigen simultanen Abstimmung unterschiedlicher inhaltlicher, organisatorischer und funktionaler Planungsebenen würde es eines mathematischen Gesamtmodells bedürfen, das es aufgrund der Komplexität der Unternehmen so nicht geben kann.

Daher versucht man im Planungsprozess, die Abhängigkeiten zwischen den Planungsebenen dadurch zu berücksichtigen, dass man die Planung des Gesamtunternehmens in sehr viele einzelne **sukzessive Planungsschritte** unterteilt und versucht, diese immer wieder abzustimmen. Die Durchführung dieser Planungsschritte erfolgt dann nicht simultan, sondern zeitlich versetzt, so dass die nachfolgenden Planungsschritte die Ergebnisse der vorangegangenen Planungsschritte berücksichtigen können. Eine solche Vorgehensweise bezeichnen wir als zeitliche Koordination der Planung oder den Ablauf der Planung.

Der Nachteil einer zeitlichen Koordination der Planung liegt jedoch auf der Hand. Da die Beziehungen zwischen den einzelnen Planungsschritten vielfältig sind, werden bei der zeitlichen Koordination alle Abhängigkeiten der früheren Planungsschritte von nachfolgenden Planungsschritten vernachlässigt bzw. müssen durch ein iteratives Vorgehen gelöst werden. Daher führt eine sukzessive Planung zu einem erheblich erhöhten Zeitbedarf. Die zeitliche Koordination der Planung umfasst:

- **Zeitliche Koordination der inhaltlichen Planungsebenen:** Koordination zwischen strategischer Planung und operativer Planung.
- **Zeitliche Koordination der organisatorischen Planungsebenen:** Koordination von Gesamtunternehmensplan, Geschäftsbereichsplänen und Funktionalplänen.
- **Zeitliche Koordination der Funktionalplanungen:** Koordination von Abteilungsplänen, wie z. B. der Umsatz-, Absatzplanung, Produktions-, Investitions-, Personalplanung.

Letztlich münden alle Koordinationsfragestellungen in einer konkreten Gestaltung des **Planungskalenders** mit Abgabeterminen für Planungspakete, Zeiträumen für die Konsolidierung, Planungs-, Vorstands- und Aufsichtsratssitzungen.

Zeitliche Koordination der inhaltlichen Planungsebenen

Der Planungsablauf der inhaltlichen Planungsebenen ist schematisch in Abb. 30 dargestellt. Die Implementierung der Pläne von höheren Planungsebenen erfolgt über die nächstniedrigere Planungsebene. So wird die Vision eines Unternehmens zunächst in die strategische Planung überführt. Diese kann aber auch nicht direkt umgesetzt werden, sondern nur mittelbar über die operative Planung. Dort werden dann konkrete Maßnahmen für das nächste Jahr geplant, budgetiert, beschlossen und ausgeführt. Mit der operativen Kontrolle, Analyse und dem Feedback ergibt sich dann der operative Controllingkreislauf.

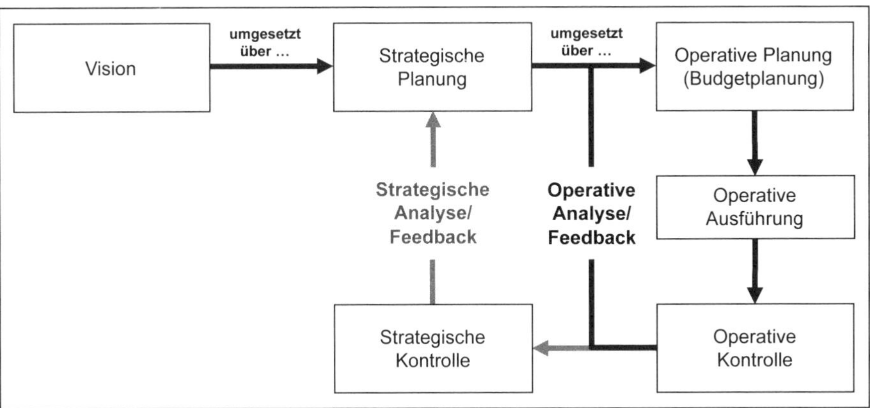

Abb. 30: Inhaltliche Planungsebenen – Schematischer Planungsablauf

Bei der strategischen Planung ergibt sich mit der strategischen Kontrolle, Analyse und dem Feedback ebenfalls ein dem operativen Controllingkreislauf übergeordneter strategischer Controllingkreislauf. Dieser ist aber in den meisten Unternehmen nicht vorhanden. Eine Kontrolle der Umsetzung einer Vision ist uns in der Unternehmenspraxis noch nie begegnet.

Zeitliche Koordination der organisatorischen Planungsebenen

Bei der **Top-down-Planung**, die auch als **retrograde Planung** bezeichnet wird, wird von der Geschäftsleitung zunächst ein Plan für das Gesamtunternehmen erstellt, der dann sukzessive auf die Business Units, Abteilungen und Kostenstellen heruntergebrochen wird. Wesentlicher Vorteil ist, dass man auf Basis der Top-down-Planung sicherstellen kann, dass alle Pläne der unteren Organisationseinheiten auf die Unternehmensziele ausgerichtet sind (vgl. Abb. 31).

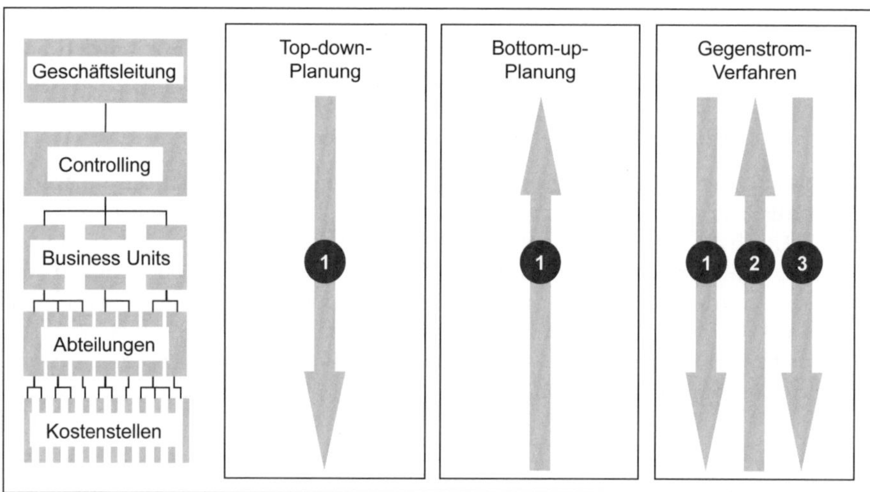

Abb. 31: Organisatorische Planungsebenen – Schematischer Planungsablauf

Allerdings bringt das Top-down-Herunterbrechen der Pläne auf Abteilungen und Kostenstellen meist sehr langwierige Diskussionen auf allen Führungsebenen mit sich und führt dabei in nicht wenigen Unternehmen zu politischen Machtspielen anstelle fachlicher Argumente. Die Erreichbarkeit der Top-down-Planvorgaben für die Kostenstellen ist häufig nicht sichergestellt, da die Fachkenntnisse der operativ tätigen Mitarbeiter nicht ausreichend genutzt werden. Dies führt zu einer Ablehnung von Top-down-Plänen durch die operativen Mitarbeiter. Die top-down erstellten Pläne können nur selten eine Motivationswirkung entfalten.

Bei der **Bottom-up-Planung**, die auch als progressive Planung bezeichnet wird, erfolgt die Planung von unten nach oben. Die einzelnen Kostenstellen legen ihre Pläne fest, die dann über die Abteilungen und Business Units zu einem Gesamtunternehmensplan aggregiert werden. Die Erreichbarkeit der Planvorgaben ist bei der Bottom-up-Planung in hohem Maße gegeben. Häufige Nachteile sind aber große Planreserven auf allen Ebenen, die sogenannten Budgetary Slacks, da die Einheiten häufig sehr vorsichtig planen, um auf jeden Fall den Plan erfüllen zu können. Ein aus einer Bottom-up-Planung entstehender Gesamtunternehmensplan ist meist wenig ambitioniert und erfüllt nicht die Ziele des Topmanagements oder der Anteilseigner. Das Know-how der operativen Mitarbeiter über Märkte und Prozesse wird bei der Bottom-up-Planung allerdings optimal genutzt.

Das **Gegenstromverfahren** versucht, die Vorteile der Top-down-Planung und der Bottom-up-Planung zu verbinden. Das Planungsverfahren beginnt mit eher groben Top-down-Zielvorgaben, die durch die Unternehmensleitung vorgegeben und am Anfang des Planungsprozesses, z. B. in einem Planungsbrief, kommuniziert werden. Diese werden dann in einem Bottom-up-Prozess von unten nach oben umgesetzt. Gegebenenfalls erfolgen in einem dritten Schritt noch einmal Top-down-Anpassungen.

Grundsätzlich wird durch das Gegenstromverfahren die Anpassung des Planergebnisses an die Unternehmensziele und eine gute Erreichbarkeit der Planvorgaben sichergestellt. Nachteile des Gegenstromverfahrens sind die hohen Kommunikationsanforderungen und der hohe organisatorische sowie zeitliche Aufwand. Das Gegenstromverfahren hat sich trotz allem in der Unternehmenspraxis durchgesetzt.

Zeitliche Koordination der Funktionalplanungen

Die Durchführung der operativen Planung der verschiedenen Funktionsbereiche, wie z. B. Vertrieb, Marketing, Produktion, Beschaffung, Personalwesen, und deren Abteilungen und Kostenstellen in einer Business Unit ist ein komplexer Prozess, da:

- verschiedene Planungseinheiten, z. B. planende Personen oder Abteilungen,
- unterschiedliche Funktionalplanungen, wie z. B. Absatz-, Produktions- oder Vertriebspläne, sowie
- unterschiedliche Planungsgegenstände, wie Erfolgs-, Bilanz-, Finanz- oder Investitionspläne, koordiniert und ihre Bestandteile abgestimmt werden müssen.

Unternehmen versuchen in der Praxis, dies durch die optimale Festlegung der zeitlichen Reihenfolge der Planung der einzelnen Abteilungen und Kostenstellen im Rahmen eines **sukzessiven, detailliert zeitlich abgestimmten operativen Planungsprozesses** zu lösen. Die Festlegung der Reihenfolge wird durch das bereits von Erich Gutenberg formulierte **Ausgleichsgesetz der Planung** bestimmt. Dieses Gesetz besagt, dass sich alle Teilpläne des Unternehmens am sogenannten Minimumsektor, dem betrieblichen Engpass, auszurichten haben. Grundsätzlich kann jeder Funktionsbereich zum Engpassbereich werden, heute ist in den meisten Unternehmen der Absatz des Vertriebs der Engpassbereich. Dies bedeutet, dass die Funktionalplanungen in den meisten Unternehmen mit der Absatz- und Umsatzplanung des Vertriebs beginnen.

In besonderen Konstellationen wie z. B. bei einem Produktionsengpass könnte der Planungsprozess auch mit der Planung der Produktionsmengen beginnen. Wenn also der Engpasssektor wechselt, wird die neue Planung am neuen Engpasssektor ausgerichtet. Ein Beispiel für eine solche Verlagerung des Engpassbereichs zum Produktionsbereich hin war die Knappheit der Impfstoffproduktion im Rahmen der Covid19-Krise. Der Vertrieb des Impfstoffes und auch die anderen Geschäftsbereiche sowie die Impfprogramme vieler Staaten mussten sich an den Produktionsplänen von Unternehmen wie BionTec und Pfizer, Moderna oder Astra Zeneca ausrichten.

Abb. 32 zeigt schematisch ein Gesamtsystem der Einzelpläne der wichtigsten Funktionsbereiche sowie die Pläne zu GuV-, Bilanz-, Investitions- und Finanzplan. Schon anhand dieser stark vereinfachten Übersicht ist die hohe Komplexität und Interdependenz der Funktionalplanungen zu erkennen. Im Beispiel der Abb. 32 ist der Absatz- und Umsatzplan der Ausgangspunkt der Planung, da die Nachfrage der Kunden der Engpasssektor ist. Aus dem Absatz- und Umsatzplan resultieren neben den geplanten Verkaufsmengen und -preisen auch die Aufwendungen für operative Marketingmaßnahmen, notwendige Investitionen für den Marketing- und Vertriebsbereich wie auch das notwendige Vertriebspersonal im Marketing- und Vertriebsplan. Es folgt die Produktionsplanung, die die bestehenden Lagerbestände zu Beginn der Periode und gewünschten Lagerendbestände im Plan der Lagerbestände berücksichtigt.

Aus dem Produktionsplan ergibt sich der Fertigungsplan, der wiederum in einen Lohn- und Gehaltskostenplan des Fertigungsbereiches mündet. Ebenso resultieren aus der Produktionsplanung die Planung des Beschaffungs- und Logistikbereichs und die Planung der Materialkosten. Alle diese Bereiche ergeben den Plan der Herstellkosten sowie darauf aufbauend die Planung für alle Vertriebs- und Verwaltungsgemeinkosten.

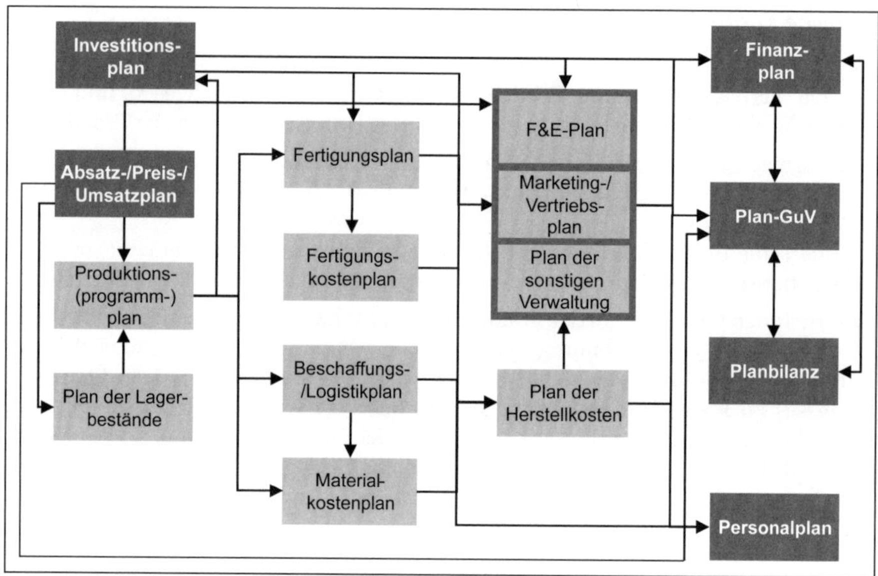

Abb. 32: Schematische Darstellung der Planungsgegenstände der Funktionsbereiche

Parallel zu diesen Plänen entsteht eine Investitionsplanung. Die Investitionsplanung ist eine der zentralen Planungsebenen. Alle Funktionsbereiche geben eine Investitionsplanung für ihren Bereich ab, da jeder Funktionsbereich analysieren muss, welche Aufgaben er mit den bestehenden Betriebsmitteln erfüllen kann und für welche Aufgaben Neu- oder Ersatzinvestitionen notwendig werden.

Aus allen bisher genannten Maßnahmenplanungen mit Maßnahmen in der realwirtschaftlichen Sphäre des Unternehmens werden Formalplanungen in der Nominalgütersphäre erstellt. Dies sind die in monetären Einheiten ausgedrückten Formalplanungen, **der Finanzplan, die Plan-GuV und die Planbilanz** des jeweiligen Geschäftsbereichs.

Im Rahmen der Funktionalplanung ist es Aufgabe des Controllings, die Planung der Funktionseinheiten inhaltlich und zeitlich zu koordinieren und vor Planungsbeginn alle von den Funktionseinheiten für die Planung benötigten Informationen zur Verfügung zu stellen. Beispiele für solche Informationen sind z. B. das erwartete Marktwachstum, die anzusetzenden Wechselkurse, zu erwartende Tarifanpassungen für das Personal.

Funktionalplanung bei der EuroAir-Messer-Manufaktur

Die EuroAir-Messer-Manufaktur fertigt japanische Premium-Küchenmesser mit Santoku-Klinge für den FreeQuent-Prämienshop. Die Santoku-Messer sind ein Statussymbol für den Hobbykoch.

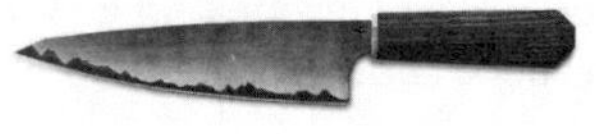

Die Messer bestehen aus geschichtetem Wurzelholz für den Griff und einem zugekauften Edelstahlrohling, der in der Produktion weiterverarbeitet wird. Der Verbrauch an Holzstäben liegt aufgrund des aufwendigen Verfahrens bei 1,5 m pro Messer. Jeder Meter Holzstab kostete im Einkauf im Jahr 2019 € 20/m, der erwartete Einkaufspreis für 2020 liegt bei € 30/m. Der erwartete Anfangsbestand an Holzstäben beträgt am 01.01.2020 500 m Holzstäbe, der erwartete Endbestand am 31.12.2020 1.500 m Holzstäbe. Für jedes Messer benötigt man einen Edelstahlrohling. Jeder Edelstahlrohling kostete im Einkauf im Jahr 2019 € 40, der erwartete Einkaufspreis für 2020 liegt bei € 50. Da die Edelstahlrohlinge aus Japan importiert werden, geht der Geschäftsführer allerdings von einem Ausschuss von 200 Rohlingen im Jahr 2020 aus. Der erwartete Anfangsbestand an Edelstahlrohlingen beträgt am 01.01.2020 1.000 Stück, der erwartete Endbestand am 31.12.2020 1.500 Stück. Die EuroAir-Messer-Manufaktur verwendete die FIFO-Methode zur Bewertung von Lagern. In der Produktion fallen insgesamt 2 Fertigungsstunden pro Santoku-Messer an.

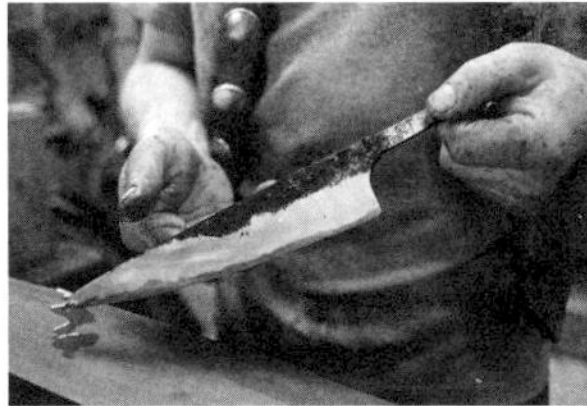

Der Geschäftsführer der EuroAir-Messer-Manufaktur plant für das Jahr 2020, 10.000 Santoku-Messer zu einem Preis von € 300 pro Stück zu verkaufen. Zudem geht er davon aus, dass am 1. Januar 2020 noch 2.250 fertige unverkaufte Santoku-Messer auf Lager liegen, die mit Herstellkosten von € 200 bewertet sind, für den 31. Dezember 2020 geht er von einem geringeren Lagerbestand an fertigen Messern in Höhe von 250 Stück aus.

Die Fertigung kennt die folgenden Kosten: Fertigungseinzelkosten von € 40/h sowie einen Fertigungsgemeinkostenzuschlagsatz von 25 %. Die Marketing- und Vertriebskosten werden auf 50.000 € im Jahr 2020 geschätzt, die Verwaltungsgemeinkosten auf € 80.000.

Der Geschäftsführer plant die Kosten für das Jahr 2020 in einer integrierten Funktionalplanung und erhält die folgenden funktionalen Pläne für 2020 sowie eine Plan-GuV.

Absatz- und Umsatzplanung

$$Absatzplan\ 2020 = 10.000\ St.$$

$$Umsatzplan\ 2020 = 10.000\ St. \cdot 300 \frac{€}{St.} = 3.000.000\ €$$

Produktionsplanung

$$Produktionsplan\ 2020 = 10.000\ St. - 2.250\ St. + 250\ St. = 8.000\ St.$$

Materialkostenplanung

$$Materialplan\ Holz\ 2020 = 8.000\ St. \cdot 1{,}5\ m = 12.000\ m$$

Die EuroAir-Messer-Manufaktur verwendet die FIFO-Methode, daher wird zunächst das noch auf Lager liegende Holz (500 m à 20 €/m) und dann noch das restliche Holz (11.500 m) zum neuen Preis von 30 €/m verbraucht.

$$Materialkostenplan\ Holz\ 2020 = 500\ m \cdot 20 \frac{€}{m} + 11.500\ m \cdot 30 \frac{€}{m} = 355.000\ €$$

$$Materialplan\ Edelstahlrohling\ 2020 = 8.000\ St. + 200\ St.\ (Ausschuss) = 8.200\ m$$

$$Materialkostenplan\ Edelstahlrohlinge\ 2020 = 1.000\ St. \cdot 40 \frac{€}{St.} + 7.200\ St. \cdot 50 \frac{€}{St.}$$
$$= 400.000\ €$$

Da es keine Materialgemeinkosten gibt, beträgt der gesamte Materialkostenplan 755.000 €.

Fertigungskostenplanung

Die Fertigungskosten bestehen aus Fertigungseinzelkosten und Fertigungsgemeinkosten.

$$\textit{Fertigungseinzelkostenplan 2020} = 8.000\ St. \cdot 2\frac{h}{St.} \cdot 40\frac{€}{h} = 640.000\ €$$

$$\textit{Fertigungsgemeinkostenplan 2020} = 640.000\ € \cdot 0{,}25\ (\textit{Zuschlagsatz}) = 160.000\ €$$

Die gesamten Fertigungskosten betragen 800.000 €.

Herstellkostenplanung

$$\textit{Herstellkostenplan 2020} = 755.000\ € + 800.000\ € = 1.555.000\ €$$

$$\textit{Plan der Herstellkosten pro Stück 2020} = \frac{1.555.000\ €}{8.000\ St.} = 224{,}38\frac{€}{St.}$$

Plan-GuV 2020 der EuroAir-Messer-Manufaktur nach Umsatzkostenverfahren

Umsatz	3.000.000 €
Herstellkosten des Umsatzes	
– 7.750 St. aus Produktion 2020	1.506.406 €
– 2.250 St. aus Produktion 2019	450.000 €
Rohertrag	1.043.594 €
Verwaltungsgemeinkosten	80.000 €
Vertriebsgemeinkosten	50.000 €
Planbetriebsergebnis	**913.594 €**

Der Geschäftsführer der EuroAir-Messer-Manufaktur ist mit diesem Planbetriebsergebnis sehr zufrieden. Dies ist eine EBIT-Marge von über 30 %.

1.2.4 Planungssysteme im internationalen Unternehmen

Die **Implementierung** des Controllings in internationalen Unternehmen umfasst im Wesentlichen die Gestaltung des Zusammenspiels der verschiedenen inhaltlichen Planungsebenen sowie den **Controllingkalender**. Das Nebeneinander der verschiedenen inhaltlichen Planungsebenen verbunden mit der organisatorischen Komplexität von internationalen Unternehmen hat zur Folge, dass über das **ganze Jahr verteilt Planungs- und Kontrollprozesse** stattfinden. Aufgrund der oben hergeleiteten Zusammenhänge zwischen den inhaltlichen Planungsebenen erfolgt zunächst der strategische Planungsprozess und nachfolgend der taktische und operative Planungsprozess. Dieser Ablauf wird in einem Planungskalender dargestellt.

Beispiel des Planungskalenders E.ON

Abb. 33 zeigt einen historischen Planungskalender des **E.ON-Konzerns**. Jedes Jahr im Februar findet zunächst die Strategieklausur des Vorstands statt. Hier werden Vorgaben abgeleitet, die von den Teilkonzernen bis zu den Strategiegesprächen im April bearbeitet werden müssen. Input in die Strategiegespräche sind weiterhin Wertberichte, die die Wertentwicklung der Teilkonzerne und ihrer Geschäftsbereiche darstellen.

Das Ergebnis der Strategiegespräche geht ebenso wie die Annahmen, zumeist volkswirtschaftliche Rahmenbedingungen wie Devisenkurse oder Lohnsteigerungen, in die Mittelfristplanung des E.ON-Konzerns ein. Die Mittelfristplanung beginnt in den Teilkonzernen Anfang Juni und zieht sich bis Ende Oktober hin. Das erste Jahr der

Mittelfristplanung wird im Rahmen der Budgetgespräche im November als verbindliche Zielvorgabe für die Teilkonzerne festgelegt. In der letzten Aufsichtsratssitzung des Jahres im Dezember wird die Unternehmensplanung des Gesamtkonzerns dann vom Aufsichtsrat genehmigt.

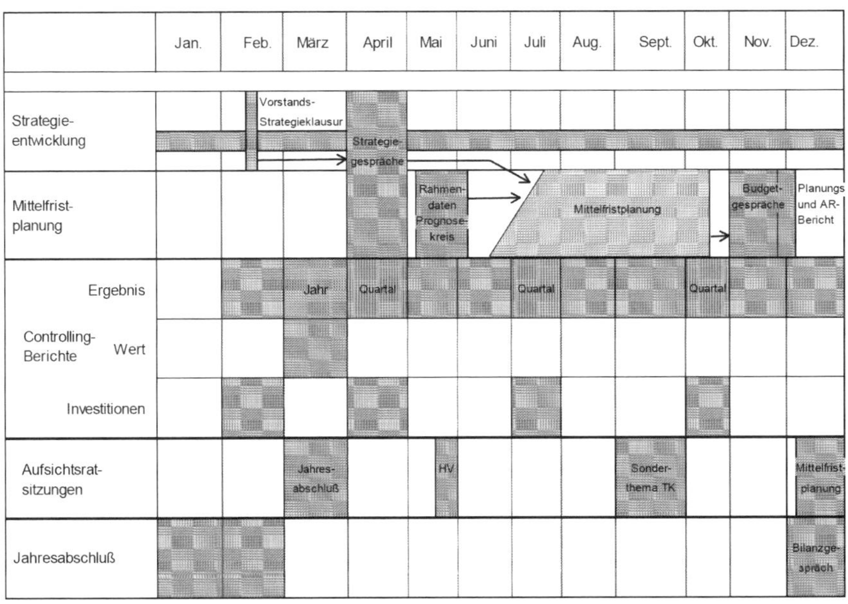

Abb. 33: Planungskalender des E.ON-Konzerns aus dem Jahre 2000 (Quelle: Landsmann, 2007)

Abb. 33 zeigt auch die Bestandteile der umfangreichen Berichterstattung im Rahmen der Kontrollprozesse des E.ON-Konzerns. Zu den unterjährigen Berichten zählen die monatlichen Ergebnisberichte, die Quartalsberichte und die Investitionsberichte. Die monatlichen Ergebnisberichte umfassen die Kernkennzahlen des E.ON-Konzerns aus der Gewinn- und Verlustrechnung sowie geschäftsbereichspezifische Kennzahlen. Abweichungen gegenüber den Plan-Werten und den Vorjahreswerten werden vom Controlling der Teilkonzerne und Geschäftsbereiche kommentiert. Eine Vorschau auf das jeweilige erwartete Jahresergebnis vervollständigt den Monatsbericht. Quartalsweise erfolgt ein vollständiger, durch das externe Konzernrechnungswesen konsolidierter Quartalsabschluss, der analog zu den Monatsberichten begründet wird. Im Rahmen der strategischen Planung und Kontrolle haben die Wertberichte eine besondere Bedeutung. Diese stellen einmal jährlich auf Basis der Daten des Jahresabschlusses die Wertentwicklung der Teilkonzerne und der Geschäftsbereiche dar.

1.3 Kontrollprozesse

1.3.1 Begriff und Gegenstand der Kontrolle

Die Kontrolle der Planumsetzung sowie die Analyse und Kommentierung von Soll-Ist-Abweichungen ist eine Aufgabe des Controllings. Zentrales Controllinginstrument in Hinblick auf die Kontrolle im Rahmen des Controllingkreislaufs ist die Monatsberichtsberichterstattung. Eine monatliche Berichterstattung gibt es in den meisten Unternehmen ab einer bestimmten Unternehmensgröße und -komplexität auf allen organisatorischen Ebenen – beginnend mit Kostenstellenauszügen bis hin zu Abteilungs-, Business-Unit-, Segment- und Gesamtunternehmensberichten. Aber auch die Quartalsberichte und Jahresabschlüsse, die z. T. von den Rechnungslegungsstandards des externen Rechnungswesens geprägt sind, sind Teil des Controllingkreislaufs. Während in den Monatsberichten auf niedrigen organisatorischen Ebenen die Kosten und Budgets im Vordergrund stehen, werden auf den höheren Ebenen Erträge oder Leistungen den entstandenen Aufwendungen oder Kosten gegenüberstellt und Ergebnisgrößen wie EBITDA, EBIT, EBT oder Jahresüberschuss sowie Cashflows ermittelt.

Kontrolle ist in einem weiten Sinne die Durchführung des Soll-Ist-Vergleichs zwischen geplanten und realisierten Größen, die Analyse der Ursachen eventueller Soll-Ist-Abweichungen sowie die Ableitung von Empfehlungen zur Gegensteuerung bei Soll-Ist-Abweichungen.

Bei einer solchen eher weiten Definition der Kontrolle, die die Analyse der Abweichungsursachen und die Ableitung von Gegensteuerungsmaßnahmen umschließt, müssen die Controller über eine sehr gute Geschäftskenntnis verfügen. Denn nur mit dieser lassen sich Abweichungen inhaltlich interpretieren und sinnvolle Maßnahmen für das operative Geschäft entwickeln.

Analog zu den Planungsfunktionen in Kapitel B.1.2.1 können **Kontrollfunktionen** abgeleitet werden (vgl. Abb. 34).

Beobachtungsfunktion	Die Beobachtung der Ist-Werte liefert Erkenntnisse über das Ergebnis der Implementierung der geplanten Maßnahmen.
Beurteilungsfunktion	Die Bewertung des Ist-Zustands anhand von Kontrollmaßstäben wie Plan-Werten oder Ist-Werten der Vergangenheit soll die Umsetzung verstärken, modifizieren oder verändern.
Präventivfunktion	Die bewusste Wahrnehmung und Kenntnis der Kontrollfunktion soll Mitarbeiter zur Planumsetzung anhalten.
Impulsfunktion	Die Erkenntnisse der Kontrolle bilden den Ausgangspunkt und Anstoß für Gegensteuerungsmaßnahmen oder Zielanpassungen.

Abb. 34: Kontrollfunktionen
(Quelle: in Anlehnung an Palloks-Kahlen, 2003, S. 391)

Im Rahmen von **Abweichungsanalysen** werden die Ist-Werte der erhobenen Kennzahlen zunächst mit den entsprechenden Plan-Werten verglichen. Darüber hinaus können auch andere **Vergleichsmaßstäbe** herangezogen werden:

- Ist-Werte der Vergangenheit im Sinne eines **Zeitvergleichs** oder

- Ist-Werte aus anderen Unternehmenseinheiten oder Unternehmen im Sinne eines **Betriebsvergleichs** bzw. **Benchmarkings**.

Ziel von Abweichungsanalysen ist es, Unwirtschaftlichkeiten im Unternehmen zu identifizieren und abzustellen. Die Plan-Werte repräsentieren letztlich die bei optimal-wirtschaftlichem Verhalten erzielbaren Erlöse und die hierfür optimaler Weise anfallenden Kosten. Für die Verbesserung der Unternehmensentscheidungen ist es notwendig, die genauen Ursachen von Abweichungen von diesem optimalen Vorgehen frühzeitig zu erkennen und entsprechende Gegensteuerungsmaßnahmen zu ergreifen.

- An die rein quantitative Abweichungsanalyse, den eigentlichen Soll-Ist-Vergleich, schließt sich daher im modernen Controlling immer eine inhaltliche Analyse der **Abweichungsursachen** an.
- Im Rahmen der Abweichungsanalyse wird die **Gesamtabweichung** analysiert und entsprechend der aufgedeckten Ursachen in **Teilabweichungen** aufgespalten.

Als Zielgrößen für solche Abweichungsanalysen können alle relevanten Kennzahlen eines Unternehmens, insbesondere aber Umsätze, Deckungsbeiträge, verschiedene Kosten-, Gewinn-, Cashflow- oder Unternehmenswertkennzahlen herangezogen werden.

1.3.2 Kostenrechnungssysteme als Basis von Kontrollprozessen

Bei der Wahl des Planungsverfahrens sollte beachtet werden, dass die Kontrolle und Analyse der Planumsetzung leichter fällt, wenn der Detaillierungsgrad der Planung hoch ist und bei der Gestaltung der Planung die Anforderungen der Kontrolle berücksichtigt wurden. Bei einer konsequenten Planung von Mengen- und Preiskomponenten von Kosten und Erlösen kann mithilfe von Analysetechniken eine aussagefähige Abweichungsanalyse erstellt werden. Die **Plankostenrechnung** stellt dem Controlling hierzu ein System von Abweichungsanalysen zur Verfügung (vgl. Abb. 35).

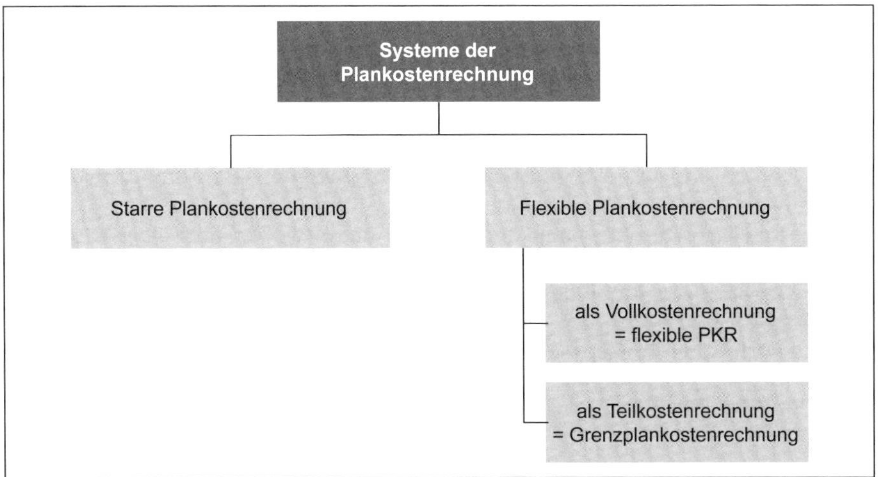

Abb. 35: Systeme der Plankostenrechnung
(Quelle: in Anlehnung an Deimel, Erdmann, Isemann & Müller, 2017, S. 475)

1.3.2.1 Starre Plankostenrechnung

Bei der **starren Plankostenrechnung** erfolgt die Planung der Budgets für jede Kostenstelle und Kostenart für einen festen, also starren Beschäftigungsgrad. Der Beschäftigungsgrad bezeichnet dabei die Ausbringungsmenge oder den Output an Produkten oder Dienstleistungen. Die Begriffe Beschäftigung, Beschäftigungsgrad, Ausbringungsmenge, Produktionsmenge und Output werden in der BWL und in unserem Buch synonym verwendet.

Die starre Plankostenrechnung ist in der Praxis von nachgeordneter Bedeutung. In ihren Prämissen kennt die starre Plankostenrechnung keine Trennung von fixen und variablen Kosten. Was bedeutet dies? Die starre Plankostrechnung unterstellt implizit, dass die Kostenbudgets insgesamt unabhängig von der Beschäftigung sind bzw. dass der geplante Beschäftigungsgrad mit absoluter Sicherheit eintreten wird. Dies ist sicherlich insbesondere in Kostenstellen, die direkt am Leistungs- bzw. Produktionsprozess beteiligt sind und daher von Marktschwankungen beeinflusst werden, realitätsfern. Die starre Plankostenrechnung wird – wenn überhaupt – eher in Verwaltungskostenstellen, dem sogenannten Overhead, in Unternehmen oder aber in Institutionen der öffentlichen Hand angewendet.

Die starre Plankostenrechnung sieht keine Anpassungen der geplanten Kosten an Beschäftigungsschwankungen vor, um die geplanten Kosten auf den tatsächlich eingetretenen Beschäftigungsgrad des Unternehmens umzurechnen. Es ist bei einer starren Plankostenrechnung lediglich möglich, eine Gesamtabweichung zwischen den ursprünglich geplanten Soll-Kosten und den realisierten Ist-Kosten festzustellen.

Plankostenrechnung am Beispiel EuroAir

Am Beispiel der EuroAir kann man die **Probleme einer starren Plankostenrechnung** sehr gut erkennen. Im Rahmen der Geschäftsbereichsplanung 2020 ging die EuroAir SE davon aus, dass im Jahr 2021 bei 264.600 Flügen mit durchschnittlich 450 Passagiermeilen rund 120 Mio. Passagiermeilen geflogen wurden. Auf dieser Basis wurden für das Jahr 2021 die Kosten für Kerosin, Abschreibungen und den Einsatz der Crew in Höhe von 840 Mio. € geplant.

Tatsächlich wurden bereits im ersten Halbjahr 2021 480 Mio. € für Kerosin, Abschreibungen und Crew ausgegeben. Gegenüber der ursprünglichen Planung ist dies eine Abweichung von rund 20 %. Zunächst einmal könnte bei einer oberflächlichen Betrachtung die Kostenüberschreitung als striktes Signal für einen unwirtschaftlichen Umgang mit dem Treibstoff interpretiert werden. Allerdings muss analysiert werden, ob der erhöhte Treibstoffverbrauch durch eine gesteigerte Flugleistung ausgelöst wurde und das Unternehmen also trotz Abweichung wirtschaftlich gehandelt hat.

Die starre Plankostenrechnung kann daher keine Antworten auf folgende naheliegende Fragen geben:

- Wie hoch ist der Anteil der gestiegenen Kerosinpreise an der Gesamtabweichung?
- Wie hoch ist der Anteil der deutlichen Steigerung der Beschäftigung, d. h. der über dem Plan liegenden Passagiermeilen, an der festgestellten Kostenüberschreitung von 20 %?

1.3.2.2 Flexible Plankostenrechnung

Im Rahmen der **flexiblen Plankostenrechnung auf Vollkostenbasis** wird im Gegensatz zur starren Plankostenrechnung eine Trennung der Soll-Kosten in fixe und variable Soll-Kosten vorgenommen. Somit wird die Ermittlung von Soll-Kosten für unterschiedliche Beschäftigungsgrade ermöglicht. Als Soll-Kosten wird die Höhe der geplanten Kosten angepasst an die Ist-Beschäftigung verstanden. Diese Soll-Kosten zeigen an, wie hoch die Kosten bei unterstelltem wirtschaftlichen Verhalten und bei unterschiedlichen Beschäftigungsgraden hätten sein dürfen. Mithilfe der flexiblen Plankostenrechnung können definierte Abweichungen aufgedeckt werden:

- Gesamtabweichung: $K_{i,IP} - K_p$
- Preisabweichungen: $K_{i,IP} - K_{i,PP}$
- Verbrauchsabweichungen: $K_{i,PP} - K_S$
- Beschäftigungsabweichungen: $K_S - K_{verr}$

Abb. 36 zeigt das Grundprinzip der Abweichungsanalyse in der flexiblen Plankostenrechnung auf Vollkostenbasis.

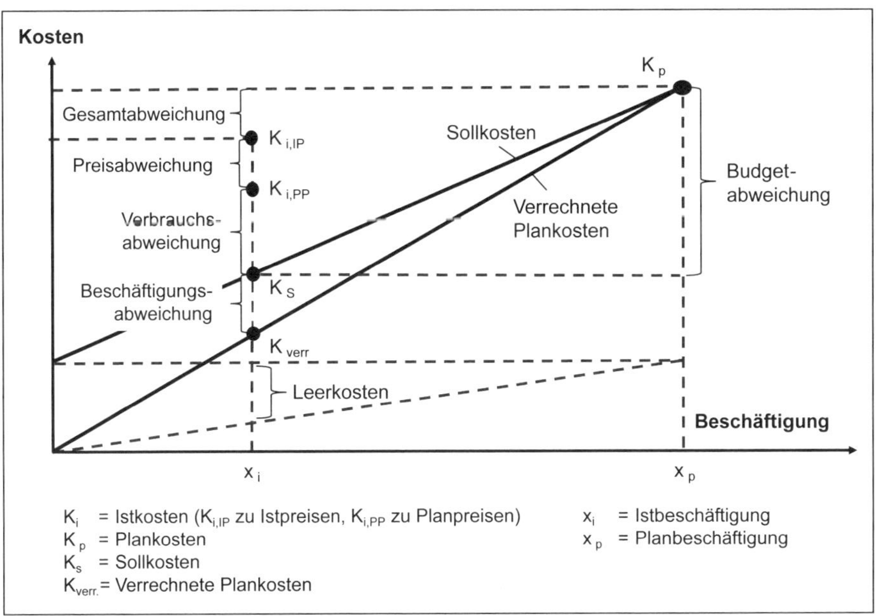

Abb. 36: Abweichungsanalyse in der flexiblen Plankostenrechnung auf Vollkostenbasis (Quelle: in Anlehnung an Haberstock, 2008, S. 263)

Die Ist-Kosten K_i stellen hierbei das Produkt aus Ist-Mengen der verbrauchten Produktionsfaktoren bei Ist-Beschäftigung x_i bewertet mit Ist-Preisen p_i dar. Plan-Kosten K_p dagegen sind definiert als die Plan-Mengen der verbrauchten Produktionsfaktoren bei der Planbeschäftigung x_p bewertet mit Plan-Preisen p_p. Soll-Kosten K_s stellen die Anpassung der Plankosten an die tatsächliche Ist-Beschäftigung x_i der Kostenstelle dar. Dabei wird bei der flexiblen Plankostenrechnung auf Vollkostenbasis zwischen fixen Kostenbestandteilen K_{fix} und variablen Kostenbestandteilen K_{var} für die variablen Kosten und k_{var} für die variablen Stückkosten unterschieden.

$$K_s(x_i) = K_{fix} + (k_{var} \cdot x_i)$$

Die Soll-Kosten K_s sind die Kosten, die bei optimal-wirtschaftlichem Verhalten und gegebenem Ist-Beschäftigungsgrad hätten erreicht werden müssen. Die Gerade der verrechneten Kosten K_{verr} repräsentiert die Kosten, die im Rahmen der Plankostenträgerrechnung auf die Kostenträger verrechnet werden. Im Gegensatz zu den Soll-Kosten werden hier die Fixkosten auf die einzelnen Kostenträgereinheiten proportionalisiert.

Abb. 37 zeigt die **Gesamtsystematik der Abweichungen** in der flexiblen Plankostenrechnung auf Vollkostenbasis:

- Die **Budgetabweichung** zwischen Plan-Kosten und verrechneten Plan-Kosten lässt erkennen, dass die geplante Beschäftigung nicht eingehalten werden konnte.
- Als **Beschäftigungsabweichung** ΔB wird die Differenz aus Soll-Kosten abzüglich der verrechneten Kosten bezeichnet.

$$\Delta B = K_s - K_{verr}$$

Die Beschäftigungsabweichung stellt somit den Betrag der ungedeckten bzw. der überdeckten Fixkosten dar, je nachdem, ob der Ist-Beschäftigungsgrad unter oder über dem Plan-Beschäftigungsgrad liegt.

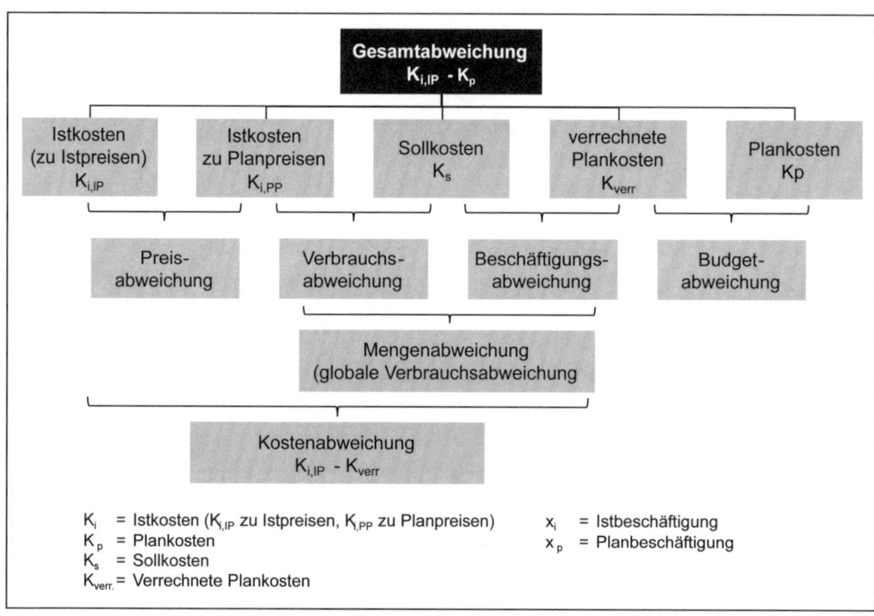

Abb. 37: Systematik der Teilabweichungen
(Quelle: in Anlehnung an Coenenberg, Fischer & Günther, 2016, S. 268)

- Die **Verbrauchsabweichung** Δx stellt in dieser Systematik den Anteil der Kostenabweichung dar, der auf die Veränderung der Faktormengen zurückzuführen ist (vgl. Abb. 38):

$$\Delta x = p_p \cdot (x_i - x_p).$$

Für das Controlling stellt die Verbrauchsabweichung einen Maßstab innerbetrieblicher Unwirtschaftlichkeiten dar. Gründe für Verbrauchsabweichungen können beispielsweise in einer nicht optimalen Produktivität oder Ausschussquote gesucht werden. Neben dieser globalen Verbrauchsabweichung können u. a. folgende **wichtige Spezialabweichungen** unterschieden werden: Intensitätsabweichungen, Effizienzabweichungen (Ausbeuteabweichungen), Seriengrößenabweichungen und Mixabweichungen (vgl. Haberstock, 2008, S. 264 ff.). In der Regel ist der Verbrauch an Produktionsfaktoren direkt vom Leiter der betreffenden Kostenstelle zu verantworten.

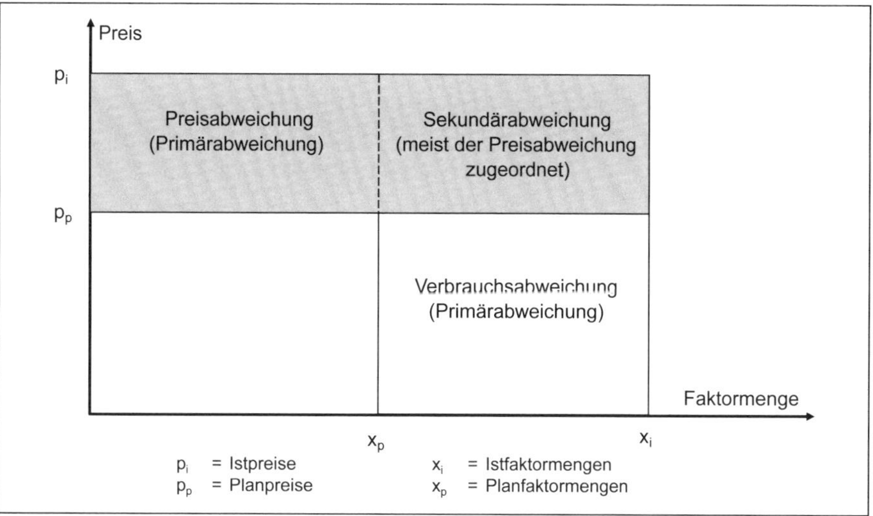

Abb. 38: Aufspaltung von Preis- und Verbrauchsabweichungen (Quelle: in Anlehnung an Coenenberg et al., 2016, S. 270)

- Die **Preisabweichung** Δp stellt den Anteil der Kostenabweichung dar, der auf die Veränderung der Faktoreinsatzpreise zurückzuführen ist. Dabei ist der Preisabweichung auch die Sekundärabweichung zugerechnet (vgl. Abb. 38).

$$\Delta p = x_i \cdot (p_i - p_p)$$

Die Preisabweichung spiegelt die Veränderung der tatsächlichen Preise der eingesetzten Produktionsfaktoren gegenüber den geplanten Faktoreinsatzpreisen wider. Hierbei kann es sich einerseits um Preisabweichungen bei den eingesetzten Materialien bzw. Dienstleistungen handeln, andererseits können Preisabweichungen bei den eingesetzten Arbeitsleistungen, sog. Tarif- oder Lohnsatzabweichungen, unterschieden werden (vgl. Haberstock, 2008, S. 273 ff.).
Auch bei Preisabweichungen sind Gegensteuerungsmaßnahmen durch das Controlling zu initiieren. Denkbar sind sowohl operative Maßnahmen wie eine Verbesserung der Einkaufseffizienz als auch strategische Maßnahmen, wie z. B. bezüglich Produktionstechnologie oder -standort (vgl. Seicht, 2001, S. 452 ff.).

Beispiel EuroAir: Flexible Plankostenrechnung auf Vollkostenbasis

Auf Basis der Kostenfunktion können auch bei EuroAir die **Soll-Kosten** ermittelt werden. Dazu ist zunächst der Plan-Kostensatz auf Vollkostenbasis in den variablen und den fixen Teil aufzubrechen. Bei einer Plan-Beschäftigung von 4.000 Std. sind die Kostenarten Kerosin sowie Crewstunden als variable Kosten und die Gehaltskosten sowie Abschreibungen als fixe Kosten einzustufen. Im Beispiel fallen 180.000 Euro variable und 84.000 fixe Kosten an. Bei 4.000 h beträgt der **variable Plankostenverrechnungssatz** somit 45,00 €/Std. (180.000 Euro/4.000 h). Bei den verrechneten Kosten K_{verr} liegt aber der Plankostenverrechnungssatz von 66,– €/Std. (= 264.000 Euro/4.000 h) zugrunde.

Die Soll-Kosten als Funktion der Beschäftigung berechnen sich wie folgt:

$$\textit{Soll-Kosten } (K_s) = \textit{Kosten}_{fix} + (\textit{Stückkosten}_{variabel} \cdot \textit{Ist-Beschäftigung})$$
$$K_s = 84.000\text{ €} + (45\text{ €/Std.} \cdot x\text{ Std.})$$

Die **Soll-Kosten der Ist-Beschäftigung** lassen sich nun leicht ermitteln, indem die in Anspruch genommenen 3.000 Std. in die Funktion eingesetzt werden. Es ergeben sich 219.000 €.

Im dargestellten Beispiel beliefen sich die Ist-Kosten zu Plan-Preisen $K_{i,PP}$ allerdings auf 238.200 € und die Ist-Kosten zu Ist-Preisen $K_{i,IP}$ auf 258.200 €.

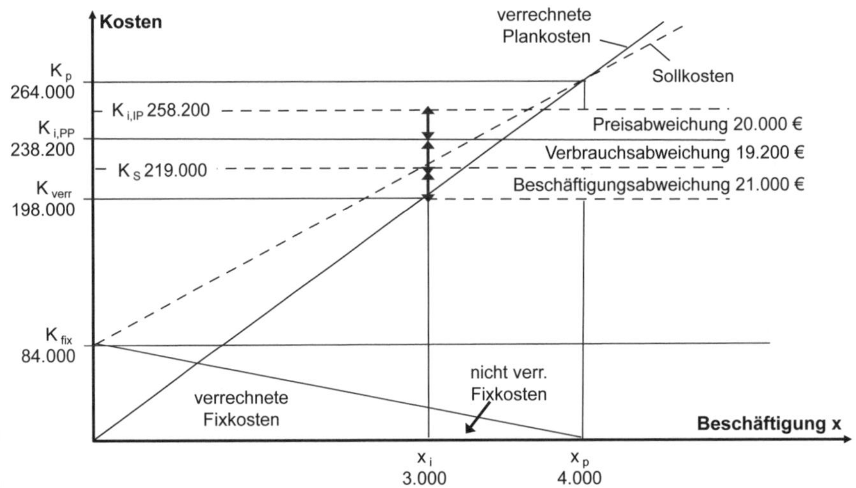

Abb. 39: Abweichungsanalyse bei der flexiblen Plankostenrechnung

Damit ergibt sich zunächst eine **Gesamtabweichung** von -25.800 € (= $K_{i,PP} - K_p$ = 238.200 € – 264.000 €), wenn man von Plan-Preisen ausgeht bzw. von -5.800 € (= $K_{i,IP} - K_p$ = 258.200 € – 264.000 €), wenn man von Ist-Preisen ausgeht. Diese Gesamtabweichung, die auch bei der starren Plankostenrechnung ermittelt worden wäre, soll nun in die Abweichungsarten der flexiblen Plankostenrechnung auf Vollkostenbasis aufgespalten werden.

Für die **Verbrauchsabweichung (ΔX)** in Höhe von 19.200 € werden die oben ermittelten Soll-Kosten der Ist-Produktion (219.000 €) von den Ist-Kosten (238.200 €) abgezogen.

Die **Beschäftigungsabweichung (ΔB)**, die als Auslastungskontrolle des Fixkostenblocks verstanden werden kann, ergibt sich entweder aus der Berechnung der Leerkosten, d. h. der nicht verrechneten Fixkosten, oder aus dem Vergleich der verrechneten Kosten mit den Soll-Kosten. Dabei wird unterstellt, dass die Fixkosten sich während der Periode nicht durch Kapazitätsanpassungen verändert haben. Im Beispielfall liegt eine Unterbeschäftigung vor, da 1.000 Std nicht in Anspruch genommen worden sind.

$$\Delta B = K_{Soll}(x_i) - K_{verr}(x_i) = 219.000\,€ - 198.000\,€ = 21.000\,€$$

Werden nicht die ursprünglich geplanten Preise auch für die Nachbetrachtung herangezogen, sondern nutzt man die echten Ist-Preise, so lässt sich auch noch die Preisabweichung Δp in Höhe von 20.000 € berechnen. Der Kostenstellenleiter Flugplanung und -durchführung hat primär nur die **Verbrauchsabweichung** zu verantworten, wobei die Verantwortung weniger im Vertreten liegt als vielmehr in der Aufgabe, die Herkunft der Differenzen aufzuklären. Bei den Abweichungen handelt es sich in erster Linie um innerbetriebliche Unwirtschaftlichkeiten, wie ein zu hoher Verbrauch an Wartungsmaterialien oder zu langsame Arbeitsabläufe. Dagegen ergibt sich die **Beschäftigungsabweichung** aus der Planungsproblematik und der Unmöglichkeit, die Zukunft genau vorherzusehen. Dennoch sind die Ursachen für die Beschäftigungsabweichungen ebenfalls kritisch zu beobachten, da dies auf nicht abgestimmte Kapazitäten oder sonstige Probleme innerhalb des Unternehmens wie z. B. Ausfallzeiten von Flugzeugen, Streik des Bodenpersonals, nicht optimale Auslastung hindeuten könnte, die einer genaueren Untersuchung bedürfen.

Die **Kritik** an der flexiblen Plankostenrechnung betrifft vor allem die Fixierung auf die Beschäftigung als alleiniger Einflussgröße. Weitere Kritikpunkte sind die rechnerische Fixkostenproportionalisierung und die grundlegende Prämisse, dass die Kostenfunktion, d. h. der Zusammenhänge von Beschäftigung und Kosten, vollständig bekannt ist.

1.3.2.3 Flexible Plankostenrechnung auf Teilkostenbasis (Grenzplankostenrechnung)

Die zuvor als Kritikpunkt angeführte **Proportionalisierung der Fixkosten** sowie die damit verbundene, aufwendige Anpassung der Faktorpreise an die Ist-Beschäftigung werden bei der Grenzplankostenrechnung als konsequente Umsetzung des Teilkostenansatzes umgangen. Die Grenzplankostenrechnung orientiert sich vornehmlich an den variablen Kosten, sodass sie für kurzfristige Entscheidungen Informationen über die relevanten Grenzkosten je Kostenträger bietet sowie eine Kostenkontrolle durch die Bestimmung der Verbrauchsabweichung ermöglicht.

Ebenso wie bei der flexiblen Plankostenrechnung auf Vollkostenbasis werden die Kosten in fixe und variable Bestandteile unterteilt, dann aber im Unterschied zur flexiblen Plankostenrechnung in der Vollkostenrechnung ausschließlich die variablen Kostenteile weiter betrachtet. Hierdurch entfällt die bei den Plankostenrechnungen auf Vollkostenbasis entstehende Beschäftigungsabweichung.

Beispiel EuroAir – Grenzplankostenrechnung

Die ermittelte Abweichung im System der Grenzplankostenrechnung stellt somit nur die Verbrauchsabweichung dar, was an dem fortgeführten Beispiel deutlich werden soll: Bei 4.000 Std. Plan-Beschäftigung werden geplante variable Kosten von 180.000 € erwartet. Bei der Ist-Beschäftigung von 3.000 Std. wurden aber nur 135.000 € variable Plan-Kosten erwartet. Daher ist die Verbrauchsabweichung von 45.000 € direkt aus dem Vergleich der erwarteten Plan-Kosten mit den Ist-Kosten auf variabler Basis zu entnehmen.

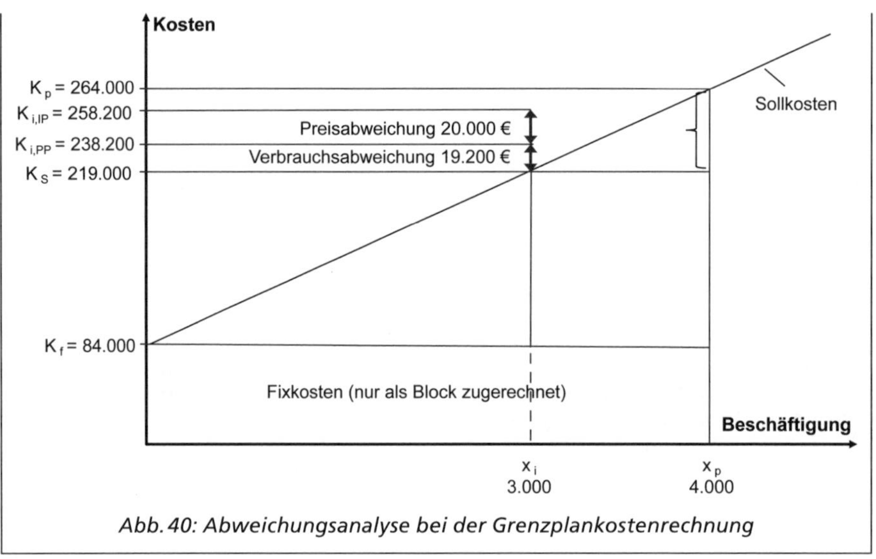

Abb. 40: Abweichungsanalyse bei der Grenzplankostenrechnung

1.4 Better Budgeting und Beyond Budgeting

Kritik an der klassischen Budgetierung

Die **Kritik** an traditionellen Planungs- und Kontrollsystemen fokussiert sich im Wesentlichen auf den **Prozess der klassischen Budgetierung.** Unter der Budgetierung wird die in den meisten Unternehmen vorhandene operative Ein-Jahres-Planung verstanden, die als formale Sollgröße, dem sogenannten Budget, Organisationseinheiten und Mitarbeitern verbindlich vorgegeben wird.

Kritikpunkte an der Praxis der klassischen Budgetierung sind vielfältig. Die Budgetierung ist in den meisten Unternehmen sehr **aufwendig** und verbraucht zu viele Resourcen in Form von Arbeitszeit im Controlling und in den planenden Fachabteilungen. In der Praxis werden bis zu 50 % der Controllingkapazitäten für Planung und Budgetierung verbraucht; zudem gehen 10 % bis 20 % der Arbeitszeit der Linienmanager in Budgetierungs- und Planungsprozesse ein. Ursachen hierfür sind:

- Budgetplanungen werden in einem **unnötig hohen Detaillierungsgrad** durchgeführt.
- Im Prozess der Gegenstromplanung werden **unnötig viele Schleifen** durchlaufen.
- Unzureichendes Prozessmanagement, fehlende Standardisierung der Aktivitäten, fehlende Automatisierung und IT-Unterstützung führen zu **Ineffizienzen**.
- Budgetplanungen fehlt es häufig an einer **Strategieorientierung**. Sie begnügen sich mit einer Fortschreibung der Vergangenheit.
- Ihre Erstellung unterliegt meist einer **starren Einjahresrhythmik,** dynamische, unterjährige Anpassungen sind nicht möglich oder nicht erwünscht.

Da Budgets meist als verbindliche Ziele vorgegeben werden, entstehen **dysfunktionale Effekte**:

- Einerseits werden bei der Planerstellung Reserven eingebaut, d. h. die Kosten zu hoch geplant. Es entstehen Budgetary Slacks,

– andererseits werden am Ende des Jahres Budgetreste ausgegeben, um das Budget auszuschöpfen. Dies ist das sogenannte Budget Wasting.

Gegenstand des **Better Budgeting** und des **Beyond Budgeting** ist die Entwicklung von umfassenden Konzepten, die die Unternehmen von den Effizienz- und Effektivitätsdefiziten der Budgetplanung befreien und somit eine Strategieorientierung in Controlling- und Managementprozessen sicherstellen sollen.

Better Budgeting

Bei dem Konzept des Better Budgeting handelt es sich um eine Fülle unterschiedlicher Ansätze. Wir werden uns im Nachfolgenden auf den im deutschen Sprachraum sehr verbreiteten Ansatz des Advanced Budgeting von HORVÁTH & PARTNERS konzentrieren, der auf vier Grundprinzipien beruht (vgl. Gleich & Leyk, 2003, S. 491 ff.).

Abb. 41: Grundprinzipien des Better Budgeting nach HORVÁTH (Quelle: Leyk, Kappes, Kreisler & Grünebaum, 2006)

– Das **Grundprinzip der Integration** hat die Verbindung der strategischen und operativen Planungsebenen mithilfe einer inhaltlichen sowie einer zeitlichen Integration zum Ziel. Inhaltlich sollen gleichzeitig **kurz-, mittel- und langfristige** sowie **finanzielle und nicht-finanzielle Ziele** verfolgt werden, wie z. B. durch Verwendung der Balanced Scorecard. Zeitlich erfolgt die Integration über die Verzahnung des strategischen mit dem operativen Controllingkreislauf.
– Das **Grundprinzip der Zielfokussierung** basiert ebenfalls auf einer Integration der Balanced Scorecard in die Planungs- und Kontrollprozesse. Durch die Verwendung der Balanced Scorecard und der aus ihr abgeleiteten strategischen Maßnahmenkataloge wird sichergestellt, dass die Budgetierung strategiegeleitet ist.
– Das dritte **Grundprinzip der Komplexitätsreduktion** basiert auf der Erkenntnis, dass in den meisten Unternehmen eine deutliche **Ungleichverteilung der Kosten über verschiedene Kostenarten** vorliegt. GLEICH und LEYK berichten von einem Unternehmen, in dem acht der 38 geplanten Kostenartengruppen 82 % der ge-

samten Kosten des Unternehmens ausmachten. Auf die verbleibenden 30 der 38 Kostenarten entfielen nur etwa 18 % der Kosten (vgl. Gleich & Leyk, 2003, S. 492). Für eine Komplexitätsreduktion fordert das Advanced Budgeting eine Kostenplanung auf der Ebene von Kostenartengruppen bzw. Kostenartenknoten statt auf der Ebene der einzelnen Kostenarten. Darüber hinaus sollte auch der Detaillierungsgrad der zu planenden Kostenstellenstruktur sowie der Detaillierungsgrad der zu planenden Produkte und Varianten hinterfragt werden.

- Das **Grundprinzip der Kontinuität** beinhaltet eine **Abkehr von der Jahresrhythmik** der Planung und die Einführung eines rollierenden Fünfquartalsforecasts. Der rollierende Fünfquartalsforecast beinhaltet die für die Berichterstattung an Investoren wichtige Jahressicht. Zudem ermöglicht er frühzeitige Informationen über strategische und operative Abweichungen beziehungsweise Umfeldveränderungen und liefert einen wesentlichen Input für die quartalsweise stattfindenden Business Reviews sowie die jährliche strategische Planung (vgl. Abb. 42).

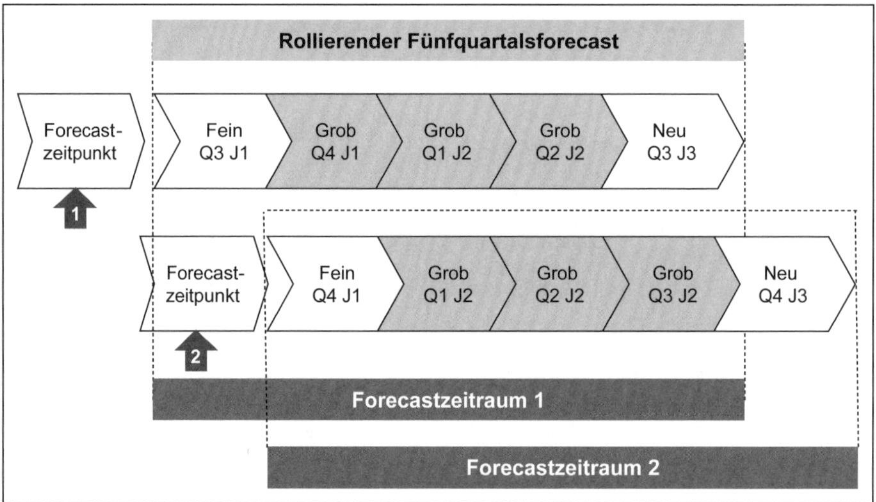

Abb. 42: Grundprinzip der Kontinuität (Quelle: Leyk et al., 2006)

Die wesentlichen **Vorteile** des Konzepts des Advanced Budgeting sind die deutlich bessere Strategieumsetzung verbunden mit einer Intensivierung der Auseinandersetzung mit der Zukunft. Damit wird der Nutzen von Planung und erhöht. Die von HORVÁTH und anderen Autoren gesehenen Vorteile des geringeren Resourceneinsatzes für Planung und Budgetierung sowie des kürzeren Planungsprozesses sind kritisch zu sehen. Einsparungen durch Komplexitätsreduktion bei der Kostenplanung können durch die sinnvolle, aber aufwendige Strategieintegration und den rollierenden Fünfquartalsforecast überkompensiert werden.

Beyond Budgeting

Das Konzept des Beyond Budgeting basiert auf einer Monografie der US-amerikanischen Autoren HOPE und FRAZER (vgl. Hope & Fraser, 2003) und den Übersetzungen bzw. Ergänzungen vor allem von PFLÄGING (vgl. Pfläging, 2011).

Die Autoren verstehen Beyond Budgeting als **Managementphilosophie und nicht als Controllinginstrument**. Die klassischen auf eine Jahresrhythmik abstellenden Budgetierungsprozesse werden als Hindernis beim Erreichen der Unternehmensziele gesehen und daher wird die Abschaffung der klassischen Budgetierung gefordert. Das Unternehmen soll nach Ansicht der Befürworter des Beyond Budgeting die gesamte Budgetierung mit all ihren oben genannten Nachteilen hinter sich lassen.

Da Unternehmen zwar ohne Planung, nicht aber ohne die Planungsfunktionen Prognose, Koordination und Kommunikation sowie Lenkung, Motivation und Kontrolle (vgl. Abschnitt B.1.2.1) auskommen können, werden die Bestandteile der klassischen Budgetierung, die die Erfüllung der Planungsfunktionen sicherstellen, im Konzept des Beyond Budgeting durch neue Methoden ersetzt. Diese werden in den zwölf Grundprinzipien des Beyond Budgeting zusammengefasst (vgl. Abb. 43).

- Die Prinzipien eins bis sechs beziehen sich auf die **Unternehmenskultur und Organisationsstruktur**. Hervorzuheben ist hier das Grundprinzip der marktähnlichen Koordination. Die Koordinationsfunktion der Budgets wird im Konzept des Beyond Budgeting durch interne Märkte ersetzt.

		Grundprinzipien	
Unternehmens-umfeld	Erfolgs-faktoren	Führungs-prinzipien	Management-prozesse
Investoren fordern mehr Leistung	Schnelle Reaktionsfähigkeit	1 Selbststeuerungs-rahmen schaffen	7 Zielvorgaben
Mangel an Talenten	Talentierte Manager/Mitarbeiter	2 Befähigung der Manager	8 Rollierender Strategieprozess
Wachsende Innovationsrate	Kontinuierliche Innovation	3 Verantwortung für Ergebnisse	9 Frühwarnsysteme nutzen
Globaler Wett-bewerb/Preisdruck	„Operational Excellence“	4 Kundenorientierte Organisation	10 Ressourcen nutzbar machen
Kunden können frei wählen	Kunden-orientierung	5 Marktähnliche Koordination	11 Messung und Kontrolle
Höhere ethische u. soziale Anforder.	Nachhaltige Performance	6 Selbstverantwort-lichkeit	12 Anreiz und Entlohnung

Abb. 43: Unternehmensumfeld, Erfolgsfaktoren und Grundprinzipien des Beyond Budgeting (Quelle: in Anlehnung an Weber & Linder, 2003, S. 21)

Die einzelnen dezentralen und gestärkten Profit Center (Grundprinzip 2 und 3), die sich in einer internen netzwerkähnlichen Struktur (z. B. Zentrale und Niederlassungen) befinden (Grundprinzip 4), stehen untereinander in marktähnlichen Austauschbeziehungen. Sie sind dabei frei, ob sie die benötigten Vorleistungen von Dritten oder aus dem Netzwerk beziehen und können ihre Kundenbeziehungen selbst definieren. Die Verrechnungspreise im Netzwerk bilden sich in Marktmechanismen beziehungsweise werden marktorientiert festgelegt. Die Selbstregulierung des Marktes macht eine Gesamtplanung der Organisation obsolet.

- Die Prinzipien 7 bis 12 beziehen sich auf die **Management- und Controllingprozesse** im Unternehmen. Hervorzuheben sind hier zum einen die relativen Zielvorgaben (Grundprinzip 7), die auf einem intensiven Benchmarking zwischen den Organisationseinheiten im Netzwerk und mit Dritten basieren. Daneben liegt ein besonderes Augenmerk auf den rollierenden Strategie- und Prognoseprozessen (Grundprinzip 8 und 9), wie dies auch beim Better Budgeting der Fall ist.

Die allen Grundprinzipien zu Grunde liegende Flexibilisierung führt dazu, dass es keine Ex-ante-Zielvorgaben geben kann. Daher treten an die Stelle individueller Zielvereinbarungen auf Basis fixer Zielvorgaben flexible, am relativen Erfolg einer Einheit orientierte, teambasierte Vergütungen.

Bewertung der theoretischen Fundierung und praktischen Anwendbarkeit

Das Konzept des **Better Budgeting** basiert auf seit Jahrzehnten geäußerten, theoretisch fundierten und empirisch nachgewiesenen Kritikpunkten an dem klassischen Konzept der Planung und Budgetierung. Bei den vorgeschlagenen Lösungsansätzen handelt es sich um eine Verbindung von Lösungsansätzen, die größtenteils hinsichtlich ihrer **theoretischen Fundierung und praktischen Anwendbarkeit** bestätigt wurden. Dies gilt für das Instrument der Balanced Scorecard ebenso wie für die Verwendung von rollierenden Planungssystemen oder die Komplexitätsreduktion der Planung aufgrund von ABC-Analysen der Kostenarten.

Im Gegensatz zum Konzept des **Better Budgeting** steht für das Konzept des **Beyond Budgeting** eine theoretische oder empirische Fundierung noch aus. In Deutschland sind nur wenige Unternehmen bekannt, die das Konzept anwenden bzw. angewendet haben, wie z. B. die Drogeriekette DM oder der ehemalige Postdienstleister PIN. Eine praktische Anwendbarkeit scheint am ehesten in **dynamischen Unternehmen mit Hub-Spoke-Strukturen und teamorientierter Unternehmenskultur** gegeben zu sein (vgl. Weber & Linder, 2003, S. 51 ff.). Im Rahmen der Diskussionen um das agile Controlling hat das Konzept des Beyond Budgeting aber neue Aufmerksamkeit erlangt (vgl. Wiltinger, 2021, S. 786 f.).

1.5 Digitalisierung des Controllings

Die Digitalisierung ist sehr vielfältig. Dies ist auch darin begründet, dass es sich bereits bei der Aufnahme eines Selfies mit dem Smartphone um eine Digitalisierung handelt. Auf der anderen Seite umfasst der Begriff aber auch die Digitalisierung komplexer Geschäftsprozesse wie dem Yield-Management bei EuroAir oder aber der Digitalisierung von Prozessen wie der elektronischen Gesundheitskarte im Rahmen des E-Government.

„**Digitalisierung** ist die strategisch orientierte Transformation von Prozessen, Produkten, Dienstleistungen bis hin zur Transformation von kompletten Geschäftsmodellen unter Nutzung moderner Informations- und Kommunikationstechnologien … mit dem Ziel, nachhaltige Wertschöpfung effektiv und effizient zu gewährleisten" (Becker & Pflaum, 2019, S. 9).

Im Controlling sehen wir eine Digitalisierung bereits seit den 1960er-Jahren. Die Prozesse des Rechnungswesens gehörten zu den ersten Prozessen, die nach der Entwicklung der Computer auf Großrechnern digitalisiert wurden. Durch die Entwicklung des PCs und der Tabellenkalkulationsprogramme wie Microsoft Excel in den 1980er-Jahren wurde die Digitalisierung des Controllings vorangetrieben und stark dezentralisiert.

Der Begriff Digitalisierung der letzten Jahre beschäftigt sich aber weniger mit dem langjährigen Prozess der beschriebenen IT-Unterstützung seit den 1960er-Jahren als mit den zu erwartenden Entwicklungssprüngen aufgrund einiger disruptiver Veränderungen bei Rechner- und Speicherkapazitäten sowie Software-Technologien. Abb. 44 zeigt das Ergebnis zweier Befragungen von jeweils über 600 Unternehmen durch den Branchenverband BITKOM E. V. aus den Jahren 2019 und 2020 zur Bedeutung verschiedener digitaler Technologien für die deutsche Wirtschaft. Die drei wichtigsten **digitalen Technologien** sind demnach Big Data mit wachsendem Vorsprung, Internet of Things (IoT) sowie 3D-Druck. Viele Beiträge zur Digitalisierung im Controlling konzentrieren sich auf Big Data sowie Künstlicher Intelligenz (KI), das in der Befragung an fünfter Stelle steht.

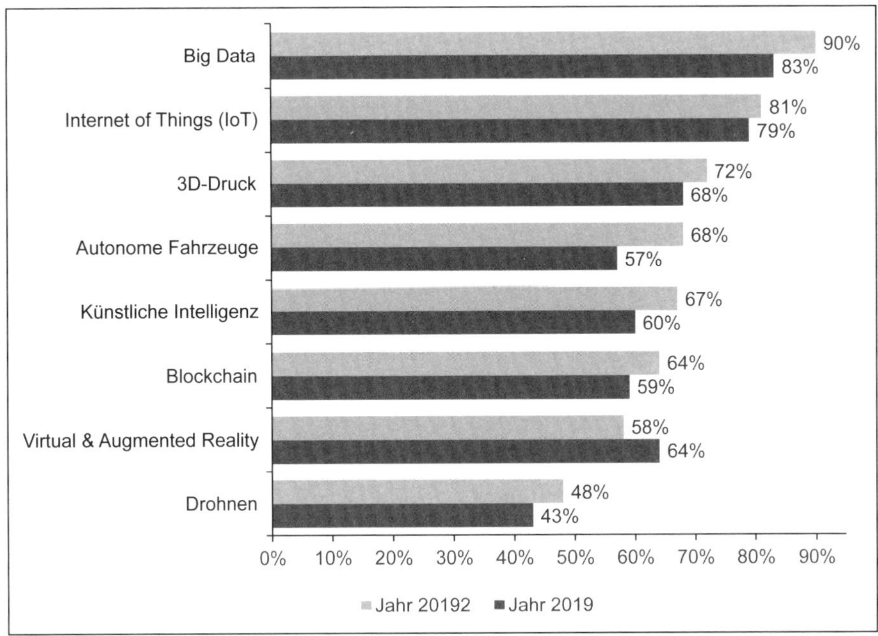

Abb. 44: Bedeutung verschiedener Technologien für die Wettbewerbskraft der deutschen Wirtschaft (Quelle: Bitkom, 2020, S. 9)

Wir wollen den Schwerpunkt aber nicht auf technologische Fragestellungen, sondern auf die Auswirkungen der Digitalisierung auf Unternehmen und später auf das Controlling legen. Die **Auswirkungen der Digitalisierung auf Unternehmen und Gesellschaft** sind (vgl. Bitkom, 2020; Caritas, 2021; KPMG, 2021):

Grundsätze der Digitalisierung

- **Vernetzung und Internet-of-Things**
  Regierungen, Institutionen, Unternehmen, Menschen, IT-Systeme und Objekte wie Automobile, Produktionsanlagen, Rolltreppen oder Kühlschränke kommunizieren miteinander. Wenn ein Traktor an einem Erntetag mehr als ein Terabyte

an Informationen erzeugt und dank Vernetzung teilt, ist es eine Herausforderung, diese Datenmenge wertschöpfend zu nutzen.

- **Teilen statt Besitzen**
  Informationen, Produkte, Dienstleistungen werden zwischen den vernetzten Institutionen und Menschen getauscht, gemeinsam genutzt oder zeitweilig ausgeliehen. Der ausschließliche Besitz verliert an Bedeutung.
- **Cloud-Technologie und Automatisierung**
  Die Menge der Daten, die Menschen, Institutionen und Objekte generieren, wächst stetig. Die Verfügbarkeit von lokalem und Cloud-Speicher wächst überproportional. Hierdurch werden Daten global verfügbar. Prozesse, die vormals manuell waren, werden durch die Digitalisierung automatisiert.
- **Künstliche Intelligenz (KI)**
  KI-Elemente wie zum Beispiel Bots werden in Geschäftsprozessen eingesetzt und übernehmen auf Basis von Machine Learning einfachere und repetitive Tätigkeiten, sodass sich Mitarbeiter auf wertschöpfende Tätigkeiten fokussieren können. Die Verfügbarkeit der zugrundeliegenden Technologien steigt, so dass künstliche Intelligenz den experimentellen Status verlassen hat.
- **Personenzentrierung**
  Daten und Prozesse werden im Schwerpunkt mit dem Ziel ausgewertet, Wissen über Menschen und ihr Verhalten mit dem Ziel der Nutzenstiftung für Menschen zu generieren. Dieses Wissen kann wirtschaftlich z. B. im Rahmen des Marketings oder aber für gesellschaftliche oder humanitäre Zwecke genutzt werden.

Folgen der Digitalisierung

- **Digitale und virtuelle Arbeitsplätze**
  Die Einführung von Tools für die virtuelle Zusammenarbeit als Reaktion auf den Lockdown im Rahmen der Covid19-Krise hat es Unternehmen ermöglicht, auch virtuell Kunden zu betreuen, Geschäftsbeziehungen zu pflegen und interne Prozesse am Laufen zu halten. Vieles wird auch nach der Covid19-Krise beibehalten werden. Im Rahmen der Digitalisierung verschwimmen hier häufig die Grenzen zwischen Privatsphäre und Arbeit sowie zwischen Freizeit und Arbeitszeit.
- **Veränderung der Kommunikation**
  Mitarbeiter haben ubiquitären Zugriff auf Unternehmensinformationen und Kommunikationsmöglichkeiten, die vorher so nicht bekannt waren. Neue Wege der Kommunikation und der Kooperation verändern die Arbeitswelt.
- **Lebenslanges Lernen**
  Die Form der Bereitstellung von Lernangeboten wird sich verändern, weg vom Präsenzseminar hin zu kontinuierlichen Blended Learning-Modellen mit individualisierten Lerneinheiten, den sogenannten Knowledge Nuggets. Mitarbeiter, die sich dem lebenslangen Lernen verschließen, werden den Anschluss verlieren.
- **Beschleunigung der Veränderung**
  Alle Veränderungen werden sich nicht linear sondern mit zunehmender Geschwindigkeit entwickeln. Die zunehmende Rechnerkapazität sowie die Verfügbarkeit und geringen Kosten von lokalem und Cloud-Speicher wird dazu führen, dass die oben beschriebenen Veränderungen sich gegenseitig verstärken.

Die Aufzählung der Trends der Digitalisierung zeigt die Vielfältigkeit der Auswirkungen der Digitalisierung in Unternehmen und Gesellschaft. Bezogen auf das Controlling kann man die folgenden **Chancen und Herausforderungen** erwarten (vgl. Andaç Güler, 2021, S. 113 f.; Kieninger, Michel & Mehanna, 2015, S. 3 ff.; Schäffer & Weber, 2016, S. 6 ff.):

Inhaltliche Chancen

- Agile Prozesse und Methoden wie Objectives and Key Results (OKR),
- bessere und komplexere Treibermodelle für Planung und Forecast,
- proaktiv-prognostizierende Steuerungsmodelle durch Predictive Analytics,
- globaler Zugriff auf operative Transaktionssysteme und deren Daten,
- Automatisierung und Standardisierung von nicht-wertschöpfenden Routinetätigkeit durch Controlling Bots,
- Integration von internen und externen Daten sowie höhere Verfügbarkeit der Daten durch Cloud-Lösungen,
- Process Mining zur Auswertung digitaler Spuren von Geschäftsprozessen,
- neue intelligente Verfahren der Datenanalytik durch Machine Learning und KI.

Organisatorische und personelle Herausforderungen

- Datenanalytik und Data Science als neues Kompetenzfeld des Controllers,
- Effizienzsteigerung im Controlling als Hauptziel der Digitalisierung,
- technologiegetriebener Trend zum Self-(Service)-Controlling der Manager mit Erfordernis entsprechender Bereitschaft und Kompetenz,
- Verlust der harten Grenzen in der Finanzorganisation zwischen Controlling, Rechnungswesen, Steuern und Finanzen,
- Notwendigkeit eines neuen Controller-Mindsets, z. B. Abkehr von der strengen Zahlenhohheit des Controllers.

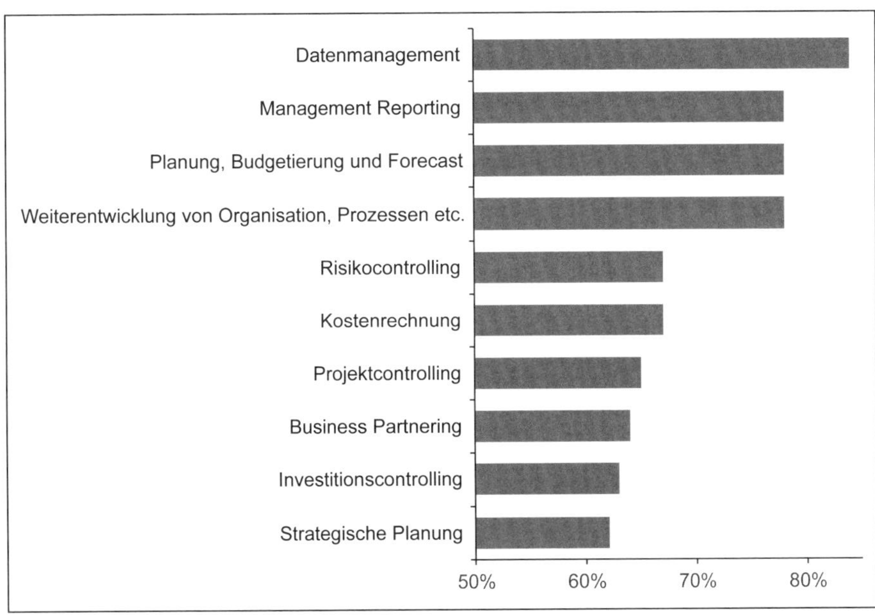

Abb. 45: Auswirkungen der digitalen Transformation auf die Controlling-Hauptprozesse (Quelle: Nasca, Munck & Gleich, 2018, S. 79)

– Eine empirische Studie von Nasca, Munck und Gleich hat untersucht, welche der **Controllingprozesse** nach dem IGC-Prozessmodell des Controllings aus Sicht der Controller besonders von der Digitalisierung betroffen sein werden (vgl. Abb. 45; Nasca et al., 2018, S. 79). Letztlich ist es nicht verwunderlich, dass aus Sicht der befragten Controller nach dem Datenmanagement, einem IT-Prozess, insbesondere die Kernprozesse des operativen Controllings, nämlich das **Management Reporting** einerseits und die operativen Planungsprozesse bestehend aus **Planung, Budgetierung und Forecast** andererseits am meisten von der Digitalisierung profitieren werden.

Die geringsten Auswirkungen hat die digitale Transformation auf die strategische Planung, das Investitionscontrolling und das Business Partnering. Für diese Prozesse erwarten die befragten Controller nur geringen Nutzen. Dies ist insofern erklärbar, als diese Prozesse in den meisten Unternehmen nur einen niedrigen Prozessreifegrad haben, d. h. sie sind nicht standardisiert und häufig nicht einmal dokumentiert und entziehen sich daher einer Automatisierung und Digitalisierung.

Abb. 46 zeigt, welche Nutzenpotenziale durch die Digitalisierung bei Planung und Budgetierung als stark von der Digitalisierung profitierendem Controllingprozess erwartet werden. Durch Data Analytics und KI wird zunächst die Effektivität der Planungs- und Budgetierungsprozesse erhöht, in dem vor allem treiberbasierte Planungsmodelle aufgebaut werden, die realitätsnäher und exakter planen. Durch eine geringere Anzahl von Eingangsgrößen und eine Entschlackung des Planungsprozesses wird zudem die Effizienz erhöht. Dazu tragen auch Automatisierungen der Prozesse bei, die zu einer Verringerung der Durchlaufzeit und Reduktion der Prozesskosten führen.

Nutzenpotenzial bei Planung und Budgetierung	Technologischer Enabler
Realitätsnähere und exaktere Planung durch dynamische Treiberbäume	Data Analytics und KI
Geringerer Personalbedarf im Planungs- und Budgetierungsprozess	Data Analytics, KI, Robotic Process Automation
Verbesserte Risikobetrachtung durch Simulation von Szenarien in dynamischen Werttreiberbäumen	Data Analytics und KI
Verbessertes Geschäftsverständnis über Identifikation wesentlicher Werttreiber	Data Analytics und KI
Automatisierungsbedingt schnellere Durchlaufzeit des Planungs- und Budgetierungsprozesses	Data Analytics und KI
Schnellere Durchlaufzeit durch die automatisierte Konsolidierung der Einzelpläne	Robotic Process Automation
Senkung der Prozesskosten in der Planung und Budgetierung	Robotic Process Automation

Abb. 46: Nutzenpotenziale der Digitalisierung in Planung und Budgetierung (Quelle: verändert nach Andaç Güler, 2021, S. 130 f.)

Die Effekte im Management Reporting basieren auf ähnlichen Effekten wie in Planung und Budgetierung. Abb. 47 zeigt diese im Detail. Im Management Reporting sind die Automatisierungen und die verringerten manuellen Eingriffe in die Reportingprozesse durch Data Analytics and KI von besonderer Bedeutung. Hinzu kommen neue Möglichkeiten zum Self-Reporting durch eine erhöhte Benutzerfreundlichkeit. Das Self-Reporting durch das Management wurde auch schon bei der Einführung von Data Warehouses und BI in den 1990er-Jahren versprochen, hat sich in den Unternehmen nicht realisiert. Insgesamt kommt es auch im Management Reporting zu Effektivitäts- und Effizienzgewinnen durch Durchlaufzeitverkürzung, Erhöhung der Berichtsfrequenz und Kostensenkungen.

Nutzenpotenzial im Management Reporting	Technologischer Enabler
Individuell zugeschnittene Informationen durch maschinelle Vorselektion von KPIs/Informationen	Data Analytics und KI
Automatisierte Identifikation von Werttreibern und Überarbeitung von Treiberbäumen	Data Analytics und KI
Automatisierte Abweichungsanalysen und Kommentierung von Berichten	Data Analytics und KI
Automatisierte Ableitung von Handlungsempfehlungen	Data Analytics und KI
Einsatz von Self-Reporting	Moderne BI-Losungen
Benutzerfreundlichkeit (Sprachsteuerung, optische Darstellung, Chatfunktionalität etc.)	Moderne BI-Losungen
Automatisierungsbedingte Steigerung der Berichtsfrequenz	Robotic Process Automation
Automatisierungsbedingte Beschleunigung der Prozessdurchlaufzeit	Robotic Process Automation
Automatisierungsbedingte Verringerung des Personalbedarfs und Senkung der Prozesskosten	Robotic Process Automation

Abb. 47: Nutzenpotenziale der Digitalisierung im Management Reporting (Quelle: verändert nach Andaç Güler, 2021, S. 130 f.)

Im Ergebnis bedeutet dies, dass die Digitalisierung auch einen **Wandel im Aufgabenspektrum der Controller** herbeiführen wird. Dieser wurde schon seit etlichen Jahren erwartet, hat aber sich nicht in dem Maße durch die bisher eingeführten ERP-, Data Warehouse- oder BI-Systeme realisiert, wie man erwartet hatte. Abb. 48 zeigt die Auswirkungen auf die Aufgaben des Controllers.

Durch die Digitalisierung erwartet man eine deutliche Abnahme der repetitiven Basistätigkeiten, die zumeist in den beiden operativen Hauptprozessen der Planung und Budgetierung sowie des Management Reportings vorkommen. Diese beiden Prozesse beanspruchen auch heute noch die meiste Zeit der Controller. Die freiwerdende Zeit soll der Controller stärker für Realtime und Predictive Insights verwenden, wobei hier Predictive Insights als hochwertiger angesehen werden. Hierdurch kann der Controller seine proaktive Rolle als Sparringspartner des Managements ausfüllen.

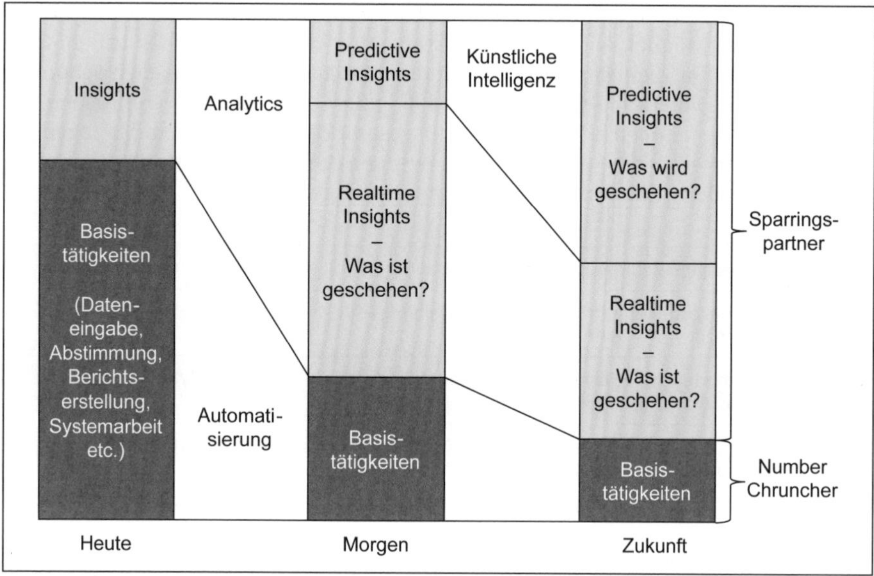

Abb. 48: Auswirkungen der Digitalisierung auf die Tätigkeiten des Controllers (Quelle: Losbichler & Ablinger, 2018, S. 57 mit weiteren Verweisen)

2 Strategische Planungs- und Kontrollprozesse

Beispiele von Unternehmen wie Kodak und AGFA im Fotomarkt oder Motorola, Siemens oder Nokia im Mobiltelefonmarkt zeigen, wie gefährlich es auch für Marktführer sein kann, Veränderungen in den Märkten nicht frühzeitig durch strategische Initiativen zu begegnen. Das strategische Management hat die Aufgabe, das Unternehmen und seine Geschäftsbereiche auf Basis von Unternehmens- und Umfeldanalysen erfolgversprechend in seinen Märkten zu positionieren. Das **strategische Controlling** unterstützt das Management bei dieser Aufgabe und beschäftigt sich mit der langfristigen Erreichung der Zielsetzungen und der langfristigen Existenzsicherung des Unternehmens.

Strategische Fragestellungen am Beispiel der Fallstudie EuroAir

Die Strategie der EuroAir wurde – wie auch bereits eingangs beschrieben – zuletzt im Jahr 2020 vom Vorstand und Aufsichtsrat in einer gemeinsamen Klausurtagung diskutiert.

Profitables Wachstum

Herausragendes Ziel der EuroAir ist die kurz- und langfristige Wertschaffung für die Aktionäre. Rentabilität und Wachstum sollen dabei über dem Branchendurchschnitt liegen.

Fokus auf die Kerngeschäftseinheiten

Als relativ kleiner Luftfahrtkonzern mit beschränktem finanziellen Spielraum will sich EuroAir auf die drei SGEs Passage, Cargo und Technik fokussieren.

Fokus auf die Premiumkunden
EuroAir wird sich am Preiskampf der Billiganbieter im Luftverkehrsmarkt nicht beteiligen, sondern richtet sich konsequente an den Kundenbedürfnissen im Rahmen einer Premiumstrategie aus.

Verantwortung gegenüber Mitarbeitern und Gesellschaft
Als Dienstleistungsunternehmen hängt die Qualität der Leistungen von der Begeisterung der Mitarbeiter ab. Daher stehen die Mitarbeiter und eine nachhaltige Entwicklung (Sustainable Development) im Mittelpunkt.

Fragestellungen, die im Rahmen des strategischen Managements und **strategischen Controllings** beantwortet werden müssen, sind daher beispielsweise:

- Soll EuroAir seine Kerngeschäfte auch nach Südeuropa und die USA erweitern? Soll dies aus einem organischen Wachstum oder durch externen Zukauf erfolgen?
- Wie soll mit den Nicht-Kerngeschäftseinheiten vorgegangen werden?
- Wie kann EuroAir sich besser auf Chancen und Risiken aus dem Umfeld des Unternehmens einstellen und diese proaktiv managen?
- Soll sich EuroAir einer der großen Luftfahrtallianzen wie der Star Alliance anschließen oder eigenständig bleiben bzw. eine neue Allianz mit anderen regionalen Airlines aufbauen?
- Wie kann die Performance der SGEs messbar und für Mitarbeiter, Management und Stakeholder transparent gemacht werden?

2.1 Einordnung des strategischen Planungs- und Kontrollprozessen

Strategisches Management ist der **Prozess der Findung, Umsetzung und Kontrolle von Strategien.** Eine **Strategie** trifft Aussagen zu einem oder mehreren der folgenden vier Aspekte (vgl. Hofer & Schendel, 1978, S. 23 ff.):

1. Zum Tätigkeitsbereich des Unternehmens (scope/domain) (Wo wollen wir tätig sein?),
2. zu Resourcen und zu Fähigkeiten des Unternehmens (distinctive competence) (Wie wollen wir knappe Resourcen einsetzen?),
3. zu den angestrebten Wettbewerbsvorteilen des Unternehmens (competitive advantage) (Wie wollen wir uns im Wettbewerb positionieren?) und
4. zu den Synergien, die durch die ersten drei Bereiche entstehen (Wo liegen Synergien und wie können wir diese nutzen?).

Mintzberg datiert in seinem Buch „The Rise and Fall of Strategic Planning" die Anfänge des strategischen Managements auf die 1960er-Jahre (vgl. Mintzberg, 1994, S. 1 ff.) und beschreibt unterschiedliche Auffassungen darüber, wie Strategien im Unternehmen entstehen und wie der Prozess der Strategiefindung und -umsetzung gestaltet werden kann.

- Grundannahme der **Design School,** die von Beginn des strategischen Managements in den 1960er-Jahren an von Wissenschaftlern wie Ansoff vertreten wurde, ist, dass die Strategieformulierung ein **bewusster und rationaler Planungsprozess** ist.
- Die im Gegensatz dazu stehende **Emergent School** geht davon aus, dass Strategien oftmals das Ergebnis komplexer, nicht koordinierter und unbewusster Prozesse organisatorischer Entscheidungsfindung sind. Mintzberg beschreibt Strategien

als **gleichgerichtete musterunabhängige Entscheidungen**, die sich erst im Nachhinein als sinnvolle Strategie ausbilden (Grasroot-Model nach Mintzberg, 1994, S. 17 ff.).

Strategisches Controlling umfasst die Konzeption, Koordination und Weiterentwicklung der strategischen Planungs, Kontroll- und Informationsversorgungsinstrumente und -prozesse. Das strategische Controlling übt eine Service- bzw. Beratungsfunktion für die Führungskräfte des Unternehmens bei der Wahrnehmung ihrer Aufgaben im Rahmen des strategischen Managements aus (vgl. Horváth et al., 2020, S. 121 ff.).

Das **strategische Controlling** ist **der Design School zuzuordnen**, da es explizit davon ausgeht, dass Strategien durch einen bewussten auf konkreten Analysen, Methoden und Instrumenten basierenden Zielbildungs-, Planungs-, Implementierungs- und Kontrollprozess entwickelt und umgesetzt werden.

Wie in Kapitel B.1.2.2.2 beschrieben, stellt die strategische Planung neben einer generellen Vision und der operativen Planung eine inhaltliche Planungsebene im Rahmen des Controllings dar. Diese ist auf eine **nachhaltige Existenzsicherung des Unternehmens** ausgerichtet. Zielgrößen sind langfristige Erfolgspotenziale. Das strategische Controlling beschäftigt sich im Wesentlichen mit aggregierten, dynamischen, unsicheren Informationen über das externe Marktumfeld von Kunden, Konkurrenten, Technologien. Insgesamt geht es um die langfristige Anpassung des Unternehmens an ein sich immer schneller veränderndes Umfeld.

Vision, strategische Planung und operative Planung stehen in einem Zusammenhang. Die höheren, langfristigeren und generelleren **Planungsebenen** bilden den Rahmen für die niedrigeren Planungsebenen: Die Vision bildet also den Rahmen für die strategische Planung, die strategische Planung für die operative Planung (vgl. Abb. 30 in Kapitel B.1.2.3). Die Implementierung der höheren Ebenen des Planungssystems erfolgt also jeweils nicht direkt, sondern über die nächstniedrigere Ebene.

Strategische Pläne werden also implementiert, indem sie in operative Maßnahmen umgesetzt werden. Diese werden im Rahmen der operativen Planung budgetiert und den Mitarbeitern – nach Verabschiedung durch Geschäftsführung oder Aufsichtsrat – als verbindliche Planvorgabe mitgeteilt. Dies bedeutet aber auch, dass eine strategische Planung, die sich nicht in der operativen Planung und Budgetierung wiederfindet, nicht realisiert wird. Dies ist eine zentrale Erkenntnis, die zur Entwicklung des Performance Controlling geführt hat (vgl. Kapitel C.4).

2.2 Prozess der strategischen Planung und Kontrolle

Regelkreis des strategischen Controllings

Überträgt man den Grundgedanken des Controllingkreislaufs auf die Aufgabenstellung des strategischen Controllings, erhält man die konkreten strategischen Planungs- und Kontrollprozesse, deren Gestaltung und Koordination Aufgabe des strategischen Controllings ist:

- Zielbildungsprozess,
- strategischer Planungsprozess mit
  - strategischem Analyseprozess,

  - Strategiegenerierungsprozess,
  - Strategiebewertungsprozess,
- Prozess der Strategieimplementierung sowie
- strategischer Kontrollprozess.

Die nachfolgenden Abschnitte beschreiben den strategischen Planungsprozess sowie den strategischen Kontrollprozess.

Strategische Planungsprozesse

Strategische Planungsprozesse finden in den meisten Unternehmen seltener und weniger formalisiert als operative Planungsprozesse statt. Sie beschäftigen sich mit anderen Inhalten und Fragestellungen (vgl. Abb. 25). Die Fristigkeit ist nur ein Abgrenzungskriterium. Selbst wenn man eine operative Planung auf zehn Jahre fortschreiben würde, wäre dies keine strategische Planung, da sich strategische Planungen mit grundsätzlich anderen Fragestellungen auseinandersetzen.

Organisatorisch lassen sich **drei Ebenen** der strategischen Planungsprozesse identifizieren:

- die strategische Planung für das Gesamtunternehmen (Corporate Strategy),
- die strategische Planung der SGE (Business Strategy) sowie
- die strategische Planung in den Funktionsbereichen eines Unternehmens (Functional Strategy) bzw. in regionalen Gliederungen (Regional Strategy).

Planungsebene des Gesamtunternehmens (Corporate Strategy)

In der strategischen **Planung für das Gesamtunternehmen** werden die Betätigungsfelder, in denen sich das Unternehmen dem Wettbewerb stellen möchte, festgelegt. Dabei wird meist unterstellt, dass Unternehmen aus einer oder mehreren **strategischen Geschäftseinheiten** (SGEs) bestehen. Wie in Kapitel B.1.2.2.3 ausgeführt, versteht man unter SGEs Produkt-Markt-Technologie-Kombinationen, für die unabhängig von anderen SGEs strategische Entscheidungen getroffen werden können.

Die **zentralen Inhalte einer Corporate Strategy** sind die folgenden (vgl. Hahn & Hungenberg, 2001, S. 833 ff.):

- Formulierung der strategischen Ziele des Gesamtunternehmens,
- Portfolioentscheidungen, d. h. Entscheidungen über den Auf-/Ausbau von SGEs sowie die Elimination von SGEs durch Veräußerung oder Liquidation,
- Koordinierung der strategischen Positionierung der SGEs,
- Resourcenverteilung zwischen den SGEs und Organisationsdesign des Gesamtunternehmens.

Planungsebene der Geschäftsbereiche bzw. SGEs (Business Strategy)

In **Geschäftsbereichs- bzw. Geschäftseinheitsstrategien** wird bestimmt, wie die einzelnen Geschäftsbereiche bzw. SGEs in den Wettbewerb mit konkurrierenden Unternehmen treten. Betrachtungsobjekte sind daher der Aufbau und die Verteidigung von strategischen Wettbewerbsvorteilen sowie der Aufbau und Erhalt von Kernkompetenzen.

Nach Hahn/Hungenberg sind die folgenden Felder Gegenstand der Business Strategy (vgl. Hahn & Hungenberg, 2001, S. 359 ff.):

- Formulierung der strategischen Ziele jeder SGE,

- Entwicklung der strategischen Wettbewerbsposition der SGE,
- Koordinierung von Funktionalstrategien,
- Strategieimplementierung sowie Organisationsdesign.

Funktionsbezogene Planungsebene (Functional Strategy) und regionale Planungsebene (Regional Strategy)

Funktionalstrategien beschäftigen sich mit der langfristigen Ausrichtung der betrieblichen Funktionen. Sie stellen die oberste Planungsebene in den Funktionsbereichen des Unternehmens dar. Funktionalstrategien fungieren dabei meistens als Schnittstelle zwischen strategischer Unternehmensplanung und operativer Umsetzung. Beispiele sind IT-Strategien, Personalstrategien, Marketing- oder Vertriebsstrategien. **Regionale Strategien** beschäftigen sich mit der langfristigen Ausrichtung des Unternehmens in Regionen. Funktionale und regionale Strategien überschneiden sich in aller Regel, sodass sich eine matrixähnliche Beziehung ergibt.

Corporate Strategy bei EuroAir

Im Rahmen der Gesamtunternehmensstrategie wurde für EuroAir die Konzentration der Geschäftsaktivitäten auf die drei SGEs Passage, Cargo und Technik festgelegt. EuroAir wird sich von allen weiteren Geschäftseinheiten trennen oder in Allianzen einbringen.

Business Strategy bei EuroAir

Betrachtet man die strategische Geschäftseinheit Cargo, ist für die einzelne SGE eine Business Strategy zu formulieren. Hier geht es vor allem darum, **Wettbewerbsvorteile** gegenüber den größten Konkurrenten FedEx oder UPS zu realisieren. So könnte das Unternehmen EuroAir unter der Zielsetzung, am Hauptflughafen Köln/Bonn der größte **Cargo Distributor** zu sein, eine Kostenführerstrategie anstreben. Anders als im Passagegeschäft, in dem man auf Mehrwert und besondere Leistungskriterien Wert legt, könnten hier die Vorteile der Größendegressionseffekte im Mittelpunkt stehen. Zeitgleich könnte man aber auch dem Umweltschutzziel und der nachhaltigen Entwicklung des Gesamtkonzerns verpflichtet bleiben, indem moderne Flugzeuge im Vergleich zur Konkurrenz die niedrigsten Treibstoffkosten pro Transporttonne erzielen.

Functional Strategy bei EuroAir

Die EuroAir SE hat im Rahmen der **Personalstrategie** vorgegeben, dass Führungspositionen bevorzugt intern besetzt werden. Im Rahmen der **Marketingstrategie** wurde in der Kommunikationspolitik der grundsätzliche Verzicht auf TV-Werbung beschlossen. Die **IT-Strategie** legt ein Outsourcing aller nicht-wettbewerbskritischen IT-Prozesse fest und verbietet das Outsourcing von wettbewerbskritischen IT-Systemen wie zum Beispiel des Buchungssystems.

Regional Strategy bei EuroAir

Die EuroAir SE möchte mit spezifischen Reiseangeboten in der Wintersaison die Auslastung der Flüge in die Alpenregion durch Pauschalangebote an Wintersportler stärken. Hierfür müssen lokale Partner im Hotelbereich und unter Liftbetreibern gefunden werden. Diese **auf eine bestimmte Region ausgerichtete Strategie** hebt sich vom sonstigen Reiseangebot bei EuroAir ab.

Prozess der strategischen Planung

Wichtigste Aufgabe des Gesamtprozesses der strategischen Planung ist die Koordination und Verknüpfung der organisatorischen Ebenen der strategischen Planung, der Gesamtunternehmensstrategie, der Geschäftsbereichsstrategien, der Funktionalstrategien und der Regionalstrategien. Die Koordination der organisatorischen Ebenen der strategischen Planung erfolgt in Unternehmen in der Regel nach dem Gegenstromverfahren, wie Abb. 49 zeigt.

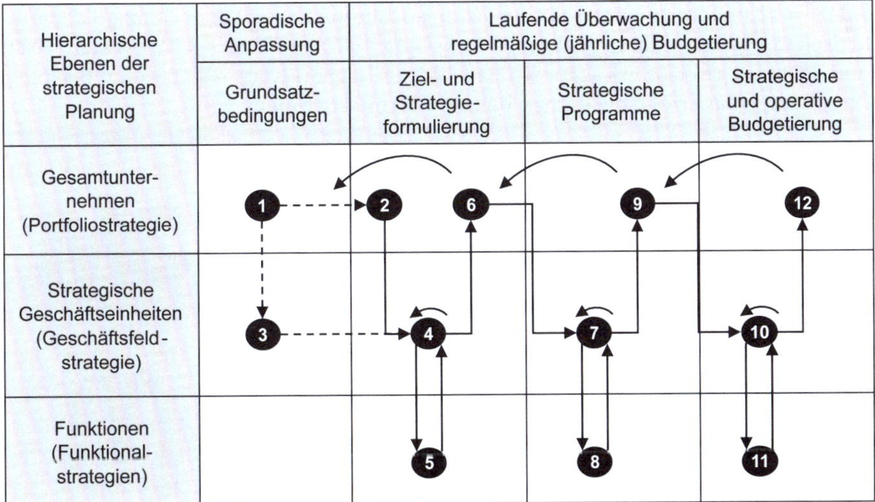

Abb. 49: Grundstruktur einer typischen strategischen Planung (Quelle: in Anlehnung an Weber, 2005, S. 25)

In unregelmäßigen, größeren zeitlichen Abständen werden **Grundsatzbedingungen bzw. Visionen** formuliert. Aufbauend auf der Vision erfolgt im Rahmen des strategischen Planungsprozesses die Ziel- und Strategieformulierung. Bereits der **Ziel- und Strategieformulierung** liegt der schematische Ablauf des Gegenstromverfahrens zugrunde. Zunächst werden die Ziele und Strategien für das Gesamtunternehmen formuliert, die dann auf Bereichsziele und -strategien und nachfolgend auf Funktionalziele und -strategien heruntergebrochen werden.

Auf der Ebene der Funktionalstrategien können jedoch Ziel- und Strategieanpassungen stattfinden, die dann in einem Rückkopplungsprozess zu Anpassungen auf der Ebene der Geschäftsbereichsstrategien und der Portfoliostrategien führen. Auch hier können im Rahmen eines Planungsprozesses durchaus mehrere Zyklen durchlaufen werden. Dieser Prozess des Gegenstromverfahrens setzt sich in den nächsten Planungsphasen, in der **strategischen Maßnahmenplanung**, in der aus den Zielen und Strategien grundsätzliche Maßnahmenpakete abgeleitet werden, sowie der **strategischen Budgetierung**, in der die für die Umsetzung der strategischen Maßnahmenpakete notwendigen Resourcen ermittelt werden, fort.

Grundelemente des strategischen Planungsprozesses

Eine sehr zentrale Fragestellung im Rahmen der strategischen Planung ist die Ableitung von allgemeinen strategischen Erfolgspositionen, aus denen sich konkrete Wettbewerbsvorteile in einzelnen Märkten ergeben können.

Strategische Erfolgspositionen sind Fähigkeiten, die es dem Unternehmen erlauben, im Vergleich zur Konkurrenz auch längerfristig überdurchschnittliche Ergebnisse zu erzielen. Strategische Erfolgspositionen bestehen auf Gesamtunternehmensebene und sind damit im Allgemeinen geschäftsbereichsübergreifend (vgl. Pümpin, 1986, S. 34). Das Konzept der strategischen Erfolgspositionen ähnelt dem Konzept der strategischen Erfolgsfaktoren (vgl. Buzzell & Gale, 1987; vgl. Peters & Waterman, 1984) und der strategischen Erfolgspotenziale (vgl. Gälweiler, 1990). Abb. 50 zeigt Beispiele für strategische Erfolgspositionen bekannter Unternehmen.

Innovationsfähigkeit von 3M:
Ursache für die hohe Innovationskraft dieses international tätigen US-Konzerns ist der Freiraum, der den Mitarbeitern gewährt wird.

McDonald's Fähigkeit, optimale Standorte zu besetzen:
McDonald's ist u.a. bekannt für seine gezielte und fundierte Auswahl von Standorten an Verkehrsknoten, Fußgängerzonen und Einkaufszentren.

Marke von Coca-Cola:
Die Marke Coca-Cola ist eine der wertvollsten Marken der Welt und steht für viele Millionen Menschen für mehr als ein gesüßtes Wasser.

Abb. 50: Strategische Erfolgspositionen von 3M, McDonald's und Coca-Cola

Die Erreichung strategischer Erfolgspositionen ist die Voraussetzung für die Erzielung von **Wettbewerbsvorteilen** in den einzelnen SGEs: Ein Wettbewerbsvorteil ist die Überlegenheit der Produkte und Dienstleistungen aus Sicht des Kunden in Hinblick auf Leistung oder Preis. Damit ein wirklicher Wettbewerbsvorteil entsteht, muss diese Überlegenheit eine wichtige Produkt- oder Leistungseigenschaft aus Sicht des Kunden betreffen, vom Kunden wahrgenommen werden und dauerhaft und damit nicht leicht nachahmbar oder einholbar sein. Wettbewerbsvorteile beziehen sich in aller Regel auf einzelne SGEs (vgl. Simon, 1988, S. 4).

Die Basis für strategische Erfolgspositionen kann vielfältig sein:

- ein überlegenes Produkt und/oder eine überlegene Positionierung des Produktes oder der Marke,
- ein besserer Zugriff auf wichtige Resourcen wie z. B. überlegenes Know-how der Mitarbeiter oder Finanzkraft,
- allgemein bessere Prozesse und/oder überlegene Organisation.

Zur Ableitung der Strategien bzw. zum Aufbau von strategischen Erfolgspositionen werden in aller Regel in den Phasen des strategischen Planungsprozesses immer wiederkehrende Aktivitäten durchgeführt, die somit die Basis für die strategische Planung darstellen.

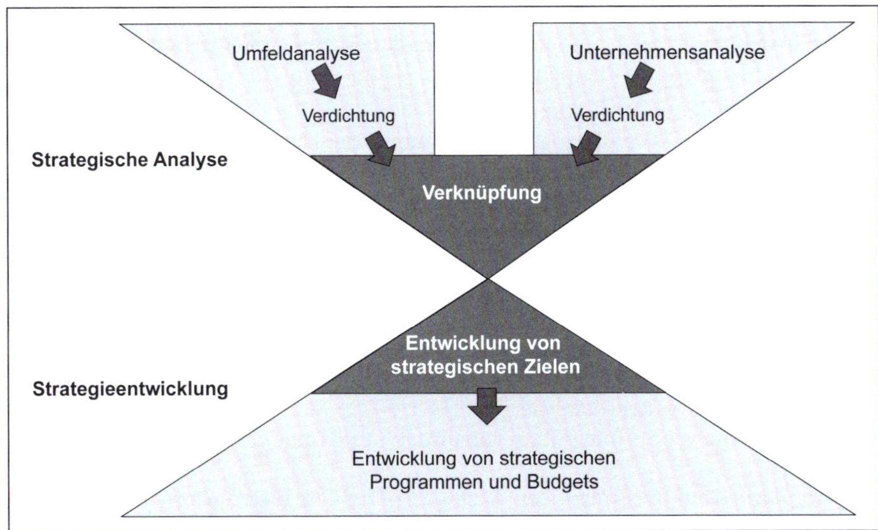

Abb. 51: Aktivitäten im Strategieprozess

Strategische Analyse

- Die strategische Analyse umfasst zunächst eine **Umfeldanalyse**. Das Umfeld besteht aus dem Mikroumfeld und dem Makroumfeld. Während sich das **Makroumfeld** auf Trends bezieht, die in einem größeren gesellschaftlichen Zusammenhang stehen, wie die Veränderung des Konsumentenverhaltens, technologische oder politische Veränderungen, umfasst das **Mikroumfeld** die Märkte, also die Kunden, Konsumenten sowie die Konkurrenten.
- Im Rahmen der **Unternehmensanalyse** werden die Stärken und Schwächen des Unternehmens, seine Fähigkeiten und Resourcen – in aller Regel relativ zur Konkurrenz – analysiert. Die Informationen der Umfeldanalyse und der Unternehmensanalyse können in der **SWOT-Analyse** (SWOT: Strengths (Stärken)/Weaknesses (Schwächen) bzw. Opportunities (Chancen)/Threads (Risiken)) verdichtet und miteinander verknüpft werden.

Strategieentwicklung

- Im Rahmen der **Strategieentwicklung** werden zunächst die strategischen Zielsetzungen festgelegt. Strategische Analyse und Strategieentwicklung sind eng miteinander verzahnt. Viele Instrumente des strategischen Controllings haben zwar einen Schwerpunkt entweder auf der Analyse oder der Strategieentwicklung, können aber nicht trennscharf zugeordnet werden. Aufbauend auf den strategischen Zielen werden strategische Programme mit den Maßnahmen zur Umsetzung der Strategie sowie strategische Budgets festgelegt.

2.3 Instrumente des strategischen Controllings

Im vorangegangenen Kapitel wurde der logische Ablauf der strategischen Planung beschrieben, seine Gliederungen in Planungsebenen, Planungsphasen und typische Planungsaktivitäten. In diesem Kapitel beschäftigen wir uns mit den Instrumenten des strategischen Controllings. Wir beschränken uns auf die aus unserer Sicht wichtigsten Instrumente, auch wenn es in der Literatur zum strategischen Management eine Vielzahl anderer Instrumente gibt (vgl. Welge et al., 2017).

- Instrumente der strategischen Analyse
  - vornehmlich umfeldbezogene Instrumente der strategischen Analyse:
    - Checklisten zur Makroumfeldanalyse
    - PEST-Analyse (Political, Economic, Socio-cultural and Technological)
    - Branchenstrukturanalyse
  - vornehmlich unternehmensbezogene Instrumente der strategischen Analyse:
    - Checklisten der Unternehmensanalyse
    - Erfahrungskurvenanalyse
    - Produktlebenszyklus-Konzept
    - Wertkettenanalyse nach Porter
  - Stärken-Schwächen-Analyse
  - SWOT-Analyse als Integration von umfeld- und unternehmensbezogenen Analysen
- vornehmlich auf die Strategieentwicklung gerichtete Instrumente und Analysen
  - Gap-Analyse
  - Portfolio-Analyseinstrumente wie z. B.:
    - BCG-Portfolio-Analyse
    - McKinsey-Portfolio-Analyse
  - generische Wettbewerbsstrategien nach Porter
- Instrumente mit Schwerpunkt auf der Funktionalebene

2.3.1 Strategische Controllinginstrumente der Umfeldanalyse

Unternehmen handeln nicht isoliert voneinander und unabhängig vom Umfeld, sondern sind in dieses integriert. Das Unternehmensumfeld beeinflusst Ziele, Strategien und Handlungen der Unternehmen maßgeblich. Zudem bildet das Umfeld die Rahmenbedingung für die Strategieentwicklung.

In der Umfeldanalyse wird zwischen der Makro- und der Mikroumfeldanalyse unterschieden.

- Das **Makroumfeld** des Unternehmens besteht aus den allgemeinen ökologischen, gesellschaftlichen (politischen, rechtlichen und sozialen), technologischen und ökonomischen Rahmenbedingungen, die für alle Unternehmen in einem bestimmten geografischen Raum gleichermaßen gelten. Diese stellen also den allgemeinen Datenkranz dar, in dem die Unternehmen eines bestimmten räumlichen Gebiets agieren und planen (vgl. Abb. 52). Dabei wird das Umfeld auch als Sphäre bezeichnet.
- Das **Mikroumfeld** umfasst demgegenüber alle relevanten näheren Interessengruppen des Unternehmens sowie die spezifische Branchenwettbewerbssituation. Diese werden im Rahmen einer Mikroumfeldanalyse analysiert. Kernelemente der Mikroumfeldanalyse sind die Marktanalyse, die Branchenanalyse und die Konkurrenzanalyse.

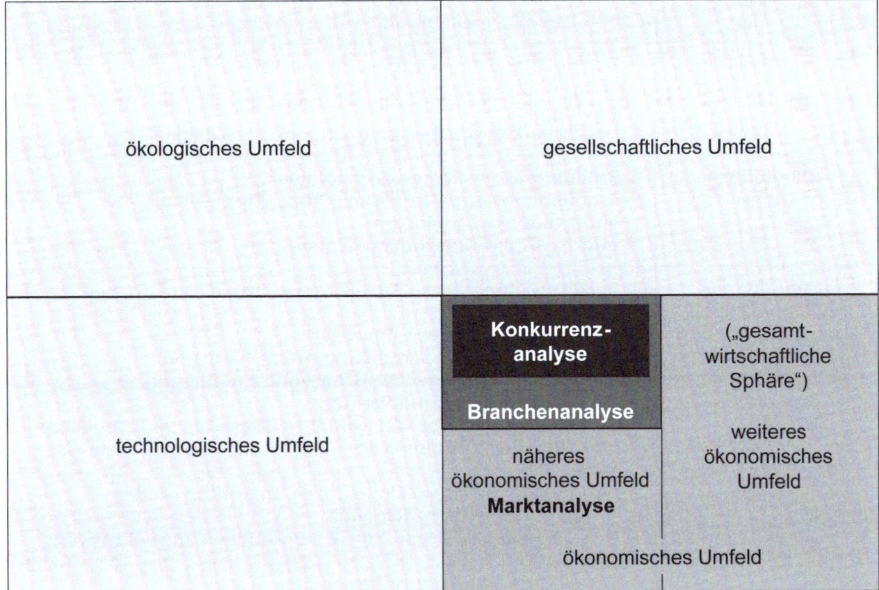

Abb. 52: Mikro- und Makrounternehmensumfeld

Die Umfeldanalyse soll die entscheidenden Strukturen herausarbeiten, die sich daraus ergebenden Chancen und Risiken identifizieren und sich abzeichnende Trends im Umfeld erkennen und beschreiben. Grundsätzlich interessant sind im Rahmen der Umfeldanalyse nicht nur direkt mit einer bestimmten Strategieausrichtung zusammenhängende Phänomene und Strukturen, sondern eine Beobachtung, ein Environmental Scanning, des Unternehmensumfeldes in Hinblick auf strategierelevante Ereignisse im Rahmen der sogenannten strategischen Frühaufklärung (vgl. Kapitel C.5.4).

2.3.1.1 Checklisten der Umfeldanalyse

Zur strukturierten Identifikation möglicher Analysesegmente für eine **Makroumfeldanalyse** stützt man sich in der Praxis als Hilfestellung auf **Checklisten**, wie sie beispielhaft in Abb. 53 dargestellt sind.

Ein bekanntes Beispiel einer Makroumfeldanalyse ist die sogenannte **PEST-Analyse.** Üblicherweise werden dabei die politisch-rechtlichen, wirtschaftlichen, sozialen und technologischen Umfeldfaktoren einer analytischen Betrachtung unterzogen. Der Begriff **PEST** kennzeichnet dabei die wesentlichen Analysefelder der Makroumfeldanalyse: **P**olitical, **E**conomical, **S**ocial, **T**echnological. In jüngerer Zeit werden diese klassischen Analysefelder noch um zwei weitere Aspekte ergänzt, die **ökologischen Aspekte** des unternehmerischen Handelns sowie die **gesetzlichen Rahmenbedingungen**. Man spricht dann von der sogenannten PESTEL-Analyse (**P**olitical, **E**conomical, **S**ocial, **T**echnological, **E**cological, **L**egal) (vgl. Müller-Stewens & Lechner, 2016, S. 186 f.).

Checkliste zur allgemeinen Analyse des Umfeldes	
Ökologische Trends	– Verfügbarkeit von Energie und Rohstoffen – Umweltbewusstsein, Umweltbelastung, Umweltschutzgesetzgebung – Verfügbarkeit von Recyclingmaterial, Recyclingkosten
Technologische Trends	– Produktions-/Verfahrenstechnologie – Produktinnovation, Trends der Produkttechnologie – Substitutionstechnologien – Informatik und Telekommunikation
Demografische, sozialpsychologische, politische und rechtliche Trends	– Bevölkerungsentwicklung in den relevanten Ländern, Bevölkerungswanderung – sozialpsychologische Strömungen – Arbeitsmentalität, Sparneigung, Freizeitverhalten – Einstellung gegenüber Wirtschaft und Automation – unternehmerische Grundhaltung – Einstellung gegenüber relevanten Werkstoffen und Produkten – globalpolitische Trends: Nord-Süd-, lokale, internationale Konflikte – parteipolitische Entwicklung in den relevanten Ländern – Trends in der Wirtschaftspolitik – Entwicklungen im Sozial- sowie individuellen und kollektiven Arbeitsrecht – Handlungsfreiheit der Unternehmen
Wirtschaftliche Trends	– Volkseinkommen in den relevanten Ländern – internationaler Handel: Güteraustausch, Protektionismus – Zahlungsbilanzen und Wechselkurse – erwartete Inflation – Entwicklung der Kapitalmärkte – Entwicklung der Beschäftigung – zu erwartende Investitionsneigung – zu erwartende Konjunkturschwankungen – Entwicklung einzelner relevanter Wirtschaftssektoren

Abb. 53: Checkliste zur Makro-Umfeldanalyse (Quelle: Pümpin, 1986, S. 192 f.)

Antizipation von Umfeldveränderungen bei EuroAir

Auch die EuroAir SE beobachtet Umfeldveränderungen stetig. Im Luftverkehrsmarkt sind **ökologische Trends** zunehmend von Bedeutung. Beispiele sind das gestiegene Umweltbewusstsein der Verbraucher oder Initiativen der Politik, den Bahnverkehr auf Kosten der Luftfahrt zu unterstützen. Bei den **technologischen Trends** planen die Unternehmen Airbus und Boeing **technologische Innovationen**, die den Treibstoffverbrauch senken und zu niedrigeren Kosten führen.

Auch von **demografischen Veränderungen** werden die Airlines betroffen sein. Wenn zukünftig weniger Familien und vermehrt ältere Kunden reisen, so sind die Bedürfnisse an Verpflegung, Gepäcktransport, Health-Care und Unterhaltung zu überdenken. Welche dieser **Zielgruppen** werden sich zukünftig Flugreisen leisten können? Welche Länder sind die **Emerging Markets**, von denen wirtschaftliche Impulse ausgehen?

Wie bereits erwähnt, stehen bei der **Mikroumfeldanalyse** die konkreten Absatzmärkte im Vordergrund, in denen das Unternehmen agiert. Diese kann man einerseits durch quantitative Marktgrößen wie Marktpotenzial, Marktvolumen und Marktanteile beschreiben, andererseits auch durch qualitative Marktcharakteristika. Typische qualitative Marktcharakteristika im Rahmen einer Mikroanalyse des Marktumfeldes sind in Abb. 54 dargestellt.

Abb. 54: Qualitative Größen im Rahmen einer Mikroanalyse des Absatzmarktumfeldes (Quelle: Kotler, Keller & Opresnik, 2017, S. 201 ff.)

2.3.1.2 *Branchenstrukturanalyse nach Porter*

Eine Methode der Mikroumfeldanalyse ist das von Porter entwickelte Five Forces Modell, das in Deutschland auch als Branchenstrukturanalyse bezeichnet wird. Zur Beantwortung der Frage, welche Faktoren die Branchenrentabilität und damit die Attraktivität einer Branche ausmachen, identifizierte Porter auf Basis der Industrial Organization-Theorie ein Branchen- und Marktanalyseinstrument mit fünf Wettbewerbskräften (Five Forces, vgl. Abb. 55).

- Durch den **Eintritt neuer Konkurrenten** in einen bestehenden Markt sinken häufig das Preisniveau und damit die Margen für alle Marktteilnehmer. Unternehmen mit ungünstiger Kostenstruktur werden unter Umständen gezwungen, ihre Aktivitäten stillzulegen. Der Eintritt neuer Konkurrenten kann beispielsweise durch den Aufbau von Markteintrittsbarrieren wie z. B. in Form einer hohen Kundenbindung, eines hohen notwendigen Kapitaleinsatzes zum Aufbau eines Geschäfts, eines besonderen Know-hows oder formaler bzw. gesetzlicher Vorschriften (z. B. Meisterzwang oder staatliche Zulassung bestimmter freier Berufe), verhindert werden. Insofern sind Märkte mit niedrigen Eintrittsbarrieren häufiger von intensivem Wettbewerb betroffen und damit durch geringe Gewinnchancen gekennzeichnet.
- Existieren bereits **Substitutionsprodukte** oder werden Substitutionsprodukte entwickelt, bedrohen diese die Marktposition der bestehenden Produkte, sofern die Substitutionsprodukte zu einem niedrigeren Angebotspreis auf den Markt kommen oder überlegene Produkteigenschaften aufweisen. In diesem Falle wird das Marktpreisniveau der bestehenden Produkte negativ beeinflusst, die Rentabilität in der Branche sinkt.
- Die **Marktmacht der Lieferanten** stellt einen zentralen Bestimmungsfaktor für die Rentabilität einer Branche dar. Sind die Unternehmen einer Branche auf nur wenige Lieferanten beschränkt oder sind die Abnehmerunternehmen der Branche relativ klein, so ist die Verhandlungsmacht dieser Lieferanten relativ hoch.

Diese werden die Einkaufsbedingungen in der Branche dominieren und zu ihren Gunsten beeinflussen. Für die Branchenunternehmen bedeutet dies tendenziell höhere Einkaufskosten für die Vorprodukte und damit geringere Gewinnchancen. Auch eine Einzigartigkeit der Vorprodukte und -services wie auch die Höhe von Umstellungskosten der Branchenunternehmen auf neue Lieferanten bestimmt die Verhandlungsmacht der Lieferanten.

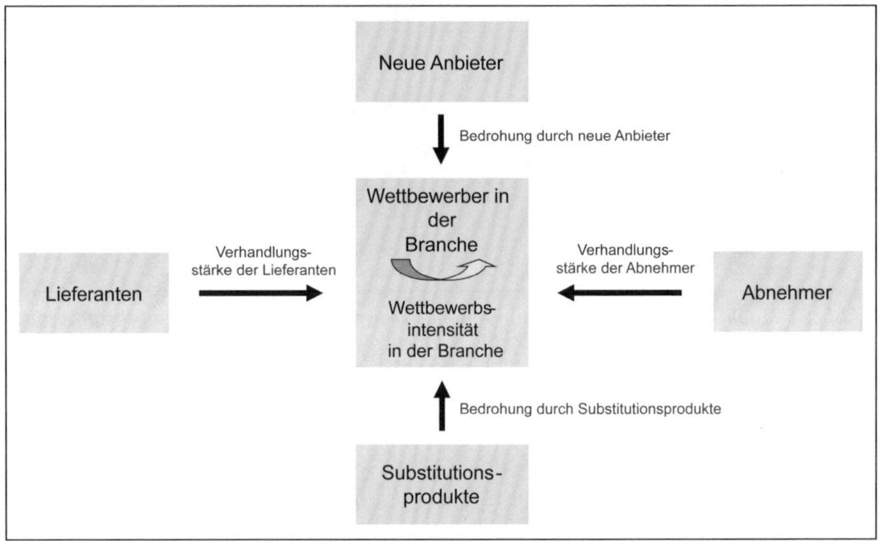

Abb. 55: Five-Forces-Konzept von Porter
(Quelle: Porter, 2013, S. 38)

- Für die **Marktmacht der Abnehmer** gelten die Aussagen zur Marktmacht der Lieferanten analog. In Branchen, in denen beispielsweise viele kleine Unternehmen nur wenigen großen Abnehmern gegenüberstehen, ist die Verhandlungsmacht der Abnehmer hoch, die Wettbewerbsintensität enorm. Dies führt – auf eine gesamte Branche bezogen – zu einer geringen Branchenrentabilität.
- Die letzte Wettbewerbskraft, die **Rivalität bzw. Wettbewerbsintensität in der Branche**, resultiert aus dem Bestreben der bereits in der Branche tätigen Unternehmen, ihre Position zu verbessern. Die Rivalität in einer Branche ist dann besonders hoch, wenn viele gleich große Unternehmen tätig sind, wenn die Branche nur langsam oder gar nicht wächst und wenn aufgrund hoher Fixkosten ein starker Druck zur Ausnutzung von Fixkosten besteht.

Abb. 56 zeigt die einzelnen Determinanten für die fünf Wettbewerbskräfte im Detail.

Wettbewerbskraft	Determinanten für die Stärke der Wettbewerbskraft
Wettbewerb in der Branche	Rivalität – Branchenwachstum – Fix-Kosten/Wertschöpfung – Phasen der Überkapazität – Produktunterschiede und Markenidentität – Umstellungskosten – Konzentration und Gleichgewicht – heterogene Konkurrenten – strategische Unternehmensinteressen – Austrittsbarrieren
Neue Anbieter	Markteintrittsbarrieren für neue Anbieter – Economics of Scale – unternehmenseigene Produktionsunterschiede – Markenidentität – Umstellungskosten und allgemeiner Kapitalbedarf – Zugang zur Distribution – absolute Kostenvorteile – unternehmensinterne Lernkurve – Zugang zu erforderlichen Inputs – unternehmenseigene, kostengünstige Produktgestaltung – zu erwartende Vergeltungsmaßnahmen
Ersatzprodukte	Substitutionsgefahr durch Ersatzprodukte – relatives Preisleistungsverhältnis der Ersatzprodukte – Umstellungskosten – Substitutionsneigung der Abnehmer
Abnehmer	Preisempfindlichkeit der Abnehmer – Preis/Gesamtumsätze – Produktunterschiede und Markenidentität – Einfluss auf Qualität/Leistung – Abnehmergewinne – Anreize der Entscheidungsträger Verhandlungsmacht der Abnehmer – Abnehmerkonzentration und Abnehmervolumen – Umstellungskosten der Abnehmer – Informationsstand der Abnehmer – Fähigkeit zur Rückwärtsintegration – Ersatzprodukte – Durchhaltevermögen
Lieferanten	Verhandlungsmacht der Lieferanten – Differenzierung des Inputs und Ersatz-Inputs – Lieferantenkonzentration – Bedeutung des Auftragsvolumens für Lieferanten – Einfluss der Inputs auf Kosten oder Differenzierung – Gefahr der Vorwärtsintegration im Vergleich zur Rückwärtsintegration

Abb. 56: Determinanten der Five Forces in der Branchenstrukturanalyse (Quelle: Porter, 2013, S. 39 ff.)

Five Forces in der Automobilzulieferer- und Automobilindustrie

Betrachten wir das vierte Element der 5-Kräfte-Analyse, die Marktmacht der Abnehmer, so treten mit **übermächtigen Kunden** im Automobilzuliefererbereich die großen OEM in den Fokus. Liefert ein Stanzteillieferant 40 % seiner Erzeugnisse an die VW-Gruppe, so könnten ihn die Auslistung und der Verlust des Zuliefererstatus in eine turbulente Situation bringen. Auf der anderen Seite beweist das Beispiel der

Prevent-Gruppe, die sich auf Basis einer guten Wettbewerbsposition bei bestimmten Gussteilen von Halberg Guss in Saarbrücken mit VW angelegt hat, dass es – zumindest vorübergehend – auch **Lieferanten mit einer hohen Marktmacht** geben kann.

Eine weitere Wettbewerbskraft ist die **Substitution**. In der Automobilindustrie werden die Karossen noch überwiegend geschweißt, zukünftig werden aber immer häufiger kostengünstigere Klebeverbindungen in Frage kommen. Dadurch werden z. B. Schweißroboter substituiert.

In Bezug auf **neue Wettbewerber** ist es immer wieder zu Markteintritten ausländischer Konkurrenten in den deutschen Automobilmarkt gekommen. In den 1920er-/1930er-Jahren des letzten Jahrhunderts waren es Konkurrenten aus den USA (GM, Ford), in den 40er Jahren aus dem europäischen Ausland (Fiat, Renault), in den 1970er-/1980er-Jahren aus Japan (Toyota), in den 1990er-Jahren aus Südkorea (Kia) und in Zukunft möglicherweise aus China.

2.3.2 Strategische Controllinginstrumente der Unternehmensanalyse

2.3.2.1 Checklisten der Unternehmensanalyse

Ebenso wie bei der erweiterten Umfeldanalyse kann auch die Unternehmensanalyse in Form einfacher Checklisten durchgeführt werden. Hierbei sollen diejenigen Faktoren erfasst werden, die die zukünftigen Aktivitäten wie auch zukünftige Wettbewerbsvorteile und Erfolgspotenziale des Unternehmens maßgeblich beeinflussen.

Checkliste zur Unternehmensanalyse	
Allgemeine Unternehmensentwicklung	– Entwicklung von Umsatz-, Kosten-, Ergebniskennziffern – Entwicklung des Personalbestandes
Marketing	– Sortimentsbreite, Sortimentstiefe, Bedürfniskonformität, Qualität – Preisniveau und Kostenstruktur – Marktbearbeitung im Rahmen der Kommunikationspolitik – Distributionsgrad und Distributionspolitik
Produktion	– Produktionsprogramm – Produktionstechnologie und Produktionskapazitäten – Produktivität und Produktionskosten
Forschung und Entwicklung	– F&E-Aktivitäten und -Investitionen – Leistungsfähigkeit – Know-how sowie Patente und Lizenzen
Finanzen	– Kapitalvolumen und -struktur – Finanzierungspotenzial – Working Capital – Liquidität
Personal	– Leistungsfähigkeit und Potenzial – Entlohnungs- und Sozialpolitik – Arbeitseinsatz und Identifikation mit dem Unternehmen
Führung und Organisation	– Führungsqualität und Führungskultur – Geschwindigkeit der Entscheidungen – Organisationsstruktur – Controlling und Rechnungswesen

Abb. 57: Checkliste zur Unternehmensanalyse (Quelle: in Anlehnung an Pümpin, 1986, S. 58 f.)

2.3.2.2 Erfahrungskurvenkonzept

Auf Basis empirischer Untersuchungen in den 1960er-Jahren ist das sogenannte **Erfahrungskurvenkonzept** entstanden. Aufbauend auf dem schon in Zeiten der Industrialisierung bekannten Lerneffekt stellte die BOSTON CONSULTING GROUP (BCG) über Branchengrenzen hinweg die empirisch bewiesene Grundaussage auf, dass mit jeder Verdoppelung der kumulierten Produktionsmengen die auf die Wertschöpfung bezogenen, zahlungswirksamen Stückkosten eines Produktes potenziell und inflationsbereinigt um einen bestimmten Prozentsatz zurückgehen. Die BCG nennt Degressionsprozentsätze von 20–30 % (vgl. Henderson, 1984).

Im Rahmen des strategischen Managements hat dies wichtige Implikationen für die Realisierung strategischer Erfolgspotenziale: Die frühzeitige Erzielung eines hohen relativen Marktanteils führt durch die damit verbundenen hohen Stückzahlen zu einer im Vergleich zum Wettbewerb besseren Stückkostenposition (vgl. Abb. 58).

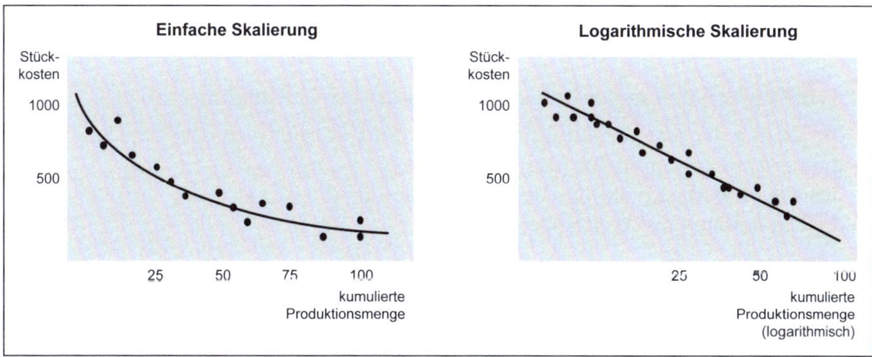

Abb. 58: Erfahrungskurve – schematische Darstellung (Quelle: in Anlehnung an Henderson, 1984, S. 21)

Eine weitere Anwendung des Erfahrungskurveneffektes bildet das sog. **Industriekostenkurvenkonzept** (vgl. Abb. 59), mit dessen Hilfe die Stückkosten der Anbieter in einer Branche in Verbindung mit den verfügbaren Kapazitäten geschätzt werden können. Durch das Industriekostenkurvenkonzept können die Kostenwirkungen unterschiedlicher Wettbewerbsszenarien und deren Wirkung auf die Wettbewerbssituation in einer Branche simuliert werden, so z. B. die Abschätzung der Wirkungen einer Kapazitätsausweitung in einer Branche oder einer Preisveränderung auf dem Markt (vgl. Coenenberg et al., 2016, S. 435 ff.).

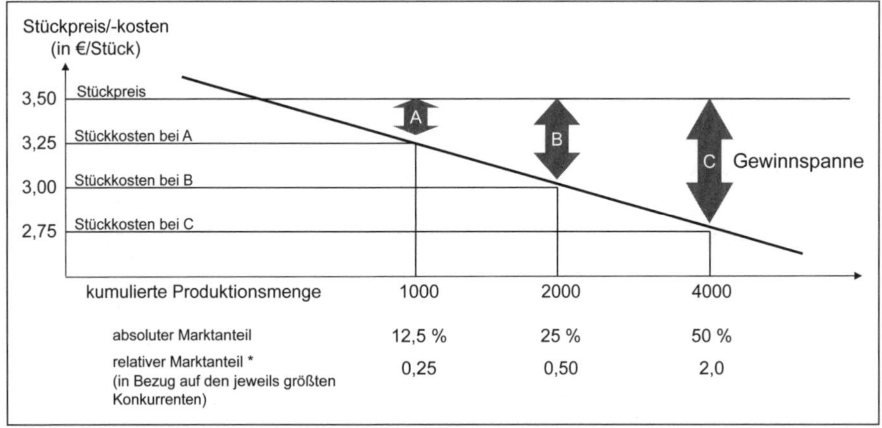

Abb. 59: Industriekostenkurve
(Quelle: Gälweiler, 1990, S. 280)

Basis für die Schätzung der Industriekostenkurve sind Annahmen über:

- die Kosten der ersten Produktionseinheit der Unternehmen der Branche,
- die Lernrate im Sinne der Erfahrungskurve,
- das gesamte Marktvolumen der Branche sowie
- die Kapazitäten der Wettbewerber.

2.3.2.3 Produktlebenszykluskonzepte

Produktlebenszykluskonzepte (PLZ) gehen davon aus, dass Produkte und Technologien nur eine beschränkte Lebensdauer besitzen und dass der Diffusionsprozess neuer Produkte/Technologien einem idealtypischen Verlaufsmuster (Phasen) von der Entstehung eines Produkts bis zu dessen Ausscheiden aus dem Markt folgt. Den einzelnen Produktlebenszyklusphasen können nach diesem Konzept bestimmte idealtypische Implikationen zugeordnet werden wie z. B. hinsichtlich Umsatzverlauf, Liquiditätsbedarf, Wettbewerbsverhalten und Preisverhalten.

In der Literatur sind **Produktlebenszyklus**-Modelle mit vier oder mit fünf Phasen sowie Modelle mit einer vor- bzw. nachgeschalteten Entwicklungs- und Entsorgungsphase beschrieben. Wir zeigen im Folgenden ein klassisches Vierphasenmodell bestehend aus:

- Einführungsphase,
- Wachstumsphase,
- Reifephase und
- Degenerationsphase.

Abb. 60 zeigt idealtypisch den Produktlebenszyklus mit Umsatz- und Gewinnentwicklung.

In der **Einführungsphase** wird das Produkt auf dem Markt eingeführt und durch intensive Marktkommunikation vertrieblich unterstützt. Die Umsatzentwicklung des Produkts steigt entsprechend der Diffusion im Markt langsam an. Der Gewinn ist aufgrund der hohen Aufwendungen für die Produkteinführung, die Marktkommunikation und den Kapazitätsaufbau und der zu Beginn noch relativ geringen Umsatzerlöse zunächst negativ und erreicht am Ende der Einführungsphase aber den

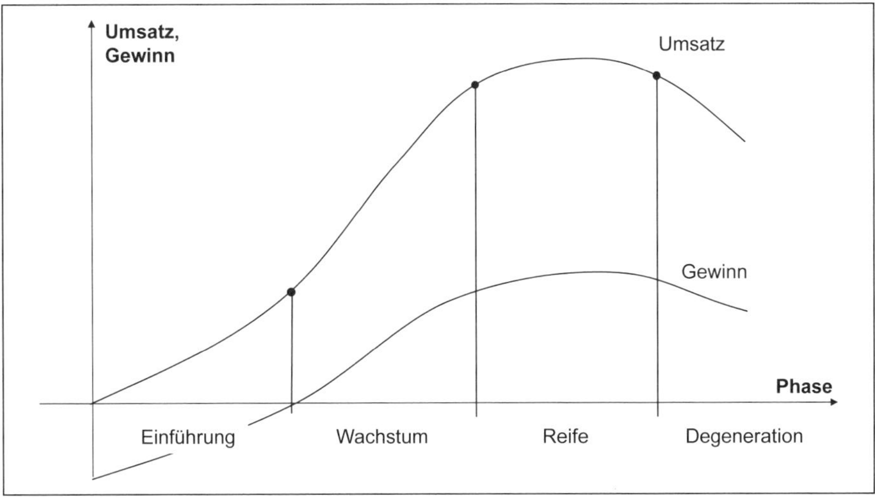

Abb. 60: Umsatz und Gewinn im Produktlebenszyklus (Quelle: Kotler et al., 2017, S. 438)

Break-even-Punkt. Auch der Liquiditätsbeitrag ist aufgrund der oben beschriebenen Faktoren zunächst negativ.

In der **Wachstumsphase** nehmen die Diffusion des Produkts und die Nachfrage im Markt mit hoher Geschwindigkeit zu, der Umsatz wächst stark an. Zum Ende der Einführungsphase und zu Beginn der Wachstumsphase steigt auch die Rentabilität, da die notwendigen Einführungsaufwendungen bereits getätigt wurden und andererseits aufgrund eines noch geringen Wettbewerbs und einer geringen Preissensibilität der Kunden hohe Produktpreise erzielt werden können. Der Gewinn und der Liquiditätsbeitrag steigen weiter an.

In der **Reifephase** erreicht das Produkt das Umsatz- und Gewinnmaximum. Diese Phase ist gekennzeichnet durch eine nur noch langsame Zunahme des Absatzvolumens bis zur Sättigung des Marktes. Zusatzumsätze sind häufig nur noch durch Ersatzbeschaffungen zu tätigen. Wegen des zunehmenden Wettbewerbs und einer größeren Preissensibilität der Nachfrager sinken die Produktpreise, entsprechend sinkt der Gewinn des Produkts am Ende dieser Phase. Auch der Liquiditätsbeitrag des Produkts nimmt in dieser Phase sein Maximum an, da größere Investitionen nicht mehr notwendig sind.

In der **Degenerationsphase** sind alle betrachteten Kennzahlen rückläufig. Aufgrund geänderter Nachfrage sowie neuer Produkte im Markt wechseln die Kunden zu neuartigen Produkten. Das Unternehmen stellt sich darauf ein, das Produkt vom Markt zu nehmen bzw. dieses durch ein Nachfolgeprodukt zu ersetzen. Der Lebenszyklus des Produkts ist beendet.

2.3.2.4 Wertkettenmodell

Das **Wertkettenmodell** bzw. die **Value Chain**, das wie die Five Forces von Michael E. Porter entwickelt wurde, stellt die Ausgangsfrage: „Wie kann ein Unternehmen Wettbewerbsvorteile, also nachhaltig überlegene Leistungen gegenüber Konkurrenten, erzielen?" Dabei geht Porter davon aus, dass Wettbewerbsvorteile im Sinne eines überlegenen Kosten-Nutzen-Verhältnisses durch die im unternehmerischen Leistungsprozess vorkommenden Wertschöpfungsstufen bestimmt werden.

Als Bezugsrahmen zur strukturierten Analyse der einzelnen Wertschöpfungsschritte entwickelt PORTER daher das in Abb. 61 dargestellte Wertkettenmodell, das die gesamte Wertschöpfung eines Unternehmens in primäre und sekundäre wertschöpfende Tätigkeiten unterteilt. Als wertschöpfend sind solche Tätigkeiten zu bezeichnen, die einen Nutzen für die Abnehmer der Leistungen schaffen.

Das Modell der Wertkette unterscheidet in sogenannte **primäre Aktivitäten, den** Basisaktivitäten, und **sekundäre Aktivitäten,** den unterstützenden Aktivitäten:

- Zu den **primären Aktivitäten** werden solche gezählt, die sich mit der (physischen) Herstellung von Produkten und Dienstleistungen, deren Verkauf und Übermittlung an den Kunden befassen: die Eingangslogistik, sämtliche Tätigkeiten des Produktionsprozesses, die Ausgangslogistik, die Lagerung und Belieferung der Kunden, Marketing und Vertrieb sowie zusätzliche Kundendienstleistungen.
- **Sekundäre Aktivitäten** sind unterstützende Tätigkeiten wie z. B. die Beschaffung, der Einkauf von Roh-, Hilfs- und Betriebsstoffen sowie Betriebsmitteln, Technologie-Entwicklung, Human Resource Management sowie die allgemeine Unternehmensinfrastruktur, z. B. bestehend aus der Unternehmensleitung, dem Rechnungswesen und Controlling (vgl. Macharzina & Wolf, 2015, S. 313).

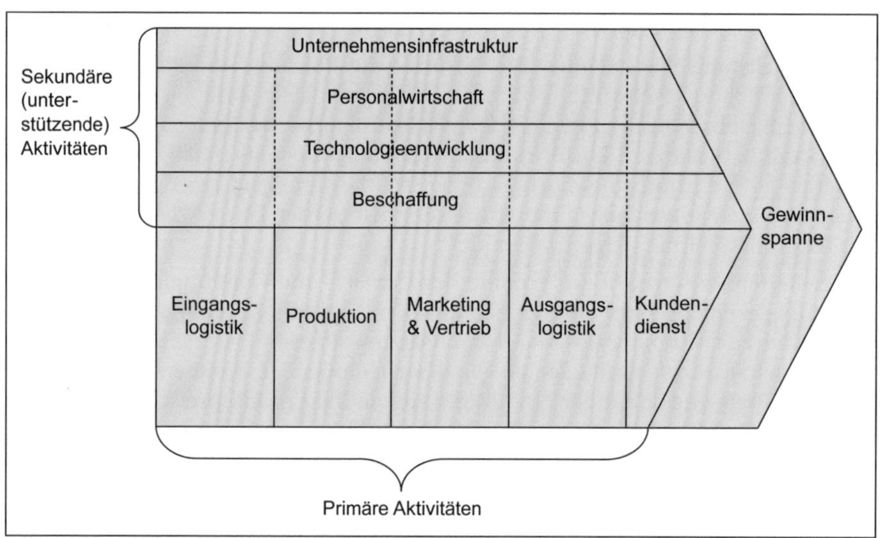

Abb. 61: Konzept der Wertkette (Quelle: Porter, 1999, S. 66)

Entsprechend der Logik der Wertkette sind dann **Wettbewerbsvorteile** zu erzielen, wenn das Unternehmen die betreffende Aktivität entweder zu geringeren Kosten als der Wettbewerb erstellen kann oder die betreffende Aktivität durch spezielle Fertigkeiten in einer höheren Qualität erstellen kann. Der gesamte Wettbewerbsvorteil eines Unternehmens setzt sich somit aus den Wettbewerbsvorteilen der einzelnen Wertschöpfungsstufen zusammen. Verfügt ein Unternehmen auf den verschiedenen Stufen der Wertschöpfung über Wettbewerbsvorteile, so ist das Unternehmen in der

Lage, eine hohe positive Gewinnspanne zu erzielen, fehlen Wettbewerbsvorteile, so verringert sich diese Gewinnspanne.

Im Rahmen der Aufstellung einer Wertkette des Unternehmens sind folgende **Prozessschritte** einzuhalten:

- Strategisch relevante Tätigkeiten ermitteln und die Wertkette aufstellen,
- Kostenstrukturen der einzelnen Aktivitäten der Wertkette und deren Kostentreiber ermitteln,
- Wertkette der Wettbewerber ermitteln und Kosten- bzw. Qualitätsvergleich mit den Wettbewerbern für die einzelnen Wertschöpfungsstufen durchführen,
- Möglichkeiten der Verbesserung der Wettbewerbsvorteile im Sinne der Kostenoptimierung oder Leistungsoptimierung sowie
- Dauerhaftigkeit der Wettbewerbsvorteile prüfen (vgl. Müller-Stewens & Lechner, 2016, S. 199).

2.3.2.5 *Stärken-Schwächen-Profil*

Bei einem **Stärken-Schwächen-Profil** wird eine Analyse und Bewertung der relevanten Resourcen eines Unternehmens jeweils im Vergleich zu dem wichtigsten Wettbewerber vorgenommen und in einem grafischen Profil als Abstandsmaß dargestellt (vgl. Abb. 62).

Welche Kriterien in ein solches Bewertungsprofil aufzunehmen sind, ist nicht allgemeingültig zu beantworten. Auch hier bietet es sich an, auf die oben genannten Checklisten zurückzugreifen. Letztendlich kommt es darauf an, die für das Unternehmen wichtigen Erfolgsfaktoren zu identifizieren und diese in einem **Stärken-Schwächen-Profil** darzustellen. Die konkrete, inhaltliche Ausgestaltung eines solchen Profils sowie die Auswahl der Faktoren muss unternehmens- bzw. marktspezifisch vorgenommen werden.

Strategische Potenziale	Bewertung									
	schlecht			mittel				gut		
	1	2	3	4	5	6	7	8	9	10
1. Beschaffung		●			◆					
2. Produktion		●							◆	
3. Absatz				●					◆	
4. Kapital			●				◆			
5. Personal		◆						●		
6. Technologie		◆						●		
7. Planung		◆			●					
8. Kontrolle			◆			●				
9. Information				●				◆		
10. Organisation				●	◆					
11. Unternehmenskultur				◆				●		

● = eigene Unternehmung ◆ = wesentlicher Wettbewerber

Abb. 62: Stärken-Schwächen-Profil (Quelle: Bea & Haas, 2005, S. 118)

Durch die Erweiterung des Stärken-Schwächen-Profils im Rahmen der Unternehmensanalyse durch die Hinzunahme von besonderen zukünftigen Herausforderungen an das Unternehmen erhält man eine Potenzialanalyse. Hierbei geht es im Wesentlichen darum, welche Handlungs- und Reaktionsmöglichkeiten (Potenziale) ein Unternehmen hat, um zukünftige Problemsituationen zu meistern.

2.3.3 Die SWOT-Analyse als Integration der Umfeld- und Unternehmensanalyse

Das Ziel der SWOT-Analyse ist es, nicht nur eine statische Ist-Aufnahme von Mikro- und Makroumfeld zu erzeugen bzw. das Unternehmen im Verhältnis zur Konkurrenz zu analysieren. Vielmehr sollen auch prognostizierte zukünftige Entwicklungen eingefangen werden und in eine Potenzialbetrachtung von Chancen und Risiken einfließen (vgl. Abb. 63).

Die SWOT-Analyse (Strengths = Stärken, Weaknesses = Schwächen, Opportunities = Chancen, Threats = Gefahren) stellt den Stärken und Schwächen eines Unternehmens die Chancen und Risiken aus dem Unternehmensumfeld gegenüber. Ziel ist es, zunächst die gegenwärtige Situation des Unternehmens darzulegen und daraus resultierende Entwicklungsmöglichkeiten unter Berücksichtigung interner und externer Faktoren zu ermitteln.

Bei der **Stärken-Schwächen-Analyse** als erstem Bestandteil der SWOT-Analyse geht es zunächst darum, die Stärken und Schwächen des eigenen Unternehmens mit denen der Wettbewerber zu vergleichen. Während sich die Stärken-Schwächen-Analyse mit internen Unternehmensfaktoren beschäftigt, geht es bei der **Chancen-Risiken-Analyse** um die Betrachtung externer Umfeldfaktoren und darum, welche Auswirkungen die externen Faktoren zukünftig auf das Unternehmen haben werden.

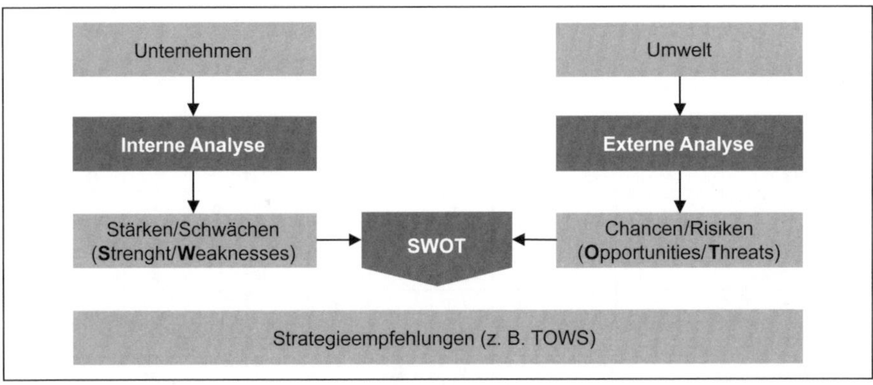

Abb. 63: Die SWOT-Analyse

Die Ergebnisse der SWOT-Analyse können darüber hinaus auch von Unternehmen genutzt werden, um **konkrete Strategiealternativen** zu entwickeln. Hier geht die SWOT-Analyse über ein reines Analyseinstrument hinaus und wird ein Instrument der Strategieentwicklung. Abb. 64 zeigt die als TOWS-Matrix bezeichnete Vorgehensweise. Es wird zum Beispiel analysiert, wie man standardisiert vorgehen kann, wenn eine interne Stärke (Strength) auf eine externe Chance (Opportunity) trifft. Hier handelt es sich um eine SO-Strategie, die die Stärke nutzt, um sich im Umfeld ergebende Chancen zu ergreifen.

	Interne Stärken (Strengths)	**Interne Schwächen (Weaknesses)**
Externe Chancen (Opportunities)	SO-Strategie Haben wir die Stärken, um die Chancen zu nutzen?	WO-Strategie Welche Chancen verpassen wir wegen unserer Schwächen?
Externe Risiken (Threads)	ST-Strategie Können wir die Stärken einsetzen, um die Gefahren zu meistern?	WT-Strategie Welchen Risiken sind wir wegen unserer Schwächen ausgesetzt?

Abb. 64: TOWS-Matrix: Handlungsimplikationen der SWOT-Analyse (Quelle: Hunger & Wheelen, 2000)

Durchführung einer SWOT-Analyse bei EuroAir

Auch die EuroAir SE führt regelmäßig eine SWOT-Analyse durch (vgl. Abb. 65). In Bezug auf die Stärken-Schwächen-Betrachtung wird die eigene Leistung im Verhältnis zu den drei größten Mitwettbewerbern im europäischen Umfeld betrachtet. Es hat sich gezeigt, dass sich die Konkurrenten in den Kriterien Qualitätswahrnehmung des Kunden, Pünktlichkeit der Flüge, Auswahl der Destinationen gegenüber EuroAir nicht verbessern konnten. Im Hinblick auf die Freundlichkeit des Servicepersonals konnte EuroAir sogar den Vorsprung noch ausbauen. In anderen Aspekten hingegen hat man sich im Vergleich zur Konkurrenz verschlechtert.

	Interne Stärken (z. B. kostenoptimale Prozesse der EuroAir; dichtes Streckennetz im Kernmarkt Europa)	**Interne Schwächen** (z. B. Fokus auf den europäischen Markt; schlechtes Internetportal)
Externe Chance (z. B. Tendenz zur Reisekostenoptimierung bei Geschäftsreisen; Tendenz zur Erweiterung weltweiter Allianzen)	(1) Die im Service starke Airline EuroAir wird zukünftig gute Chancen bei den Businessreisenden haben. Wenn diese aus Kostengründen ein Downgrade von den Premiumanbietern machen müssen, ist EuroAir die erste Wahl.	(2) Stärkere internationale Allianzen könnten in Verbindung mit der Fokussierung der EuroAir auf Europa einen Durchbruch im Interkontinentalflug führen und damit die Stärken zweier Partner nutzen.
Externe Risiken (z. B. Wirtschaftskrise in Europa; zunehmende Bedeutung neuer internetgestützter Vertriebswege)	(3) Als europäischer Anbieter mit sehr vielen Destinationen wird diese Ubiquität im Falle der Krise zu einem besonders belastenden Fixkostenblock.	(4) Das bereits heute als mäßig gekennzeichnete Internetportal muss dringend einem Relaunch unterzogen werden. Wenn die Konkurrenz hier bereits Apps fürs Handy anbietet, droht der Marktanteil bei den Trendsettern (der Kunden) einzubrechen.

Abb. 65: SWOT-Analyse EuroAir

Neben dieser Stärken-Schwächen-Analyse wird von EuroAir auch das Umfeld analysiert. Hier muss das Unternehmen konstatieren, dass es bei den Businesskunden vermehrt die Tendenz zur Reisekostensenkung gibt. Weiterhin schließen sich im Ausland immer mehr Wettbewerber durch strategische Allianzen mit anderen Fluglinien zusammen, um das gemeinsame Leistungsportfolio auszudehnen.

Als daraus abgeleitete Handlungsempfehlungen beabsichtigt das Unternehmen:

Aus (1): Das FreeQuent-Programm soll zukünftig noch aktiver kommuniziert und in seiner Leistungsstärke ausgebaut werden.

Aus (2): Um dem Markt der Businessflieger ein erweitertes Streckennetz anbieten zu können, sollte EuroAir sich um den Eintritt in eine strategische Allianz bemühen.

Aus (3): Um den Folgen von Wirtschaftskrisen weniger stark ausgesetzt zu sein, könnte man einen Teil der Destinationen auch mit Charterflügen bedienen, bei denen Fremdanbieter im Auftrag der EuroAir auf dieser Route eingesetzt werden. Dies wäre eine Risikovermeidungsstrategie.

Aus (4): Die Kompetenzen für das Internetportal sollten nicht langwierig im Haus aufgebaut werden.

2.3.4 Strategische Controllinginstrumente zur Strategieentwicklung

2.3.4.1 Gap-Analyse

Mithilfe der Gap-Analyse lassen sich die Abweichungen von einem geplanten Wachstumspfad feststellen.

Im Grundsatz extrapoliert die Gap-Analyse die Ist-Werte des heutigen Geschäfts in die Zukunft und vergleicht diese mit den gewünschten Plan-Werten. Hierdurch werden Probleme bei der Zielerreichung und unerwünschte Entwicklungen erkannt. Deshalb gilt die Gap-Analyse als Früherkennungsmethode, durch die rechtzeitig geeignete Maßnahmen ergriffen werden können. Die Differenz zwischen Plan- und fortgeführten Ist-Werten bezeichnet die Ziellücke. Diese lässt sich in eine operative und eine strategische Lücke aufteilen. Abb. 66 zeigt die Anwendung der Gap-Analyse.

- **Operative Lücke:** Die operative Lücke kennzeichnet die Abweichung zwischen der Zielerreichung bei Fortschreibung aus dem derzeitigen Basisgeschäft, wenn keine weiteren Maßnahmen ergriffen werden. Dieser Ziellinie des potenziellen Basisgeschäfts ohne operative Verbesserungen wird eine Fortschreibung der Entwicklung der Zielgröße gegenübergestellt unter der Annahme, dass kurzfristig und operativ wirkende Verbesserungen durchgeführt werden wie z. B. durch Kostensenkungen, verbesserte Logistik, operative Vertriebsverbesserungen. Hierdurch kann eine teilweise Schließung der Ziellücke erreicht werden.
- **Strategische Lücke:** Die strategische Lücke kennzeichnet die Lücke, die nicht durch operative Maßnahmen im Rahmen des derzeitigen Basisgeschäfts zu schließen ist. Zur Schließung der strategischen Lücke werden Wachstumsstrategien empfohlen, die wir im folgenden Kapitel darstellen werden.

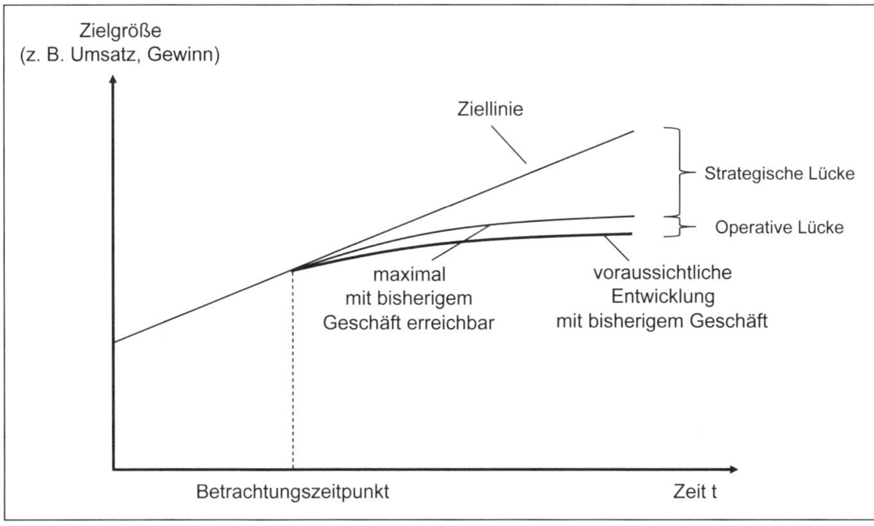

Abb. 66: Gap-Analyse

2.3.4.2 Ansoff-Matrix – Wachstumsstrategien

Zur Festlegung der Strategien für ein Unternehmen und seine einzelnen Geschäftsbereiche kann mithilfe der **Ansoff-Matrix** eine Markt- oder Produktstrategie herausgearbeitet werden. Ansoff entwickelt bereits in den 1960er-Jahren durch die Verbindung der Grunddimensionen Produkt und Markt Wachstumsstrategien (vgl. Abb. 67).

	Bestehende Produkte	Neue Produkte
Bestehende Märkte	Marktdurchdringung	Produktentwicklung
Neue Märkte	Marktentwicklung	Diversifikation

Abb. 67: Produkt-Markt-Matrix
(Quelle: Ansoff, 1965, S. 109)

- Für ein Wachstum auf bestehenden Märkten mit etablierten Produkten besteht laut Ansoff eine erfolgreiche Unternehmensführung in der Strategie der **Marktdurchdringung**. Diese Strategie baut auf einer Erhöhung des Marktanteils in den bisher bedienten Marktsegmenten auf. Dabei können alle Maßnahmen des Marketing-Mix wie preis- oder konditionspolitische Maßnahmen oder die Änderung der Distributionskanäle herangezogen werden.

- Bei dem Konzept der **Marktentwicklung** werden bestehende Produkte in neue Märkte oder Teilmärkte eingeführt oder neue Kundengruppen und Anwendungsfelder erschlossen. Eine Internationalisierung ist eine klassische Variante der Marktentwicklungsstrategie, da man mit dem vorhandenen Produktportfolio vom Heimmarkt in neue Regionen vordringt. Ein gutes Beispiel für die Erschließung neuer Anwendungsfelder ist der neuere Einsatz des seit über 100 Jahren existierenden Schmerzmedikaments Aspirin von Bayer als Blutverdünnungsmedikament bei Herz-Kreislauf-Patienten.
- Die Strategie der **Produktentwicklung** zielt darauf ab, dass man mit neuen Produkten auf bestehenden Märkten wachsen kann. Durch Produktinnovationen, Produktneuheiten, Produktvariationen und Zusatzfunktionen werden mit bereits vorhandenen Produkten in Märkten, auf denen ein Unternehmen bereits präsent ist, neue Marktanteile generiert und so ein Umsatzwachstum erreicht.
- Der vierte Strategietyp nach Ansoff ist die **Diversifikation**. Neue Produkte für neue Branchen ermöglichen ein zusätzliches Umsatzpotenzial. Gleichzeitig wird das Risiko, als Unternehmen nur in einem Zielmarkt tätig und dem Zyklus dieses Marktes ausgesetzt zu sein, reduziert.

Wachstumsstrategien bei EuroAir

- **Marktdurchdringungsstrategie:** Im Rahmen einer Verbesserung der Marktdurchdringung entschied sich die EuroAir SE dafür, in bestehenden Märkten wie Deutschland noch mehr Flüge abzusetzen. Man könnte hierfür beispielsweise den Bahnanbietern folgen und Pauschaltickets über die Lebensmittel-Discounter vertreiben.
- **Markterschließungsstrategie:** Die Erweiterung der Homepage um mehrsprachige Angebote und die Einrichtung länderspezifischer Websites soll neue Kundengruppen aus ausländischen Märkten erschließen.
- **Produktentwicklungsstrategie:** Bereits heute binden einige Pauschalreiseanbieter Flugleistungen der Billigflieger in ihre Angebote ein. EuroAir könnte sich dafür entscheiden, mit ausgewählten Reiseunternehmen zusammen zu arbeiten und z. B. Städtetrips mit Hotelübernachtungen und Transferangeboten auf ihrer Homepage direkt anzubieten.
- **Diversifikationsstrategie:** Sollte sich EuroAir dazu entschließen, ins Mobilfunkgeschäft einzusteigen, so wäre dies eine Diversifikation. Bei dieser stärksten Form der Diversifikation stehen weder die Märkte noch die Produkte in einer Verwandtschaft zum bestehenden Portfolio des Unternehmens.

2.3.4.3 Portfolio-Analysen

Portfolio-Analysen sind eine strategische Analyseform für diversifizierte Unternehmen, die die Wettbewerbspositionen verschiedener strategischer Geschäftseinheiten (SGEs) komplexitätsreduzierend und vereinfachend in Form von zweidimensionalen Matrizen darstellt und daraus grundlegende strategische Stoßrichtungen, die sogenannten Normstrategien, ableitet.

Strategische Portfolio-Analysen streben ein ausgewogenes Portfolio von SGEs an:

- SGEs mit hohem und niedrigem Ergebnisbeitrag,
- SGEs mit hohem und niedrigem Liquiditätsbeitrag sowie
- SGEs in unterschiedlichen Phasen des Produktlebenszyklus.

Letztlich geht es um den Ausgleich von SGEs, die heute erfolgreich sind, also einen positiven Cashflow erwirtschaften, und SGEs, die ein hohes Erfolgspotenzial in der Zukunft haben, heute aber noch cash-negativ sind.

Marktanteils-/Marktwachstumsportfolio der Boston Consulting Group

Die bekannteste Portfoliomethode ist das **Marktanteils-/Marktwachstumsportfolio der Boston Consulting Group**, das **BCG-Portfolio**. Beim BCG-Portfolio wird auf der x-Achse der **relative Marktanteil** einer SGEs dargestellt und auf der y-Achse das Marktwachstum des Marktes, in dem eine SGE operiert (vgl. Abb. 68).

Der **relative Marktanteil** berechnet sich aus dem Quotienten des absoluten Marktanteils der eigenen SGE und des absoluten Marktanteils des stärksten Wettbewerbers der SGE. Der relative Marktanteil dient dabei als Maß für relative Wettbewerbsfähigkeit der SGE gegenüber dem Wettbewerb. Bei einem relativen Marktanteil von größer 1 ist eine SGE der **Marktführer**. Man kann dann davon ausgehen, dass diese SGE dann aufgrund einer höheren Absatz- und Ausbringungsmenge über Stückkostenvorteile im Vergleich zum Wettbewerb verfügt. Besitzt die SGE dagegen nur einen relativen Marktanteil von kleiner 1, ist ein anderes Unternehmen Marktführer und dieses verfügt dann über Stückkostenvorteile gegenüber der eigenen SGE.

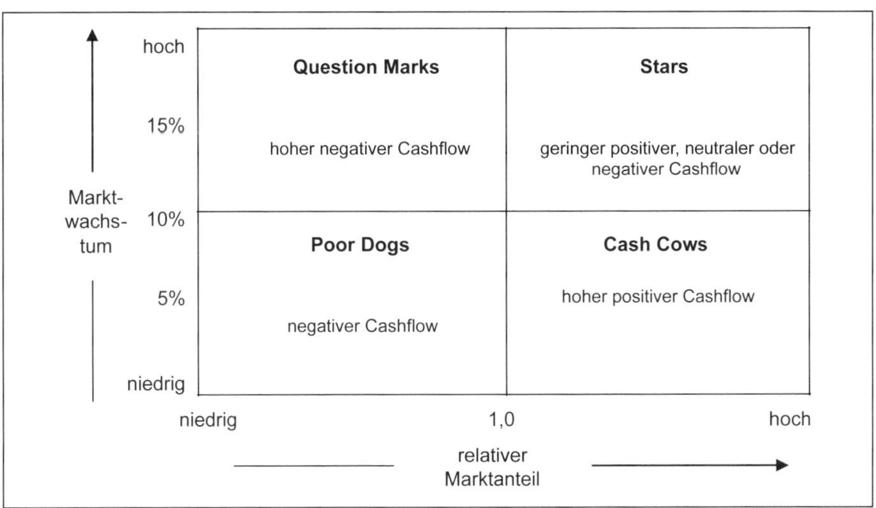

Abb. 68: Portfolio-Analyse nach der Boston Consulting Group (BCG-Portfolio)

Das **Marktwachstum** (y-Achse) dient als Maß für die Marktattraktivität des Marktes, in dem die SGE operiert. Tatsächlich wird noch eine dritte Dimension im Portfolio dargestellt, **der Umsatz der SGE**, der durch die Größe der Kreise repräsentiert wird.

Mithilfe von Trennlinien wird die Gesamtmatrix in vier Quadranten eingeteilt, die als

- **Poor Dogs** (arme Hunde),
- **Question Marks** (Fragezeichen),
- **Stars** (Star-Produkte) und
- **Cash Cows** (Milchkühe) bezeichnet werden.

Welche Normstrategien werden nun aus der Portfolio-Analyse abgeleitet?

- SGEs im **Quadranten der Question Marks** (synonym mit Fragezeichen oder Nachwuchsprodukten) sind durch einen relativen Marktanteil < 1, aber ein hohes Marktwachstum von > 10 % gekennzeichnet. Diese SGE befindet sich meist am Beginn der Wachstumsphase im PLZ. Als Normstrategie schlägt die BCG vor, einzelne, selektiv ausgewählte zukunftsträchtige SGEs durch gezielte Investitionen in Produktentwicklung, Marketing und Ausbau der Produktionskapazität weiterzuentwickeln, um sie durch Steigerung des relativen Marktanteils zu Star-SGEs weiterzuentwickeln (**selektive Strategie**). Die Investitionen übersteigen in dieser Phase des PLZ meist die erwirtschafteten Cashflows, die Geschäftseinheiten benötigen eine hohe Liquiditätszufuhr, daher können auch nicht alle Question Marks zu Stars entwickelt werden.
  Die Gewinnsituation der Question Marks ist aufgrund der noch geringen Marktgröße und des geringen relativen Marktanteils noch unbefriedigend. Bei den Question Marks ist es fraglich, ob der Ausbau zu einem Star-Produkt gelingen kann oder ob diese direkt in den Quadranten der Poor Dogs abgleiten werden.
- Eine SGE im **Quadranten der Stars** ist durch ein hohes Marktwachstum > 10 % und einen relativen Marktanteil > 1, also die **Marktführerschaft**, geprägt. Als Normstrategie schlägt die BCG vor, durch gezielte Investitionen die Marktführerschaft auszubauen oder abzusichern. Diers ist eine **Investitionsstrategie**. Star-SGEs erbringen ein hohes Umsatzvolumen und einen hohen Beitrag zum Unternehmensgewinn. Da der operative Cashflow zwar hoch ist, aber immer noch große Investitionen vonnöten sind – vor allem in das Marketing zum Ausbau der Marktführerschaft –, ist die Liquiditätssituation häufig leicht negativ, im besten Falle ausgeglichen oder leicht positiv.
- SGEs im **Quadranten der Cash Cows** sind in der **Reifephase des PLZ** angekommen. Der eigene Umsatz stagniert und das Marktwachstum ist deutlich geringer als 10 %. Cash Cows verfügen weiterhin über die Marktführerschaft, d. h. ihr relativer Marktanteil ist größer als 1. Die Normstrategie der BCG für Cash Cows besteht in der **Erhaltung der Marktführerschaft bei gleichzeitigem Abschöpfen der Liquiditätsüberschüsse, ein Harvesting**. Mit den positiven Cashflows der Cash Cows kann der notwendige Liquiditätsbedarf für die Question Marks und Stars generiert und so ein interner Liquiditätsausgleich geschaffen werden.
- SGEs im **Quadranten der Poor Dogs** haben weder einen hohen Marktanteil noch ein hohes Marktwachstum aufzuweisen. Poor Dogs haben keine günstigen Entwicklungsprognosen, sie können weder zur Liquiditätsgenerierung beitragen noch einen nennenswerten Ergebnisbeitrag liefern. Im Zuge der Konzentration der knappen Resourcen auf die erfolgversprechenden Segmente lautet hier die Normstrategie der BCG **Desinvestieren**. Durch die Desinvestition können die in der SGE gebundenen Finanzmittel in erfolgversprechendere Geschäftseinheiten investiert werden.

Im Rahmen der **Gesamtunternehmensstrategie** ist also dafür zu sorgen, dass ein Unternehmen über ein ausgewogenes Verhältnis von Geschäftseinheiten in den Quadranten Nachwuchs, Star und Cash Cows verfügt, sodass sich diese im oben beschriebenen Sinne hinsichtlich der **Generierung von Gewinn und Liquidität** optimal ergänzen.

Beispiel Mannesmann

Der Mannesmann-Konzern hatte Ende der 1960er-Jahre ein **nicht ausgewogenes Portfolio**. Beide SGEs waren Cash Cows am Ende des Lebenszyklus.

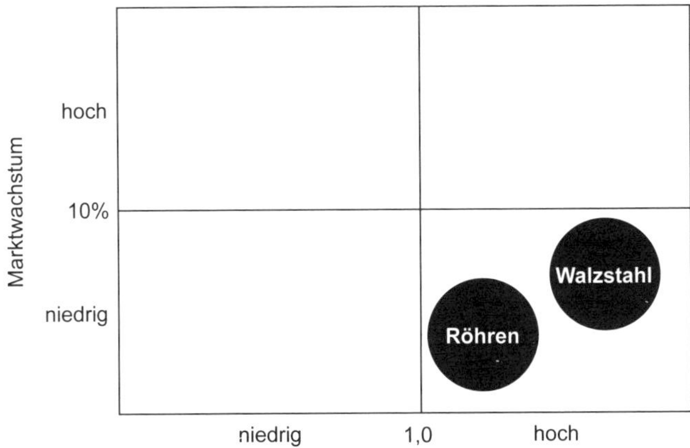

Abb. 69: Mannesmann-Portfolio Ende der 1960er-Jahre (Quelle: Macharzina, 1999, S. 291)

Durch strategische Zukäufe und Entwicklungsmaßnahmen wurde bis zum Jahr 1998 ein ausgeglichenes Portfolio entwickelt.

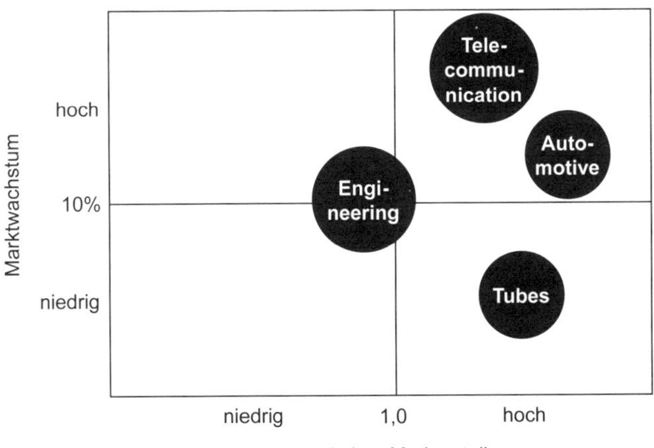

Abb. 70: Mannesmann-Portfolio 1998 (Quelle: Macharzina, 1999, S. 294)

Marktattraktivitäts-Wettbewerbsstärken-Portfolio von McKinsey

Der zentrale Kritikpunkt am BCG-Portfolio ist die Beschränkung auf lediglich zwei strategische Erfolgsfaktoren, den relativen Marktanteil und das Marktwachstum. Diesen Kritikpunkt hat sich die Unternehmensberatung McKinsey bei der Entwicklung des **Marktattraktivitäts-Wettbewerbsstärken-Portfolios** zu Eigen gemacht und die BCG-Portfolio-Methode zu einem Mehrfaktoren-Modell weiterentwickelt (vgl. Abb. 71).

Abb. 71: Marktattraktivitäts-Wettbewerbsstärken-Portfolio von McKinsey

Zur Erfassung und Verdichtung der Marktattraktivität und der Wettbewerbsstärke einer SGE wird eine **Nutzwertanalyse**, auch als Scoring-Modell oder Punktbewertungsmodelle bezeichnet, angewendet, mit deren Hilfe jeweils zehn unterschiedliche quantitative Bewertungsdimensionen zu einem Gesamtwert verdichtet werden. Bei der Nutzwertanalyse werden zunächst die relevanten Bewertungskriterien der Marktattraktivität wie auch der Wettbewerbsstärke bestimmt und gewichtet. Danach wird für jede SGE der Erfüllungsgrad in Hinblick auf jedes Kriterium beispielsweise auf einer Skala von 1–9 bewertet (vgl. Abb. 71).

Im letzten Schritt werden für jede SGE die Nutzwerte getrennt nach Marktattraktivität und Wettbewerbsstärke in Prozent des maximal erreichbaren Nutzwertes errechnet und die SGEs in das neun Felder umfassende Marktattraktivitäts-Wettbewerbsstärken-Portfolio eingetragen. Aus dem so entwickelten Portfolio lassen sich – ebenso wie beim BCG-Portfolio – Normstrategien für die einzelnen Geschäftseinheiten ableiten (vgl. Abb. 72).

- In den Feldern **Expandieren** gilt es, die erreichte Marktposition durch eine Investitions- und Wachstumsstrategie auszubauen bzw. zu halten. Freie Liquidität sollte in dieser Zone investiert werden.
- In den Feldern des **Abschöpfens** lautet die Strategieempfehlung daher: Optimierung der gegenwärtigen Ertrags- und Liquiditätssituation und Desinvestition.
- Für SGEs in den Feldern **Auswählen** im mittleren, diagonalen Bereich der Matrix muss die Strategie für jede Geschäftseinheit genau abgewogen und ausgewählt werden. Hierbei wird in drei verschiedene selektive Strategien unterteilt:
  - **Offensivstrategien** sind für SGEs, die zukünftige Erfolgspotenziale bieten. Hier ist in den Ausbau dieser Geschäftseinheiten zu investieren.

- Geschäftseinheiten mit geringer Marktattraktivität, aber mit hoher Wettbewerbsstärke sind zu **stabilisieren**, um die Wettbewerbsvorteile möglichst lange zu halten.
- Bei der **Übergangsstrategie** wird beobachtet, wie sich die Position dieser SGE verändert, um danach eine Entscheidung zum Ausbau oder zur Desinvestition zu treffen.

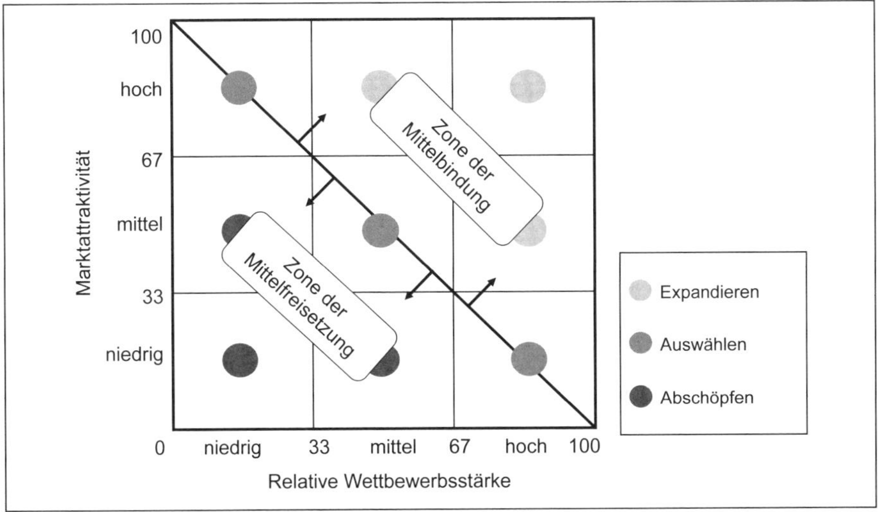

Abb. 72: Strategien im McKinsey-Portfolio (Quelle: Hinterhuber, 2011, S. 171)

Neben dem BCG-Portfolio und dem McKinsey-Portfolio existiert eine Vielzahl weiterer Portfolio-Darstellungen in Wissenschaft und Praxis (vgl. Macharzina und Wolf, 2017, S. 355 ff.; Baum et al., 2013, S. 218 ff.).

Stärken der Portfolio-Methode sind:

- Unterstützung der Entscheider bei strategischen und zukunftsorientierten Fragestellungen für die SGEs,
- Verbesserung des Verständnisses hinsichtlich Struktur und Funktionsweise der Unternehmung,
- Steigerung der Qualität der Planung,
- Erhöhung der Wirksamkeit der Kommunikation zwischen der Unternehmensleitung und den SGEs, um Informationslücken zu vermeiden,
- zielorientiertere Problemlösung in Bezug auf unrentable bzw. wenig rentable Geschäftseinheiten oder Investitionsvorhaben.

Schwächen der Portfolio-Methode sind:

- Verstärkte Investitionsbemühungen auf wachstums- und kostenintensive SGEs,
- Manipulationsmöglichkeit bei der Bewertung von SGEs aufgrund subjektiver Bewertungen und der selbst gewählten Gewichtungsfaktoren, insbesondere bei der McKinsey-Portfolio-Analyse,
- SGEs können aufgrund der Durchschnittswerte gleich wirken, obwohl sie in den Merkmalen stark voneinander abweichen,

- synergetische Wechselwirkungen aufgrund der strikten Trennung der SGEs bleiben unberücksichtigt.

Trotz der sicherlich vorhandenen Schwächen handelt es sich bei den Portfolio-Methoden zu Recht um die beliebtesten Controllinginstrumente der strategischen Analyse und Strategieentwicklung.

2.3.4.4 Generische Wettbewerbsstrategien nach Porter

Im Rahmen der Geschäftsbereichsstrategien ist es eine Kernfrage, wie sich die verschiedenen SGEs und deren Produkte und Leistungen im Wettbewerb positionieren sollen. Hier leisten die **generischen Wettbewerbsstrategien von Porter** einen wichtigen Beitrag. Im Kern geht es um den Aufbau und die Verteidigung von **strategischen Wettbewerbsvorteilen.**

Porter beschäftigte sich in seinen Forschungen zum strategischen Management unter anderem mit den folgenden Fragen (vgl. Porter, 2013, S. 82 ff.):

- Wie positionieren sich Unternehmen erfolgreich im Wettbewerb?
- Was ist die dominierende strategische Stoßrichtung der Wettbewerbsstrategie?
- Wodurch führt diese zum Vorteil gegenüber dem Wettbewerb?

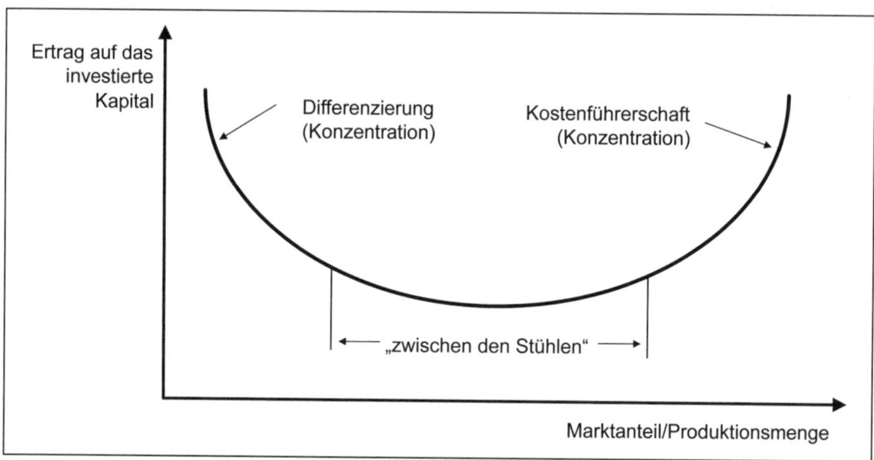

Abb. 73: Porters U-Kurve (Quelle: Porter, 2013, S. 83)

Porter hat auf Basis empirischer Untersuchungen den in Abb. 73 dargestellten u-förmigen Zusammenhang zwischen Marktanteil und Rentabilität von SGEs festgestellt (U-Kurve). SGEs mit einem mittleren Marktanteil – auch zwischen den Stühlen (stuck in the middle) genannt – sind meist nicht erfolgreich. Entweder eine SGE ist Marktführer oder Zweiter oder aber die SGE spezialisiert sich auf eine Nische.

Porter folgert daraus, dass es grundsätzlich in Märkten idealtypisch zwei unterschiedliche, generische **Wettbewerbsstoßrichtungen** gibt, die zu einer hohen Rentabilität der Unternehmen führen: die **Strategie der Kostenführerschaft** und die **Strategie der Differenzierung**. Ergänzt werden diese zwei generischen Wettbewerbsstrategien noch um die Frage, ob die Unternehmen den Gesamtmarkt oder nur einen engen Teilmarkt bedienen (vgl. Abb. 74).

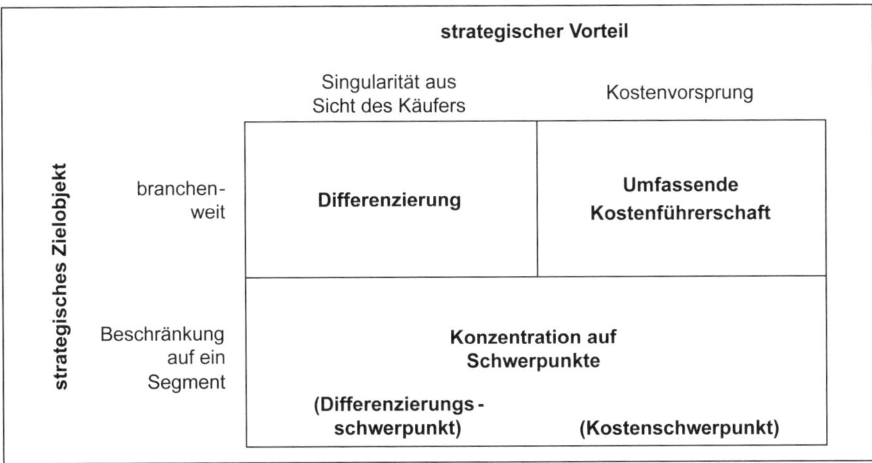

Abb. 74: PORTERS generische Wettbewerbsstrategien (Quelle: in Anlehnung an Porter, 2013, S. 79)

Kostenführer haben einen Stückkostenvorsprung vor der Konkurrenz und nutzen diesen Stückkostenvorteil häufig, um ein Produkt, das sich für den Nutzer hinsichtlich der Qualität nicht oder kaum merklich von dem der Konkurrenz unterscheidet, zu niedrigen Preisen anbieten zu können. Die Kostenführerschaft führt dazu, dass der Kostenführer – z. B. über Größendegressionseffekte – auch bei niedrigen Preisen noch über akzeptable Gewinnmargen verfügt. Durch die niedrigen Preise bei vergleichbarer Qualität haben Kostenführer aus Sicht der Kunden ein überlegenes Kosten-Nutzen-Verhältnis und realisieren so hohe Marktanteile.

Eine Kostenführerschaft erfordert den Einsatz effizienter Produktionsanlagen, eine ständige Kontrolle der direkten und indirekten Kosten und damit strukturelle Kostenvorteile. Kostenführer nutzen konsequent sowohl Fixkostendegressionseffekte, Erfahrungskurveneffekte als auch Economies of Scale, um die Stückkosten weiter zu senken. Eine Kostenführerschaft ist auch eine starke Markteintrittsbarriere im Sinne von Porters 5-Forces. Um festzustellen, ob sich die Strategie der Kostenführerschaft bei einem konkreten Unternehmen verfolgen lässt, kann man die folgenden Fragestellungen zur Hilfe nehmen.

- Verfügt unser Unternehmen über entsprechende Produktionsanlagen, um große Produktionsmengen zu erzielen bzw. sind diese aufzubauen?
- Ist unser Unternehmen kostengünstig auch im Vergleich zu ausländischen Anbietern?
- Können die Abläufe kostensenkend standardisiert werden?
- Verfügt unser Unternehmen über Kostenvorteile durch Prozessrationalisierung?
- Gibt es Möglichkeiten, durch Größenvorteile Economies of Scale oder Kostensenkungseffekte zu erzielen?

Beispiele für Unternehmen, die sich mithilfe der Strategie der Kostenführerschaft am Markt positionieren konnten, sind meist bei Großunternehmen und deren Tochtergesellschaften oder großen Mittelständler gegeben wie z. B. mit FIELMANN, der RENAULT-Tochter DACIA oder LIDL. Größe begünstig Kostenführerschaft z. B. durch Fixkostendegression, Einkaufsvorteile, Lerneffekte oder Synergien.

Die zweite von Porter vorgeschlagene Strategie ist die **Differenzierung**. Bei dieser Strategie versuchen die Unternehmen, ihr Produkt oder ihre Dienstleistung von den Leistungen anderer Anbieter abzugrenzen. Ziel ist es folglich, dem Kunden mittels überlegener Produkt- oder Angebotseigenschaften eine verbesserte, einzigartige Leistung zu bieten, für die er bereit ist, einen höheren Preis, d. h. eine **Preisprämie,** zu zahlen. Eine **Alleinstellung** ist über eine besondere Qualität, einen besonders hohen Grad an Innovation, überlegenes Markenimage oder eine besondere Produktausstattung zu erzielen. Eine erfolgreiche Differenzierungsstrategie schützt das agierende Unternehmen vor einer hohen Wettbewerbsintensität, indem sie Kunden an die Marke bindet und deren Preissensitivität verringert und somit die Gewinnmargen steigert.

Um festzustellen, ob sich die Strategie der Differenzierung bei einem konkreten Unternehmen verfolgen lässt, kann man die folgenden Fragestellungen zur Hilfe nehmen:

- Besitzen unsere Produkte überragende Produkteigenschaften bzw. sind diese kurzfristig zu entwickeln (Technik, Design, Image, Marke)?
- Verfügt unser Unternehmen über Vertriebswege, die hohe Beratungsqualität und umfassenden Service bieten?
- Besitzt unser Unternehmen eine hohe Innovationskraft zur Entwicklung neuer Produktideen?
- Verfügen wir über flexible, unternehmerisch denkende Mitarbeiter?
- Verfügt unser Unternehmen über ein funktionierendes Marketing zur Profilierung der Leistungen in der Kundenwahrnehmung?

Beispiele für eine Differenzierungsstrategie finden sich z. B. bei Apple und seinen Produkten oder dem Automobilkonzern Porsche.

Als dritte und letzte generische Strategie Porters ist die **Fokussierung auf Kernkompetenzen** bzw. **Nischenstrategie** zu nennen. Diese Strategie beinhaltet die Konzentration auf Marktnischen und fordert somit die Orientierung an einer bestimmten Kundengruppe, einem sehr engen Absatzprogramm oder einem geografisch abgegrenzten Markt. Im Gegensatz zur Strategie der Kostenführerschaft und Differenzierung ist hier das Ziel des Unternehmens, nur ein enges Segment zu bedienen, was kleine und mittlere Unternehmen deutlich besser leisten können. Für das Erreichen der Marktführerschaft innerhalb eines Marktsegments sind ein hervorragender Kundenservice, das Verbessern der Produktivität eines Unternehmens, Qualitätskontrollen für Produkte und Dienstleistungen sowie eine intensive Ausbildung und Schulung des Verkaufspersonals entscheidend. Dies sind Voraussetzungen, die Mittelständler erfüllen können. Allerdings bedarf dieser globale Grundtyp der Konkretisierung. Dazu kann auf die Analyse von Simon für erfolgreiche Mittelständler (Hidden Champions) zurückgegriffen werden (vgl. Simon, 1998, 2007, 2012, 2021).

Um festzustellen, ob sich die Nischenstrategie bei einem konkreten Unternehmen verfolgen lässt, kann man die folgenden Fragestellungen zur Hilfe nehmen:

- Lässt sich für unser Unternehmen ein spezifisches Segment identifizieren, welches durch unsere Produkte mit überragenden Produkteigenschaften besetzt werden kann?
- Sind wir in der Lage, durch Markteintrittsbarrieren den Einstieg für neue Wettbewerber abzusichern?

- Ist die Nische auch auf längerfristige Sicht profitabel? Da wir uns an den Lebenszyklus der Nische koppeln, muss hier auch perspektivisch noch eine Entwicklung möglich sein.
- Weiterhin sind auch die Fragen der Differenzierung in der Nische zu beantworten!

Diese von PORTER definierten strategischen Grundtypen zeigen – wie zu erkennen ist – lediglich grundsätzliche Möglichkeiten zur Erzielung von Wettbewerbsvorteilen. Die Strategie eines Unternehmens sollte sich zwar an den Strategietypen orientieren, aber gleichwohl in der Ausgestaltung unternehmensindividuell sein. Je besser der Fit der Strategie mit Unternehmens- und Umfeldbedingungen ist, desto erfolgversprechender wird die jeweilige Strategie sein.

2.3.5 Strategische Controllinginstrumente für Funktionalstrategien

Funktionalstrategien beschäftigen sich mit der langfristigen Ausrichtung der betrieblichen Funktionen. Funktionale Strategien legen die grundsätzlichen Ziele und Maßnahmen der Funktionsbereiche, wie z. B. Forschung und Entwicklung; Produktion; Marketing; Personalwesen, fest. Diese Strategien der einzelnen Funktionsbereiche im Unternehmen müssen konsequent sowohl aus der Gesamtunternehmens- als auch aus der Geschäftsbereichsstrategie abgeleitet werden.

2.4 Strategische Kontrollprozesse

Die Entwicklung der **strategischen Kontrolle** hat in Theorie und Praxis nicht den gleichen Grad der Professionalität erreicht wie die strategische Planung. Dies liegt neben Problemen bei der organisatorischen Implementierung der strategischen Kontrolle insbesondere an folgenden Schwierigkeiten (Horváth et al., 2020, S. 124):

- **Strategische Pläne** sind häufig sehr **abstrakt** und **wenig detailliert**. Daher entstehen Schwierigkeiten bei der Operationalisierung der Plangrößen und bei der Messung der Ist-Größen.
- Die Langfristigkeit der strategischen Pläne kombiniert mit der **Komplexität und Dynamik des Unternehmensumfeldes** kann dazu führen, dass strategische Pläne häufig veraltet sind, bevor sie realisiert werden.
- Bestehende Kontrollprozesse – insbesondere im klassischen Berichtswesens – fokussieren sich wegen des Detaillierungsgrades und deren Verbindlichkeit auf die Plangrößen der operativen Planung.
- Nicht zuletzt beinhaltet die Kontrolle strategischer Pläne die **aktive Mitwirkung der Führungsebene des Unternehmens** in den Kontrollprozessen, die häufig nicht gegeben ist.

Trotz dieser Probleme ist eine Kontrolle strategischer Pläne in Unternehmen notwendig. Die strategische Kontrolle lässt sich zunächst in eine Grundlagenkontrolle und eine Durchführungskontrolle gliedern (vgl. Abb. 75).

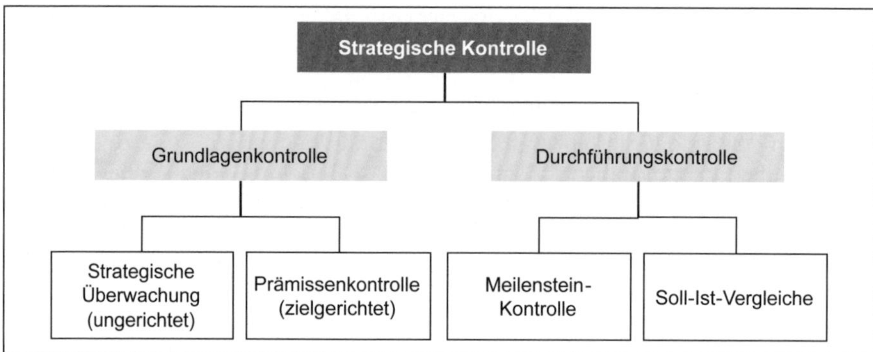

Abb. 75: Strategische Kontrolle
(Quelle: in Anlehnung an Steinmann & Schreyögg, 1984, S. 11)

Durchführungskontrolle

Die **Durchführungskontrolle** bildet den Schwerpunkt der strategischen Kontrolle. Sie überprüft, inwieweit die strategischen Pläne in der Realisierung fortgeschritten sind. Grundsätzlich sind bei der Durchführungskontrolle zwei Vorgehensweisen denkbar: die Meilensteinkontrolle sowie die Plan-Ist-Vergleiche.

Ein **Meilenstein** im Rahmen der strategischen Planung ist ein wesentlicher, ergebnisorientierter Teilschritt bei der Umsetzung der Strategie.

Beispiele für Meilensteine bei EuroAir

Im Rahmen der strategischen Unternehmensentwicklung hat EuroAir beschlossen, ihr Streckennetz im Nordwesten zu erweitern. Es wurden drei ereignisgesteuerte Meilensteine dieser Strategie definiert: die Festlegung des bevorzugten Akquisitionstargets. Dieses Ereignis liegt im ersten Quartal. Das Closing, der Transaktion liegt voraussichtlich im dritten Quartal. Die vollständige Integration der Flugpläne und Organisationen wird im vierten Quartal erwartet. Beim zweiten Meilenstein, dem **Closing** der Transaktion, handelt es sich um einen sogenannten Point-of-no-Return-Meilenstein, da es nach dem Closing – ohne erheblichen Geld- und Imageverlust – keine Möglichkeit mehr gibt, die **Transaktion** rückgängig zu machen. Entsprechend wurde der erste Meilenstein zu einem Review-Meilenstein erklärt, da sich Vorstand und Aufsichtsrat vor Aufnahme konkreter Gespräche nochmals mit der Akquisitionsstrategie auseinandersetzen sollen.

Im Rahmen der Meilensteinplanung werden mit jedem Meilenstein des strategischen Plans konkrete Planzeitpunkte und Plankosten verknüpft. Im Rahmen der **Meilensteinkontrolle** wird die Einhaltung der Realisationszeitpunkte und Realisationskosten verfolgt.

Neben der Meilensteinkontrolle ist die Kontrolle durch **Plan-Ist-Vergleiche** die in der Unternehmenspraxis am häufigsten eingesetzte Form der strategischen Kontrolle. Grundlage der Plan-Ist-Vergleiche ist, dass die strategischen Pläne im Rahmen der strategischen Planungsprozesse hinreichend konkretisiert und operationalisiert werden. Durch die Operationalisierung mittels sogenannter Key Performance Indicators (KPIs) soll die Umsetzung der strategischen Pläne messbar gemacht werden. Diese Kennzahlen finden dann Eingang in das Berichtswesen des Unternehmens. Die Kontrolle der Plan-Ist-Vergleiche ist eng verknüpft mit der kennzahlenbasierten Sicherstellung der Strategieimplementierung. Diese steht im Fokus des Performance Controllings.

Grundlagenkontrolle

Nachteile einer strategischen Kontrolle auf Basis von Plan-Ist-Vergleichen sind folgende:

- Die Plan-Ist-Vergleiche können erst nach der Realisation der strategischen Pläne erfolgen und kommen somit häufig zu spät. „Der Zeitpunkt einer notwendigen Planrevision wird versäumt, weil es zu lange dauert, bis die Wirkungen der ergriffenen Maßnahmen die Revisionsnotwendigkeit signalisieren können" (Schäffer & Willauer, 2003, S. 7).
- Zudem kann das Nicht-Vorhandensein von Plan-Ist-Abweichungen trügerisch sein, da sich die Prämissen soweit verändert haben können, dass Abweichungen möglicherweise nicht auf eine fehlerhafte Planung zurückzuführen sind.

Die **strategische Überwachung** bietet hier ein Lösungskonzept. Gerade im strategischen Umfeld kann es kritische Ereignisse geben, die in den Prämissen der strategischen Planung nicht berücksichtigt wurden und bisher auch keine Auswirkung auf deren Realisation hatten. Im Rahmen der strategischen Überwachung soll die Aufmerksamkeit des Managements und der Mitarbeiter grundsätzlich und ungerichtet auf langfristige Ereignisse im Unternehmen und seinem Umfeld gelenkt werden. Die strategische Überwachung beinhaltet also weniger einen formalisierten Prozess, sondern hat vielmehr die grundsätzliche Aufgabe, eine **Kultur der strategischen Wachsamkeit** im Unternehmen zu implementieren.

Jede strategische Planung muss in Hinblick auf die Komplexität des Unternehmensumfeldes sowie des Unternehmens selbst Annahmen treffen bzw. Prämissen aufstellen, um den Planungsprozess beherrschbar zu gestalten. Prämissen beziehen sich auf

- die Unternehmensziele,
- die Entwicklung des Unternehmensumfeldes und
- die Entwicklung des Unternehmens an sich.

Klassische Beispiele im Rahmen der Praxis der strategischen Unternehmensplanung sind Prämissen zu Größen des Unternehmensumfeldes, wie zum Beispiel zur Entwicklung einzelner Marktsegmente. Im Rahmen der **strategischen Prämissenkontrolle** soll regelmäßig überprüft werden, ob die Annahmen, die der strategischen Planung zugrunde liegen, ihre Gültigkeit behalten haben.

Die Notwendigkeit zur Prämissenkontrolle besteht während des gesamten Strategieprozesses, vom Beginn der strategischen Analyse bis zur Beendigung der Strategieimplementierung. Eine Veränderung der Prämissen muss automatisch zu einer Überprüfung des strategischen Planes und gegebenenfalls auch der strategischen Maßnahmen führen.

Frühwarnindikatoren und Risikocontrolling bei EuroAir

Bei EuroAir wird die bewusste Steuerung von Chancen und Risiken als wesentlicher Bestandteil der Unternehmensführung angesehen. Im Rahmen der Implementierung des **Risikocontrollings** aufgrund des Gesetzes zur Transparenz und Kontrolle im Unternehmensbereich (**KonTraG**) hat das Controlling Prozesse im gesamten Unternehmen implementiert, auf deren Basis Diskontinuitäten im Umfeld des Unternehmens kontinuierlich überwacht werden.

Prämissenänderung bei EuroAir

Der strategischen Planung der EuroAir lag aufgrund der Erfahrung vor der Jahrtausendwende die Prämisse zugrunde, dass das **Passagieraufkommen** in den bedienten Marktsegmenten weiterhin **jährlich zweistellig wächst**. Dabei war man von einem weiteren Abbau von Vorschriften im Flugzeugbetrieb und von relativ stabilen Energiepreisen ausgegangen. Die Terroranschläge vom **11. September 2001** haben diese Prämissen grundlegend in Frage gestellt. Die **Wirtschaftskrise im Jahr 2009 – 2011** hat kundenseitig erneut zu einer reduzierten Nachfrage geführt. Gut zehn Jahre später im **Jahr 2020** ist der Luftverkehrsmarkt weltweit durch die **COVID19-Krise** völlig zusammengebrochen. Es ist auch nicht klar, ob nach einem Ende der COVID19-Krise das Vorkrisenniveau des Passagieraufkommens so schnell wieder erreicht werden kann, da sich die Kunden in ihrem Reiseverhalten geändert haben.

Zusammenfassend kann festgehalten werden, dass strategische Überwachung und strategische Prämissenkontrolle wichtige Bestandteile der strategischen Kontrolle sind. Im Gegensatz zur Durchführungskontrolle sind sie auch anwendbar, wenn die Realisierung noch nicht oder nur zum geringen Teil begonnen wurde. Damit haben sie gegenüber der Durchführungskontrolle einen erheblichen Zeitvorsprung.

3 Kennzahlensteuerung des Unternehmens

Kennzahlen sind die Grundlage für nahezu alle Controlling-Kernprozesse wie Planung, Steuerung und Kontrolle. Nachdem lange Zeit finanzielle Kennzahlen dominierten, erlangten in den 1990er-Jahren auch nicht-finanzielle Kennzahlen einen höheren Stellenwert im Rahmen der Unternehmenssteuerung. In diesem Kapitel werden Sie mit ausgewählten Kennzahlen und Kennzahlensystemen vertraut gemacht.

3.1 Kennzahlen als Instrument des Controllings

Kennzahlen sind ein wesentliches Kernelement des Controllings, sei es als Basis für den Controllingkreislauf oder für ein Performance Management; nur mithilfe von Kennzahlen können Ziele konkret und verbindlich vorgegeben (Soll-Werte) und im Zeitverlauf auf ihre Erreichung hin kontrolliert werden (Ist-Werte). Durch ihre hohe Informationsdichte und die Eigenschaft, komplexe Sachverhalte vereinfacht darzustellen, reduzieren Kennzahlen die Unsicherheit bei Entscheidungen.

Kennzahlen erfassen quantitativ erfassbare Sachverhalte in konzentrierter Form. Die wichtigsten Elemente einer Kennzahl sind der Informationscharakter, die Quantifizierbarkeit und die Verdichtung der Information (vgl. Reichmann & Lachnit, 1976, S. 706; Reichmann et al., 2017, S. 39).

Beispiel für den Aussagewert einer Kennzahl – die Lagerumschlagshäufigkeit

Die Lagerumschlagshäufigkeit eines Produktes bezogen auf eine Periode ist definiert als der Quotient aus den bewerteten Lagerentnahmen eines Produktes in einer Periode geteilt durch den durchschnittlichen bewerteten Lagerbestand.

Lagerumschlagshäufigkeit = Lagerentnahme (€ / Periode) / durchschnittlicher Lagerbestand (€ am Stichtag)

- Der **Informationscharakter** dürfte bei der Lagerumschlagshäufigkeit offensichtlich sein. Eine niedrige Lagerumschlagshäufigkeit ist ein deutliches Warnsignal, dass die Lagerbestände zu hoch bzw. Lagergüter nicht ausreichend benötigt werden. Dies führt zu unnötig hohen Lager- und Finanzierungskosten. Eine zu hohe Lagerumschlagshäufigkeit kann ein Warnsignal für Fehlbestände sein, die wiederum Produktionsausfälle oder Lieferengpässe mit sich bringen können.
- Die **Quantifizierbarkeit** kommt darin zum Ausdruck, dass die Lagerumschlagshäufigkeit wichtige Aspekte des Lagermanagements quantitativ messbar macht.
- Aufgrund der **Verdichtung der Information** wird es möglich, kritische Situationen im Lager – obsolete Lagerprodukte einerseits und drohende Lieferengpässe andererseits – aus der Auswertung einer einzigen Kennzahl abzuleiten.

Kennzahlen können nach verschiedenen Kriterien untergliedert werden.

- **Einzelkennzahlen** umfassen Einzelzahlen, Summen und Differenzen.
- **Verhältniskennzahlen** werden wiederum unterteilt:
  - **Gliederungszahlen** geben Anteile an einer Gesamtmenge – meist in % – an. Ein Beispiel ist der absolute Marktanteil, der den Umsatz eines Unternehmens ins Verhältnis zum Umsatz des Gesamtmarktes setzt.
  - Eine typische **Beziehungskennzahl** ist die Anlagendeckung. Sie setzt das Eigenkapital und das langfristige Fremdkapital ins Verhältnis zum Sachanlagevermögen und gibt damit Auskunft über Vermögens- und Finanzierungsstrukturen des Unternehmens.
  - **Indexzahlen** stellen eine Zeitreihe beziehungsweise eine zeitliche Veränderung zumeist bezogen auf eine Basisgröße in einem Basisjahr. Das Umsatzwachstum des EuroAir-Konkurrenten FLYBE betrug zwischen 2008 und 2011 durchschnittlich 12,6 %. Das durchschnittliche Wachstum erhält man aus dem CAGR, der Calculated Average Growth Rate. Auch der DAX™ ist eine solche Indexzahl.

Kennzahlen stellen darüber hinaus ein wichtiges Hilfsmittel zur **Steuerung von Unternehmen durch Planung** und **Kontrolle** dar:

- Mit dem **Soll-Ist-Vergleich** können Abweichungen gegenüber den Planvorgaben ausgewiesen werden. Hier lässt sich erkennen, ob der Absatz in einer Region oder auch der Auslastungsgrad in der Produktion sich so entwickelt hat, wie geplant.
- Der **Zeitvergleich** vergleicht eine Kennzahl im Zeitablauf, zieht also einen Vergleich zum Vorjahr oder zum Vormonat; so werden Veränderungen im Zeitablauf sichtbar. Es lässt sich erkennen, wie sich der Absatz in einer Region oder der Auslastungsgrad in der Produktion entwickelt hat.
- Der **Betriebsvergleich** vergleicht die Leistung verschiedener Kostenstellen, Abteilungen oder Unternehmen anhand der ausgesuchten Kennzahl. Hier kann festgestellt werden, welche der regionalen Vertriebsgesellschaften den höchsten Umsatz oder welche Produktionskostenstelle den höchsten Auslastungsgrad hat. Der Betriebsvergleich ist eine Form des Benchmarkings, das wir in Kapitel B.3.3 behandeln.

Wurden in der Anfangszeit des Controllings im Wesentlichen finanzwirtschaftliche Kennzahlen zum Zwecke der Gesamtunternehmenssteuerung genutzt, so hat sich heute im Zuge der Dezentralisierung die Reichweite und Akzeptanz von Kennzahlen innerhalb der Aufbauorganisation erhöht. Mithilfe IT-gestützter Informationssysteme ist es möglich, eine Vielzahl von Unternehmenskennzahlen zu verarbeiten und so die Führungskräfte über unterschiedlichste betriebliche Aufgabenfelder zu informieren.

Kennzahlen gibt es für jede betriebliche Funktion. Es gibt beispielsweise Kennzahlen des Personalcontrollings, des Marketingcontrollings, des Vertriebscontrollings oder des Logistikcontrollings. Im nachfolgenden Abschnitt wollen wir Kennzahlen aus dem Finanzcontrolling betrachten. Kennzahlen des Produktions-, Personal- sowie Marketingcontrollings werden im Kapitel D dargestellt.

3.2 Ausgewählte Kennzahlen des Finanzcontrollings

Finanzcontrolling ist der „Aufgabenbereich, der die Unterstützung des Finanzmanagements durch Bereitstellung von Informationen und entlastender Mitarbeit bei finanzieller Planung und Kontrolle – einschließlich Koordination – sowie die Gestaltung des Finanzcontrollingsystems (unterstützende Instrumente und Organisation der Prozesse) beinhaltet" (Mensch, 2008, S. 2).

Das Finanzcontrolling kann noch zwei weitere Aufgaben koordinieren, die Liquiditätssicherung und -steuerung sowie die Steigerung des Unternehmenswerts (vgl. Gillenkirch, 2008, S. 19 f.). Im Folgenden betrachten wir:

- Kennzahlen zur Kapitalstruktur,
- Erfolgskennzahlen,
- Liquiditätskennzahlen und
- Rentabilitätskennzahlen.

3.2.1 Kennzahlen zur Analyse der Kapitalstruktur

Die Analyse der unternehmensbezogenen Kapital- und Vermögensstruktur wird häufig im Rahmen der Jahresabschlussanalyse durchgeführt. Dabei werden bestimmte Aktiv- oder Passivposten in Beziehung zueinander, zur Bilanzsumme oder zu bestimmten Positionen der GuV-Rechnung gesetzt.

- Die **Eigenkapitalquote** gibt an, wie hoch der Anteil des Eigenkapitals am Gesamtkapital ist. Sie wird zur Beurteilung der Finanzierungsstruktur des Unternehmens herangezogen. Eine höhere Eigenkapitalquote zeugt dabei von einer größeren finanziellen Unabhängigkeit und steht für die Stabilität und Sicherheit des Unternehmens, da das Eigenkapital zur Abdeckung möglicher zukünftiger Verluste herangezogen werden kann. Allgemein werden Eigenkapitalquoten von > 30 % gefordert bzw. je nach Anteil des Anlagevermögens auch mehr.

$$Eigenkapitalquote = \frac{Eigenkapital}{Gesamtkapital} \cdot 100\,\%$$

- Aus der Eigenkapitalquote ergibt sich direkt auch die **Fremdkapitalquote**, beide addieren sich zu 100 %.

$$Fremdkapitalquote = \frac{Fremdkapital}{Gesamtkapital} \cdot 100\ \%$$

$$Eigenkapitalquote + Fremdkapitalquote = 100\ \%$$

Der **Verschuldungsgrad (Gearing)** eines Unternehmens setzt das Fremdkapital in Beziehung zum Eigenkapital. Grundsätzlich gilt folgender Zusammenhang: Ein hoher Verschuldungsgrad entspricht einer geringen Eigenkapitalquote mit den oben genannten Nachteilen.

$$Verschuldungsgrad\ (Gearing) = \frac{Fremdkapital}{Eigenkapital} \cdot 100\ \%$$

Allerdings bewirkt der sogenannte **Leverage-Effekt**, dass der höhere Verschuldungsgrad die Eigenkapitalrentabilität erhöht, sofern die Gesamtkapitalrentabilität über der Verzinsung des Fremdkapitals liegt. Daher kann ein hohes Gearing aus Sicht des risikofreudigen Investors auch positiv beurteilt werden. Risikoaverse Investoren sehen hingegen eher die Gefahren in Verlustzeiten, wenn Verluste das bei einem hohen Gearing verhältnismäßig niedrige Eigenkapitalpolster auffressen.

Die **Anlagenintensität** gibt an, wie hoch der Anteil des Anlagevermögens am Gesamtvermögen ist. Unternehmen mit hoher Technisierung und hoher Fertigungstiefe bei voll automatisierten Anlagen werden tendenziell eine höhere Anlagenintensität aufweisen als Unternehmen, bei denen Engineeringdienstleistungen überwiegen und verschiedene Module vor der Montage von Wertschöpfungspartnern zugekauft werden. Tendenziell gilt: Eine hohe Anlagenintensität bedeutet ein hohes Maß an Kapitalbindung und kann negativ interpretiert werden, da dies die Fixkostenlast eines Unternehmens durch erhöhte Zinskosten und Abschreibungen erhöht. Eine geringe Anlagenintensität kann aber ebenfalls ein negativer Indikator sein, wenn ein Unternehmen überwiegend mit alten, bereits abgeschriebenen Anlagen arbeitet. Die **Umlauf(vermögens)quote** ergibt sich wiederum aus der Anlagenintensität und ist entsprechend zu interpretieren.

$$Anlagenintensität = \frac{Anlagevermögen}{Gesamtvermögen} \cdot 100\ \%$$

$$Umlauf(vermögens)quote = \frac{Umlaufvermögen}{Gesamtvermögen} \cdot 100\ \%$$

3.2.2 Kennzahlen zur Analyse des Erfolgs

Erfolgskennzahlen umfassen beispielsweise Jahresüberschuss, Gross Income, Economic Value Added (EVA™), Produktergebnis, Handelsspanne oder Rohertrag. Wir wollen nachfolgend beispielhaft die EBIT-Familie (vgl. Abb. 76) und den Cashflow darstellen (vgl. Schacht & Fackler, 2009, S. 61 ff.).

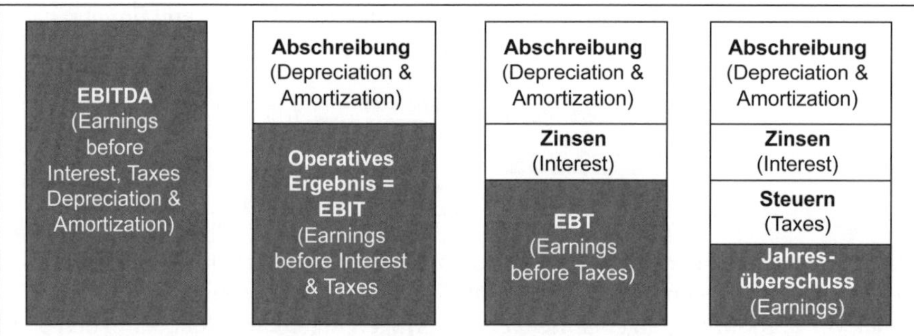

Abb. 76: Die verschiedenen Größen der EBIT-Familie

Das **EBITDA (Earnings before Interest, Taxes, Depreciation and Amortization)** ist eine Ergebnisgröße vor Zinsen, Steuern und Abschreibungen auf Sachanlagen und immateriellen Vermögensgegenständen. Das EBITDA ist beliebt, da es aus der GuV entnommen werden kann, aber eine große Nähe zum Cashflow hat. Es gibt ohne Verzerrung der regional unterschiedlichen Abschreibungsarten die operative Ertragskraft von Unternehmen in international einheitlicher Form wieder und ist daher für Unternehmensvergleiche auf internationaler Ebene geeignet. Auch Start-Up Unternehmen geben gerne das EBITDA als Ergebnisgröße an die Investoren.

Das **EBIT (Earnings before Interest and Taxes)** ist mit dem deutschen Betriebsergebnis bzw. operativen Ergebnis. In internationalen Konzernen spiegelt das EBIT die operative Performance des lokalen Managements einer Gesellschaft wider, da sowohl die Steuerlast von der jeweiligen Steuergesetzgebung abhängt als auch das Zinsergebnis von der Kapitalstruktur der jeweiligen Gesellschaft. Beides liegt in den meisten Konzernen nicht im Verantwortungsbereich des operativen Managements, sondern bei der zentralen Steuer- bzw. Finanzabteilung. Daher eignet sich das EBIT sehr gut zum Vergleich von unterschiedlichen Geschäftsbereichen in Großunternehmen. In der Segmentberichterstattung in Geschäftsberichten wird der Erfolg der Segmente meist auch auf Basis des EBIT angegeben und kommentiert.

Werden vom EBIT die Zinszahlungen des Unternehmens abgezogen, so erhält man das **EBT (Earnings before Taxes)**, das Vorsteuerergebnis. Dieser Wert ist vergleichbar mit dem Jahresüberschuss vor Steuern der handelsrechtlichen Gewinn- und Verlustrechnung.

Werden schließlich auch die Ertragssteuern berücksichtigt, so reduziert sich der EBT auf den **Jahresüberschuss (Net Earnings, Net Income)**. Der **Jahresüberschuss/Bilanzgewinn** ist das Ergebnis, das grundsätzlich dem Aktionär zur Verfügung steht. Es wird entweder für Dividendenzahlungen oder zur Thesaurierung als Rücklage und Reinvestition in das Unternehmen verwendet.

3.2.3 Kennzahlen zur Analyse der Liquiditätssituation

Entscheidend für die Unternehmenssteuerung ist neben der Erfolgssituation auch die genaue Kenntnis und Steuerung der aktuellen und künftigen Liquiditätssituation. Drohende Liquiditätsengpässe, die die Existenz des Unternehmens gefährden können, müssen frühzeitig erkannt und antizipiert werden, um Gegenmaßnahmen wie z. B. Kapitalerhöhungen, Erweiterungen von Kreditlinien, Maßnahmen des Kostenmanagements einzuleiten.

Der Cashflow – als Mutter aller Liquiditätskennzahlen – vergleicht die Einzahlungen und Auszahlungen einer Periode. Er stellt eine geeignete Maßgröße dar, um den aus dem Wertschöpfungsprozess erwirtschafteten Zahlungsüberschuss auszuweisen, und verdeutlicht, in welcher Höhe die Betriebstätigkeit einer Periode zu Einnahmeüberschüssen geführt hat.

„Der **Cashflow** gibt an, in welchem Umfang die Unternehmung aus eigener Kraft, d. h. ohne auf Dritte angewiesen zu sein, durch ihre betriebliche Umsatztätigkeit finanzielle Mittel erwirtschaften kann bzw. bei rückschauender Betrachtung erwirtschaften konnte" (Reichmann et al., 2017, S. 118).

- Für die Cashflow-Berechnungen können mit der **direkten** und der **indirekten** Methode gleich zwei verschiedene Wege gewählt werden: Die direkte Ermittlung des Cashflows ergibt sich aus der Differenz aller zahlungswirksamen Erträge und aller zahlungswirksamen Aufwendungen.
- Um den Cashflow auf indirektem Wege zu ermitteln, werden die nicht zahlungswirksamen Aufwands- und Ertragspositionen aus dem Jahresüberschuss herausgerechnet. Zu den nicht zahlungswirksamen Aufwendungen gehören beispielsweise Abschreibungen, Bestandsminderungen oder aber periodenfremde außerordentliche Aufwendungen. Zu den nicht zahlungswirksamen Erträgen zählen u. a. aktivierte Eigenleistungen oder periodenfremde und außerordentliche Erträge. Eine weiterführende Auseinandersetzung mit dem Cashflow erfolgt in Kapitel C.2.

Weiterhin werden zur Beurteilung der Liquiditätssituation im Unternehmen im Rahmen der Jahresabschlussanalyse liquiditätsbezogene Kennzahlen gebildet. Diese stellen dar, ob den nach Fälligkeitsfristen geordneten Verbindlichkeiten auch Vermögenswerte mit jeweils gleichen zeitlichen Restriktionen gegenüberstehen. Man spricht hier auch von einer fristenkongruenten Finanzierung. Die unterschiedlichen Fristen spiegelt man wider, indem man eine Liquidität 1. bis 3. Grades berechnet. Diese Kennzahlen zeigen auf, in welchem Maße kurzfristige Verbindlichkeiten an einem bestimmten Stichtag durch kurzfristige oder kurz- bis mittelfristig verfügbare Mittel abgedeckt sind.

Die **Liquidität 1. Grades** zeigt, wie hoch der Zahlungsmittelbestand im Verhältnis zu den kurzfristigen Verbindlichkeiten ist. Die Zahlungsmittel bestehen dabei vorwiegend aus den Positionen Bankguthaben, Kasse, Schecks und Wechsel, während die kurzfristigen Verbindlichkeiten aus den Verbindlichkeiten aus Lieferungen und Leistungen, Krediten und Darlehen mit einer unterjährigen Laufzeit und kurzfristigen Rückstellungen bestehen (vgl. Capone, 2011, S. 14).

Eine Liquidität 1. Grades in Höhe von 30 % sagt aus, dass 30 % der kurzfristigen Verbindlichkeiten sofort aus liquiden Mitteln beglichen werden können. Da das Vorhalten einer unnötig hohen Liquidität Finanzierungskosten verursacht, werden Liquiditäten 1. Grades zwischen 20 % und 30 % im Allgemeinen akzeptiert (vgl. Nicolini, 2008, S. 126)!

$$\textit{Liquidität 1. Grades} = \frac{\textit{Zahlungsmittel}}{\textit{kurzfristige Verbindlichkeiten}} \cdot 100\,\%$$

Die Liquidität 2. Grades gibt an, wie hoch der Anteil der Forderungen und liquiden Mittel, also dem monetären Umlaufvermögen, an den kurzfristigen Verbindlichkeiten ist. Im Unterschied zur Liquidität 1. Grades werden hier auch Forderungen aus Lieferungen und Leistungen sowie sonstige Forderungen wie z. B. aus kurzfristige Darlehen einbezogen. Der Wert der Liquidität 2. Grades sollte ungefähr 100 % betragen (vgl. Pape, 2018, S. 294). Werte darunter verweisen gegebenenfalls auf ein Liquiditätsproblem.

$$\begin{aligned} \textit{Liquidität 2. Grades} &= \frac{\textit{monetäres Umlaufvermögen}}{\textit{kurzfristige Verbindlichkeiten}} \cdot 100\,\% \\ &= \frac{\textit{Zahlungsmittel} + \textit{Forderungen LuL}}{\textit{kurzfristige Verbindlichkeiten}} \cdot 100\,\% \end{aligned}$$

Die Liquidität 3. Grades ist der dritte statische Liquiditätsgrad. Der Zähler umfasst nun das ganze kurzfristige Umlaufvermögen, also das monetäre Umlaufvermögen der Liquidität 2. Grades zuzüglich der Vorräte. Der Wert der Liquidität 3. Grades sollte bei etwa 200 % liegen (vgl. Becker & Peppmeier, 2018, S. 15).

$$\begin{aligned} \textit{Liquidität 3. Grades} &= \frac{\textit{kurzfristiges Umlaufvermögen}}{\textit{kurzfristige Verbindlichkeiten}} \cdot 100\,\% \\ &= \frac{\textit{monetäres Umlaufvermögen} + \textit{Vorräte}}{\textit{kurzfristige Verbindlichkeiten}} \cdot 100\,\% \end{aligned}$$

Das **Working Capital,** das auch als Net Working Capital bezeichnet wird, ergibt sich aus der Differenz von kurzfristigem Umlaufvermögen und kurzfristigen Verbindlichkeiten – meist abgegrenzt durch eine Restlaufzeit von unter einem Jahr.

In der Praxis wird das Working Capital häufig nicht über die Fristigkeit, sondern auf Basis einzelner Bilanzpositionen gebildet. Dann ergibt sich das Working Capital, wie in Abb. 77 dargestellt, als Vorräte zuzüglich der Forderungen aus Lieferung und Leistung inklusive geleisteter Anzahlungen abzüglich der Verbindlichkeiten aus Lieferung und Leistung inklusive erhaltener Anzahlungen und eventuell sonstiger nichtzinstragender, kurzfristiger Verbindlichkeiten (vgl. Horváth, Gleich & Michel, 2011, S. 92 ff.; Reichmann et al., 2017, S. 119).

$$\textit{Working Capital} = \textit{Vorräte} + \textit{Forderung LuL} - \textit{Verbindlichkeiten LuL}$$

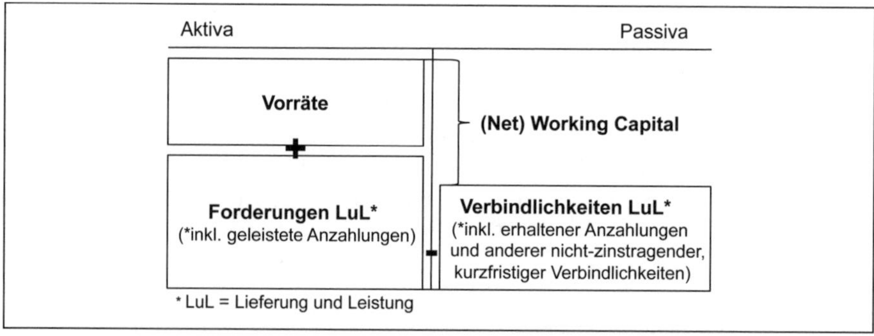

Abb. 77: Working Capital

Eng verwandt mit dem Working Capital sind die Working Capital Days, die sich wie folgt berechnen.

$$Working\ Capital\ Days = \frac{Working\ Capital}{Umsatz} \cdot 365\ Tage$$

Die Kennzahl Working Capital sollte aus Liquiditätsgründen positiv sein, was bedeutet, dass im Notfall die Verbindlichkeiten des Unternehmens durch die kurzfristig hereinkommenden Forderungen sowie den Umschlag des Vorratsvermögens gedeckt werden können. Allerdings sorgt ein zu hohes Working Capital aufgrund einer überhöhten Kapitalbindung in den Positionen Vorratsvermögen und Forderungsbestand für eingeschränkte Finanzierungsmöglichkeiten anderer Aktivitäten und nicht notwendige Zinszahlungen.

Die Höhe des Working Capital ist stark branchenabhängig. In der chemischen und pharmazeutischen Industrie liegt das Working Capital bei ca. 25 % des Umsatzes, im Einzelhandel und in der Automobilindustrie bei ca. 15 % und in der Telekommunikationsbranche oder in Transport und Logistik bei deutlich unter 5 % (vgl. Schieck, 2017).

Was kann getan werden, um eine optimale Working Capital-Ausstattung zu erreichen? Diese Aufgabe übernimmt das **Working Capital Management**, das die gezielte Beeinflussung und Optimierung der Positionen des Working Capital zum Ziel hat, insbesondere des Vorratsvermögens, der Forderungen LuL wie auch der Verbindlichkeiten LuL (vgl. Abb. 78).

Verbindlichkeiten (DPO)

Was kann getan werden, um den Zeitraum zwischen Rechnungsdatum und Bezahlung zu maximieren?

- Einen Zentraleinkauf einrichten, der Verträge zentral abschließt.
- Anzahl der Lieferanten konsolidieren (-> bessere Konditionen).
- Die Zahlungsbedingungen mit Bezug zu Land und Lieferanten (EU-Direktive) harmonisieren.
- Vorauszahlungen und Frühzahlungen vermeiden.
- Anzahl der Zahlläufe verringern.
- Supply-Chain-Finance-Lösungen einrichten.
- Für einen schnellen Rechnungsdurchlauf sorgen (-> Skonto).
- …

Vorräte (DIO)

Was kann getan werden, um den Zeitraum zwischen Wareneingang und Entnahme zu minimieren?

- Prognosetechniken entwickeln, um Daten aus Vertrieb, Produktion, Logistik und Marketing zusammenzuführen.
- Die Koordination zwischen Einkauf, Planung, Produktion und Auslieferung verbessern.
- Bestandsmengen genau verfolgen, um eine unnötige Bestellung oder Herstellung zu vermeiden.
- Lagerbestände produktspezifisch in Abhängigkeit davon gestalten, wie schnell Produkte wiederbeschafft werden können bzw. wie kritisch diese für die Kunden/Produktion sind.
- …

Forderungen (DSO)

Was kann getan werden, um den Zeitraum zwischen Bestelldatum und Zahlungseingang zu minimieren?

- Die Richtlinien in Bezug auf das Kundenrisiko überprüfen.
- Anzahl der unterschiedlichen Zahlungsbedingungen verringern und diese am jeweiligen Kundenrisikolevel ausrichten.
- Einen Mahnprozess mit definierten Zeitvorgaben einrichten.
- Eine systemische Unterstützung zur Koordination von Kundenreklamationen innerhalb der Organisation mit klaren Zeitvorgaben, Handlungsschritten, Fortschrittsreporting und Ursachenanalyse implementieren.
- …

Abb. 78: Ansatzpunkte des Working Capital Management (Quelle: Schieck, 2017)

Bei der Optimierung des Working Capital geht es um die Senkung der Vorräte und Forderungen LuL bei gleichzeitiger Erhöhung der Verbindlichkeiten LuL oder anderer nicht-zinstragender Verbindlichkeiten. Bei der Optimierung werden Kennzahlen für die drei Teilbereiche des Working Capital gebildet.

Die durchschnittliche Forderungslaufzeit, die auch Debitorenlaufzeit bzw. in Englisch **Days Sales Outstanding (DSO)** genannt wird, zeigt, wie viele Tage die Kunden eines Unternehmens durchschnittlich benötigen, um die Rechnungen zu begleichen. Die durchschnittliche Zahlungsfrist liegt in Deutschland bei ca. 30 Tagen, gezahlt wird allerdings erst nach ca. 45 Tagen, also mit ca. 15 Tagen Verzug.

$$\textit{Days Sales Outstanding DSO} = \frac{\textit{Forderungen LuL} \cdot 360}{\textit{Umsatzerlöse}}$$

Die durchschnittliche Verbindlichkeitslaufzeit, auch Kreditorenlaufzeit oder in Englisch **Days Payables Outstanding (DPO)** genannt zeigt, wie schnell unser Unternehmen seine Verbindlichkeiten begleicht.

$$\textit{Days Payables Outstanding DPO} = \frac{\textit{Verbindlichkeiten LuL} \cdot 360}{\textit{Materialaufwand}}$$

Die durchschnittliche Lagerreichweite in Tagen, englisch **Days Inventory Outstanding (DIO)** zeigt an, wie lange der Lagerbestand ausreicht. Gerade diese Kennzahl sollte man nicht nur für Lager aggregiert, sondern auch auf die Einzelposition heruntergebrochen analysieren. Häufig findet man in Lagern Einzelpositionen mit Lagerreichweiten von mehreren Jahren, die darauf hindeuten, dass die Lagerposition schon lange obsolet ist und nicht mehr benötigt wird.

$$\textit{Days Inventory Outstanding DIO} = \frac{\textit{Vorräte} \cdot 360}{\textit{Materialaufwand}}$$

3.2.4 Kennzahlen zur Analyse der Rentabilität

Der Begriff **Rentabilität** bezeichnet das Verhältnis einer Erfolgsgröße wie z. B. des Jahresüberschusses oder des Cashflows, zu einer Bezugsgröße wie dem Umsatz oder dem eingesetzten Kapital.

Die **Eigenkapitalrendite, der sogenannte** Return on Equity, setzt eine Gewinngröße, wie z. B. den Jahresüberschuss in Beziehung zum eingesetzten Eigenkapital. Die Eigenkapitalrendite zeigt somit die Verzinsung des Eigenkapitals an und ist aus diesem Grunde vor allem aus der Sicht der Eigenkapitalinvestoren, wie z. B. der Aktionäre, wichtig. Eine hohe Eigenkapitalrendite ist dabei vorteilhaft. Eigenkapitalrenditen lassen sich branchenübergreifend vergleichen, da für den Investor letztlich nur die Verzinsung des eingesetzten Eigenkapitals – unter Berücksichtigung des Risikos – relevant ist. Eigenkapitalrenditen gibt es als Vorsteuer- und Nachsteuerkennzahlen.

$$\textit{Eigenkapitalrendite vor Steuern} = \frac{\textit{Vorsteuerergebnis}}{\textit{Eigenkapital}} \cdot 100\,\%$$

$$\textit{Eigenkapitalrendite nach Steuern} = \frac{\textit{Jahresüberschuss}}{\textit{Eigenkapital}} \cdot 100\,\%$$

Anders als bei der Eigenkapitalrendite, die eine Relation von Jahresüberschuss zum Eigenkapital bildet, werden bei der Größe **Gesamtkapitalrendite** das Vorsteuerergebnis und die gezahlten Fremdkapitalzinsen in Relation zum Gesamtkapital, bestehend aus Eigen- und Fremdkapital, gesetzt. Ein hoher Renditewert zeugt von einer besseren Performance des Unternehmens. Liegt der Wert der Gesamtkapitalrendite allerdings nur auf oder sogar unter Marktzinsniveau, so ist die Performance als schlechter einzustufen.

$$Gesamtkapitalrendite = \frac{Vorsteuerergebnis + Fremdkapitalzinsen}{Gesamtkapital} \cdot 100\,\%$$

Die **Umsatzrendite** gibt prozentual an, wie viel Gewinn mit einem Euro Umsatzerlös erzielt wurde. So bedeutet eine Umsatzrendite in Höhe von 10%, dass mit jedem umgesetzten Euro ein Gewinn in Höhe von 10 Cent erwirtschaftet wurde. Umsatzrenditen unterscheiden sich zwischen unterschiedlichen Branchen sehr.

$$Umsatzrendite = \frac{Jahresüberschuss}{Umsatzerlöse} \cdot 100\,\%$$

Rentabilitäts- und Liquiditätsbetrachtung bei EuroAir

Wenn wir das Fact Sheet von EuroAir betrachten und hier die Größen Umsatz, Eigenkapital und Jahresüberschuss extrahieren, so ist uns die Ermittlung der Umsatz- und Eigenkapitalrendite möglich.

Teilt man den Jahresüberschuss durch das Eigenkapital, so erhält man eine **Eigenkapitalrendite** von 26,22 %.

$$Eigenkapitalrendite\ n.\ St. = \frac{523.329.000}{1.996.095.000} \cdot 100\,\% = 26{,}22\,\%$$

Teilt man den Jahresüberschuss durch die Umsatzerlöse, so ergibt sich für EuroAir eine **Umsatzrendite** in Höhe von 19,25 %.

$$Umsatzrendite\ n.\ St. = \frac{523.329.000}{2.718.921.000} \cdot 100\,\% = 19{,}25\,\%$$

Betrachtet man als weiteren Aspekt die Veränderung der Liquiditätssituation bei EuroAir, so ist folgende Entwicklung zu konstatieren: Durch eine verstärkte Nachfrage von Reiseveranstaltern nach Flugkontingenten auf die Ferieninseln im Mittelmeer hat sich eine veränderte Zahlungsmodalität eingestellt. Während Privat- und Geschäftskunden bei Onlinebuchungen unmittelbar eine Kreditkarten- oder EC-Kartenbuchung vornehmen, fordern die Reiseveranstalter ein großzügiges Zahlungsziel. Dadurch erhöhen sich die Forderungen. Die Liquidität und die dies dokumentierenden Liquiditätsziffern – Liquiditätsgrad 1 bis 3 – haben sich deutlich verschlechtert.

3.3 Benchmarking auf Basis von Kennzahlen

Benchmarking vergleicht ein Unternehmen oder eine Organisationseinheit eines Unternehmens mit anderen Unternehmen bzw. anderen Organisationseinheiten, um durch den Vergleich Ineffizienzen, Unwirtschaftlichkeiten oder auch ungenutzte Erfolgsfaktoren zu identifizieren.

Es werden vier Arten von Benchmarking unterschieden (vgl. Zdrowomyslaw & Kasch, 2002, S. 29):

- Das **interne Benchmarking** beschäftigt sich mit dem Vergleich von einzelnen Kostenstellen oder Abteilungen eines Unternehmens. Die eigenen Einheiten werden mittels Kennzahlen analysiert und Strukturen der Leistungserstellung werden verglichen. Ein internes Benchmarking eröffnet die Möglichkeit, Kennzahlen als Zielvorgaben zu definieren und effektive Methoden zu standardisieren. Mit ungefähr 2.000 deutschen Filialen ist für die Drogeriekette DM ein internes Benchmarking sehr aussagekräftig. Hier können etliche Einflussfaktoren auf Kennzahlen wie Umsatz oder Ertrag/m^2 aufgedeckt werden. Bei dieser hohen Anzahl können auch Subgruppen gebildet werden wie Innenstadtfilialen in unterschiedlichen Lagen, Vorortfilialen oder Filialen in ländlichen Gebieten.
- Das **wettbewerbsbezogene Benchmarking** beschäftigt sich mit dem Vergleich und der Analyse von Produkten, Prozessen und Leistungen von Wettbewerbern einer Branche. Es messen sich Unternehmen an ihrem stärksten Wettbewerber bzw. dem Marktführer in ihrem Markt. Hier wird also ein direkter Vergleich zwischen zwei Wettbewerbsunternehmen vorgenommen wie z. B. der Vergleich zwischen einer DM-Filiale und einer ROSSMANN-Filiale.
- Im Rahmen eines **branchenbezogenen Benchmarkings** hingegen findet nicht nur ein Vergleich mehrerer Firmen statt, es wird zusätzlich versucht, branchenweite Trends aufzufinden. Die Voraussetzung hierfür ist die Teilnahme einer großen Gruppe von Unternehmen, die den gleichen Markt mit ähnlichen Produkten beliefert. Dies wären im Drogeriemarkt DM, ROSSMANN, MÜLLER und BUDNIKOWSKY. Branchenweite Benchmarkingstudien werden von Verbänden wie dem VDI oder VDMA in regelmäßigen Abständen auf Basis von Befragungen der Mitgliedsunternehmen durchgeführt. Die teilnehmenden Mitgliedsunternehmen erhalten anonymisierten Ergebnisse aller Teilnehmer, auf deren Basis die eigene Performance beurteilt werden kann.
- Das branchenfremde oder **branchenübergreifende Benchmarking** konzentriert sich nicht auf direkte Wettbewerber, sondern auf einen Vergleich der Geschäftsprozesse einzelner Unternehmen. Ein führendes Unternehmen, welches in einem bestimmten Bereich die besten Prozesse hat, wird als Referenz herangezogen und mit dem eigenen Unternehmen verglichen. So wurde beispielsweise der Prozess des Forderungsmanagements von Kreditkartenunternehmen als Benchmark für den Forderungseinzug auch in anderen Branchen herangezogen. Die Telekommunikationsbranche und Banken gelten als Benchmarks für Call Center. Aufgrund der Fokussierung auf Prozesse wird diese Art des Benchmarkings als **strategisches Benchmarking** bezeichnet.

Ziel aller vier Benchmarkingarten ist das Schließen der eigenen Leistungslücken, die im Vergleich mit den gewählten Benchmarkingpartnern aufgefunden wurden. Abb. 79 zeigt das Vorgehen bei der Durchführung eines Benchmarkings.

- Im ersten Schritt, der Festlegung des **Benchmarkingobjektes,** muss der Controller entscheiden, welchen Schwerpunkt das Benchmarking haben soll, also welche Aspekte des Unternehmens, wie z. B. Marktauftritt, Vertriebsorganisation, interne Prozesse oder Personalausstattung, anhand welcher Kennzahlen untersucht werden sollen (vgl. Vollmuth, 2008, S. 253).

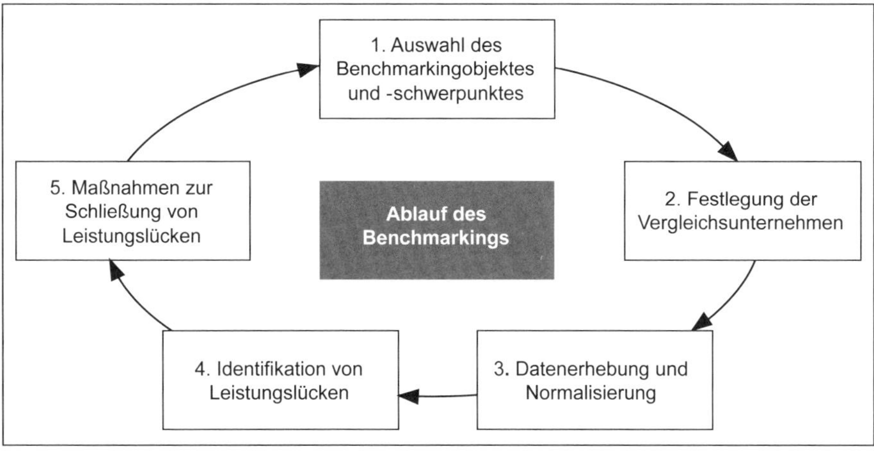

Abb. 79: Ablauf des Benchmarkings (Quelle: Deltl, 2011, S. 90 f.; Pfaff, 2005, S. 84)

- Die Auswahl der **Vergleichsunternehmen**, den **Benchmarkingpartnern**, bildet die zweite Stufe des Vorgehens. Hier ist es schon in der ersten Phase sinnvoll, abzuschätzen, inwiefern man Zugang zu den Daten der Benchmarkingpartner erhält.
- Im darauffolgenden Schritt der **Datenerhebung** werden die Daten aller identifizierten Vergleichsunternehmen erhoben. Häufig sind bei einem Benchmarking noch umfangreiche Anpassungsarbeiten an den Daten, eine sogenannte **Normalisierung,** durchzuführen. Gleiche genannte Kennzahlen können in unterschiedlichen Unternehmen unterschiedlich erhoben werden und müssen daher vergleichbar gemacht werden.
- Die **Leistungslücken** werden in der nächsten Phase analysiert und die Ursachen für die Lücken werden aufgezeigt.
- In der fünften und letzten Phase muss das Unternehmen im Vergleich mit den besten Benchmarkingpartnern nach effizienteren Lösungen suchen, um Leistungslücken zu schließen. Die **Maßnahmen** sind zu erarbeiten, zu budgetieren und umzusetzen (vgl. Vollmuth, 2008, S. 253 ff.).

Neben dem Nutzen gibt es auch Fallstricke der Methode. Eine starke Orientierung am Branchenbesten birgt auch strategische Nachteile. Wenn alle Marktteilnehmer das strategische Verhalten des Branchenbesten kopieren, kann dies die Innovationskraft und die Ertragskraft der Branche insgesamt beeinträchtigen (vgl. Nattermann, 2000, S. 22 ff.). Auch methodisch sind der Durchführung des Benchmarkings Hemmnisse auferlegt. So ist es nicht immer einfach, ein geeignetes Vergleichsunternehmen zu finden, das bereit ist, Daten zu teilen. Zudem ist auch die Herstellung der Vergleichbarkeit der betrachteten Prozesse und Kennzahlen durch die bereits erwähnte Normalisierung sehr aufwendig und teilweise auch nicht möglich. Allerdings gibt es in vielen Branchen Beratungsunternehmen, die sich auf Benchmarks spezialisiert haben, und die Daten von Vergleichsunternehmen in normalisierter Form bereithalten.

Benchmarking bei EuroAir

Natürlich ist es nicht leicht, **wettbewerbsbezogene Daten** zu erhalten. Aber in der Luftverkehrsbranche sind verschiedene Branchenkennzahlen bekannt und so versucht sich EuroAir auch hier an den Besten zu messen. Der derzeitige **Sitzladefaktor** von 65 % wird in der Branche vom Branchenprimus mit knapp 80 % deutlich übertroffen.

Auch die **Durchlaufzeit je Abfertigung** von 120 Minuten, die durchschnittlichen 5 Starts je Flugzeug pro Tag und die rund 12.000 Passagiere je Mitarbeiter können sicher mit überschaubarem Aufwand bei anderen Airlines erhoben werden. Die knapp zwölf **Beschwerden je Flug**, die **Kosten je Passagier** in Höhe von 61,50 € je Person und die **Mitarbeiterzufriedenheit** von 2,2 sind Werte, die innerhalb der Branche nur sehr schwer zu eruieren sind. Im Zeitvergleich können aber Veränderungen bei EuroAir herausgestellt werden und Maßnahmen können beschlossen werden.

Neben den brancheninternen Vergleichen wäre es im Sinne eines **generischen Benchmarkings** auch denkbar, einen branchen- und funktionsübergreifenden Vergleich von Prozessen und Methoden auszulösen. So könnte das Zahlungsverhalten an Bord und der Kreditkarteneinsatz auch mit dem generellen Nutzungsverhalten im Bereich der bargeldlosen Zahlungsmittel in anderen Dienstleistungsbereichen verglichen werden.

3.4 Ausgewählte Kennzahlensysteme

„Unter **Kennzahlensystemen** wird … eine Zusammenstellung von Kennzahlen verstanden, wobei die einzelnen Kennzahlen in einer sachlich sinnvollen Beziehung zueinander stehen, einander ergänzen oder erklären und insgesamt auf ein gemeinsames übergeordnetes Ziel ausgerichtet sind" (Reichmann et al., 2017, S. 50 f.).

Die **Bedeutung von Kennzahlensystemen** in der betrieblichen Praxis hat stetig zugenommen. Dabei sind in integrierten Kennzahlensystemen zunehmend auch nicht-finanzielle Kennzahlen neben den klassisch finanziellen Kennzahlen hinzugekommen. Hintergrund ist, dass die nicht-finanziellen Kennzahlen aus Funktionsbereichen wie Marketing oder Personal häufig schon vorlaufend Entwicklungen identifizieren können, die sich erst viel später in der finanziellen Sphäre auswirken und in finanziellen Kennzahlen niederschlagen. Dieser vorlaufende Charakter macht Kennzahlen für das Management sehr wertvoll, da es die verfügbaren Reaktionszeiten vergrößert. Etliche der erweiterten Konzepte des Performance Measurements, die in Kapitel C.4 beschrieben werden, beinhalten nicht-finanzielle Kennzahlen.

Kennzahlensysteme lassen die Analyse von Abweichungen in der Spitzenkennzahl zu, indem die Ursachen der Veränderungen in der Spitzenkennzahl kaskadenartig durch nachgelagerte Kennzahlen analysiert werden können. Daher müssen die Kennzahlen eines Kennzahlensystems in einem Wirkungszusammenhang stehen. Gladen unterscheidet drei Architekturen von Kennzahlensystemen (vgl. Gladen, 2014, S. 98 ff.):

- Bei den **Rechensystemen** wie dem in Abb. 80 dargestellten DuPont-Kennzahlensystem werden mathematische Zusammenhänge wie Addition, Subtraktion, Multiplikation oder Division genutzt, um die Kennzahlen zu verknüpfen. So erhält man die Spitzenkennzahl Return on Investment ROI im DuPont-Kennzahlensystem, indem man die Umsatzrentabilität mit dem Kapitalumschlag multipliziert.

- **Ordnungssysteme** versuchen, betriebswirtschaftliche Objekte in ihrer Gesamtheit abzubilden. Dabei stützt man sich auf sachlogische Zusammenhänge, die einen Gesamtzusammenhang nach verschiedenen Perspektiven gliedern. Für alle Perspektiven werden dann Kennzahlen gesucht. Das ZVEI-Kennzahlensystem ist ein Ordnungssystem.
- **Systeme mit selektiven, sachlogisch-verknüpften Kennzahlen** sind heute State of the Art im Controlling. Hier werden den Spitzenkennzahlen selektive Kennzahlen zugeordnet, die einen sachlogisch nachvollziehbaren, meist auch statistisch nachweisbaren Einfluss auf die Spitzenkennzahl haben. Beispiele für Systeme mit selektiven, sachlogisch verknüpften Kennzahlen sind Werttreiberbäume, die in Kapitel C.3 und C.4 dargestellt werden.

Im nächsten Abschnitt sollen – in Anlehnung an die zuvor beschriebene Klassifizierung – einige ausgewählte Kennzahlensysteme vorgestellt werden. Die Darstellung beginnt mit dem bekanntesten Rechensystem, dem **DuPont-Kennzahlensystem** (vgl. Abb. 80).

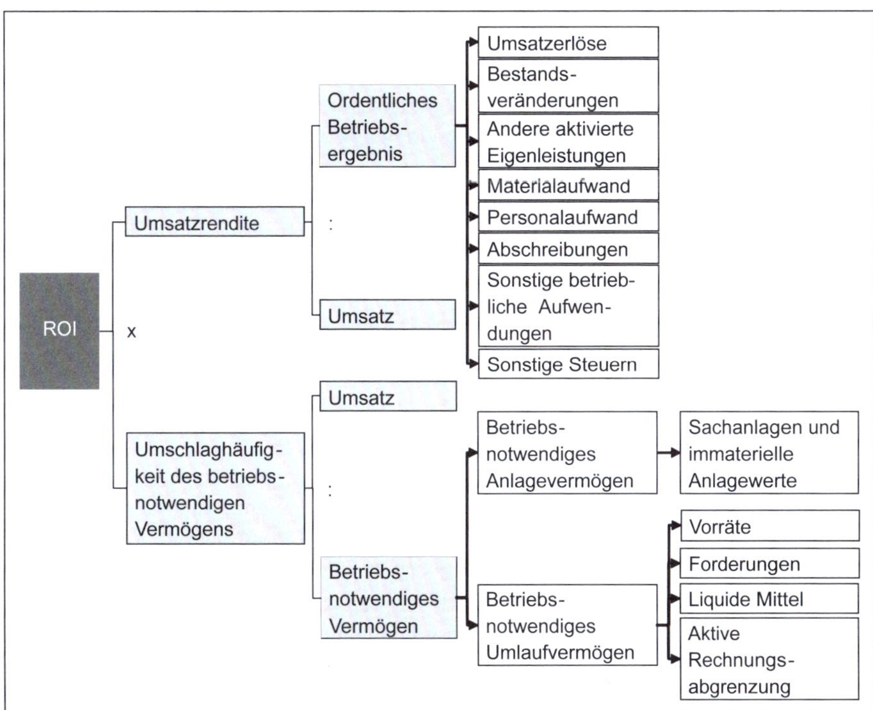

Abb. 80: DuPont-Kennzahlensystem
(Quelle: in Anlehnung an Reichmann et al., 2017, S. 83)

DuPont-Kennzahlensystem

Das **DuPont-Kennzahlensystem** (DuPont System of Financial Control) wurde bereits in den 1910er-Jahren von dem amerikanischen Chemiekonzern DuPont de Nemours entwickelt. Es ist eines der ältesten Kennzahlensysteme und bis heute das bekannteste. Das DuPont-Kennzahlensystem zeigt als Spitzenkennzahl den ROI, also die Gesamtkapitalrentabilität des betriebsnotwendigen Vermögens. Diese ergibt sich aus der Multiplikation der zwei Kennzahlen, der Umsatzrendite und der Umschlagshäufigkeit des betriebsnotwendigen Vermögens (Kapitalumschlag). Diese gliedern sich dann rechnerisch immer weiter auf. Im oberen Zweig öffnen sich alle Bestandteile des Betriebsergebnisses mit Erträgen und Aufwendungen, die sich wiederum untergliedern. Im unteren Zweig öffnen sich die Bestandteile des Betriebsvermögens.

Insbesondere zwei Eigenschaften sind für das DuPont-Kennzahlensystem charakteristisch. Erstens sind im DuPont-Kennzahlensystem die Beziehungen zwischen den Kennzahlen mathematischer Natur und zweitens fokussiert sich das DuPont-Kennzahlensystem vollständig auf Kennzahlen des externen Rechnungswesens. Beides wird heute eher kritisch gesehen.

ZVEI-Kennzahlensystem und RL-Kennzahlensystem

Das **ZVEI-Kennzahlensystem** wurde 1970 vom Zentralverband der Elektrotechnik- und Elektronikindustrie e. V. (ZVEI) entwickelt und Ende der 1980er-Jahre grundlegend überarbeitet. Es dient als Instrument der Unternehmensanalyse und wird im Rahmen der Unternehmenssteuerung sowie des verbandsinternen Benchmarkings eingesetzt.

Das ZVEI-Kennzahlensystem umfasst grundsätzlich **zwei Bereiche**, in denen 88 Haupt- und 123 Hilfskennzahlen betrachtet werden. Neben dem Bereich der **Wachstumsanalyse**, mit den Wachstumskennzahlen Geschäftsvolumen, Personal und Erfolg, gibt es den Bereich der **Strukturanalyse**, mit der Spitzenkennzahl Eigenkapitalrentabilität und Kennzahlengruppen zu verschiedenen Bereichen wie Rentabilität, Liquidität oder Beschäftigung. Im Gegensatz zum DuPont-Kennzahlensystem ist die Zusammenstellung der Kennzahlen systematischer Natur, es handelt sich um ein Ordnungssystem.

Ein weiteres systematisches Kennzahlensystem haben Reichmann et al. (2017) mit dem **RL-Kennzahlensystem** aufgebaut. Auch dieses sammelt eine große Anzahl von Kennzahlen, die dem Autor sinnvoll erscheinen. Das RL-Kennzahlensystem kennt – wie der Name sagt – einen Rentabilitätsteil und einen Liquiditätsteil. Kritisch kann aus heutiger Sicht bei beiden Systemen gesehen werden, dass sehr viele und auch redundante Kennzahlen verwendet werden.

Die **Hauptkritikpunkte an Kennzahlensystemen** generell setzen an der spezifischen Form der Information an. Kritiker werfen Kennzahlensystemen grundsätzlich vor, dass sie das Management dazu verleiten, die komplexe Unternehmensumwelt extrem verkürzt wahrzunehmen. Es wird bemängelt, dass kennzahlenorientierte Manager insbesondere weiche, qualitative Informationen erst gar nicht wahrnehmen. So sollten Kennzahlenanalysen zwar Hinweise auf Schwachstellen im Unternehmen liefern, allerdings bedarf es zu einer sachgerechten Ableitung von Maßnahmen immer einer vertieften Analyse und Interpretation der Ausgangsdaten.

Darüber hinaus wird an klassischen Kennzahlensystemen kritisiert, dass die Auswahl der betrachteten Kennzahlen eher an den mathematischen oder bilanztechnischen Zusammenhängen orientiert ist, wie im Falle des DuPont-Kennzahlensystems, oder aber sie versuchen, enumerativ alle Bereiche des Unternehmens abzudecken, wie im Beispiel des ZVEI-Kennzahlensystems. Die infolge dieser Kritik entwickelten Performance-Measurement-Ansätze – wie z. B. die Balanced Scorecard – werden im Kapitel C.4 vorgestellt.

3.5 Kennzahlenmanagement durch Business Intelligence

Der Wunsch nach einer stärkeren Informationsversorgung in allen Unternehmensbereichen ging einher mit der Entwicklung der computergestützten Informationssysteme. In den 1990er-Jahren wurden verschiedene Managementunterstützungssysteme diskutiert: **Managementinformationssysteme** (MIS), **Executive Information Systems** (EIS) oder **Decision Support Systems** (DSS). Die verschiedenen Systeme entstanden und entwickelten sich aufgrund unterschiedlicher Interessenschwerpunkte. Der technologisch ermöglichte Wandel und die im Zeitverlauf entwickelten Informationsversorgungskonzepte sind Abb. 81 zu entnehmen. Heute wird die intelligente und kreative Nutzung von unternehmensweit verfügbarem Wissen unter dem Namen **Business Intelligence** (BI) zusammengefasst.

„Business Intelligence (BI) bezeichnet den analytischen Prozess, der – fragmentierte – Unternehmens- und Wettbewerbsdaten in handlungsgerichtetes Wissen über Fähigkeiten, Positionen, Handlungen und Ziele der betrachteten internen und externen Handlungsfelder (Akteure und Prozesse) transformiert" (Grothe & Gentsch, 2000, S. 19).

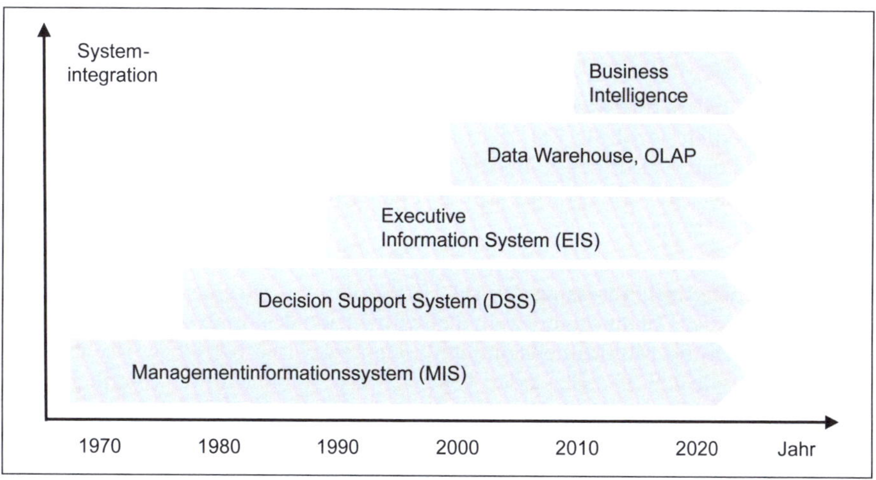

Abb. 81: Entwicklungsstufen von Management-Support-Systemen und deren Integrationstiefe

Eine eher anwendungsorientierte Sichtweise von BI im Controlling beinhaltet Anwendungen, die vom Entscheidungsträger direkt im Self-Service auf einer verständlichen Nutzeroberfläche bearbeitet werden. Hierzu zählen Data Warehouses, Standardreportings sowie die Datenaufbereitung und -speicherung. Mithilfe von

BI-Systemen können das Reporting und das Kennzahlenmanagement sehr stark vereinfacht werden (vgl. Kemper, Mehanna & Baars, 2010, S. 4). BI schafft keine neuen, integrierten Softwarelösungen, sondern bietet eine wirkungsvolle Vernetzung nahezu aller älteren Vorsysteme. Die Nutzer der Fachabteilungen können weiterhin mit den bestehenden operativen Systemen arbeiten. Durch das über die operativen Systeme gelegte Metasystem BI werden die Vorsysteme und ihre Inhalte zusammengeführt.

Da betriebliche Daten in den existierenden **ERP-Lösungen** zumeist unvorteilhaft strukturiert und Schnittstellen zwischen den Systemen aufgrund der historischen Vielfalt nicht einfach zu programmieren sind, erfolgt in der Praxis eine Extraktion und Transformation aller notwendigen Daten in einem zentralen Datenbestand, das **Data Warehouse.** Das **Data Warehouse** dient als eine übergeordnete Datenbasis und hat die Aufgabe, einen geeigneten, konsistenten und über die Zeit unveränderten Datenbestand für Reportingzwecke zur Verfügung zu stellen. Da in einem Unternehmen das Datenvolumen heutzutage erheblich ist, hat diese abgetrennte Datenbasis unter anderem den Vorteil, dass die Belastung der Datenherkunftssysteme durch die analytischen Auswertungen auf ein Minimum reduziert wird.

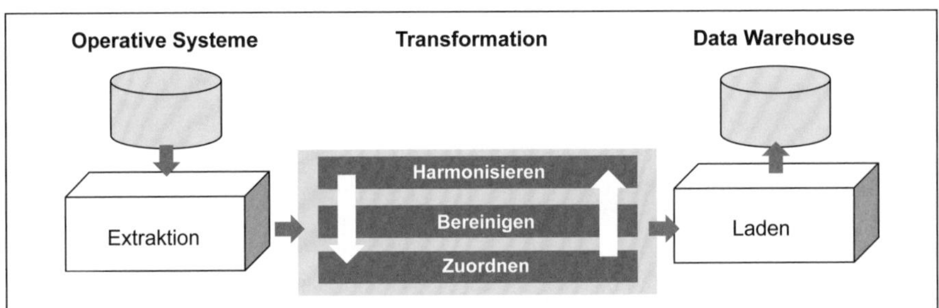

Abb. 82: ETL-Prozess zur Befüllung des Data Warehouse

Der Prozess, in dem die Daten aus den operativen Systemen in das Data Warehouse überführt werden, wird als **ETL** (Extraction, Transforming, Loading) bezeichnet. Abb. 82 zeigt den ETL-Prozess. Sobald alle relevanten Daten aus den operativen Systemen in das Data Warehouse extrahiert worden sind, kann die Analyse mit geeigneten Tools erfolgen.

Eine Zugriffsmethode auf die in einem Data Warehouse gespeicherten Daten bietet das **Online Analytical Processing (OLAP).** Hierbei kann durch eine multidimensionale Betrachtung des Datenbestandes ein mehrdimensionales Analyseergebnis erzeugt werden. Durch die Multidimensionalität sollen relevante betriebswirtschaftliche Kennzahlen, wie z. B. Umsatz- oder Kostengrößen, anhand unterschiedlicher Dimensionen, z. B. Kunden, Regionen, Zeit, mehrdimensional betrachtet und bewertet werden können. Die Multidimensionalität wird oft als dreidimensionaler Datenwürfel, einem Cube, abgebildet (vgl. Abb. 83 sowie Tegel, 2005, S. 79).

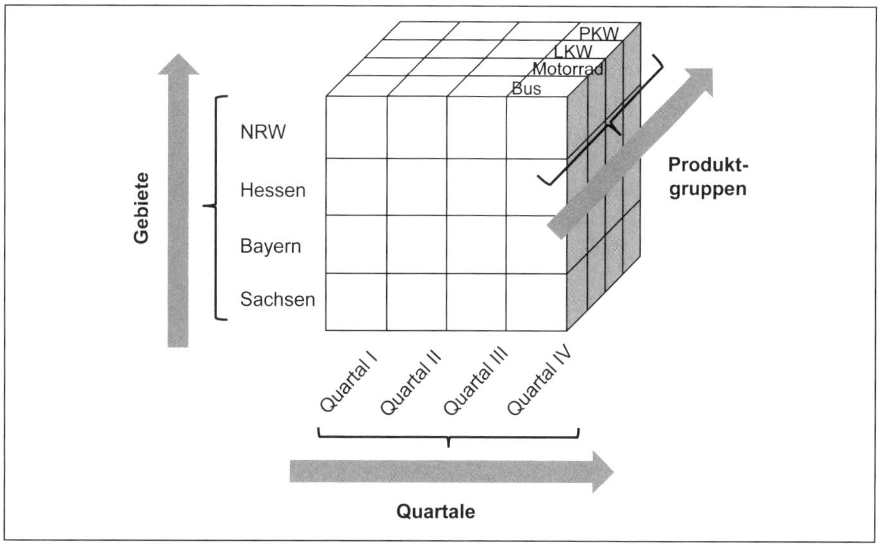

Abb. 83: OLAP Cube
(Quelle: in Anlehnung an Mertens et al., 2016, S. 53)

Zur Analyse der Daten im OLAP Cube bedient man sich verschiedener Möglichkeiten: Neben einem **Dicing**, das ein Drehen, Kippen oder Würfeln des Datenwürfels bezeichnet, können durch **Slicing**, das Schneiden des Datenwürfels in verschiedene Ausschnitte, ganz spezifische Analyseschwerpunkte gebildet werden. Im Falle des zuvor grafisch dargestellten dreidimensionalen Datenwürfels würde das Setzen eines Filters auf ein bestimmtes Produkt eine Scheibe, eine slice, aus dem Würfel herausschneiden. Ein sogenannter **Drill Down** erlaubt es, sich die Daten der nächstniedrigeren Ebene anzeigen zu lassen und damit die Zusammensetzung von Kennzahlen ohne großen Aufwand zu analysieren. So kann der Gesamtumsatz des Unternehmens durch einen Drill Down in regionale Umsatzdaten aufgeteilt werden. Das hierdurch erzeugte Ergebnis wäre beispielsweise ein Report über die Verkaufsdaten von Großkunden in einem bestimmten Verkaufsgebiet. Der Drill Down kann so weit gehen, dass bis auf die einzelne Rechnung im operativen ERP-Vorsystem zugegriffen werden kann.

BI als Softwaretechnologie gibt es schon seit mehr als zehn Jahren, aber durch Big Data, KI und Robotics erlebt BI eine schnelle Entwicklung. Folgende IT-Trends werden BI verändern (vgl. Gartner, 2020; IDC, 2019; Qlik, 2021):

- **Software as a Service** (SaaS) gewinnt an Bedeutung. Unternehmen kümmern sich nicht mehr um Hard- und Softwareinstallationen und den Besitz von Systemen, sondern fokussieren sich auf die Anwendung und ihren Nutzen. Investitionsrisiken können vermieden werden.
- **Self-Service** der Mitarbeiter entwickelt sich weiter zur weitgehenden Selbständigkeit der Mitarbeiter. Die Selbständigkeit der Mitarbeiter wird durch Bedienungsfreundlichkeit und intelligente Unterstützung ermöglicht. Handbücher und Hotlines werden der Vergangenheit angehören.

- **Storytelling,** also die tiefe und mit zusätzlichen Daten augmentierte Auswertung sowie weitergehende Analyse, Interpretation und Kommentierung von Daten, gehört die Zukunft.
- **Geschwindigkeit** gewinnt an Bedeutung. Dies führt bei BI zu In-Memory-Datenbanken und Direktzugriffe auf operative Systeme anstelle der aufwendigen und Zeit verbrauchenden ETL-Prozesse.
- **Künstliche Intelligenz** wird in der Mehrzahl der Unternehmen nicht mehr nur als Pilotprojekt, sondern operativ eingesetzt.
- **Business Process Reengineering** gibt es bereits seit Jahrzehnten. Neu ist jedoch, dass Prozesse nicht nur modelliert, sondern durch Technologien wie Robotic Process Automation (RPA), Process Mining, Alerting und Embedded Analytics ausgewertet, automatisiert und optimiert werden.
- Der **digitale Umbruch** führt zu einem Generationenwechsel bei Systemen und Anwendungen. Controller müssen sich mit den neuen Technologien und Möglichkeiten vertraut machen.

C Spezielle Konzepte des Controllings

1 Kostenmanagement

EuroAir laufen die Kosten davon!

Vor dem Hintergrund eines aggressiven Preiswettbewerbs von ausländischen Fluggesellschaften, die auf den deutschen Markt drängen, ist EuroAir in seiner Kostenführerschaft im europäischen Markt bedroht. Investitionen in eine neue Flugzeugflotte, ein neues Buchungssystem und der Neubau eines modernen Verwaltungsgebäudes am Standort Köln haben die Fixkosten stark steigen lassen. Im Vergleich mit der Branche liegen die Fixkosten über dem Durchschnitt (vgl. Abb. 84). Insbesondere der Anteil der allgemeinen Verwaltungskosten (General and Administrative) sowie der Vertriebskosten (Reservation, Ticketing, Sales and Promotion) ist hoch. Der Vorstand beschließt nach einer von gegenseitigen Vorwürfen begleiteten Diskussion, dem Beispiel anderer Airlines zu folgen und ein rigides Kostenmanagement verbunden mit einem stringenten Maßnahmencontrolling einzuführen.

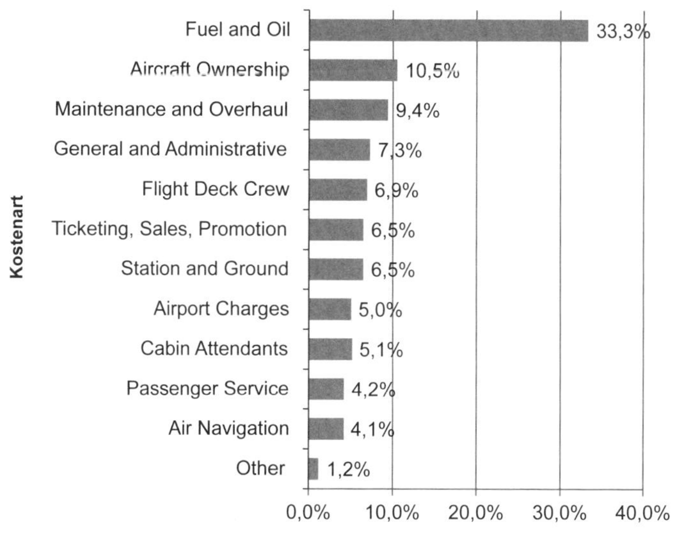

Abb. 84: Airline Cost Structure
(Quelle: ACMG, 2015, S. 12)

1.1 Gegenstand, Ansatzpunkte und Aufgaben des Kostenmanagements

Die kontinuierliche Veränderung der wirtschaftlichen Rahmenbedingungen erfordert von den Unternehmen eine deutliche Konzentration auf die Verbesserung der eigenen Kostenposition. So entstehen aufgrund der **Globalisierung** des Wettbewerbs neue Wettbewerber wie z. B. aus Schwellenländern, die vor dem Hintergrund günstigerer wirtschaftlicher Rahmenbedingungen deutliche Kostenvorteile gegenüber Unternehmen aus den westlichen Industrienationen aufweisen. Zudem hat die **Liberalisierung des Wettbewerbs** in einigen Branchen, wie z. B. der Telekommunikation, der Energieversorgung oder der Postdienstleistungen, zu einer Zunahme der Wettbewerbsintensität geführt. Nicht zuletzt ist auch die festzustellende **Sättigung der Märkte** und die Angleichung der Produkte und Dienstleistungen ein Grund für ein sich raueres Wettbewerbsklima.

Darüber hinaus ist seit Jahren eine Veränderung der Kostenstrukturen zu beobachten. Während in den 1960er-Jahren die Kostenstrukturen durch einen hohen Anteil an Einzelkosten, d. h. variablen Kosten, gekennzeichnet waren, hat sich heute das Verhältnis von Einzel- zu Gemeinkosten und damit überwiegend fixen Kosten umgekehrt. Abb. 85 zeigt die Veränderung. Während die Fertigungseinzelkosten zurückgegangen sind, haben sich im Gegenzug die Gemeinkostenanteile von insgesamt ca. einem Drittel in den 1960er-Jahren auf fast zwei Drittel verdoppelt. Eine wesentliche Ursache dieser Entwicklung waren in Deutschland die Rationalisierung und Automatisierung der Produktion, durch die weitgehend variable Lohneinzelkosten reduziert und durch überwiegend fixe Abschreibungs-, Wartungs- und Finanzierungskosten von Maschinen und Anlagen ersetzt werden. Zudem sind die administrativen Kosten sowie die Marketingkosten gestiegen.

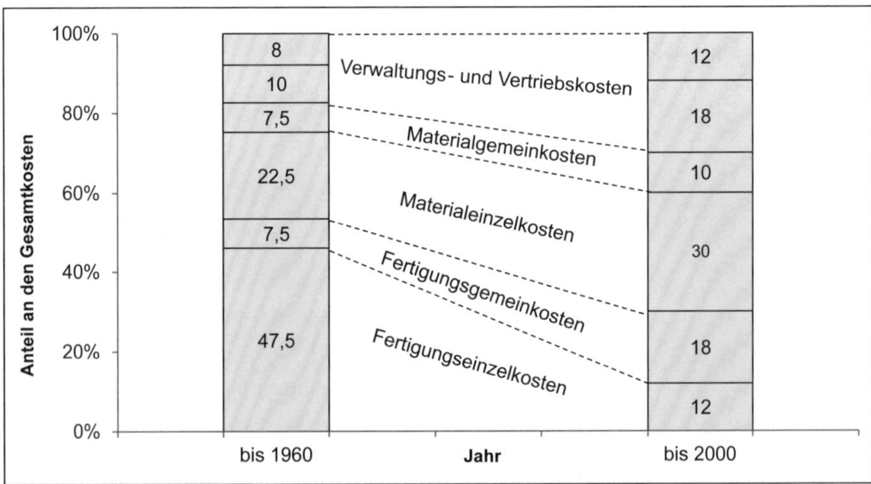

Abb. 85: Veränderung der Gemeinkostenanteile (Quelle: in Anlehnung an Deimel et al., 2017, S. 368)

Kosten sind definiert als der **bewertete, betriebsbedingte Güterverzehr** (vgl. Schweitzer, Küpper, Friedl, Hofmann & Pedell, 2016, S. 36). Unter **Kostenmanagement** versteht man Maßnahmen zur **bewussten Steuerung der Kosten** meist in Richtung einer Kostensenkung.

Wodurch unterscheiden sich Kostenrechnung und Kostenmanagement? Die **Kostenrechnung** ist eine Systematik des betrieblichen Rechnungswesens und verfolgt primär das Ziel, die Kosten, die in einem Unternehmen anfallen, systematisch zu erfassen, aufzubereiten und – möglichst verursachungsgerecht – auf die Kostenstellen bzw. Kostenträger zu verteilen. Hierdurch soll eine Kostentransparenz im Unternehmen geschaffen werden. Eine Beeinflussung der Kosten ist kein primärer Zweck der Kostenrechnung.

Das **Kostenmanagement** dagegen baut auf einer ausgebauten Kostenrechnung auf. In seinem Fokus steht dabei die **Beeinflussung**

- **der Kostenhöhe bzw. des Kostenniveaus**,
- **der Kostenstruktur** sowie
- **des Kostenverlaufs**.

Dabei werden die Strukturen und die Kapazitäten des Unternehmens als mittel- und langfristig variabel bzw. disponibel angesehen.

Im Rahmen des Kostenmanagements können strategische und operative Kostenbeeinflussungsmaßnahmen unterschieden werden. Operative Kostenmanagementmaßnahmen sind dadurch gekennzeichnet, dass die Strukturen und Kapazitäten der Unternehmen als vorgegeben und nicht veränderbar angesehen werden. Eine Beeinflussung der Kosten kann dabei nur innerhalb dieses Rahmens erfolgen. Hingegen stehen bei strategischen Kostenmanagementmaßnahmen aufgrund ihres langfristigen Charakters auch die grundlegenden Strukturen und Kapazitäten des Unternehmens zur Diskussion.

1.1.1 Beeinflussung der Kostenhöhe

Die Kostenhöhe eines Produktionsfaktors hängt von zwei Faktoren ab, der Höhe des zu entrichtenden Faktorpreises (p = Preiskomponente der Kosten) sowie der verbrauchten Faktormenge (x = Mengenkomponente der Kosten). Die Kosten berechnen sich dann als Faktorpreis · Faktormenge $K = p \cdot x$.

Die Beeinflussung des Kostenniveaus kann somit an beiden Faktoren p und x ansetzen.

Betrachten wir zunächst die **Preiskomponente**, so wird deutlich, dass hier alle Maßnahmen greifen, die eine Reduzierung der Faktorpreise für die eingesetzten Produktionsfaktoren zum Gegenstand haben. Hier können beispielhaft genannt werden:

- Neuverhandlung von Preisen und Konditionen mit Zulieferern,
- Zusammenfassung von Bedarfen zur Konditionsverbesserung durch Single Sourcing,
- Nutzung günstiger, internationaler Einkaufskonditionen durch Global Sourcing,
- kostenorientierte Standortverlagerung, beispielsweise durch Outsourcing und Offshoring in Niedriglohnländer oder Verlagerung von Einzelhandelsunternehmen aus teuren Innenstadtlagen in Vorortlagen, und vieles mehr.

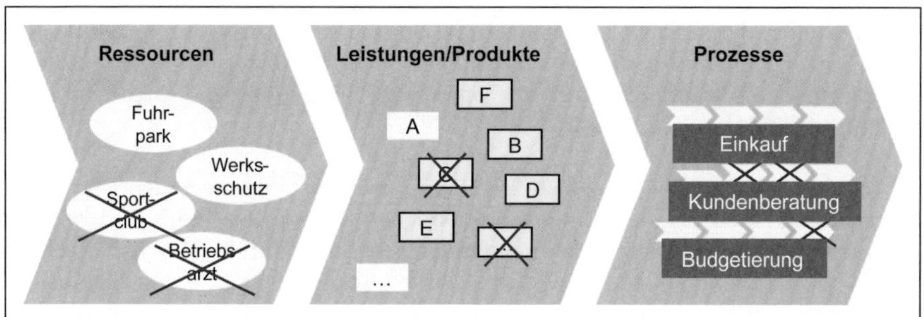

Abb. 86: Ansatzpunkte des Kostenmanagements in Bezug auf die Kostenhöhe

Betrachten wir die **Mengenkomponente** der Kosten, so sind

- die Resourcen des Unternehmens allgemein,
- die Produkte und Produktprogramme oder
- die Prozesse des Unternehmens

Ansatzpunkte für die Beeinflussung des Verbrauchs der Faktormengen (vgl. Abb. 86).

- **Resourcen als Ansatzpunkte des Kostenmanagements**
  Zunächst ist zu untersuchen, inwiefern die vom Unternehmen erbrachten **internen Leistungen** tatsächlich notwendig sind. Hier kann beispielsweise kritisch untersucht werden, ob das Unternehmen einen eigenen Sportclub oder einen Werksarzt haben muss. Auch der **Abbau von Hierarchieebenen** im mittleren Management kann zu einer Reduzierung des Resourcenverbrauchs ohne Einschränkungen in der Leistungserstellung führen.
  Früher hatte fast jede deutsche Großbank wie die Deutsche Bank oder Dresdner Bank im sehr teuren Frankfurter Umland ein eigenes Weiterbildungszentrum als interne Abteilung. Diese sind heute stillgelegt, da es effizienter ist, Konferenzräume und -dienstleistungen an Hotels oder andere Dienstleister outzusourcen.
- **Produkte und Produktprogramme als Ansatzpunkt des Kostenmanagements**
  Da ca. 70 % bis 80 % der Produktkosten bereits in den frühen Phasen der Produktentwicklung festgelegt werden, sollte hier schon kostensteuernd eingegriffen werden. Ansätze wie die Wertanalyse oder das **Target Costing** helfen, ein **Overengineering** in der Produktentwicklung zu vermeiden. Klassischen deutschen, ingenieursgetriebenen Unternehmen wie Miele oder Fissler wurde lange Zeit vorgeworfen, sich durch ein Overengineering aus dem Markt herauspositioniert zu haben.
  Aus vertrieblicher Sicht ist es durchaus sinnvoll, immer neue, speziell an die Kundenbedürfnisse angepasste Varianten der Produkte zu entwickeln und in den Markt einzuführen. Große **Produktprogramme** erhöhen die **Komplexitätskosten**. Hier sollte regelmäßig überprüft werden, ob die Variantenvielfalt nicht reduziert werden kann, auch ohne Verlust an Kundennähe. So hat Unilever Anfang der 2000er-Jahre etliche schon lange im Markt eingeführte Margarine- oder Öl-Marken wie Biskin (1968 im Markt eingeführt), Livio (1958 im Markt eingeführt) und Palmin (1894 im Markt eingeführt) eingestellt bzw. verkauft.
- **Prozesse als Ansatzpunkt des Kostenmanagements**
  Dritter Ansatzpunkt ist die Veränderung von Unternehmensprozessen. Verschwendung von Materialien oder ein nicht produktiver Arbeitseinsatz von Sachbearbeitern in aufgeblähten administrativen Prozessen durch Doppelarbei-

ten, unsinnige Meetings oder fehlende Automatisierung sind Beispiele für die Resourcenverschwendung in administrativen Bereichen. Da heute ein Großteil der Kosten im Gemeinkostenbereich liegt, und hier häufig in Verwaltung und Vertrieb/Marketing, hat das prozessorientierte Kostenmanagement erheblich an Bedeutung gewonnen. Hammer, Champy (2003) haben mit dem Buch „Business Reengineering: Eine Radikalkur für das Unternehmen" gezeigt, dass schlanke Prozesse Kosten senken.

1.1.2 Beeinflussung der Kostenstruktur

Beeinflussung der **Kostenstruktur** setzt an der **Verteilung von fixen und variablen Kosten** an. Zielsetzung des Kostenstrukturmanagements ist es, Fixkosten zu variabilisieren. Bei einem Rückgang der Produktions- oder Ausbringungsmenge sollen aufgrund der Variabilisierung auch die Gesamtkosten zurückgehen.

Warum dies so wichtig ist, zeigen wir im Folgenden. Lassen Sie uns zunächst die Auswirkungen hoher Fixkosten auf den Break-even-Punkt (BEP) kostentheoretisch untersuchen.

> Der **Break-even-Punkt,** bzw. die Gewinnschwelle, kennzeichnet die Ausbringungsmenge, ab der ein Gewinn erwirtschaftet wird.

Zur Veranschaulichung stellen wir uns die in Abb. 87 gegebene Kostenfunktion eines Unternehmens vor, die aus fixen Kosten K_{F1}, intervallfixen Kosten K_{F2} und einem linearen variablen Kostenanteil $K_v = k_v \cdot x$ besteht. Der Break-even-Punkt (BEP_1) liegt im Beispiel bei einer Ausbringungsmenge von x_1 = 1.000 Stück.

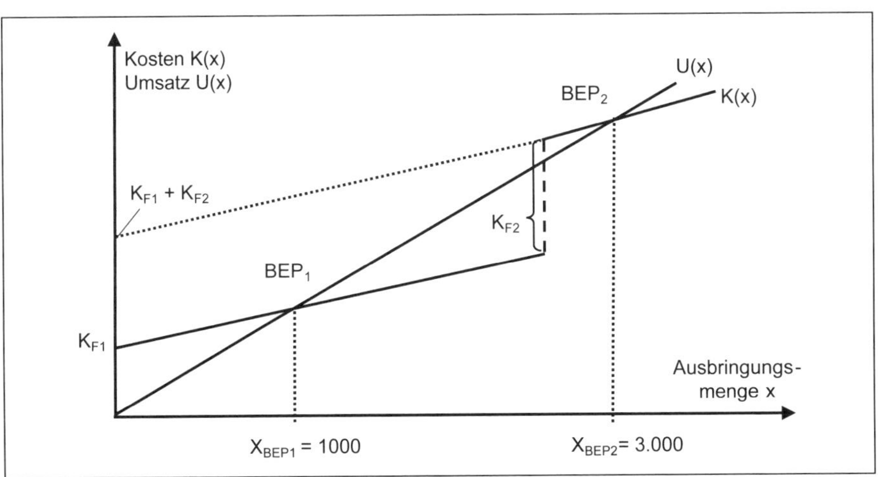

Abb. 87: Kostenstruktur bei Kapazitätsausweitung

Wird die Produktion ausgeweitet, muss das Unternehmen investieren. Die Fixkosten steigen durch diese Maßnahmen auf das Niveau $K_{F1} + K_{F2}$, in der Folge steigen die Kapazitäten. Die Kostenfunktion verschiebt sich parallel nach oben, der Break-even-Punkt (BEP_2) steigt auf x_2 = 3.000 Stück.

Zur Beurteilung von Fixkosten betrachten wir die Situation in Abb. 88. Hier werden die Auswirkungen von Mengenrückgängen auf zwei Unternehmen mit unterschiedlichen Kostenstrukturen verglichen: Unternehmen 1 mit **variabler Kostenstruktur** und Unternehmen 2 mit einer **fixkostenintensiven Kostenstruktur**. In der Ausgangssituation zeigen beide Unternehmen den gleichen Gewinn.

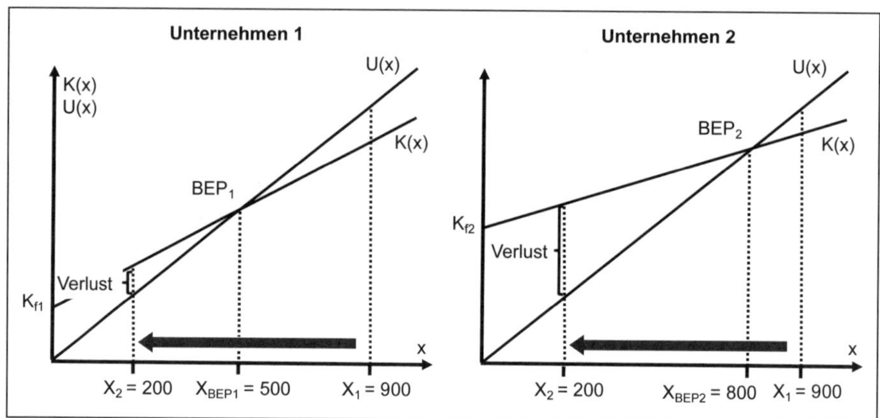

Abb. 88: Probleme der Kostenanpassung bei fixer und variabler Kostenstruktur

Was passiert nun, wenn die Ausbringungsmenge infolge einer zurückgehenden Nachfrage am Absatzmarkt sinkt? Wie in Abb. 88 zu erkennen, weisen beide Unternehmen einen Verlust aus, aber der Verlust bei Unternehmen 2 fällt deutlich höher aus. Bei Unternehmen 1 passen sich die hohen variablen Kosten automatisch an die rückläufige Ausbringungsmenge an. Die hohen Fixkosten bei Unternehmen 2 bleiben dagegen unverändert. Man spricht hier von **Fixkostenremanenz**.

Hohe Fixkosten bergen das Problem einer unflexiblen Kostenstruktur. Die Kosten der Unternehmen passen sich nicht automatisch an eine niedrigere Nachfrage an. Dies ist insbesondere für Unternehmen ein Problem, bei denen die Ausbringungsmenge stärker schwankt und in denen es von Zeit zu Zeit zu Unterauslastungen kommt. Deutlich ist auch erkennbar, dass die Break-even-Menge bei einer fixkostenintensiven Kostenstruktur deutlich höher ist, also grafisch weiter rechts liegt. Fixkostenintensive Unternehmen benötigen einen dauerhaft **hohen Auslastungsgrad**, um Gewinn zu erwirtschaften. Andererseits zeigt das Beispiel aber auch, dass Unternehmen mit hohen Fixkostenanteilen Kostenvorteile generieren, wenn die Ausbringungsmenge über die zunächst geplante Menge hinaus ausgeweitet werden kann.

1.1.3 Maßnahmen des Kostenstrukturmanagements

Maßnahmen des Kostenstrukturmanagements setzen meist an der Reduktion der fixen Kosten an. Aber auch eine Reduktion der variablen Kosten ist denkbar. Eine **Reduktion der fixen Kosten** kann durch den Abbau von ungenutzten Produktionskapazitäten oder Mitarbeitern in Verwaltungsbereichen erfolgen. Wie in Abb. 89 dargestellt, bewirkt dies eine Parallelverschiebung der Kostenfunktion und in der Folge eine Verschiebung des Break-even-Punkts (BEP) in Richtung Ursprung. Die Gewinnschwelle wird dann bei einer geringeren Ausbringungsmenge erreicht und das Unternehmen arbeitet schon bei geringeren Stückzahlen profitabel. Über die

VOLKSWAGEN AG wurde in den 1990er-Jahren berichtet, dass man dort erst ab einer Kapazitätsauslastung der Golf-Produktion von knapp 97,5 % die Gewinnzone erreichen würde. Seither sind erhebliche Anstrengungen unternommen worden, die Fixkostenbelastung zu reduzieren.

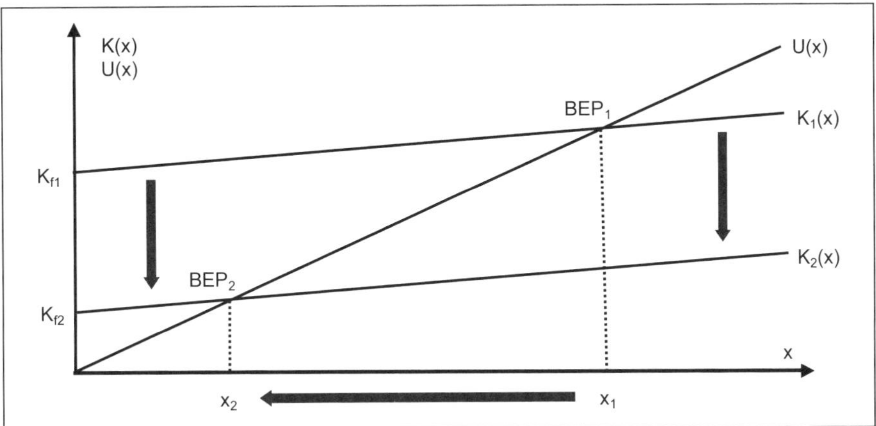

Abb. 89: Wirkung einer Fixkostenreduzierung

Eine **Verringerung der variablen** wird häufig über verbesserte Einkaufskonditionen wesentlicher Einsatzstoffe und -materialien oder durch eine Automatisierung der Produktion angestrebt. Sie verringert – wie Abb. 90 zeigt – die Steigung der Kostenfunktion. Auch hier verschiebt sich der Break-even-Punkt in Richtung des Ursprungs.

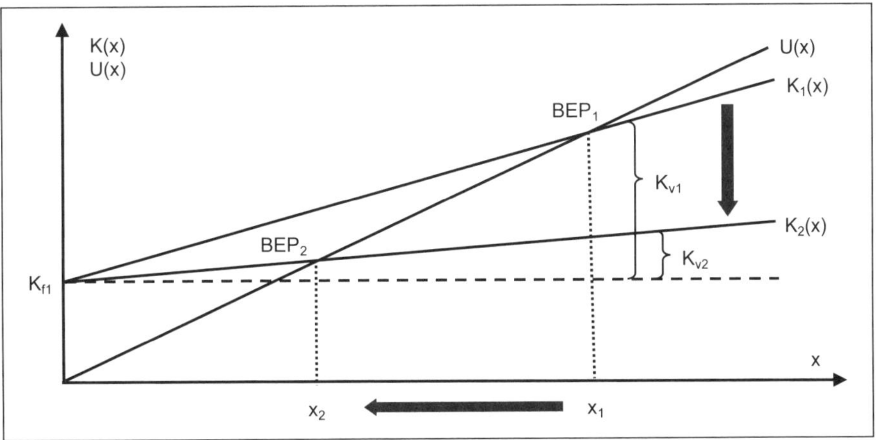

Abb. 90: Wirkung einer Reduzierung der variablen Kosten

Wie bereits oben geschrieben, ist die **Flexibilisierung von Fixkosten** ein wesentliches Ziel des Kostenstrukturmanagements. Aufgrund der Inflexibilität von Fixkosten werden Fixkosten in variable Kosten umgewandelt. Häufig genutzte Instrumente sind das Outsourcing bzw. auch die Nutzung von Zeitarbeit. Kostentheoretisch werden, wie Abb. 91 an einem Beispiel des Outsourcings idealtypisch zeigt, fixe Kosten in variable Kosten umgewandelt. Im Ergebnis führt eine vollständige Fixkostenflexibilisierung zu einer wesentlich besseren Anpassung der Kosten an zurückgehende Ausbringungsmengen. Kommen noch Kosteneffizienzvorteile hinzu, dadurch, dass der spezialisierte Outsourcingpartner die Leistungen aufgrund von Spezialisierungs- und Erfahrungskurveneffekten kostengünstiger anbieten kann, so verschiebt sich die Kostenfunktion schon in der Ausgangssituation weiter nach unten.

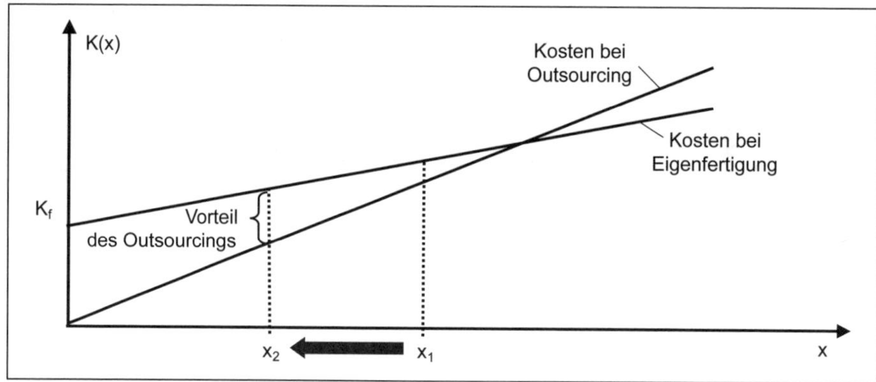

Abb. 91: Kosteneffekte des Outsourcings

1.1.4 Beeinflussung des Kostenverlaufs

Die Beeinflussung der Kostenverläufe durch Kostenmanagement bezieht sich auf das Kostenverhalten der variablen Kosten in Abhängigkeit von der Ausbringungsmenge. Abb. 92 zeigt idealtypisch den Verlauf von progressiv und degressiv verlaufenden variablen Kosten.

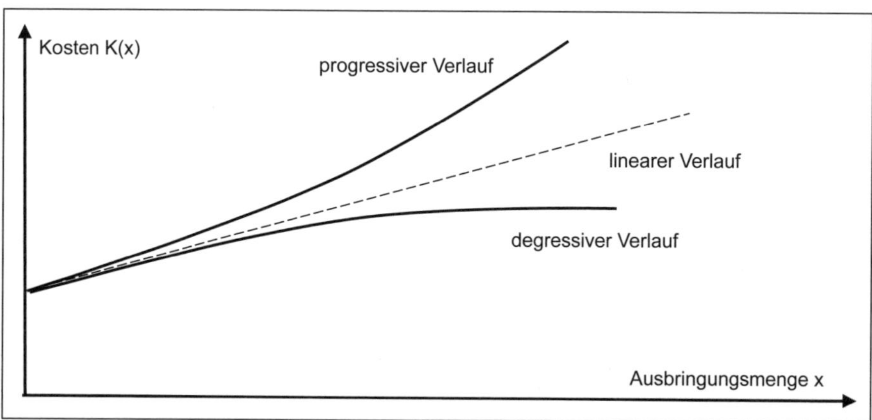

Abb. 92: Kostenverlauf bei degressivem und progressivem Verlauf

- Bei **progressiv verlaufenden Kosten** steigen die Kosten mit zunehmender Ausbringungsmenge überproportional. Beispielsweise steigt der Energieverbrauch von Maschinen bei Auslastungsgraden nahe der Maximalausbringungsmenge (Kapazitätsgrenze) überproportional an.

– Bei **degressiv verlaufenden** Kosten steigen die Kosten mit zunehmender Ausbringungsmenge unterproportional. Ein Beispiel dafür ist die Nutzung von Mengenrabatten im Einkauf.

1.2 Instrumente des Kostenmanagements

Kostenmanagement-Instrumente unterstützen kostensenkende bzw. kostenstrukturverändernde Maßnahmen. Kostenmanagement-Instrumente lassen sich in Instrumente des **Fixkostenmanagements**, des **Prozesskostenmanagements**, des **Produktkostenmanagements** und sonstige Instrumente untergliedern (vgl. Abb. 93).

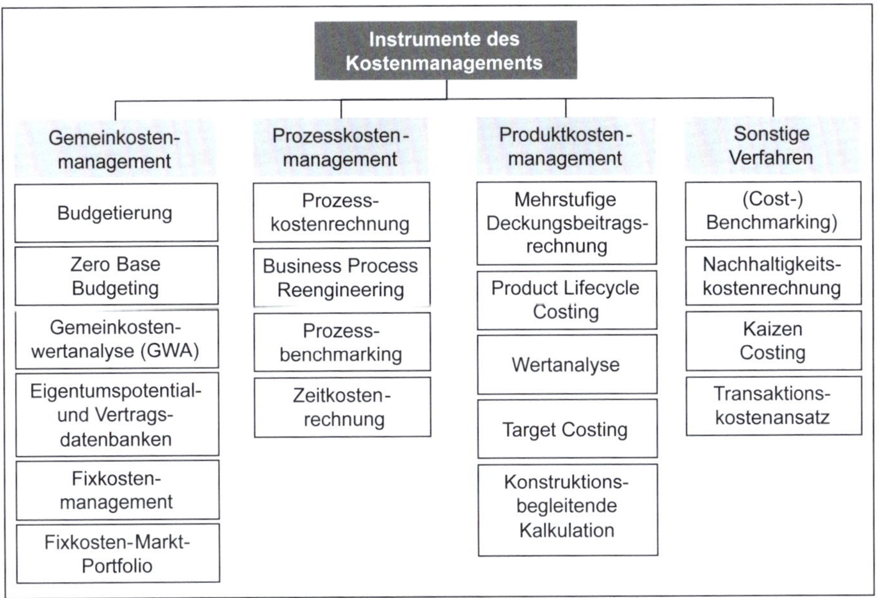

Abb. 93: Instrumente des Kostenmanagements (Quelle: in Anlehnung an Götze, 2010, S. 280)

1.3 Gemeinkostenmanagement

1.3.1 Grundlagen des Gemeinkostenmanagements

Der Begriff des **Gemeinkostenmanagements** umfasst die Planung, Steuerung und Kontrolle der Gemeinkosten. Dabei wird in der betrieblichen Praxis Gemeinkostenmanagement häufig mit **Fixkostenmanagement** gleichgesetzt. Auch wenn wir aus der Kosten- und Leistungsrechnung wissen, dass die Begriffe Gemeinkosten und Fixkosten durchaus unterschiedliche Kosten bezeichnen, spielt das in der Darstellung der Instrumente eine zu vernachlässigende Rolle.

Das Gemeinkostenmanagement hat an Bedeutung gewonnen, da die Gemeinkosten an Bedeutung gewonnen haben. Abb. 94 zeigt die Veränderung der Kostenstruktur in einem Werk der Elektroindustrie. Während die Gemeinkosten im Jahr 1960 mit 34 % nur gut ein Drittel der Gesamtkosten ausmachten, waren es 1990 mit 70 % mehr als zwei Drittel. Etliche andere Studien und Autoren beschreiben ähnliche Effekte (vgl. Coenenberg et al., 2016, S. 162; Deimel et al., 2017, S. 326; Nink, S. 47).

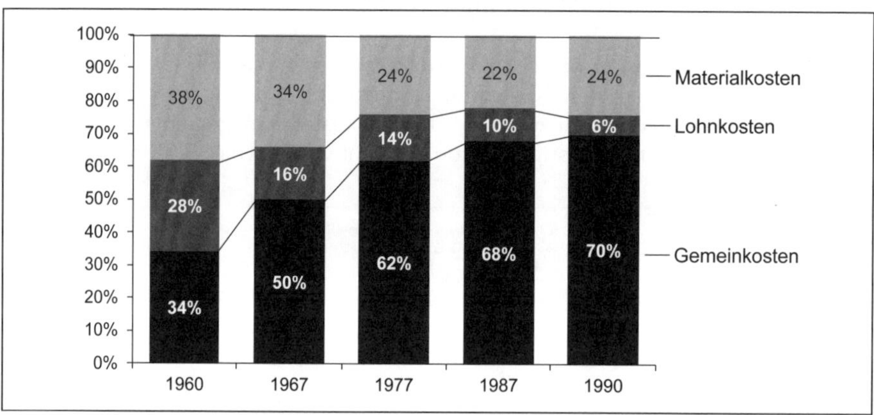

Abb. 94: Veränderung der Kostenstruktur in einem Werk der Elektroindustrie (Quelle: in Anlehnung an Küting & Lorson, 1991, S. 1421)

Die oben erwähnte **Fixkostenremanenz** führt dazu, dass bei einem Auslastungsrückgang wie z. B. durch Absatzprobleme die Fixkosten des Unternehmens gar nicht oder erst mit einer erheblichen zeitlichen Verzögerung zurückgehen. Fix- und Gemeinkosten sind häufig aufgrund vertraglicher Vereinbarungen oder aus Investitionsgründen kurz- und mittel- oder sogar langfristig nicht veränderbar. Der Abbau tritt damit nicht wie bei variablen Kosten automatisch bei zurückgehender Auslastung ein, sondern muss durch das Management aktiv herbeigeführt werden. Maßnahmen zum Gemeinkostenabbau kommen in der Praxis in vielen Fällen zu spät (vgl. Mahlendorf, 2009, 193 ff.).

Im Rahmen des Gemeinkostenmanagements werden die Fix- bzw. die Gemeinkosten eines Unternehmens als **gestaltbares Kostenpotenzial** verstanden. Zunächst einmal muss für eine Transparenz der Entstehung und der Bindungsfristen von Gemeinkosten gesorgt werden. In der Praxis ist jedoch festzustellen, dass in Unternehmen häufig eine solche Transparenz über die Gemeinkosten und deren Entstehungsgründe fehlt. In der Kostenrechnung hat sich bisher kein Instrument zur systematischen Erfassung von Gemeinkosten und deren Entstehung und Beeinflussbarkeit durchgesetzt. Allerdings gibt es hier verschiedene Ansatzpunkte.

Vertragspotenzial- und Eigentumspotenzialdatenbanken

Oecking unterscheidet hinsichtlich der Gemeinkostenentstehung

- Gemeinkosten, die aus Investitionen entstehen, sich also auf Vermögensgegenstände des Anlagevermögens beziehen, sowie
- Gemeinkosten, die aus dem Abschluss langfristiger Verträge, wie z. B. Miet- oder Leasingverträgen, resultieren (vgl. Oecking, 1997, S. 135 ff.).

Oecking schlägt folgerichtig die Einführung von IT-gestützten **Vertragspotenzialdatenbanken** für alle wesentlichen Verträge wie Arbeitsverträge, Beratungsverträge, Lieferverträge, Miet- und Leasingverträge, Lizenzverträge oder Versicherungsverträge und **Eigentumspotenzialdatenbanken** für alle wesentlichen Vermögensgegenstände des Anlagevermögens vor.

Vertragspotenzialdatenbanken beinhalten beispielsweise Informationen zu Vertragsobjekten und Vertragsbindungsdauern, Kündigungsfristen und Kündigungszeitpunkten von Verträgen sowie jährlichen Zahlungen, Eigentumspotenzialdatenbanken, Informationen zu Nutzungs- bzw. Abschreibungsdauern oder nachlaufenden Kosten, die nach Nutzungsende eines Vermögensgegenstandes entstehen wie z. B. Rückbaukosten. Viele Informationen der Eigentumspotenzialdatenbanken können der Anlagebuchhaltung entnommen werden. Auf Basis der Informationen von Vertrags- und Eigentumspotenzialdatenbanken kann das Management schneller Entscheidungen über Anpassungsmaßnahmen zum Gemeinkostenabbau oder zur Gemeinkostenflexibilisierung treffen.

Erweiterung der mehrstufigen Deckungsbeitragsrechnung

Abb. 95 zeigt eine mehrstufige Deckungsbeitragsrechnung, die um Informationen zur Abbaufähigkeit der Fix- bzw. Gemeinkosten erweitert wurde.

Deckungsbeitragsrechnung						
	Positionen	**A**	**B**	**C**	**D**	**E**
1. ./. 2. +/- 3. ./. 4. ./. 5.	Umsatz Sonstige Leistungen Bestandsveränderungen (Variable) Einzelkosten Variable Gemeinkosten					
= 6.	**DB I**					
./. 7.	erzeugnisfixe Kosten					
8. 9. 10.	in 3 Monaten abbaufähig in 6 Monaten abbaufähig in 12 Monaten abbaufähig					
= 11.	**DB II**					
12. 13. 14.	DB II (mit Abbau 3 M.) DB II (mit Abbau 6 M.) DB II (mit Abbau 12 M.)					
./. 15.	**erzeugnisgruppenfixe Kosten**					
16. 17. 18.	in 3 Monaten abbaufähig in 6 Monaten abbaufähig in 12 Monaten abbaufähig					
= 19.	**DB III (ohne Abbau)**					
20. 21. 22.	DB III (mit Abbau 3 M.) DB III (mit Abbau 6 M.) DB III (mit Abbau 12 M.)					

Abb. 95: Stufenweise Deckungsbeitragsrechnung mit Gemeinkostenmanagement

Auf jeder Stufe der Deckungsbeitragsrechnung ist hier ersichtlich, welche Anteile der Fixkosten innerhalb von 3 Monaten, 6 Monaten bzw. 12 Monaten abbaubar sind und welche Ergebnisse sich dann nach diesen Fristen ergeben.

Fixkosten-Markt-Portfolio

Im Fixkosten-Markt-Portfolio werden wie im BCG-Portfolio Geschäftseinheiten analysiert (vgl. Abb. 96). Zunächst zeigt die Marktstabilität die Anfälligkeit der Märkte der SGEs im Portfolio für zyklische Veränderungen. Auf der y-Achse beschreibt sie konkret, wie stark sich Rezessionen und Aufschwungphasen im Ergebnis der einzutragenden SGE bemerkbar machen. Die Fixkostenflexibilität auf der x-Achse bezieht sich auf die Abbaufähigkeit der Fixkosten der SGE.

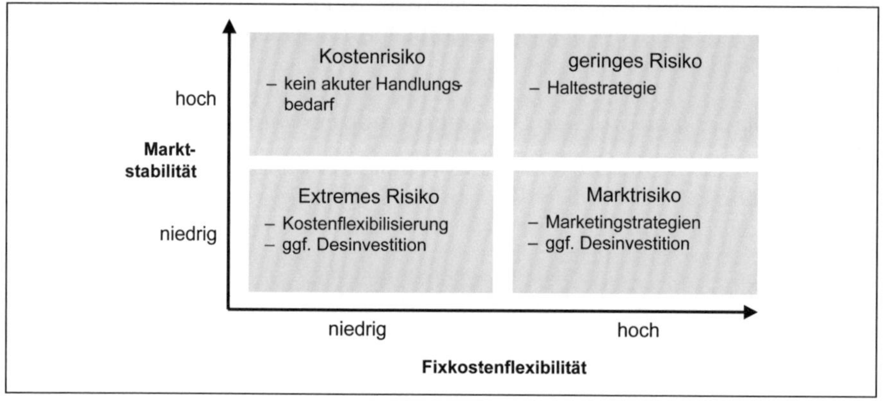

Abb. 96: Fixkosten-Markt-Portfolio (Quelle: Oecking, 1997, S. 191)

Durch die Einteilung in niedrige und hohe Fixkostenflexibilität sowie niedrige und hohe Marktstabilität ergeben sich vier Quadranten (vgl. Oecking, 1997, S. 190 ff.):

- Der Quadrant **extremes Risiko** ist gekennzeichnet durch eine niedrige Marktstabilität und eine niedrige Gemeinkostenflexibilität. Diese Kombination bietet eine hohe Gefährdung für das Unternehmen, da die Gemeinkosten bei einem Beschäftigungsrückgang nicht durch ein entsprechendes Gemeinkostenmanagement reduziert werden können.
  Dem sollte durch Gemeinkostenflexibilisierung wie z. B. durch Outsourcing oder die Einführung von Jahresarbeitszeitkonten begegnet werden. Viele Dienstleistungsunternehmen wie Hotels oder Airlines liegen in diesem Quadranten. Hotels haben beispielsweise regiert, in dem sie die Reinigung der Zimmer outgesourct haben und nur noch für gereinigte Zimmer bezahlen. Bei einer geringen Auslastung gibt es hier auch geringere Kosten der Zimmerreinigung.
- Der Quadrant **Marktrisiko** kombiniert hohe Gemeinkostenflexibilität mit einer niedrigen Marktstabilität. Da der Markt grundsätzlich nur schwer zu beeinflussen ist, sollten hier absatzpolitische Maßnahmen ergriffen werden, um unternehmensindividuell eine Stabilisierung der Nachfrage zu erreichen oder eine rasche Absatzstabilisierung, wie z. B. durch Preissenkungen, Verstärkung des Werbedrucks, in Krisenzeiten zu erreichen.

- Im Quadranten **Kostenrisiko** kann die Gefahr bestehen, dass Unternehmen aufgrund einer stabilen Marktsituation in der Vergangenheit ein hohes Gemeinkostenpotenzial aufgebaut haben, welches sich bei einer zukünftigen Verschlechterung der Marktsituation als problematisch erweisen könnte.
- Die Position des **geringen Risikos** stellt die optimale Lage für Unternehmen dar, die möglichst lange beizubehalten ist. Die hohe Flexibilität der Kosten macht Unternehmen unempfindlich für die eher geringen Marktschwankungen, denen es ausgesetzt ist.

1.3.2 Zero Base Budgeting

Das **Zero Base Budgeting** ist ein Verfahren der Budgetierung der Gemeinkosten, das im Gegensatz zu den traditionell verwendeten Budgetierungsverfahren Budgets nicht durch eine Fortschreibung bisheriger Budgetansätze, sondern durch eine komplette Neuplanung des Unternehmens – quasi auf der grünen Wiese – ermittelt (vgl. Phyrr, 1970).

Entwickelt bei Texas Instruments zu Beginn der 1960er-Jahre, ist es Ziel des Zero Base Budgeting,

- durch eine **komplette Neuplanung der Maßnahmen** der Gemeinkostenbereiche eine nachhaltige Senkung der Kosten im Gemeinkostenbereich sowie
- eine an den langfristigen Unternehmenszielen ausgerichtete **Verteilung der finanziellen Mittel** auf die Budgets der Gemeinkostenbereiche zu erreichen.

Der Prozess des Zero Base Budgeting vollzieht sich in drei Phasen, der Vorbereitungsphase, der Analysephase und der Realisationsphase. In der **Vorbereitungsphase** werden u. a. die Untersuchungsbereiche, die Analyseziele sowie die zur Verfügung stehenden Mittel festgelegt.

Den Kern der Methode bildet die **Analysephase**. Diese unterscheidet fünf aufeinanderfolgende Schritte:

- die Einteilung des Unternehmens in Entscheidungseinheiten,
- die Definition von Leistungsniveaus,
- die Festlegung von Entscheidungspaketen,
- die Bildung einer Rangordnung der Entscheidungspakete sowie
- den Budgetschnitt.

Entscheidungseinheiten des Zero Base Budgeting sind inhaltlich zusammenhängende Aktivitäten im Unternehmen, die nur zusammen Sinn machen.

In der **Phase der Leistungsniveaudefinition** werden zunächst für jede untersuchte Entscheidungseinheit drei Leistungsniveaus festgelegt.

- **Leistungsniveau 3** umfasst alle wünschenswerten Leistungen im Hinblick auf die kurz-, mittel- und langfristige Zukunftssicherung,
- **Leistungsniveau 2** umfasst zumeist die derzeitigen Ist-Arbeitsabläufe, d.h. das derzeitige Ist-Leistungsniveau,
- **Leistungsniveau 1** umfasst das zur Erreichung von geordneten Arbeitsabläufen unbedingt notwendige Minimalniveau.

Die Leistungsniveaus unterscheiden sich also hinsichtlich Umfang, Qualität der Leistung, Häufigkeit einer Leistung oder der Pünktlichkeit der Leistung. Der Leistungseinheiten des Unternehmens müssen anschließend folgende Fragen beantwortet werden:

- Ist die Leistung überhaupt erforderlich?
- In welchem Umfang ist die Leistung erforderlich?
- Kann die Leistung auf andere Weise wirtschaftlicher erstellt werden?
- Welche Leistungen sollen zukünftig verstärkt durchgeführt werden?

Diese Aktivitäten einer Entscheidungseinheit werden zu sogenannten Entscheidungspaketen zusammengefasst. Ein Entscheidungspaket enthält Informationen zu den Aufgaben und Zielen der Entscheidungseinheit, den wirtschaftlichsten Verfahren zur Zielerreichung sowie den Vor- und Nachteilen, den Konsequenzen bei Ablehnung des Entscheidungspakets, den Beziehungen zu anderen Entscheidungseinheiten und den zur Realisierung verschiedener Leistungsniveaus des Entscheidungspakets notwendigen Mitteln.

Anschließend werden die Entscheidungspakete nach einer Rangfolge angeordnet (vgl. Abb. 97). Diese Rangfolge orientiert sich an den langfristigen Unternehmenszielen und dem Beitrag, den ein Entscheidungspaket mit einem bestimmten Leistungsniveau zur Erreichung der Ziele leisten kann. Dabei ist Entscheidungspaketen einer Entscheidungseinheit mit niedrigem Leistungsniveau gegenüber Entscheidungspaketen mit höherem Leistungsniveau eine höhere Priorität zuzumessen.

Liegt die Rangfolge fest, wird der Budgetschnitt durchgeführt. Unter Beachtung der zur Verfügung stehenden, begrenzten Gesamtresourcen wird von der Unternehmensleitung entschieden, welche Entscheidungspakete realisiert werden. Dabei wird auch entschieden, welches Leistungsniveau für die Entscheidungseinheiten realisiert werden soll und ob die Leistung überhaupt noch erbracht werden soll (vgl. Abb. 97).

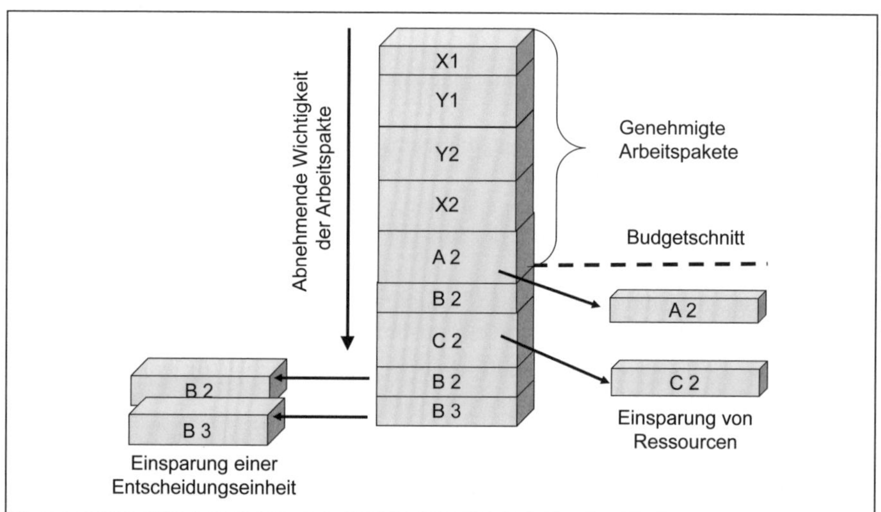

Abb. 97: Rangordnung von Entscheidungspaketen und Budgetschnitt (Quelle: in Anlehnung an Horváth et al., 2020, S. 155; Meyer-Piening, 1994, S. 200)

In der Realisationsphase werden abschließend die konkreten Umsetzungsmaßnahmen sowie die entsprechenden Teilbudgets festgelegt.

Vorteile des Zero Base Budgeting liegen vor allem darin, eine **andauernde Fortschreibung von Vorjahresbudgets** zu verhindern, um zu radikal neuen Unternehmensstrukturen zu kommen. Dabei orientiert sich die Auswahl der Entscheidungspakete nicht an der Notwendigkeit von kurzfristigen Einsparungen, sondern an den langfristigen Unternehmenszielen. Nachteilig ist, dass das Zero Base Budgeting in einem **aufwendigen Prozess** realisiert werden muss, so dass es für kurzfristige Kosteneinsparungen nicht geeignet erscheint. Dieser aufwendige Prozess kann sich ebenfalls ungünstig auf die Motivation der beteiligten Mitarbeiter und des Projektteams auswirken.

1.3.3 Gemeinkostenwertanalyse

Die **Gemeinkostenwertanalyse** hat zum Ziel, in einem systematischen Ablauf, das Leistungs- und Kostenniveau der Gemeinkostenstellen zu analysieren und so auszurichten, dass nur noch wertschöpfende und erhaltenswerte Leistungen abgegeben werden und das Gesamtkostenniveau maßgeblich gesenkt wird (ICV Controlling Wiki, 2019).

Die Gemeinkostenwertanalyse (GWA) wurde von der Unternehmensberatung McKinsey in den 1970er-Jahren entwickelt und sehr erfolgreich in den Markt eingeführt. Sie ist ein Verfahren zur Reduzierung von Gemeinkosten, insbesondere bei den Overhead-Funktionsbereichen wie Marketing, Vertrieb oder Personal, und stellt eine besondere Form der Wertanalyse nach DIN 69910 dar.

Der Prozess der GWA beginnt, wie in Abb. 98 dargestellt, mit der **Vorbereitungsphase**, die u. a. die Schulung der Beteiligten, die Projektorganisation und die Projektplanung umfasst.

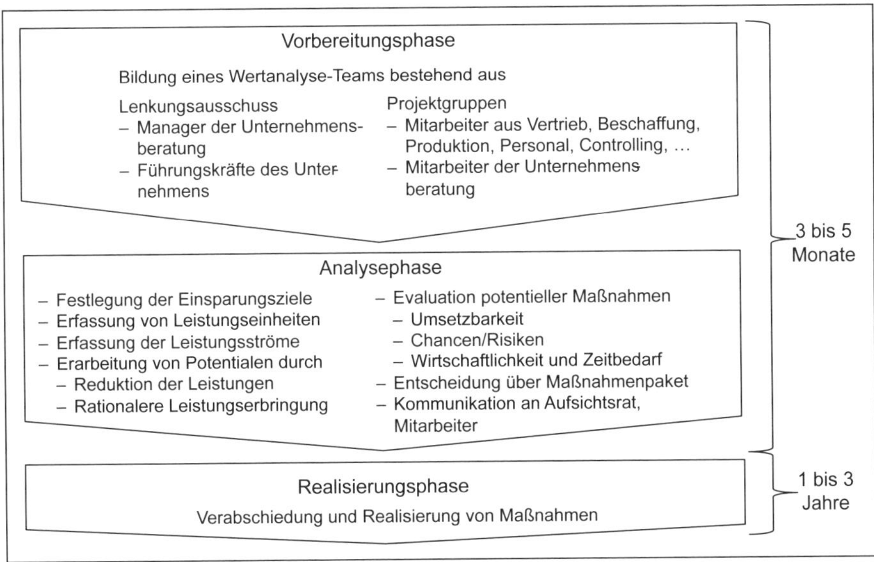

Abb. 98: Prozess der Gemeinkostenwertanalyse

In der **Analysephase** werden zunächst die Ziele der GWA vorgegeben. Dies geschieht meist sehr deutlich in Kosteneinsparungszielsetzungen von z. B. 20 %, 30 % oder 40 %. Dies soll nicht abschreckend, sondern eher motivierend wirken. In der Praxis liegt die Einsparung durch eine GWA durchschnittlich zwischen 12 %–20 % (vgl. Horváth et al., 2020, S. 152).

Dann werden Leistungseinheiten identifiziert und Leistungsströme zwischen den Einheiten aufgedeckt. Zentrale Aufgabe der Analysephase aber ist, für die Leistungen aller in die GWA einbezogenen Organisationseinheiten Rationalisierungsmaßnahmen zu entwickeln. Mögliche Ansätze für Rationalisierungsmaßnahmen sind zunächst die **Reduktion von Leistungen** (vgl. Franz, 1995, S. 135):

- Völliger Wegfall der Leistung,
- geringerer Umfang der Leistung, z. B. in ausreichender oder minimaler Qualität,
- Durchführung der Leistung in niedriger Frequenz,
- Standardisierung der Leistung und Wegfall von Varianten.

Die zweite Option der Einsparung ist es, **Leistungen rationaler zu erbringen** und so Kosten zu senken. Mögliche Ansatzpunkte sind:

- Eine neue organisatorische Einbettung durch
  - Zentralisierung oder Dezentralisierung im Unternehmen,
  - Verlagern auf eine andere Einheit im Unternehmen,
  - Outsourcing auf externe Dritte.
- Eine Prozessredesign durch
  - Straffung der Teilprozesse und Aktivitäten,
  - Standardisierung und Automatisierung der Prozesse,
  - IT-Unterstützung und Workflow Management,
  - bessere Kapazitätsausnutzung.

Die Ergebnisse der Rationalisierungsbemühungen münden in Maßnahmen, die mit potenziellen Einsparungen, notwendigen Investitionen und Realisierungsplänen dem Lenkungsausschuss vorgeschlagen werden. Eine Beurteilung der Maßnahmen erfolgt anhand der drei Kriterien Wirtschaftlichkeit, d. h. der Kosteneinsparungserwartung, Risiko, d. h. der Schadenshöhe bei einem Scheitern unter Berücksichtigung der Eintrittswahrscheinlichkeit, und der Fristigkeit, d. h. der Zeitspanne bis zu einer möglichen Realisierung der Maßnahme.

Abb. 99 zeigt die Umsetzung einer solchen Beurteilung von Maßnahmen in einem Portfolio. Die Dimension Realisationsrisiko wird auf der y-Achse, der Realisationsdauer auf der x-Achse sowie des Einsparungspotenzial durch die Kreisgröße visualisiert. Im Portfolio lassen sich A-, B- und C-Maßnahmen identifizieren und geben einen Hinweis für die Dringlichkeit sowie Sinnhaftigkeit der Umsetzung.

Am Ende der Analysephase werden die zu realisierenden Maßnahmen ausgewählt. In der **Durchführungsphase** werden diese anschließend realisiert. Für diese Phase werden ca. 1–3 Jahre eingeplant. Daher ist es notwendig, hier ein konsequentes Maßnahmencontrolling durchzuführen, um den Fortschritt der Zielerreichung nachzuverfolgen.

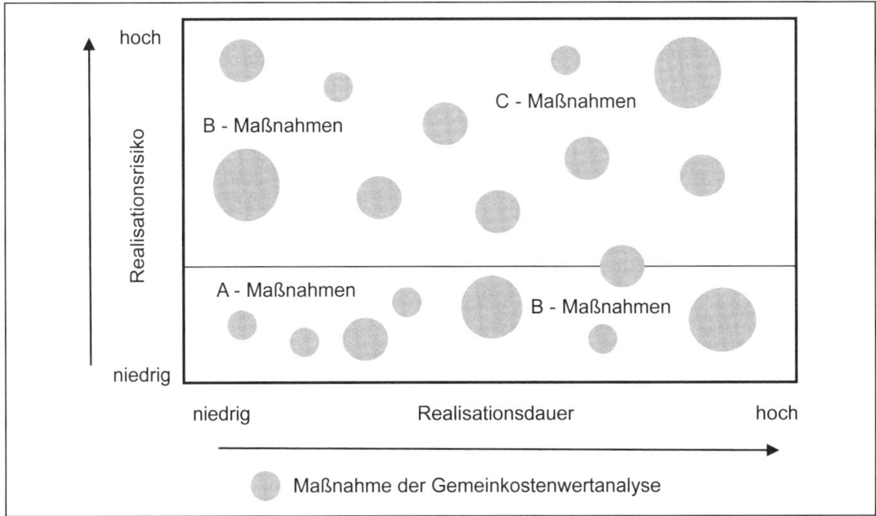

Abb. 99: Portfolio zur Beurteilung der Maßnahmen der GWA (Quelle: in Anlehnung an Huber, 1987, S. 247)

Die **Gemeinkostenwertanalyse** wird in der Unternehmenspraxis sehr ambivalent bewertet:

- Die GWA kann in allen Gemeinkostenbereichen sowohl für repetitive als auch für innovative Aufgaben eingesetzt werden.
- Die GWA ist auf kurz- bis mittelfristige Ergebnisverbesserungen und Kostensenkungen ausgerichtet und daher eher zur Lösung von Krisensituationen geeignet. Strategische Aspekte bleiben zumeist unbeachtet.
- Die GWA ist bei einer transparenten Anwendung gut strukturiert.
- Die sehr rigiden Kosteneinsparungsziele bereiten in der Praxis häufig Akzeptanzprobleme. Von Kostensenkungsmaßnahmen betroffene Mitarbeiter sehen in der GWA ein Verfahren, das keinen Ausgleich zwischen den Interessen der Stakeholder bringt (vgl. Horváth et al., 2020, S. 152). Insbesondere die Berater der Unternehmensberatung McKinsey standen hier in den 1980er- und 1990er-Jahren wiederholt in der Kritik (vgl. Zeit Online, 1983).

1.3.4 Outsourcing

Outsourcing ist eine eher langfristige Verlagerung von bisher im Unternehmen erbrachten Aktivitäten auf externe Zulieferer. Outsourcing ist eine **Form des Fremdbezugs.**

Die Entwicklung des Outsourcings begann in den 1950er-Jahren mit der Auslagerung von unterstützenden Funktionen wie Sicherheitsdiensten, Logistikbereichen, Druckereien und vergleichbaren Aufgaben. Im Vordergrund standen dabei zunächst Kostenüberlegungen.

Seit Mitte der 1980er-Jahre werden im Rahmen des **Business Process Outsourcing** ganze Unternehmensprozesse ausgelagert. Hintergrund waren der gestiegene Kostendruck und der zunehmende Wettbewerb, erzeugt durch höhere Markttransparenz.

Seit den 1990er-Jahren ist zudem eine von Investoren geforderte strategisch motivierte Rückbesinnung der Unternehmen auf ihr Kerngeschäft zu beobachten. Outsourcing wird also nicht rein aus Kostengründen betrieben, sondern auch wertschöpfungsbezogene und strategische Überlegungen spielen eine Rolle. Daher haben sich in vielen Branchen spezialisierte Outsourcing-Partnern etabliert.

Weitere Begriffe, die in diesem Zusammenhang der Erklärung bedürfen, sind Co-Sourcing, In-Sourcing und Re-Insourcing. **Co-Sourcing** bedeutet die Zusammenlegung von gleichen Leistungen aus unterschiedlichen Unternehmen, um gemeinsam die nötige kritische Größe zu erreichen. **In-Sourcing** bedeutet, dass eine Leistung, die bisher fremd bezogen wurde, nun vom Unternehmen selbst erbracht wird. Die Gegenbewegung zum Outsourcing stellt das **Re-Insourcing** dar. Dies bedeutet, dass eine in der Vergangenheit ausgelagerte Funktion wieder ins eigene Unternehmen eingegliedert wird. Gründe hierfür sind häufig die Unzufriedenheit mit der Qualität der outgesourcten Prozesse und Leistungen.

Formen des Outsourcings

Grundsätzlich lassen sich zwei grundlegende Outsourcing-Formen unterscheiden, das externe und interne Outsourcing.

- **Externes Outsourcing**
  Externes Outsourcing umschreibt die langfristig angelegte Übertragung von Geschäftsprozessen oder von Aufgabenbereichen an externe Outsourcing-Nehmer, die rechtlich und wirtschaftlich vom outsourcenden Unternehmen unabhängig sind.
- **Internes Outsourcing**
  Beim internen Outsourcing wird eine interne Unternehmenseinheit mit der Erledigung von definierten Aufgaben bzw. der Übernahme von Geschäftsprozessen für eine oder mehrere Einheiten eines Unternehmens bzw. eines Konzerns beauftragt. Ein Beispiel sind sogenannte **Shared Service Center**, in denen z. B. die Gehaltsabrechnung, die Personalverwaltung oder das Rechnungswesen für etliche Tochterunternehmen eines Konzerns gebündelt wird.

Die Leistungen einer internen Outsourcing-Einheit müssen qualitativ und preislich mit externen Anbietern konkurrieren; dadurch entsteht eine größere Kostentransparenz. Beim Outsourcing werden komplexe Leistungsvereinbarungen mit unterschiedlichen Service-Stufen geschlossen, die die Rechte und Pflichten der Partner definieren, sogenannte **Service Level Agreements**. Diese enthalten i. a. R. auch Konventionalstrafen für den Fall, dass der Outsourcing-Nehmer die zugesagten Leistungen nicht oder nur verzögert bzw. in geringerer Qualität erbringt.

Sonderformen des externen Outsourcings sind unter anderem:

- **Strategische Allianzen**
  Hier schließen sich mehrere unabhängige Unternehmen auf vertraglicher Basis zusammen, um gemeinsame Ziele zu erreichen. Den Partnerunternehmen bieten sich Vorteile durch den Rückgriff auf das Know-how oder die Infrastruktur der anderen Partner. Zudem werden Aufgaben oder Abteilungen an strategische Partner outgesourct. Die STAR ALLIANCE ist eine strategische Partnerschaft im Luftverkehrsmarkt von rechtlich selbständigen Fluggesellschaften rund um die

LUFTHANSA und UNITED AIRLINES, bei der einerseits die Flugnetze aufeinander abgestimmt, aber zum anderen auch Kundenbindungsmaßnahmen wie die Flugmeilenprogramme gemeinsam betrieben werden.

– **Joint Venture**
  Im Rahmen strategischer Allianzen werden regelmäßig Mitarbeiter und Ressourcen in gemeinsamen Organisationen oder Tochtergesellschaften gebündelt. Dies sind dann Joint Ventures, bei denen zur Erreichung des gemeinsamen Ziels ein gemeinsames rechtlich selbständiges Joint-Venture-Unternehmen gegründet wird.

Chancen und Risiken des Outsourcings

Die **Chancen des Outsourcings** bestehen vornehmlich in Kostensenkungen bei mindestens gleichbleibender oder sogar gesteigerter Qualität, einer höheren Kostenflexibilität, Verringerung der Prozesskomplexität sowie einer höheren Kosten- und Leistungstransparenz. Werden Randprozesse outgesourct, kann sich das outsourcende Unternehmen auf sein Kerngeschäft konzentrieren.

Kostensenkungen stehen beim Outsourcing im Vordergrund. Der Outsourcing-Nehmer kann durch Spezialisierungsvorteile, die Produktion größerer Mengen, geringere Prozesskosten und die Möglichkeit der Kapazitätsauslastungsoptimierung die outgesourcten Leistungen kostengünstiger anbieten, als der Outsourcer diese vorher selbst produziert hat. Für den Outsourcing-Nehmer stellen die outgesourcten Prozesse meist das Kerngeschäft und damit auch eine Kernkompetenz dar. Der externe Outsourcing-Nehmer ist permanent gezwungen, seine Leistungserstellung auf Kosteneffizienz zu überprüfen, da Outsourcing-Verträge eine begrenzte Laufzeit haben.

Chancen	Risiken
– Kostensenkung durch geringe Overhead-Kosten – Wandlung von Fixkosten in variable Kosten, erhöhte Kostentransparenz und Planbarkeit – Entlastung des Managements – Senkung des Komplexitätsgrades und Erhöhung der Kostenflexibilität – Konzentration auf das Kerngeschäft – Erschließung neuer Geschäftsbereiche – Nutzung externen Know-hows – Bewusstseinswandel – Steigerung der kulturellen Verunsicherung – geringes Risiko	– Erhöhung der Transaktionskosten – geringe Planbarkeit von langfristigen Kosten – Managementbelastung durch Reibungen an den Schnittstellen – Machtverlust durch fehlende Einflussnahme – Verlust von unternehmensspezifischem, strategisch entscheidendem Know-how – Abhängigkeit von einem Dienstleister und dessen Geschäftsentwicklung – Qualitätseinbußen – Ängste vor der internen Marktorientierung – Misstrauen, Unruhe und Widerstand

Abb. 100: Chancen und Risiken des Outsourcings (Quelle: Bruch, 1998, S. 37)

Ein Outsourcing erhöht auch die **Prozess- und Kostentransparenz**. Outgesourcte Leistungen haben einen festen Preis, der abgerechnet wird, die Service-Level-Agreements definieren zudem Leistungsniveaus. Bei nicht ausgelagerten internen Prozessen sind die Kosten- und Leistungsniveaus häufig weitgehend intransparent.

Outsourcing verändert die Kostenstruktur durch eine **Kostenflexibilisierung**. Dabei wird das Risiko für das outsourcende Unternehmen dadurch gemindert, dass idealtypisch die bisher für die Erstellung solcher Leistungen anfallenden, unflexiblen Gemeinkosten entfallen und durch kurzfristig reagible, variable Kosten ersetzt werden. Die idealtypische Wirkung einer Gemeinkostenflexibilisierung durch Outsourcing wurde bereits oben erläutert (vgl. Kapitel C.1).

In strategischer Hinsicht entlastet ein Outsourcing von unwichtigen Aufgaben und ermöglicht dem Unternehmen, sich auf die Prozesse des Kerngeschäfts zu konzentrieren. Durch eine **Konzentration auf das Kerngeschäft** können Unternehmen strategische Wettbewerbsvorteile schaffen und damit eine überlegene Wettbewerbsposition erreichen.

Neben den Vorteilen des Outsourcings sind auch **Risiken** mit dem Outsourcing verbunden. So stellt der **Know-how-Verlust** für die Unternehmen eines der größten Risiken dar. Eine vom Unternehmen outgesourcte Leistung ist im Nachhinein nur schwer – unter Inkaufnahme hoher Kosten – wieder in ein Unternehmen einzugliedern. Einmal abgegebene Mitarbeiter oder technische Infrastruktur können im Rahmen eines Re-Insourcings nicht einfach ersetzt werden.

Risiken bestehen ebenfalls durch **fehlende Qualität** oder eine **Insolvenz des Dienstleisters.** Darüber hinaus können **Know-how-Probleme** entstehen, wenn die externen Partner das übertragene Know-how zu eigenen Zwecken missbrauchen oder das Know-how Konkurrenzunternehmen zugänglich gemacht wird. Unmittelbar aus dem Know-how-Verlustrisiko ergibt sich das **Abhängigkeitsrisiko.** Ist das Unternehmen nicht mehr in der Lage, die erforderliche Leistung selbst herzustellen, ist es vom Dienstleister abhängig. Eine starke Verhandlungsposition des Outsourcing-Nehmers z. B. durch die Größe kann die Abhängigkeitsrisiken noch erhöhen.

Die ausgelagerte Leistung wird in der Regel mit im Unternehmen selbst erstellten Leistungen zusammengeführt, um ein gemeinsames Endprodukt zu erstellen. Sollten beim Dienstleister Qualitätsmängel und/oder terminliche Versäumnisse eintreten, fällt dies unweigerlich auf das Unternehmen zurück und kann zu erheblichen Imageschäden führen. Dieser Umstand ist als **Planungsrisiko** im Zusammenhang mit Outsourcing bekannt. Hiermit verbunden ist auch das Risiko hoher Transaktions- und Abstimmungskosten. Obwohl beim Outsourcing die Intention der Kostensenkung verfolgt wird, können die eingesparten Kosten durch erhebliche Transaktions- und Koordinationskosten verzehrt oder sogar übertroffen werden.

Entscheidungskalkül beim Outsourcing

Bei der Entscheidung für oder gegen ein Outsourcing kann auf die Erkenntnisse der Teilkostenrechnung zurückgegriffen werden. Bei einer rein kostenbasierten Entscheidung für oder gegen ein Outsourcing muss zunächst einmal zwischen einer kurzfristigen und einer langfristigen Perspektive unterschieden werden, also der Frage, ob Prozesse nur fallweise ausgelagert werden oder dies dauerhaft geschehen soll. Hierbei ist auf die Erkenntnisse der Deckungsbeitragsrechnung in Bezug auf Make-or-Buy-Entscheidungen zurückzugreifen.

Bei einem **kurzfristigen Outsourcing** heißt die Entscheidungsregel:

$$p_F > k_v \Rightarrow \textit{kein Outsourcing,}$$

$$p_F < k_v \Rightarrow \textit{Outsourcing.}$$

Neben diesen Kostenüberlegungen sind in das Gesamtkalkül Transaktionskosten im Falle des Outsourcings einzubeziehen. Unter Transaktionskosten versteht man vereinfacht solche Kosten, die durch ein Outsourcing verursacht werden und nicht im Fremdbezugspreis enthalten sind.

Ex-ante-Transaktionskosten (bevor die Transaktion ausgeführt wird):

- Informationsbeschaffungskosten (z. B. Informationssuche zum Outsourcing),
- Anbahnungskosten (z. B. Kontaktaufnahme),
- Vereinbarungskosten (z. B. Verhandlungen, Vertragsformulierung, Einigung).

Ex-post-Transaktionskosten (nachdem die Transaktion ausgeführt wurde):

- Abwicklungskosten (z. B. Transportkosten),
- Kontrollkosten (z. B. Einhaltung von Termin-, Qualitäts-, Mengen-, Preis- und Geheimhaltungsabsprachen, Abnahme der Lieferung),
- Änderungskosten (z. B. Termin-, Qualitäts-, Mengen- und Preisänderungen).

Bei einem dauerhaften Outsourcing sind des Weiteren gegebenenfalls auch noch **Stilllegungskosten** wie z. B. Abfindungen für freizusetzende Mitarbeiter, Abstandszahlungen für vorzeitig zu kündigende Verträge oder Abschreibungen für nicht mehr benötigte Vermögensgegenstände zu berücksichtigen. Diese machen ein Outsourcing tendenziell unattraktiver. Stilllegungskosten werden in der Praxis vermieden, indem der Outsourcing-Nehmer die Mitarbeiter und die Infrastruktur des Outsourcers übernimmt.

Paulaner Brauerei

Anhand des Outsourcings der Logistik der Paulaner Brauerei kann die Fixkostenflexibilisierung mithilfe dieses Instruments veranschaulicht werden. Die Paulaner Brauerei, ein namhaftes deutsches Unternehmen, hat im Zuge der Globalisierung auch den immensen Preisdruck im Brauerei-Gewerbe zu spüren bekommen. 1990 wurde die Logistik vom Unternehmen selbst durchgeführt. Ergebnis einer internen Analyse war, dass die Logistik komplex sowie personal- und kostenintensiv war. Zu der Zeit arbeiteten über 1.000 Mitarbeiter ausschließlich in der Logistik. In den für die Brauerei gut laufenden Jahren wurde es versäumt, einen regelmäßigen Leistungsvergleich mit den Mitbewerbern durchzuführen.

Bei der Paulaner Brauerei waren zwei Gründe ausschlaggebend, um über Outsourcing nachzudenken: einerseits der gestiegene Ergebnisdruck, verursacht durch hohe Personalkosten, und des Weiteren die Erkenntnis, dass die Komplexität der Logistik bei 20.000 Einzelkunden nicht mehr durch Eigendistribution zu bewältigen war. Diese beiden Punkte sprachen für Outsourcing. In einem weiteren Schritt wurden die möglichen Auswirkungen einer Auslagerung auf die zukünftigen Absätze, Umsätze und Erlöse prognostiziert. Dies stellt in der Praxis den schwierigeren, weil schwerer einzuschätzenden Teil dar. In unserem Beispiel wurde das Erlösminderungsrisiko auf 55 Mio. DM eingeschätzt, die Kostenentlastung jedoch auf 63 Mio. DM. Somit stand fest, dass die Logistik ausgelagert wird. Die Brauerei entschied sich, ihren gesamten Logistikbereich, einschließlich der Mitarbeiter, auf eine zu gründende Tochtergesellschaft, den InterDrink Getränke Vertrieb, zu übertragen. Für die Paulaner Brauerei erwies sich das Outsourcing im Nachhinein, trotz aller anfänglichen Widerstände im Unternehmen, als wichtiger und richtiger Schritt zu mehr Effizienz und Flexibilität. Es wird sogar überlegt, die Tochtergesellschaft für andere Marktteilnehmer zu öffnen (vgl. Wißkirchen, 1999, S. 329).

1.4 Prozesskostenmanagement

Die **Prozesskostenrechnung** versucht im Gegensatz zur traditionellen Kostenrechnung, die Kosten der Gemeinkostenbereiche über Unternehmensprozesse auf andere Vor- und Endkostenstellen und Kostenträger zu verrechnen. Damit sollen die Kosten indirekter Geschäftsbereiche besser geplant und gesteuert und verursachungsgerechter verrechnet werden.

Die Ursache für die Entwicklung der Prozesskostenrechnung ist zunächst in den eingangs beschriebenen **Veränderungen der Kostenstrukturen** von Einzel- zu Gemeinkosten zu suchen.

- Die in der klassischen Kostenrechnung vorgenommene Verteilung der Gemeinkosten mittels Gemeinkostenzuschlagssätzen mit Zuschlagssätzen von bis zu 1000% führt zu einer nicht verursachungsgerechten Kostenzuordnung auf die Kostenträger. Das implizit angewendete Tragfähigkeitsprinzip ist nur bei geringen Zuschlagssätzen hinreichend genau.
- Der massive Zwang zur Kostenreduktion liegt aufgrund der hohen Gemeinkostenanteile ebenfalls auf den Gemeinkosten. Diese kann man im Zuge einer zunehmenden Prozessorientierung der Unternehmen nur dann optimieren, wenn man die Durchlaufzeiten und Kosten der primären und sekundären Wertschöpfungsprozesse kennt.

Anwendbar ist die Prozesskostenrechnung in Gemeinkostenbereichen mit einem hohen Anteil an gleichartigen, sich wiederholenden Prozessen und Aktivitäten. Weniger geeignet ist die Prozesskostenrechnung für Abteilungen, die durch stark einzelfallorientierte Dispositionsentscheidungen gekennzeichnet sind wie z. B. auf Topmanagement-Ebenen.

Ziel der Prozesskostenrechnung ist vor allem:

- die **Erhöhung der Kostentransparenz** und eine Verbesserung der Kostenkontrolle in den Gemeinkostenbereichen sowie
- eine **verursachungsgerechtere Verrechnung** von internen Leistungen im Rahmen der innerbetrieblichen Leistungsverrechnung und der Kalkulation (vgl. Remer, 2005, S. 3 ff.).

Die Einführung einer Prozesskostenrechnung erfolgt in fünf Schritten.

Schritt 1: Prozessanalyse

Kern der Prozesskostenrechnung ist eine präzise Prozessanalyse. Wir verwenden dabei ein Prozessmodell mit einer Prozesshierarchie, in der es die vier Hierarchieebenen Geschäftsprozesse, Hauptprozesse, Teilprozesse und Aktivitäten gibt. Geschäftsprozesse gliedern sich in Hauptprozesse, Hauptprozesse in Teilprozesse und Teilprozesse in Aktivitäten (vgl. Abb. 101).

Aktivitäten sind die kleinsten, nicht mehr weiter unterteilbaren, aber in sich geschlossenen Arbeitsschritte im Rahmen eines Prozesses. Sie stehen in der Prozesshierarchie auf unterster Stufe. Als Beispiele dafür sind das Schreiben einer E-Mail oder die Arbeitsschritte bei einer Wareneingangskontrolle im Bereich der Materialprüfung zu nennen. Man kann davon ausgehen, dass Aktivitäten zwischen einigen Minuten und einigen Stunden dauern und grundsätzlich eher nicht von anderen Aktivitäten unterbrochen werden – ansonsten wären es eher mehrere Aktivitäten.

Teilprozesse stehen in der Rangordnung des Prozessmodells über den Aktivitäten. Die Summe funktionell zusammenhängender Aktivitäten innerhalb einer Kostenstelle (Team oder Abteilung) wird als Teilprozesse bezeichnet. Eine scharfe Abgrenzung von Teilprozessen gegenüber Aktivitäten ist nicht immer leicht möglich. Im Folgenden werden wir unserer Analysen der Prozesskostenrechnung daher auf der Ebene der Teilprozesse durchführen.

Hauptprozesse sind meist kostenstellenübergreifend zusammengefasste Teilprozesse. Sie entstehen durch die Aggregation von Teilprozessen, die sachlich und logisch zusammengehören.

Durch die Zusammenfassung von Hauptprozessen erhält man **Geschäftsprozesse**. Sie sind die oberste Ebene unseres Prozessmodells und stellen die Kernaufgabenfelder eines Unternehmens dar.

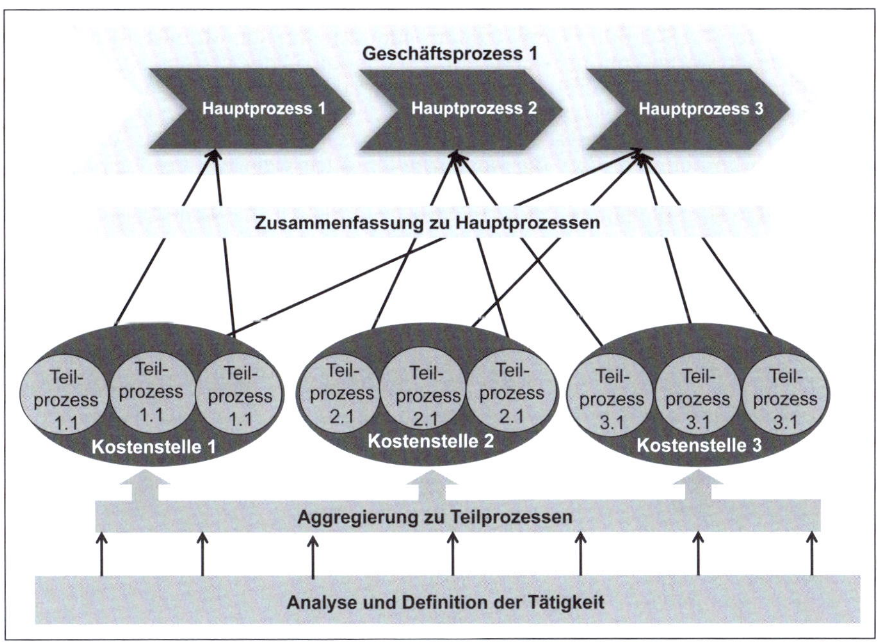

Abb. 101: Prozessmodell mit Prozesshierarchie (Quelle: Deimel et al., 2017, S. 377)

Fehler oder Ungenauigkeiten im Rahmen der Prozessanalyse können zu gravierenden Fehlern in der Prozesskostenrechnung und damit bei der Kalkulation und Bewertung von Produkten führen. Wir müssen uns dabei immer wieder vor Augen führen, dass eine fehlerhafte Zuordnung von Kosten zu Produkten oder Leistungen neben operativen auch strategische Fehlentscheidungen zur Konsequenz haben kann.

Die Prozessanalyse wird in Prozessmanagementprojekten meist nicht von den Controllern durchgeführt, sondern von Mitarbeitern spezialisierter interner Organisationsabteilungen oder auch von externen Beratungsunternehmen. Da Prozessmanagementprojekte häufig mit der Einführung von IT-Systemen einhergehen, handelt es sich dabei häufig um IT-Beratungsunternehmen wie Accenture, CapGemini,

Deloitte oder IBM. Auf die Vorgehensweise bei der Prozessanalyse wird hier nicht im Detail eingegangen. Es wird vielmehr auf die umfangreiche, spezialisierte Literatur verwiesen (vgl. Gaitanides, 2013; Lunau, Meran, John, Staudter & Roenpage, 2014).

Prozesskostenrechnung bei EuroAir – Teil I

Im Zuge der Optimierungsbemühungen bei der EuroAir wird auch die Prozesskostenrechnung als neues Tool zur Optimierung von Gemeinkosten und zur Verbesserung der Kalkulation eingesetzt. Das erste Pilotprojekt zur Erprobung hat die Analyse des Hauptprozesses der Fluggastabfertigung im Terminal zum Inhalt. Hierzu wurde mithilfe einer Unternehmensberatungsgesellschaft eine Prozessanalyse durchgeführt. Die ermittelten Aktivitäten in drei Kostenstellen wurden anschließend zu Teilprozessen und einem Hauptprozess zusammengefasst.

Der Hauptprozess der PAX Ground Flow, d. h. der Fluggastabfertigung wird durch die Abteilungen/Kostenstellen Check-in Operations, Luggage Operations sowie Ramp Operations des Geschäftsbereiches Ground Operations abgewickelt. Der Hauptprozess PAX Ground Flow (früher: Fluggastabfertigung) besteht aus den Teilprozessen Document Check und Luggage Check-in in der Kostenstelle Check-in Operations, den Teilprozessen Luggage Handling (Normal) und Luggage Handling (XXL) in der Kostenstelle Luggage Operations sowie dem Teilprozess Loading Luggage to A/C in der Kostenstelle Ramp Operations (vgl. Abb. 102). Der Abbildung kann man entnehmen, dass die Kostenstellen auch viele weitere Teilprozesse ausführen, die nicht dem Hauptprozess zuzuordnen sind. Unter der Ebene der Teilprozesse liegt die Ebene der Aktivitäten, auf die wir in diesem Beispiel nicht eingehen werden. Ziel des Prozesskostenmanagements ist es, Transparenz über die Kosten der Teilprozesse und des Gesamtprozesses herzustellen, um dann diese Kosten durch sinnvolle Maßnahmen zu senken bzw. den Kostenträgern, hier Flugtickets, zuzuordnen.

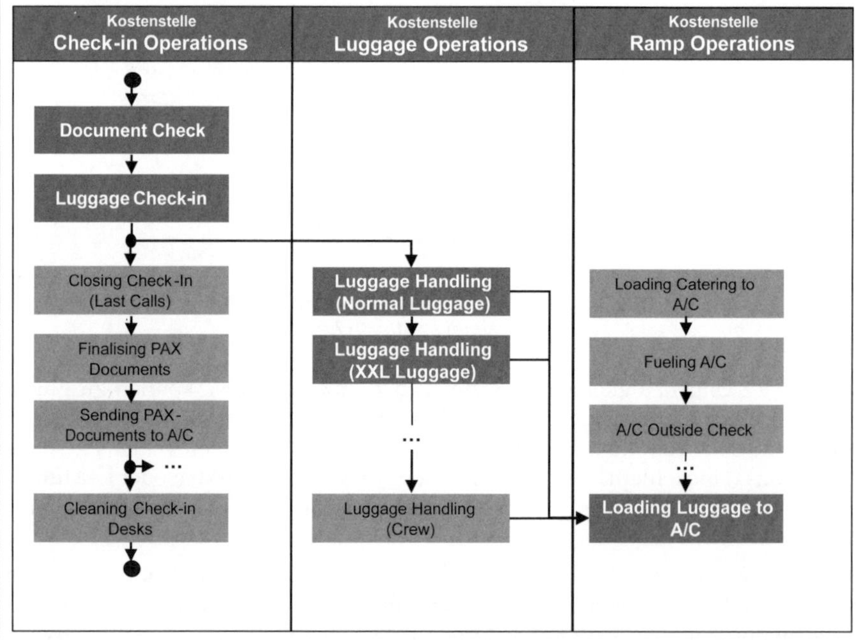

Abb. 102: Prozessmodellierung des Hauptprozesses PAX Ground Flow

Schritt 2: Ermittlung der Kostentreiber/Cost Driver

Im Anschluss an Prozessanalyse und Kostenermittlung müssen geeignete Bezugsgrößen, die **Kostentreiber** bzw. **Cost Driver**, entwickelt werden, anhand derer die in einer Kostenstelle angefallenen Gemeinkosten zunächst auf die einzelnen Aktivitäten und damit auf Teilprozesse und Hauptprozesse sowie anschließend auf die Kostenträger verrechnet werden. Kostentreiber sind quantitative Einflussgrößen, wie beispielsweise die Anzahl der Gepäckstücke in Bezug auf den Teilprozess Luggage Check-in, die bestimmen, wie häufig ein Teilprozess durchlaufen wird. In der Prozesskostenrechnung wird – durchaus häufig vereinfachend – angenommen, dass Kostentreiber damit in einem festen, linearen Zusammenhang mit den in einer Kostenstelle für einen Teilprozess anfallenden Gemeinkosten stehen – daher treiben sie die Gemeinkosten. Das Konzept der Kostentreiber ist ein wesentliches Kernelement des **Verursachungsprinzips** bei der Prozesskostenrechnung.

Prozesskostenrechnung bei EuroAir – Teil II

Am Beispiel der Gepäckabfertigung bei der EuroAir SE am Standort Weeze ist dies gut nachvollziehbar: Die Anzahl der Gepäckstücke ist der Haupteinflussfaktor auf die Zeit und die Kosten der Gepäckabfertigung am Check-in-Schalter. Der Check-in-Prozess dauert bei einem PAX ohne Gepäck kürzer, verursacht also weniger Kosten in der Kostenstelle Check-in Operations als bei einem PAX mit drei Gepäckstücken.

Folgerichtig muss auf den Kostenträger Flugtickets bezogen Folgendes gelten: Flugtickets bei City-to-City-Flügen, bei denen die Mehrzahl der PAX nur Handgepäck hat, verursachen geringere Selbstkosten, könnten also billiger angeboten werden als Flugtickets bei Flügen in die typischen Urlaubsgebiete in Südeuropa, bei denen fast alle PAX mindestens ein Gepäckstück und manchmal auch Sondergepäck wie Surf-Boards oder Mountain-Bikes einchecken.

Teilprozesse wie der Gepäck-Check-in im Beispiel von EuroAir, bei denen die Anzahl der Teilprozessdurchläufe von einem Kostentreiber abhängt, werden als **leistungsmengeninduzierte Prozesse** (**lmi-Prozesse**) bezeichnet. Typische administrative lmi-Prozesse – außerhalb des EuroAir-Beispiels – sind repetitive Teilprozesse wie die Rechnungsprüfung mit dem Kostentreiber Anzahl der Rechnungen im Rechnungswesen oder die Reisekostenabrechnung mit dem Kostentreiber Anzahl der Dienstreisen im Vertrieb.

Kostentreiber sollten folgende Voraussetzungen erfüllen (vgl. Coenenberg et al., 2016, S. 168):

- einfache Ableitbarkeit aus den verfügbaren Informationsquellen,
- Proportionalität zur Beanspruchung der Resourcen und damit Kosten,
- Proportionalität zur Ausbringungsmenge an Produkten oder Leistungen,
- Durchschaubarkeit und Verständlichkeit.

In jeder Kostenstelle existieren nun aber neben lmi-Prozessen auch **leistungsmengenneutrale Prozesse** bzw. leistungsmengenfixe Prozesse (**lmn-Prozesse**). Bei lmn-Prozessen gibt es keine Kostentreiber, die die Anzahl der Durchläufe des Prozesses bestimmen; lmn-Prozesse sind vom Leistungsvolumen oder der Ausbringungsmenge der Kostenstelle unabhängig. Häufig sind lmn-Prozesse dispositive, innovative oder kreative Prozesse. Typische lmn-Prozesse sind die Aktivitäten der Abteilungsleitung/Kostenstellenleitung in Kostenstellen, da ihre Kosten – relativ – unabhängig von der Auslastung der Kostenstelle durch lmi-Prozesse entstehen.

Im Anschluss an die Bestimmung der Kostentreiber der leistungsmengeninduzierten Teilprozesse müssen im Rahmen der Prozesskostenrechnung die jeweiligen **Kostentreibermengen** erhoben werden.

Prozesskostenrechnung bei EuroAir – Teil III

Die Höhe der Gemeinkosten für den Teilprozess PAX Ground Flow hängt direkt vom Kostentreiber Anzahl der PAX ab: Je mehr PAX in einer Periode befördert werden, desto höher der Aufwand und desto höher auch die Gemeinkosten dieses Teilprozesses. Die Prozessanalyse bei der EuroAir ergab für alle Kostenstellen der Ground Operations folgende Struktur von lmi- und lmn-Aktivitäten und deren Mengen. In Bezug auf die Kostentreiber der Aktivitäten ist zu erkennen, dass zwar kein einheitlicher Kostentreiber für alle Aktivitäten gefunden werden konnte, dass aber durchschnittliche Zusammenhänge zwischen den Kostentreibern in den Teilprozessen und dem Hauptprozesstreiber Anzahl Passagiere gefunden werden können, wie z. B. durchschnittliche Anzahl der Gepäckstücke pro Passagier.

Kostenstellen	Teilprozesse		Kostentreiber	Prozessmengen
Check-in Operations	Document Check	lmi	Anzahl PAX	220.000
	Luggage Check-in	lmi	Anzahl Gepäckstücke	165.000
	…	lmi	…	…
	Abteilungsleitung	lmn		
Luggage Operations	Luggage Handling (Normal)	lmi	Anzahl Gepäckstücke (Normal)	165.000
	Luggage Handling (XXL Luggage)	lmi	Anzahl Gepäckstücke (XXL Luggage)	100
	…	lmi	…	…
	Abteilungsleitung	lmn		
Ramp Operations	…	lmi	…	…
	Loading Luggage to A/C	lmi	Anzahl Gepäckstücke	165.100
	…	lmi	…	…
	Abteilungsleitung	lmn		

Abb. 103: Teilprozessstruktur der Kostenstellen der Ground Operations Weeze bei EuroAir

Schritt 3: Ermittlung der Teilprozesskosten

Im Rahmen der Prozesskostenkalkulation erfolgt im nächsten Schritt zunächst eine **Zuordnung von Resourcen und Kosten zu den einzelnen Aktivitäten oder Teilprozessen** in den Kostenstellen. Im Rahmen der Prozessanalyse wird neben der Teilprozessstruktur auch der Verbrauch von Resourcen in den Teilprozessen erhoben. In den meisten Fällen administrativer Prozesse ist dies im Wesentlichen die benötigte Arbeitszeit zur Durchführung der Aktivität oder des Teilprozesses. Es erfolgt also eine Zuordnung von Zeit- und Mitarbeiteranteilen in Form von Mannjahren, Mitarbeiterjahren oder Personenjahren bzw. von Mitarbeiterstellen auf die jeweiligen Aktivitäten.

In der Regel fallen in administrativen Prozessen natürlich auch andere Gemeinkosten wie kalkulatorische Miete, Abschreibungen auf IT etc. an. Da diese allerdings meist geringer sind als die Personalkosten oder aber mit den Personalkosten in einem logischen Zusammenhang stehen, verteilen die meisten Unternehmen diese Kosten einer administrativen Kostenstelle nicht direkt auf Aktivitäten und Teilprozesse, sondern über ebenfalls über die Bezugsgröße **Mitarbeiterjahre**. Mitarbeiterjahre werden häufig auch als **Mannjahre, Personaljahre, GTK** (= Ganztageskräfte) oder mit dem englischen Begriff **FTE** (= Full Time **Equivalent**) bezeichnet. Diese Zuordnung der Kosten der Kostenstelle auf die dort durchgeführten Aktivitäten und Teilprozesse wird auch als **Prozesskostenstellenrechnung** bezeichnet.

Nach COENENBERG/FISCHER/GÜNTHER (1997, S. 23) erfolgt die Prozesskostenkalkulation in zwei Schritten: erstens der Ermittlung von lmi-Prozesskostensätzen und zweitens der Verteilung von prozessmengenunabhängigen Kosten und Umlagen durch einen lmn-Zuschlag.

Die **lmi-Prozesskostensätze** (oder kurz lmi-Sätze) berechnen sich wie folgt:

$$lmi - Prozesskostensatz = \frac{lmi - Prozesskosten}{gesamte\ Prozessmenge}$$

Die Kosten der lmn-Prozesse werden mit einer Umlage auf die lmi-Prozesse verteilt. Dafür wird der **lmn-Zuschlagssatz** (oder auch als lmn-Umlagesatz bezeichnet) berechnet. Mithilfe des lmn-Zuschlagsatz wird für jeden Teilprozess ein lmn-Zuschlag (auch als lmn-Satz oder lmn-Kostensatz bezeichnet) ermittelt:

$$lmn - Umlagesatz = \frac{Prozesskosten\ (lmn)}{Prozesskosten\ (lmi)}$$

Der Gesamtprozesskostensatzeines Teilprozesses ergibt sich dann aus der Addition von lmi-Prozesskostensatz (lmi) und lmn-Prozesskostensatz (lmn). Teilprozesskosten können dann zu Hauptprozesskosten und Geschäftsprozesskosten zusammengefasst werden.

Prozesskostenrechnung bei EuroAir – Teil IV

Der Junior Controller der EuroAir wird beauftragt, auf die lmi-Prozesskostensätze der Teilprozesse der Kostenstelle Check-in zu berechnen. Das soll am Beispiel des Teilprozesses Document Check-in der Kostenstelle Check-in Operations verdeutlicht werden. Hier werden die Ticket-/Check-in-Daten und die Ausweisdokumente kontrolliert und (nur) in Ausnahmefällen eine neue Boardkarte ausgestellt.

Daraus ergibt sich folgender leistungsmengeninduzierter Prozesskostensatz:

$$Prozesskostensatz\ (lmi) = \frac{60.000\ €}{220.000\ Passagiere} = 0{,}27\ €\ pro\ Passagier$$

Jeder Document Check kostet die EuroAir 0,27 € pro Passagier. In diesem Beispiel wird deutlich, dass die beschriebenen Kostentreiber rein quantitative Maßgrößen sind und die wahre Beanspruchung der betrieblichen Resourcen widerspiegeln. Würde man diesen Teilprozess Document Check im Rahmen einer klassischen Zuschlagskalkulation umlegen, so würde dies durch einen prozentualen Gemeinkostenzuschlagssatz auf Basis der Herstellkosten erfolgen. Damit würde jede Kundengruppe mit dem gleichen Kostensatz für diesen Prozess belastet. Wie unmittelbar erkennbar ist, sind aber die Prozesskosten nicht von der Höhe der

Flugkosten abhängig, sondern richten sich nach dem Resourcenverbrauch des Prozesses. Daher führen solche mengenmäßigen Kostentreiber-Bezugsgrößen zu einer verursachungsgerechteren Verrechnung der entstandenen Gemeinkosten.

Teilprozesse	Kostentreiber	Prozess-mengen	Kosten	lmi-Sätze	lmn-Umlage	Prozess-kosten
Document Check	Anzahl PAX	220.000	60.000 €	0,27 €	0,10 €	0,38 €
Luggage Check-in	Anzahl Gepäckstücke	165.000	120.000 €	0,73 €	0,27 €	1,00 €
Andere Teilprozesse	...	...	20.000 €	...	...	...
Leitung	-	-	75.000 €			

Abb. 104: Ermittlung von Gesamtprozesskostensätzen

Schritt 4: Prozesskostenorientierte Kalkulation

Abb. 105 zeigt schematisch die **Einbindung der Prozesskostenrechnung in die Kostenträgerstückrechnung (Kalkulation)**. Um Prozesskosten in die Kalkulation übernehmen zu können, müssen – wie bereits erläutert – Beziehungszusammenhänge zwischen den Kostenträgern und den Prozessen definiert werden. Diese Beziehungszusammenhänge werden durch sog. **Prozesskoeffizienten** ausgedrückt. Es wird analysiert, wie viele Prozesse im Durchschnitt für eine Kostenträgereinheit (Prozesskoeffizient: Prozessmenge/Kostenträgereinheit) benötigt werden. Die prozessbezogenen Stückkosten lassen sich anschließend einfach durch die Multiplikation des Prozesskoeffizienten mit dem Prozesskostensatz ermitteln.

Prozessorientierte Kalkulation

Materialeinzelkosten
+ Materialprozesskosten (Prozesskoeffizient · Prozesskostensatz)
+ Materialgemeinkosten (MGK-Zuschlag in %)

= Materialkosten (1)

+ Fertigungseinzelkosten (Lohneinzelkosten)
+ Fertigungsprozesskosten (Prozesskoeffizient · Prozesskostensatz)
+ Fertigungsgemeinkosten (FGK-Zuschlag in %)
+ Sondereinzelkosten der Fertigung

= Fertigungskosten (2)

= Herstellkosten (1+2)

+ Vertriebseinzelkosten
+ Vertriebsprozesskosten (Prozesskoeffizient · Prozesskostensatz)
+ Vertriebsgemeinkosten (Vertr.GK-Zuschlag in %)
+ Sondereinzelkosten des Vertriebs
+ Verwaltungsgemeinkosten (Verw.GK-Zuschlag in %)

= Selbstkosten

Abb. 105: Einbindung der Prozesskostenrechnung in die Kalkulation

Im rechten Teil der Abb. 105 sind bei allen Gemeinkosten in das Kalkulationsschema neben mit Zuschlägen verrechneten Gemeinkosten auch über die Prozesskostenrechnung verrechnete Gemeinkosten aufgenommen worden. Man sollte sich vor Auge führen, dass in der Unternehmenspraxis ein **Nebeneinander von Prozesskostenkalkulation und Zuschlagskalkulation** besteht wird. Nur an den Stellen, an denen sich der erhebliche Mehraufwand für eine Prozesskostenanalyse und eine Prozesskostenkalkulation lohnt, da es sonst zu Fehlentscheidungen aufgrund einer nicht-verursachungsgerechten Verteilung der Gemeinkosten käme, wird eine Prozesskostenrechnung eingeführt.

Bewertung der Prozesskostenrechnung

Die Einführung einer Prozesskostenrechnung erhöht die **Kostentransparenz in den Gemeinkostenbereichen.** Durch die Prozesskostenrechnung wird deutlich, welche Aktivitäten, welche Teilprozess und welche Hauptprozesse welche Anteile der Kosten in den analysierten Gemeinkostenbereichen verursachen. Alleine dies ist schon ein erheblicher Fortschritt auf dem Weg zu einem aktiven Gemeinkostenmanagement. Man muss sich dabei immer wieder vergegenwärtigen, dass auch heute noch die überwiegende Mehrheit der Unternehmen zwar die Gemeinkosten auf Ebene der Gemeinkostenstellen kennt, plant und kontrolliert, aber nur wenig Kenntnis darüber hat, durch welche Aktivitäten diese in den Gemeinkostenstellen verursacht werden und welche Kostentreiber hier relevant sind. Ohne diese Kenntnis ist eine Entwicklung von sinnvollen Maßnahmen zur Kostensenkung sehr schwierig. Das Zero Base Budgeting (Kapitel C1.3.2) und die Gemeinkostenwertanalyse (Kapitel C1.3.3) sind Instrumente, um die Kosten der Gemeinkostenstellen zu senken, in dem die Kosten inhaltlich analysiert und nutzenstiftenden Leistungen zugeordnet werden. Eine Prozesskostenrechnung geht aber in der Analyse deutlich tiefer.

Auf Basis der Prozesskostenrechnung erfolgt eine **Abschätzung der Kosten- und Kapazitätswirkung von Veränderungen in Prozessstrukturen und/oder in der Anzahl der Prozessdurchführungen.** In Hinblick auf die verbesserte Steuerung der Gemeinkostenbereiche können über die Prozesskostenrechnung Gemeinkosten geplant werden, indem auf Basis der Prozesskosten und Planmengen der Kostentreiber Schätzwerte gebildet werden. Diese Soll-Werte werden dann im Rahmen einer Wirtschaftlichkeitskontrolle mit den Ist-Werten verglichen und Abweichungen werden analysiert.

Allerdings sollte man sich einer erheblichen Einschränkung bewusst sein. Da es sich im Gemeinkostenbereich zumeist um Fixkosten handelt, unterliegen diese dem **Phänomen der Gemeinkosten- bzw. Fixkostenremanenz.** Gemeinkosten reagieren häufig wegen ihres Fixkostencharakters nicht von selbst auf Veränderungen der Ausbringungsmenge – hier auf einen Rückgang im Prozessvolumen. Zur Realisierung von Gemeinkostensenkungspotenzialen sind Eingriffe des Managements wie die Reduktion der Resourcen in den Gemeinkostenbereichen notwendig – also meist eine Reduktion der im Prozess arbeitenden Mitarbeiter. Die Prozesskostenrechnung liefert dabei die Grundlage für diese Entscheidungen.

Wie kann nun die Prozesskostenrechnung für eine **Verbesserung der Kalkulation** sorgen? Wie oben bereits erwähnt, stößt die klassische Zuschlagskalkulation an ihre Grenzen, da aufgrund veränderter Kostenstrukturen zwischen Einzel- und Gemeinkosten sehr hohe Gemeinkostenzuschlagssätze errechnet werden.

Die wesentlichen Verbesserungen der Kalkulation beziehen sich auf:

- den Allokationseffekt,
- den Degressionseffekt sowie
- den Komplexitätseffekt.

Der **Allokationseffekt** beschreibt eine verursachungsgerechte Zuordnung von Gemeinkosten zu den einzelnen Unternehmensleistungen. In den klassischen Kalkulationsverfahren errechnet sich die absolute Höhe der Gemeinkosten, die auf einen Kostenträger verrechnet werden, durch die Höhe der Einzelkosten (als Bezugsgröße) des Kostenträgers. Kostenträger mit hohen Einzelkosten haben auch entsprechend hohe Gemeinkosten zu tragen (Tragfähigkeitsprinzip).

Allokationseffekt bei EuroAir

Das Prinzip der falschen Zurechnung der Gemeinkosten in der klassischen Kalkulation kann am Beispiel eines Computerersatzteils, die Computerchips A, B und C, für die Flugzeuge der EuroAir verdeutlicht werden. Nach klassischer Kalkulation würden die Einkaufsgemeinkosten für die Auswahl des Lieferanten, das Schreiben der Bestellung, die Wareneingangskontrolle sowie die Lagerung der Ersatzteile mithilfe eines Zuschlagssatzes von 25 % beaufschlagt. Dies führt zu den in der Abb. 106 dargestellten Gemeinkostenzuschlägen. Bei einer Prozesskostenanalyse wurde dagegen ermittelt, dass die Bestellung der Computerersatzteile unabhängig vom Typ des Computerchips Prozesskosten der Bestellung von 12 €/Stück verursacht. Dies ist so, da die oben genannten Aktivitäten wie eben, die Wareneingangskontrolle oder die Lagerung sich durch den doch nur geringfügig unterschiedlichen Wert des Chips nicht unterscheiden.

Wie zu erkennen ist, führt die Beaufschlagung mithilfe des Zuschlagssatzes zu einer zu geringen Belastung des Computerchips A, wogegen der Computerchip C aufgrund der hohen Materialeinzelkosten mit einem zu hohen Gemeinkostenanteil belastet wird.

	Materialeinzelkosten	**Materialgemeinkosten** Zuschlag 25 %	**Materialgemeinkosten** Prozesskostensatz	**Allokationseffekt** Gemeinkostendifferenz
Computerchip A	38,-- €	9,50 €	12,-- €	2,50 €
Computerchip B	64,-- €	16,-- €	12,-- €	-4,00 €
Computerchip C	115,-- €	28,75 €	12,-- €	-16,75 €

Abb. 106: Allokationseffekt in der Gemeinkostenverrechnung (Quelle: in Anlehnung an Coenenberg et al., 2016, S. 183)

Der **Degressionseffekt** zeigt die kalkulatorische Wirkung von Mengeneffekten auf die Produktkalkulation. Durch die Beaufschlagung von Produkten mit Zuschlagssätzen werden Degressionseffekte kalkulatorisch in keiner Weise berücksichtigt. Dies führt u. U. zu falschen Steuerungsentscheidungen.

Degressionseffekt bei EuroAir

Schaut man sich die Verteilung der Vertriebskosten in Abhängigkeit von der Anzahl der gleichzeitig verkauften Flugtickets an, so berechnet die Zuschlagskalkulation für jeden Verkaufsakt einen Prozentsatz von 20 % bezogen auf die Herstellkosten des Produkts. Dies führt zu proportional steigenden Stückkosten mit zunehmender Absatzmenge. Tatsächlich ist es jedoch so, dass eine Vielzahl von Kosten im Vertriebsbereich unabhängig von der Anzahl der Tickets ist, so dass sich ein klarer Fixkostendegressionseffekt bei zunehmender Anzahl von Tickets bei einer Bestellung darstellt. Abb. 107 zeigt die Verteilung der Vertriebsgemeinkosten bei zunehmender Anzahl von Tickets pro Auftrag in der Zuschlagskalkulation und der Prozesskostenkalkulation. Hier sollte aufgrund der Ergebnisse der Prozesskostenrechnung versucht werden, bei Firmenkunden und größeren Reisebüros eine Bündelung der Bestellung von Flugtickets zu erreichen.

Zuschlagskalkulation Zuschlagsatz = 20 %				Prozesskostenkalkulation Prozesskosten = 500 €			
Stück	Herstell-kosten	Vertriebs-gemeinkosten	Stück-kosten	Stück	Herstell-kosten	Vertriebs-gemeinkosten	Stück-kosten
1	400 €	80 €	480 €	1	400 €	500 €	900 €
5	2.000 €	400 €	2.400 €	5	2.000 €	500 €	2.500 €
10	4.000 €	800 €	4.800 €	10	4.000 €	500 €	4.500 €
20	8.000 €	1.600 €	9.600 €	20	8.000 €	500 €	8.500 €

Abb. 107: Degressionseffekt in der Gemeinkostenverteilung (Quelle: in Anlehnung an Coenenberg et al., 2016, S. 186)

Der **Komplexitätseffekt** betrachtet die Auswirkungen einer – der Kundenorientierung geschuldeten – zunehmenden Produkt- und Variantenvielfalt auf die Gemeinkosten. Diese werden als **Komplexitätskosten** bezeichnet. Die traditionelle Zuschlagskalkulation vernachlässigt wegen der prozentualen Zuschlagssätze den Zusammenhang zwischen einer hohen Komplexität und den dadurch entstehenden Komplexitätskosten, indem die Komplexitäts-Gemeinkosten proportional über einen Zuschlagssatz den einzelnen Kostenträgern zugeordnet werden. Da die Komplexitätskosten normalerweise überproportional wachsen, werden folglich Produkte mit niedriger Komplexität zu teuer, Produkte mit hoher Komplexität zu günstig auf dem Markt angeboten. Dies ist der **Komplexitätseffekt**.

Allerdings hat die Prozesskostenrechnung auch Einschränkungen bzw. Nachteile. Der größte Kritikpunkt an der Prozesskostenrechnung betrifft die Tatsache, dass es sich bei ihr um eine **Vollkostenrechnung** handelt. Es gelten also alle Nachteile der Vollkostenrechnung bei vielen Entscheidungen im Unternehmen. Diese kann man der Literatur zur Kostenrechnung entnehmen. Veränderte Prozessmengen führen dazu, dass sich sowohl lmi- als auch lmn-Sätze grundlegend verändern. Die implizite Annahme der Proportionalität von Kostentreiberanzahlen und Prozessmengen zu den Gemeinkosten einer Kostenstelle ist meist erst mittel- oder langfristig gegeben. Die Gemeinkosten bleiben häufig auch bei Anwendung der Prozesskostenrechnung kurzfristig erst einmal nicht abbaubar. Die Prozesskostenrechnung ist eher für **repetitive und nicht für einzigartige oder kreative Prozesse** anwendbar. Da die

Prozesskostenrechnung keine allgemeingültige Struktur vorgibt, muss sie für jedes Unternehmen angepasst werden. Dies stellt einen nicht unerheblichen Aufwand dar.

1.5 Kostenorientiertes Produktmanagement

1.5.1 Product Lifecycle Costing

Das **Product Lifecycle Costing** oder kurz Lifecycle Costing rechnet sämtliche Anschaffungs- und Folgekosten eines Produktes, die in den einzelnen Phasen des Produktlebenszyklus anfallen, verursachungsgerecht den Produktions- und Verkaufsperioden zu.

Das Konzept des Lifecycle Costing wurde bereits in den 1960er-Jahren im Bau- und Militärbereich für sehr große Investitionen angewendet. Charakteristisch für das Lifecycle Costing ist die Unterteilung des Produktlebenszyklus in die verschiedenen Phasen und die Analyse der dabei jeweils anfallenden Kosten und Erträge. Das Lifecycle Costing betrachtet dabei nicht nur die Herstellkosten, sondern auch die Kosten der Entwicklung oder der Markteinführung als Vorleistungskosten und der Entsorgung eines Produktes bzw. des Rückbaus von Anlagen als Nachleistungskosten. Die Addition der **gesamten, entlang des Lebenszyklus anfallenden Kosten** stellt dessen Lebenszykluskosten, den Lifecycle Costs dar.

Das Lifecycle Costing richtet das Augenmerk darauf, dass Kosten späterer Phasen in früheren Phasen determiniert werden. So kann etwa eine Erhöhung der Vorlaufkosten durch ausgiebigere Tests die späteren Herstellkosten durch geringere Reklamationsquoten senken und somit bezogen auf den gesamten Produktlebenszyklus gesehen insgesamt zu geringeren Kosten führen. Das Konzept des Lifecycle Costing hat somit einen **strategischen Charakter**. Während die klassische Kalkulation alle in einer Periode entstehenden Kosten den in dieser Phase produzierten und verkauften Produkten zuschlägt, kommt es bei Anwendung des Lifecycle Costing dazu, dass Kosten periodenübergreifend verrechnet werden. Während der Produktions- und Vermarktungsphase werden auf die Herstellkosten zusätzlich anteilige Vor- und Nachleistungskosten verrechnet. Das bedeutet, dass ein Produkt seine eigenen F&E-Kosten oder die Rückbaukosten seiner Produktionsanlagen trägt.

In der klassischen Kostenrechnung gibt es diesen Bezug nicht. In den forschungsintensiven Unternehmen der Pharmabranche tragen die heute vermarkteten Produkte die F&E-Kosten der sich in der F&E-Pipeline befindlichen zukünftigen Produkte, mit denen sie eigentlich gar nichts zu tun haben. Ein Lifecycle führt also im Vergleich zur klassischen Kostenrechnung zu einer verursachungsgerechteren Kostenzuordnung und letztlich auch zu einer korrekteren Preisbildung. Insbesondere in forschungs- und entwicklungsintensiven Branchen, wie etwa im Zivilflugzeugbau, in dem nur 40 % der Kosten während des Produktionszeitraumes anfallen, oder bei der Software-Entwicklung, bei der die Kosten der Produktion und digitalen Distribution der Software gegen null tendieren, kann es zu falschen Signalen durch die Kosteninformationen kommen.

Der große Vorteil des Product Lifecycle Costing besteht in der gesamtheitlichen Betrachtungsweise und ermöglicht so eine Analyse aller Kosten und Erlöse über den gesamten Lebenszyklus. In einer kalkulatorischen Perspektive bietet das Lifecycle Costing den Vorteil, dass die Kosten tatsächlich den Kostenträgern, die sie verursacht haben, direkt zugerechnet werden können. Hierdurch wird eine verursachungsgerechtere Verteilung von Entwicklungs- und Nachlaufkosten erreicht.

Probleme resultieren beim Product Lifecycle Costing aus den folgenden Sachverhalten:

- Zukünftig zu erwartende Nachleistungskosten sind üblicherweise nur ungenau zu prognostizieren.
- Fallen Vorlauf- und Folgekosten für eine gesamte Produktgruppe oder sogar für das gesamte Produktprogramm an, sind diese Kosten nicht verursachungsgerecht auf die einzelnen Produkte zu verteilen.
- Kosten fehlgeschlagener Produktentwicklungen, wie sie beispielsweise in der Pharmaindustrie häufig vorkommen, können nicht verursachungsgerecht Produkten zugeordnet werden.
- Die Verrechnung der Produktlebenszykluskosten setzt eine Schätzung der im gesamten Produktlebenszyklus abzusetzenden Absatzmenge des Produkts voraus.

1.5.2 Target Costing

Unter **Target Costing** versteht man eine konsequente marktorientierte Produktentwicklung, bei der Kosten der Kompetenten eines Produktes bzw. einer Leistung extrem frühzeitig im Entwicklungsprozess auf Basis der Kunden- und Marktanforderungen festgelegt werden (vgl. Deimel et al., 2017, S. 503).

Vor dem Hintergrund, dass 70–80 % der Selbstkosten von Produkten und Leistungen bereits sehr früh in deren Entwicklungsphase determiniert werden, eine Kalkulation und Preisfindung traditionell aber erst am Ende der Entwicklungsphase erfolgt, versucht das Target Costing, eine streng marktorientierte Ableitung von sehr konkreten Vorgaben für die Herstellkosten sicherzustellen. Ausgangspunkt ist hier im Gegensatz zur traditionellen Kalkulation, die die Preise aus den entstandenen Kosten ableitet, die Ableitung der Kosten aus der Preisbereitschaft der Kunden: Was sind die Kunden bereit, für die von mir geplante Produktneuentwicklung und ihre Funktionen und Komponenten zu bezahlen?

Die grundsätzlichen **Merkmale des Target Costing sind**:

- eine frühzeitige, retrograde vom erwarteten Marktpreis auf Basis der Preisbereitschaft der Kunden ausgehende Vorgabe der Herstellkosten eines Produktes, seiner Funktionen und seiner Komponenten,
- eine periodenübergreifende Betrachtung der Kosten im gesamten Lebenszyklus des zu entwickelnden Produktes.

Zu Beginn der Erläuterungen müssen wir einige grundlegende Festlegungen vornehmen. Die Eigenschaften eines Produktes aus Konsumentensicht bezeichnen wir im Folgenden als **Funktionen**, die technischen Bestandteile des Produktes als **Komponenten**. Bei einem Auto ist die Funktion als Eigenschaft aus Konsumentensicht zum Beispiel die Sportlichkeit, eine damit verknüpfte technische Komponente, der Motor oder auch die Schalldämpfung bzw. die Gestaltung der Karosserie. Konsumenten sehen im Wesentlichen die Funktionen, die Entwicklungsingenieure benötigen aber Kostenvorgaben für die Komponenten.

Target Costing ist sowohl bei Produkten als auch bei Dienstleistungen anwendbar, wir sprechen aber der Vereinfachung halber von Produkten und Produktentwicklung. Beim Target Costing werden in der Literatur im Grundsatz einige Varianten auf Basis der Vorgehensweise bei Zielkostenableitung unterschieden (vgl. Seidenschwarz, 2011, S. 115 ff.). Wir betrachten hier nur die konsequent marktorientierte Variante des **Market into Company,** also die Ableitung der Zielkosten aus dem Markt.

Abb. 108 zeigt die grundsätzliche Vorgehensweise des Target Costing.

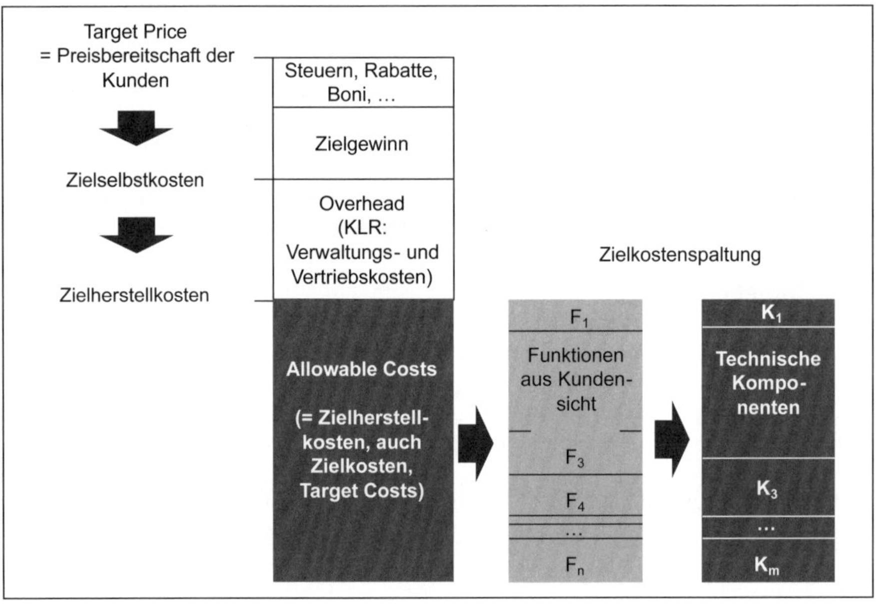

Abb. 108: Vorgehensweise des Target Costing
(Quelle: in Anlehnung an Coenenberg et al., 2016, S. 571)

Schritt 1: Ermittlung des Target Price und der Funktionsgewichte

Ausgangspunkt des Target Costing die Bestimmung der detaillierten Eigenschafts- bzw. Funktionsstruktur eines Produktes bzw. einer Leistung mithilfe von modernen **Marktforschungsmethoden** sowie die simultane Ermittlung der Preisbereitschaft der Kunden unter Berücksichtigung des Konkurrenzumfeldes, des sogenannten **Target Price,** zu Beginn des Produktentwicklungsprozesses. Dieser Target Price ist der Preis, den die Konsumenten für ein Produkt mit einer bestimmten Funktionsstruktur zu zahlen bereit sind. Der Target Price ist aus Konsumentensicht immer ein Bruttopreis inklusive der Umsatzsteuer, aus Unternehmenssicht ist der (Netto) Target Price nach Abzug der Steuern, Rabatte und Boni relevant (vgl. Abb. 108).

Das multivariate, statistische Analyseverfahren des **Conjoint Measurement** ermittelt durch Konsumentenbefragungen den Teilnutzen einzelner Funktionen aus Konsumentensicht und damit den Beitrag, den einzelne Leistungsbestandteile zum Gesamtnutzen eines Produktes aus Konsumentensicht liefern. Wir bezeichnen diese im Folgenden als **Funktionsgewichte**.

Dabei werden vor allem folgende Fragestellungen beantwortet:

- Welchen Nutzenbeitrag stiften einzelne Funktionen zum Gesamtnutzen des Produktes aus der Sicht der Kunden bzw. Konsumenten?
- Welchen Preis ist ein Kunde bereit, für das Produkt und seine Funktionen zu bezahlen?

Schritt 2: Ermittlung der Zielkosten und der Drifting Costs

Die **Zielselbstkosten**, die auch Allowable Costs i. w. S. genannt werden, werden ermittelt, indem eine Target Margin, eine angestrebte Gewinnmarge oder Umsatzrendite, von dem bereits in Schritt 1 ermittelten Target Price subtrahiert wird. Da das Target Costing den Gesamtlebenszyklus umfasst, enthalten die Allowable Costs i. w. S. neben den Zielherstellkosten auch die geplanten Verwaltungs- und Vertriebsgemeinkosten sowie die geplanten anteiligen F&E-Kosten über den gesamten Produktlebenszyklus. **Die Zielherstellkosten**, die auch Allowable Costs i. e. S. genannt werden, erhält man aus Zielselbstkosten retrograd durch den Abzug des Overheads des gesamten Produktlebenszyklus, also in der klassischen deutschen KLR durch den Abzug der geplanten Verwaltungs- und Vertriebsgemeinkosten. Über die geplanten Mengen im Produktlebenszyklus können **Zielherstellkosten pro Stück** abgeleitet werden.

Parallel zur Ermittlung der Zielherstellkosten werden die sogenannten **Drifting Costs** ermittelt. Drifting Costs sind geschätzte Herstellkosten, die auf Basis einer klassischen Vorgehensweise bei der Produktentwicklung und Produktkalkulation als realistisch angesehen werden, und basieren zumeist auf Daten von Vorgängerprodukten aus der vorhandenen Kostenrechnung.

Schritt 3: Zielkostenspaltung

Der zentrale Schritt im Rahmen des Target Costing ist die sogenannte Zielkostenspaltung, in der die Zielherstellkosten auf einzelne Komponenten, Baugruppen und Prozesse aufgespalten werden. Die **Funktionenmethode des Target Costing** basiert auf den Funktionsgewichten, die in Schritt 1 mit statistischen Verfahren wie dem Conjoint Measurement abgeleitet wurden. Da die Funktionsgewichte allerdings die Sichtweise der Konsumenten und keinen Anhaltspunkt für die Zielkosten einzelner technischer Komponenten darstellen, muss hier eine Übersetzung für die Entwicklungsingenieure erfolgen. Dies geschieht mithilfe einer **Funktionen-Komponenten-Matrix.** In abteilungs- und bereichsübergreifenden Expertenteams mit Mitarbeitern aus Vertrieb, Marketing, F&E und unter Hinzuziehung von Mitarbeitern von Zuliefererunternehmen wird dazu die Bedeutung einzelner Komponenten zur Funktionserfüllung eines Produktes abgeschätzt. Letztlich gibt die Funktionen-Komponenten-Matrix den Beitrag an, den eine einzelne technische Komponente zur Erfüllung einer relevanten Funktion aus Konsumentensicht beiträgt.

Schritt 4: Zielkostenkontrolle

Durch eine Matrixmultiplikation der Funktionen-Komponenten-Matrix mit dem Vektor der Funktionsgewichte können Komponentengewichte berechnet werden. Diese geben den Anteil der einzelnen Komponenten an den Zielherstellkosten an und sind die Basis zur Berechnung der absoluten Zielkosten der Komponenten (= Allowable Costs). Den so ermittelten und auf die einzelnen Komponenten heruntergebrochenen Allowable Costs werden die bei derzeitigem Technologiestand erreichbaren, geplanten Drifting Costs gegenübergestellt. Das Target Costing errechnet aus der Differenz von Allowable Costs und Drifting Costs zunächst einen absoluten **Kosteneinsparungsbedarf** auf Komponentenebene. Darüber hinaus beschreibt die Literatur einen sogenannten **Zielkostenindex:**

$$Zielkostenindex\ 1 = \frac{Errechneter\ Nutzenanteil\ der\ Komponente\ in\ \%}{Anteil\ der\ Komponente\ an\ den\ Drifting\ Costs\ in\ \%}$$

bzw.

$$Zielkostenindex\ 2 = \frac{Target\ Costs\ der\ Komponente\ absolut\ in\ €}{Drifting\ Costs\ der\ Komponente\ absolut\ in\ €}$$

Der Zielkostenindex 1 wird in der Literatur häufiger beschrieben (vgl. Küpper et al., 2013, S. 307; Weber & Schäffer, 2020, S. 380). Allerdings ist der Zielkostenindex 2 durchaus sinnvoll. Der Zielkostenindex 1 kann zu irreführenden Ergebnissen kommen, wenn die Allowable Costs insgesamt deutlich geringer sind als die Drifting Costs. Ein Zielkostenindex von 1 ist der optimale Wert, denn dann entspricht der Kostenanteil exakt der relativen Bedeutung der Komponente. Wenn der Zielkostenindex größer 1 ist, bedeutet dies, dass die betrachtete Komponente weniger Kosten erzeugt, als es der Bedeutung aus Sicht der Kunden entspricht. Da die jeweils betrachtete Komponente für den Kunden eine hohe Bedeutung besitzt, sollten hier Überlegungen entwickelt werden, ob mithilfe von Funktionsverbesserungen oder der Verwendung höherwertiger Komponenten die Attraktivität des Produkts zu steigern ist – es besteht ein Wertsteigerungsbedarf.

Wenn der Zielkostenindex kleiner 1 ist, bedeutet dies, dass die betrachtete Komponente zu hohe Kosten im Vergleich zum generierten Kundennutzen verursacht. Es besteht ein Kostenreduktionsbedarf, der eventuell über:

- eine Vereinfachung der Komponente in der Herstellung,
- eine Optimierung der Produktionsabläufe,
- ein Outsourcing der Produktion oder
- eine Herabsetzung der Qualitätsanforderungen

erreicht werden kann (vgl. Buggert & Wielpütz, 1995, S. 94).

Die Visualisierung des Verhältnisses von Kosten und Nutzen kann mithilfe eines **Zielkostenkontrolldiagramms** (Value Control Chart) erfolgen, das die prozentualen Kostenanteile der Komponenten den prozentualen Nutzenanteilen je Komponente gegenüberstellt (vgl. Abb. 109). Im Idealfall sollten die Komponenten auf der Diagonalen positioniert sein oder zumindest innerhalb einer Zielkostenzone um diese Diagonale herum.

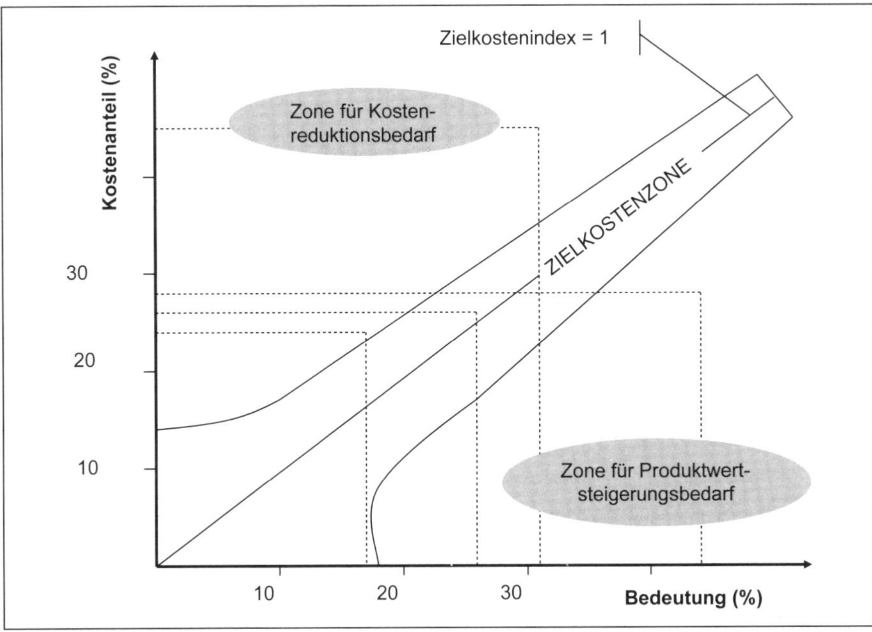

Abb. 109: Zielkostenkontrolldiagramm

Die gesamte Vorgehensweise des Target Costing soll im Folgenden noch einmal am Beispiel der EuroAir SE verdeutlicht werden.

Target Costing bei EuroAir

Die EuroAir SE plant, in der Zukunft neben dem üblichen Linienflugdienst als neues Geschäftsbereich einen VIP-Service zu erschließen: die individuelle Beförderung vermögender Privatreisender. Dazu sollen Flugzeuge vom Typ New Piper Seneca V – Turboprop (Passagierkapazität: bis 6 Personen) inkl. der Piloten angemietet werden. Insgesamt wird für das Produkt Privatkundenflug von einer gesamten Menge von 10.000 Flugstunden im Planungszeitraum von zehn Jahren ausgegangen. Eine Arbeitsgruppe des Unternehmens wurde beauftragt, im Vorfeld der Einführung des neuen Dienstes ein Target Costing durchzuführen.

Zur Herleitung des Target Price wurde zunächst in einer Marktforschungsstudie in Zusammenarbeit mit der Vermögensverwaltung der Privatkundenbank Oppenberg in Frankfurt eine Umfrage bei vermögenden Privatkunden durchgeführt, mit der die von den vermögenden Kunden geforderten Produkteigenschaften, den Funktionen, eines solchen Privatflugdienstes ermittelt wurden. Ebenso wurde die Preisbereitschaft erhoben. Die potenziellen Kunden waren bereit, einen Preis für eine Flugstunde in einem Privatjet inkl. First-Class-Behandlung von 2.500 € zu entrichten. Die Befragung zeigt die von den Kunden gewünschten Produkteigenschaften, den Funktionen, und zeigt die Wichtigkeit der einzelnen Faktoren in Form von Funktionsnutzengewichten: Schnelligkeit der Abfertigung 10 %, Bequemlichkeit an Bord 25 %, Service an Bord 25 %, Reisegeschwindigkeit 30 % sowie Conveniance der Buchung 10 %.

In einer näheren Analyse der Dienstleistungskomponenten kommt die Arbeitsgruppe zum Ergebnis, dass das Produkt Privatkundenflug aus den folgenden technischen Komponenten besteht: dem Buchungssystem, dem Abfertigungssystem, der Flugbegleitung, dem Catering an Bord sowie dem Fluggerät. Für diese Einzelkomponenten sind im Rahmen der Target-Costing-Kalkulation die jeweils erlaubten Kosten zu ermitteln. Aus den Unternehmenszielen der EuroAir SE wurde vom Vorstand eine Zielrendite von 20 % vorgegeben, die von allen Produkten der EuroAir SE erreicht werden soll. Zudem wird mit einem Verwaltungs- und Vertriebsgemeinkostenzuschlagssatz von 15 % gerechnet. Zur Umrechnung der Funktionsgewichte der einzelnen Funktionen aus der Marktforschung auf die einzelnen Komponenten wird innerhalb der Arbeitsgruppe eine interdisziplinäre Task-Force gebildet, die folgende Aufgabe bekommt: „Quantifizieren Sie die Beiträge, die die einzelnen Dienstleistungskomponenten, d. h. Buchungssystem, Abfertigungssystem, Flugbegleitung, Catering an Bord sowie Fluggerät, zur jeweiligen Funktionserfüllung, wie z. B. Abfertigungsschnelligkeit, Bequemlichkeit an Bord, Service an Bord, Schnelligkeit des Transports, Buchungsgeschwindigkeit beitragen. Das Ergebnis dieser Analyse zeigt Abb. 110.

Funktion / Komponente	Schnelligkeit der Abfertigung	Bequemlichkeit an Bord	Service an Bord	Reisegeschwindigkeit	Conveniance der Buchung
Buchungssystem	20 %				90 %
Abfertigungssystem	70 %			10 %	10 %
Kabinenpersonal	5 %		80 %		
Catering an Board			20 %		
Flugzeug	5 %	100 %		90 %	
Summe	100 %	100 %	100 %	100 %	100 %

Abb. 110: Funktionen-Komponenten-Matrix: Abschätzung der Nutzenbeiträge der Komponenten

Anschließend multipliziert die Controllingabteilung die vom Expertenteam geschätzten Bedeutungsgewichte pro Dienstleistungskomponente mit dem Funktionsgewicht gemäß den Teilnutzenwerten.

Hierdurch ergibt sich der Nutzenanteil der Komponenten:

Nutzenanteil des Buchungssystems

$$= 10\,\% \cdot 20\,\% + 25\,\% \cdot 0\,\% + 25\,\% \cdot 0\,\% + 30\,\% \cdot 0\,\% + 10\,\% \cdot 90\,\% = 11\,\%$$

Nutzenanteil des Abfertigungssystems

$$= 10\,\% \cdot 70\,\% + 25\,\% \cdot 0\,\% + 25\,\% \cdot 0\,\% + 30\,\% \cdot 10\,\% + 10\,\% \cdot 10\,\% = 11\,\%$$

Nutzenanteil des Kabinenpersonals

$$= 10\,\% \cdot 5\,\% + 25\,\% \cdot 0\,\% + 25\,\% \cdot 80\,\% + 30\,\% \cdot 0\,\% + 10\,\% \cdot 0\,\% = 20{,}5\,\%$$

Nutzenanteil des Caterings an Bord

$$= 10\,\% \cdot 0\,\% + 25\,\% \cdot 0\,\% + 25\,\% \cdot 20\,\% + 30\,\% \cdot 0\,\% + 10\,\% \cdot 0\,\% = 5\,\%$$

Nutzenanteil des Flugzeugs

$$= 10\,\% \cdot 5\,\% + 25\,\% \cdot 100\,\% + 25\,\% \cdot 0\,\% + 30\,\% \cdot 90\,\% + 10\,\% \cdot 0\,\% = 52{,}5\,\%$$

Der Nutzenanteil der Komponenten gibt Auskunft darüber, wie stark eine technische Komponente zum Kundennutzen beiträgt. Multipliziert man diese mit den Zielherstellkosten des gesamten Produktes, den Allowable Costs, erhält man die Zielkosten bzw. Allowable Costs für jede einzelne technische Komponente. Dies ist dann die Vorgabe für die Ingenieure in der Produktentwicklung und das zentrale Ergebnis des Target-Costing-Prozesses. Die Ergebnisse der Berechnungen finden wir in Abb. 111. Hier werden auch die beiden weiteren Kennzahlen berechnet: der ZKI, der Zielkostenindex, und das Kosteneinsparungs-/Investitionspotenzial.

	Nutzen-anteil	Kosten-anteil	Ziel-kosten-index 1	Drifting Costs	Zielkosten	Kostenein-sparungs-ziel
Buchungssystem	11,0 %	12,5 %	0,88	250,0	165,0	-85,0
Abfertigungssystem	11,0 %	7,5 %	1,47	150,0	165,0	15,0
Flugbegleitung	20,5 %	10,0 %	2,05	200,0	307,5	107,5
Catering	5,0 %	5,0 %	1,00	100,0	75,0	-25,0
Flugzeug	52,5 %	65,0 %	0,81	1.300,0	787,5	-512,5
Summe				2.000,0	1.500,0	-500,0

Abb. 111: Zielkostenindices und Kosteneinsparungs- bzw. Investitionspotenziale

Wie aus obiger Abbildung zu erkennen ist, müssen beispielsweise beim Fluggerät 512 T€ eingespart werden. Die Drifting Costs liegen bei 1.300 T€, während die Allowable Costs für diese Komponente bei nur 787,5 T€ liegen. Umgekehrt verhält es sich bei der Dienstleistungskomponente Flugbegleitung. Hier stehen die Allowable Costs in einem unterdurchschnittlichen Verhältnis zum Nutzenanteil, den sie spenden. Hier könnte EuroAir zur Steigerung der Leistungsfähigkeit weiter in die Servicekomponente Flugbegleitung investieren.

Übertragen in das Zielkostenkontrolldiagramm ergibt sich das in Abb. 112 dargestellte Bild. Die Kosteneinspar- bzw. Investitionspotenziale ergeben sich als Abstand der einzelnen Punkte zur Winkelhalbierenden.

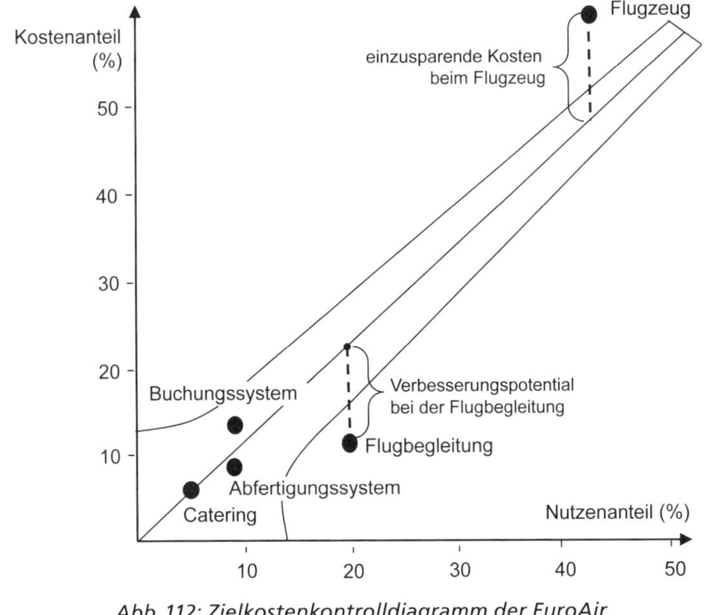

Abb. 112: Zielkostenkontrolldiagramm der EuroAir

2 Mergers & Acquisitions

Sind in der Vergangenheit viele Unternehmen vornehmlich organisch gewachsen, werden heute neue Kompetenzfelder häufig durch Fusionen oder Unternehmenszukäufe erschlossen. Dies wird als Mergers & Acquisitions, kurz M&A, bezeichnet.

Unternehmenskauf und Integration eines Serviceanbieters bei EuroAir

In der Luftverkehrsindustrie sind Zusammenschlüsse und Unternehmensübernahmen an der Tagesordnung. Auch EuroAir wurden in den letzten Jahren von Investmentbanken unterschiedlichste Unternehmen als durchaus interessante Akquisitionskandidaten angeboten.

Nach einigen Sondierungsgesprächen hat EuroAir die Möglichkeit, eine spezialisierte Internet-Servicegesellschaft, die FlyApp GmbH, zu übernehmen, und den Erwerb der EAST-Line, einer kleineren Fluglinie mit Sitz in Osteuropa, in Betracht gezogen. Nachdem auch Finanzierungsvorgespräche mit den Banken positiv verlaufen sind, wird das Konzerncontrolling beauftragt, den Prozess einer Übernahme zu planen und erste Gespräche mit dem Management und den Eigentümern der Übernahmekandidaten aufzunehmen. Darüber hinaus wird das Controlling Unternehmensbewertungen für beide Unternehmen durchführen. Dies soll im Falle der EAST-Line mithilfe eines Discounted-Cash-Flow-Verfahrens vorgenommen werden. Darüber hinaus soll auch eine marktorientierte Bewertung mit Multiples durchgeführt werden.

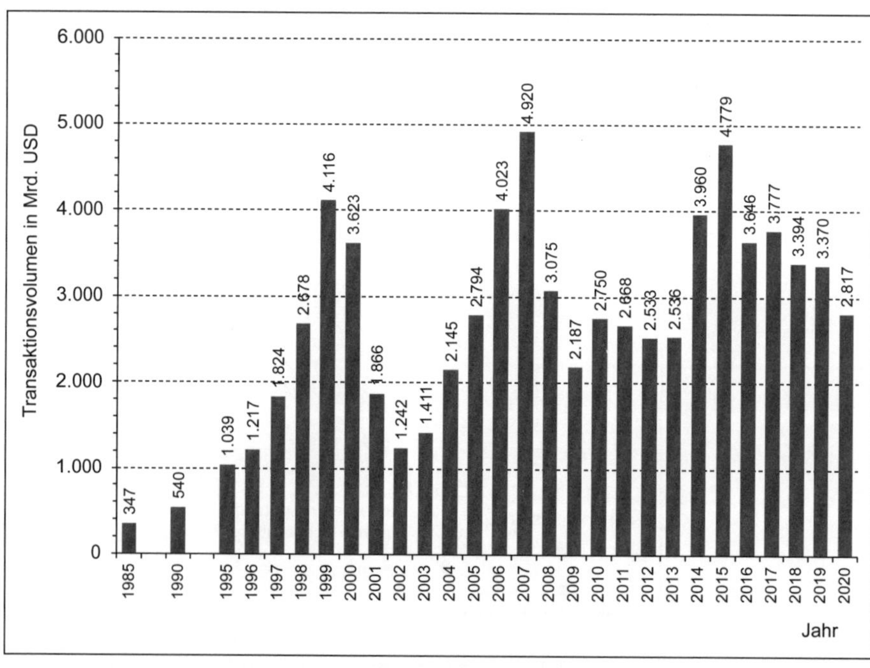

Abb. 113: Globales M&A-Transaktionsvolumen 1985–2020 (Quelle: IMAA, 2021)

2.1 Grundlagen von Mergers & Acquisitions

Mergers and Acquisitions, kurz **M&A**, ist der Überbegriff für Unternehmenstransaktionen, bei denen Unternehmen oder natürliche Personen Kapitalverflechtungen eingehen oder sich zu Gesellschaften zusammenschließen, den Eigentümer wechseln oder Anteile kaufen bzw. verkaufen (vgl. Wirtz, 2003, S. 10 ff.).

Grundsätzlich fallen unter M&A alle Unternehmensaktivitäten, die das Ziel haben, die Kontrolle über ein Unternehmen zu erlangen, daher spricht man im englischen Sprachraum auch vom Market for Corporate Control (vgl. Müller-Stewens, Spickers & Deiss, 1999, S. 1,).

Weltweit umfasst der Wert der M&A-Transaktionen zwischen zwei und fünf Billionen USD und ist seit den 1980er-Jahren – mit einigen tiefen Einbrüchen – gewachsen.

Es gibt eine große Anzahl von Beratungs- und Dienstleistungsunternehmen, die sich auf M&A spezialisiert haben. Dies sind allen voran Investmentbanken wie GOLDMAN & SACHS oder DEUTSCHE BANK, Wirtschaftskanzleien wie FRESHFIELDS BRUCKHAUS DERINGER oder CLIFFORD CHANCE und Transaktionsberatungen der großen Wirtschaftsprüfergesellschaften wie PWC oder KPMG. Größere Unternehmen verfügen intern über spezialisierte M&A-Abteilungen, die bei Übernahmen die jeweiligen Projekte leiten und eng mit dem Controlling und anderen Fachabteilungen zusammenarbeiten.

M&A-Aktivitäten lassen sich

- nach der Finanzierungs- und Übernahmetechnik,
- dem Ausmaß der Unterstützung durch das Management sowie
- nach der juristischen Form der Transaktion gliedern.

Finanzierungs- und Übernahmetechnik

Bei der Finanzierungs- bzw. Übernahmetechnik ist zunächst die Art der Bezahlung zu unterscheiden.

- Bei einer **Cash-Based-Transaktion** wird der Kaufpreis nach Abschluss des Kaufvertrags beim Closing in Geld bezahlt.
- Bei einer **Share-Based-Transaktion** leistet das übernehmende Unternehmen den Kaufpreis nicht in Geld, sondern durch eigene Aktien. Das übernehmende Unternehmen bietet den Aktionären des Zielunternehmens in einem festgesetzten Tauschverhältnis eigene Aktien im Tausch gegen die Aktien des Zielunternehmens. Die Aktien, die dabei als Zahlungsmittel eingesetzt werden, stammen in der Regel aus einer Kapitalerhöhung des übernehmenden Unternehmens.

Weitere Übernahmetechniken sind die sogenannten Buy-outs:

- Der **Management-Buy-out** ist die Übernahme eines Unternehmens durch ein oder mehrere Mitglieder des derzeitigen Managements; beispielsweise übernimmt ein derzeitig angestellter Geschäftsführer das von ihm geleitete Unternehmen als neuer Eigentümer.
- Der **Management-Buy-in** ist die Übernahme eines Unternehmens durch einen externen Manager, der anschließend die Leitung des erworbenen Unternehmens übernimmt; beispielsweise erwirbt der Geschäftsführer eines Branchenwettbewerbers einen früheren Konkurrenten und leitet ihn dann.

- Als **Leveraged Buy-out** bezeichnet man die Übernahme eines Unternehmens durch Investoren, die diese Transaktion vornehmlich mit Fremdkapital finanzieren (vgl. Jansen, 2016, S. 143 ff.).

Buy-outs und Buy-ins werden häufig mit einem sehr hohen Fremdkapitalanteil finanziert. Das Fremdkapital wird von Konsortien im Rahmen von **Structured Finance** zur Verfügung gestellt. Unter Structured Finance versteht man Finanzierungsinstrumente, die über die klassische Fremdkapitalfinanzierung hinausgehen und sich durch **weitreichende rechtliche, steuerliche und wirtschaftliche Regelungen** auszeichnen. Die Konsortien bestehen aus bis zu einigen Hundert Investoren wie Banken, Fonds oder Personen, die so das Risiko auf vielen Schultern verteilen. Die Konsortien behalten sich über sogenannte Lead-Investoren den intensiven Eingriff in das Geschäft des finanzierten Unternehmens vor, sobald gewisse finanzielle und nicht-finanzielle Bedingungen, die sogenannten Financial and Non-Financial Convenants, vom finanzierten Unternehmen nicht erfüllt werden sollten.

Financial Convenants bestehen z. B. in Mindestrenditen in Bezug auf Cashflow- oder EBITDA-nahe Renditekennzahlen und werden vertraglich festgelegt. Technisch erfolgen die Finanzierungen häufig über extra zu diesem Zweck gegründete Zweckgesellschaften, den sogenannten **Special Purpose Entities** (SPE), die nach der Transaktion mit dem finanzierten Unternehmen verschmolzen werden.

Unterstützung durch das Management

Bei der Unterstützung durch das Management wird zwischen einer freundlichen und einer feindlichen Übernahme unterschieden.

- Bei einer **freundlichen Übernahme**, dem Friendly Takeover, unterstützt das Management des Zielunternehmens die Übernahme durch das übernehmende Unternehmen und empfiehlt den eigenen Anteilseignern den Verkauf der Aktien bzw. Gesellschaftsanteile.
- Bei einer **feindlichen Übernahme**, dem Hostile Takeover, unterstützt das Management der Zielgesellschaft die Übernahme nicht und empfiehlt den Anteilseignern, keine Aktien oder Gesellschaftsanteile zu veräußern. Feindliche Übernahmen sind nur bei börsennotierten Unternehmen möglich.

Das Management des Zielunternehmens hat die Verpflichtung, alle Übernahmeangebote ernsthaft und fair aus Sicht der eigenen Anteilseigner zu prüfen, auch wenn es die Übernahme persönlich ablehnt. Daher werden Übernahmeangebote vom Management meist mit Hinweis auf den zu niedrigen Kaufpreis oder bessere Entwicklungsmöglichkeiten des Unternehmenswertes ohne eine Übernahme abgelehnt. Im Falle der Ablehnung ergreift das Management des Zielunternehmens meist eine oder mehrere der folgenden Abwehrmaßnahmen:

- den Rückkauf eigener Aktien zur Erhöhung des Börsenkurses,
- die Ausgabe vinkulierter Namensaktien,
- die Schaffung von Poison Pills wie zum Beispiel einseitiger, teurer Change-of-Control-Zusagen gegenüber den Führungskräften (Golden Parachutes) oder
- die Gewinnung eines weißen Ritters, eines anderen, freundlichen übernehmenden Unternehmens, das den Kaufpreis in einer Bieterschlacht in die Höhe treiben soll.

Alle Abwehrmaßnahmen machen die Übernahme für den potenziellen Käufer teurer und unattraktiver.

Juristische Form der Übernahme

Der **Asset Deal** bezeichnet eine Übernahmeform, bei der alle Vermögensgegenstände eines Unternehmens oder eines Unternehmensteils im Wege einer Einzelrechtsnachfolge auf eine Gesellschaft des Käufers übergehen. Im Kaufvertrag werden die Vermögensgegenstände und gegebenenfalls die Schulden des Zielunternehmens, also Grundstücke, Gebäude, Maschinen, Vorräte, Forderungen usw. einzeln übertragen. Zudem werden auch alle Verträge und außerbilanziellen, immateriellen Vermögenswerte einzeln übernommen. In Hinblick auf die Verbindlichkeiten des Zielunternehmens gibt es unterschiedliche Regelungen.

Es gibt einige **Vorteile** eines Asset Deals:

- Es ist möglich, nur einzelne Unternehmensteile zu übertragen und zum Beispiel Teile der Verbindlichkeiten und Risiken nicht mit zu übernehmen.
- Durch einen Asset Deal können stille Reserven in der Bilanz des Zielunternehmens aufgelöst werden. Der Teil des Kaufpreises, der nicht auf die Vermögensgegenstände verteilt werden kann, wird als Firmenwert in der Bilanz aktiviert. Dieser kann in vielen Ländern steuerlich abgeschrieben werden und wirkt so steuermindernd.

Nachteile eines Asset Deals sind hingegen:

- Der Asset Deal verursacht einen relativ hohen Aufwand bei der Vertragsgestaltung, da sämtliche übergehende Vermögensgegenstände, Schulden, Verträge etc. eindeutig zu ermitteln und in umfangreichen Anlagen zu benennen sind.
- Darüber hinaus bestehen im Rahmen des Asset Deals häufig Zustimmungserfordernisse der Gläubiger bzw. der Vertragspartner des zu übernehmenden Unternehmens bei der Übertragung von Rechtsverhältnissen.

Das Gegenstück zum Asset Deal bildet der **Share Deal**. Der Share Deal stellt einen Kauf von Geschäftsanteilen wie Aktien oder GmbH-Anteilen dar. Durch einen Share Deal wird der Erwerber Anteilseigner am Zielunternehmen und erwirbt die damit verbundenen Rechte und Pflichten. In der Regel werden auch bei einem Share Deal detaillierte Vereinbarungen darüber getroffen, inwiefern Risiken wie mögliche Steuerverbindlichkeiten oder Garantiefälle durch Käufer oder Verkäufer zu tragen sind. Verkäufer bevorzugen oft einen Share Deal gegenüber einem Asset Deal, da ein Veräußerungsgewinn aus einem Share Deal in vielen Ländern steuerlich begünstigt ist.

Vorteile eines Share Deals sind vor allem:

- der relativ geringe Aufwand bei der Vertragsgestaltung, da nur die Gesellschaftsanteile übertragen werden,
- der automatische Übergang von Rechtverhältnissen des Unternehmens,
- in vielen Ländern die steuerliche Besserstellung für den Verkäufer.

Nachteile des Share Deals sind:

- die vollständige Übernahme sämtlicher, auch unbekannter Verbindlichkeiten und Risiken, wie z. B. aus Gewährleistung oder Umweltschutz, und
- die Bindung an frühere Organbeschlüsse des Unternehmens.

2.2 Prozess des Unternehmenskaufs

Der Unternehmensakquisitionsprozess lässt sich in drei Hauptphasen gliedern (vgl. Abb. 114):

- die strategische Analyse- und Konzeptionsphase (Pre-Akquisitionsphase),
- die Transaktionsphase wie auch
- die Integrationsphase (Post Merger-Integrationsphase).

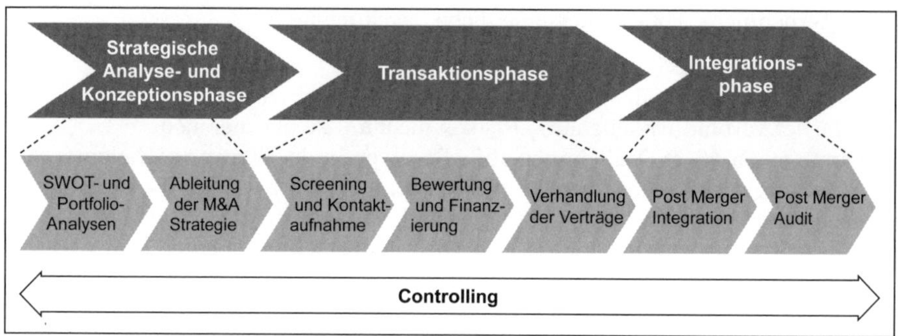

Abb. 114: Phasen einer Unternehmensakquisition (Quelle: in Anlehnung an Jansen, 2016, S. 293)

2.2.1 Strategische Analyse- und Konzeptionsphase

In der strategischen Analyse- und Konzeptionsphase erfolgt zunächst eine strategische Analyse des übernehmenden Unternehmens und seines Umfeldes. Hier können die in Kapitel B.2.3 vorgestellten Instrumente des strategischen Controllings zum Einsatz kommen. Zum Beispiel könnte eine SWOT-Analyse oder eine Portfolio-Analyse durchgeführt werden, auf deren Basis strategische Lücken oder strategische Defizite identifiziert werden können.

M&A-Transaktionen werden genutzt, um die in der strategischen Analyse aufgedeckten Defizite zu beseitigen: Es kann versucht werden, durch die Akquisition vertrieblich in Regionen tätig zu werden, in denen man bisher nicht tätig war, es können Produktionsstandorte gekauft werden oder man kann versuchen, durch eine Übernahme Mitarbeiter mit Kompetenzen einzukaufen, die bisher nicht im Unternehmen vorhanden waren.

Ergebnis dieser strategischen Analysen ist eine M&A-Strategie, in deren Mittelpunkt u. a. folgende Fragen stehen:

- Soll überhaupt akquiriert werden?
- Welcher Unternehmenstyp aus welcher Branche soll erworben werden?
- In welchen Ländern oder Regionen sollen Unternehmen erworben werden?

Nach der allgemeinen strategischen Analyse erfolgt eine Akquisitionsplanung, auf deren Basis sich der Unternehmenskauf als ein geplanter, rationaler Prozess gestalten lässt, in dem einzelne Teilschritte systematisch analysiert, abgearbeitet und für alle Prozessbeteiligten transparent dokumentiert werden. Eine M&A-Transaktion sollte auf Basis eines professionellen Projektmanagements durchgeführt werden.

2.2.2 Transaktionsphase

Die Transaktionsphase beinhaltet die Selektion möglicher Akquisitionskandidaten, den Zielunternehmen, sowie den tatsächlichen Akquisitionsvorgang, der sich von der ersten Kontaktaufnahme über die Unternehmensbewertung bis zum Vertragsabschluss und die Übertragung aller Rechte und Pflichten an den Erwerber erstreckt. Im Einzelnen unterteilt man folgende Meilensteine:

- Screening und Selektion möglicher Akquisitionsobjekte,
- Kontaktaufnahme,
- Verhandlungsaufnahme,
- Letter of Intent (LoI),
- Due Diligence,
- Bewertung des Akquisitionsobjekts,
- Verhandlung und Vertragsgestaltung,
- Signing und Closing.

Screening und Selektion

Basierend auf einem grundsätzlichen Anforderungsprofil an mögliche Akquisitionskandidaten werden in dieser Phase systematisch allgemein zugängliche Informationen über mögliche Akquisitionskandidaten gesammelt, ausgewertet und aufbereitet. Hierdurch entsteht zunächst eine sog. **Long List**, d.h. eine Liste von bis zu 20 möglichen Akquisitionsobjekten, die die strategischen Anforderungen grundsätzlich erfüllen.

Einen entscheidenden Beitrag haben hier häufig die Transaktionsabteilungen von **Investmentbanken**, die größere Konzerne mit häufigen M&A-Aktivitäten regelmäßig über Akquisitionskandidaten informieren. Dabei werden in Präsentationen vor dem Topmanagement Hintergrundanalysen potenzieller Akquisitionskandidaten und möglicher Synergien mit dem akquirierenden Unternehmen diskutiert. Die Investmentbank verfolgt dabei die Absicht, das akquirierende Unternehmen in einem eventuellen Akquisitionsprozess beraten zu können.

Im Rahmen einer weiteren Analyse wird die Long List anhand festzulegender Kriterien ausgedünnt. Hieraus entsteht die **Short List**, die in der Regel nur noch drei bis fünf Akquisitionskandidaten umfasst.

Kontaktaufnahme

Der erste, häufig sehr sensible Kontakt kann bei kleinen, eigentümerbezogenen Privatunternehmungen der Eigentümer sein, bei mittleren bzw. großen Unternehmen die Geschäftsführung. Bei börsennotierten Unternehmen können in dieser Phase auch bereits Aktien auf dem Kapitalmarkt erworben werden. Eine andere Möglichkeit ist, den Kontakt zum Akquisitions-Target von einer Investmentbank herstellen zu lassen.

In der Regel folgen dann erste Sondierungsgespräche mit dem Ziel:

- der Überprüfung der Verkaufsbereitschaft der bisherigen Eigentümer,
- des Nachweises der eigenen Kaufabsicht gegenüber dem Verkäufer,
- der weiteren Informationssammlung und -auswertung und
- der Sicherstellung exklusiver Verhandlungsrechte.

Auf Basis einer Vertraulichkeitsvereinbarung, in der sich das akquirierende Unternehmen zur Geheimhaltung aller Informationen verpflichtet, die es im Laufe der Verhandlungen erhält, werden weitere Informationen über das Akquisitions-Target ausgetauscht. Hierzu können beispielsweise gehören:

- Kundenlisten,
- Kosten- und Margeninformationen zu Produkten oder Produktionswerken,
- organisatorische und personelle Informationen,
- Informationen über Patente und Lizenzen sowie
- eine Übersicht über wesentliche Unternehmensverträge.

Verhandlungsaufnahme

In den frühen Verhandlungsphasen erfolgen erste Festlegungen zu Übernahmezeitpunkten, Vereinbarungen zu einzuhaltenden Rahmenbedingungen sowie häufig auch eine erste Kaufpreisindikation. Diese werden häufig in einem **Letter of Intent** (LoI) zusammengefasst.

Der LoI ist eine rechtlich vergleichsweise unverbindliche, aber moralisch bindende Erklärung der Verhandlungsparteien über die Kaufs- bzw. Verkaufsabsicht. Dem LoI wird ein hoher taktischer und psychologischer Einfluss zugeordnet, indem er bei beiden Parteien Vertrauen in die Ernsthaftigkeit der Kaufs- und Verkaufsabsichten schafft. Er dient damit auch zur Absicherung des Managements des Zielunternehmens und als Auftakt für die noch intensivere Prüfung und weitere Verhandlungen.

Due Diligence

Unter **Due Diligence**, was auf Deutsch mit gebührender Sorgfalt bedeutet, versteht man eine weitgehende Überprüfung einer Gesellschaft durch das übernehmende Unternehmen im Rahmen eines Unternehmenskaufs (vgl. Bruner, 2004, S. 207 ff.).

Ziel einer Due-Diligence-Prüfung aus Sicht des Käufers ist im Wesentlichen:

- Informationen über alle bewertungsrelevanten Tatsachen zu erlangen sowie
- mögliche mit einem Kaufobjekt verbundene Chancen und Risiken zu identifizieren.

Aber auch aus Sicht des Verkäufers ist eine umfangreiche und detaillierte Due Diligence sinnvoll, da diese das Risiko für spätere Klagen und Rückforderungen des Käufers aufgrund verschwiegener und versteckter Mängel reduziert. Daher empfehlen inzwischen etliche Investmentbanken den Verkäufern, vor Start eines Verkaufsprozesses eine sogenannte Seller Side Due Diligence durchzuführen, in deren Rahmen bereits ein unabhängiger Wirtschaftsprüfer einen Due Diligence-Bericht zur Verfügung stellt.

Gegenstand von Due Diligence sind folgende Aspekte des Transaktionsobjektes:

- betriebswirtschaftliche (Commercial Due Diligence),
- marketing- und vertriebsbezogene (Market Due Diligence),
- personalbezogene (Personell Due Diligence und Management Audit),
- technische (Technical Due Diligence),
- IT-bezogene (IT Due Diligence),
- finanzielle (Financial Due Diligence),
- umweltbezogene (Ecological Due Diligence),

- grundstück- und gebäudebezogene (Realty Due Diligence),
- steuerliche (Tax Due Diligence),
- Compliance-bezogene (Compliance Due Diligence) und
- juristische (Legal Due Diligence) (vgl. Niederdrenk & Fischer, 2017, 9 ff.).

Bewertung des Akquisitionsobjektes, Verhandlung und Vertragsgestaltung

Auf Basis der bisher vorliegenden Verhandlungsergebnisse und der durchgeführten Due Diligence entwickeln die Vertragsparteien ihre jeweiligen Kaufpreisvorstellungen. Hierbei kommen unterschiedliche Bewertungsverfahren zum Einsatz. Diese sowie weitere wesentliche, bis zu diesem Zeitpunkt erzielte Verhandlungsergebnisse werden meist in einem Memorandum of Understanding (MoU) festgehalten. Bei diesem Dokument wird zumeist zwischen Ergebnissen, bei denen bereits Einigung erzielt wurde, und noch offenen, klärungsbedürftigen Punkten unterschieden.

Gegenstand der weiteren Vertragsverhandlungen sind im Wesentlichen:

- formale Aspekte, z. B. die konkreten Eigentumsverhältnisse,
- der Übergabezeitpunkt,
- der Kaufpreis,
- die Art des Kaufes, wie z. B. Asset oder Share Deal,
- vom Verkäufer abzugebende Garantien und
- weitere Nebenabreden, wie z. B. Weiterbeschäftigung des Managements.

Aufgrund der Komplexität und der Vielschichtigkeit der Verhandlungen werden Käufer und Verkäufer häufig von Investmentbanken, Wirtschaftsprüfungsgesellschaften oder anderen Beratungsunternehmen unterstützt, die dann häufig auch an den Verhandlungsrunden teilnehmen.

Signing und Closing

Den Abschluss des Verhandlungsprozesses stellt das sogenannte **Signing** dar, d. h. die abschließende Unterzeichnung des Kaufvertrags. Je nach Vertragskonstellation sind hierzu auch notarielle Beurkundungen notwendig. In aller Regel geht die Verfügungsgewalt des Verkäufers allerdings nicht sofort mit Unterzeichnung des Kaufvertrags auf den Käufer über. Bevor das Kaufobjekt tatsächlich den Eigentümer wechselt, müssen häufig noch eine oder mehrere der folgenden Bedingungen erfüllt werden:

- Finanzierung und Zahlung des Kaufpreises,
- Einholung der Genehmigung der Aufsichtsgremien von Käufer und Verkäufer,
- staatliche Genehmigungen der Transaktion, z. B. durch Kartellbehörden,
- Eintragung in das Handelsregister.

Sind alle aufschiebenden Bedingungen erfüllt und alle Genehmigungen erfolgt, übernimmt der Käufer mit dem **Closing** gegen Entrichtung des Kaufpreises alle Rechte und Pflichten an der zu übernehmenden Gesellschaft. Es erfolgt die Eigentumsübertragung auf den Käufer. Daneben werden weitere Rechtshandlungen innerhalb des Closing abgewickelt wie z. B. die Feststellung von Bilanzen und Ergebnissen von Zwischenprüfungen. Gerade bei Asset Deals kann es sich beim Zeitraum zwischen Signing und Closing durchaus um mehr als ein Jahr handeln und verschiedene Unternehmensteile können auch dann noch später in einem Subsequent Closing übertragen werden.

2.2.3 Integrationsphase

Die Integrationsphase, auch als **Post Merger-Phase** bezeichnet, beinhaltet die Umsetzung der durch den Erwerb formulierten Ziele. Hierbei müssen die Unternehmen operativ, organisatorisch und strategisch zusammengeführt werden. Ein besonderes Augenmerk liegt hier auf der Realisierung von Synergien. Im Rahmen des Investitionscontrollings sollte hier auch kontrolliert werden, ob die in der Bewertung angenommenen Prämissen und Resultate auch tatsächlich so eingetreten sind.

Akquisitionsprojekt bei EuroAir

Die Akquisition der EAST-Line gestaltet sich schwierig. Die Verhandlungen, die immer wieder von längeren Verhandlungspausen unterbrochen wurden, ziehen sich nun schon fast über ein ganzes Jahr hin. Endlich wurden die Verhandlungen so weit konkretisiert, dass die Due Diligence erfolgen konnte. In einem Hotel in einem Kölner Vorort wurden mehrere Räume, der sogenannte Data Room, angemietet und wurden sehr viele notwendige Informationen hinterlegt. Der Verkäufer gewährte EuroAir eine einwöchige Frist, um die Due Diligence im Data Room durchzuführen. Wie üblich können mehrere Teams aus den unterschiedlichen Due-Diligence-Bereichen den Data Room nutzen, es ist aber untersagt, Fotokopien anzufertigen oder Dokumente zu fotografieren, geschweige denn mitzunehmen.

Von Seiten der EuroAir wurde ein Due-Diligence-Team benannt, das aus Juristen, Wirtschaftsprüfern, Vertriebsmitarbeitern, Experten für Flugverkehrs-Operations und Vertretern der Controlling- und Finanzabteilung bestand. Diese erstellten einen mehrere 100 Seiten starken Due-Diligence-Bericht über die EAST-Line.

Wesentliche Erkenntnisse waren:

- Die Marktaussichten des Unternehmens stellen sich bei genauer Betrachtung wegen schlechter Kundenzufriedenheitswerte deutlich ungünstiger dar als zunächst angenommen (Commercial Due Diligence).
- Aufgrund des massiven Einsatzes von Mitarbeitern, die in der Vergangenheit untertariflich bezahlt wurden, droht eine Klage vor dem Arbeitsgericht auf tarifliche Bezahlung (HR Due Diligence).
- Darüber hinaus sind auch einige Mietverträge für Räumlichkeiten an verschiedenen Flughäfen nicht rechtsgültig abgeschlossen, woraus ein erhebliches rechtliches Risiko resultiert (Legal Due Diligence).
- Nicht zuletzt stellen noch nicht abschließend geklärte Steuernachforderungen des Finanzamts ein Risiko für einen potenziellen Erwerber dar (Tax Due Diligence).

Trotz dieser Risiken beschließt der EuroAir-Vorstand die Fortsetzung der Akquisitionsgespräche. Auf Basis der Risiken ist es in mehreren Verhandlungsrunden gelungen, sich auf einen niedrigeren Kaufpreis zu verständigen sowie schließlich einen Kaufvertrag auszuhandeln und diesen zu unterschreiben (Signing). Allerdings steht dieser Vertrag noch unter der aufschiebenden Bedingung der Zustimmung des Kartellamts wie auch der Zustimmung des Aufsichtsrats der EuroAir SE. Nachdem beide Zustimmungen erfolgt sind, erfolgt einige Monate später die Übertragung von Rechten und Pflichten an den Käufer (Closing) sowie die Zahlung des Kaufpreises.

2.3 Verfahren der Unternehmensbewertung

Der **Unternehmenswert** ist der Marktwert des Eigenkapitals, also bei börsennotierten Unternehmen die Marktkapitalisierung bzw. der Wert aller Gesellschaftsanteile bei nicht-börsennotierten Unternehmen. **Unternehmensbewertung** ist der Prozess der Ermittlung von Unternehmenswerten.

Die Unternehmensbewertung ist im Rahmen der Kaufpreisermittlung bei M&A-Aktivitäten von zentraler Bedeutung. Es gibt aber darüber hinaus etliche weitere Anlässe für Unternehmensbewertungen:

- private Anlässe wie Erbschaft, Schenkung oder Ehescheidung,
- Ein- und Austritte von Gesellschaftern oder Aktionären,
- Aktienbewertungen und Kaufempfehlungen von Analysten,
- geplante Kreditfinanzierungen durch Banken,
- Begebung von Anleihen am Kapitalmarkt,
- Bewertung im Rahmen von Ratings,
- Bewertung im Rahmen der wertorientierten Unternehmensführung,
- handelsrechtliche Bewertung im Rahmen von Impairment-Tests,
- steuerliche, vertragliche, zivil- oder strafrechtliche Veranlagungen des Unternehmenswertes.

Im Gegensatz zu den in der Vergangenheit vorherrschenden objektiven Werttheorien geht die heute vorherrschende **funktionale Werttheorie** davon aus, dass der Unternehmenswert aus Sicht jedes Bewerters unterschiedlich sein kann. Somit können auch die Wert- und Kaufpreisvorstellungen von Verkäufer und Käufer oder von verschiedenen Käufern stark divergieren. Ursachen können durchaus rationale Gesichtspunkte sein:

- verschiedene Zukunftserwartungen, wie z. B. hinsichtlich Nachfrage, Kosten, Konkurrenz,
- unterschiedliche Gestaltungsmöglichkeiten wie Synergiepotenziale mit bereits vorhanden Aktivitäten des Käufers oder
- unterschiedliche Zielsysteme, wie z. B. die Risikoeinstellung.

Daneben ist die Höhe des Unternehmenswertes abhängig vom **Bewertungszweck**. So wird vermutlich die steuerliche Bewertung zu einem anderen Ergebnis kommen als eine Bewertung zu Kauf- oder Verkaufszwecken. Festzuhalten bleibt, dass eine objektive, d. h. für jeden Zweck gültige und eindeutige Ermittlung des Unternehmenswerts nicht möglich ist.

Grundsätzlich muss zwischen Wert und Preis eines Unternehmens unterschieden werden. Der Unternehmenswert leitet sich aus der Eigenschaft ab, zukünftig Erträge für seinen Eigentümer zu erwirtschaften; der Preis eines Unternehmens bildet sich in freien Kapitalmärkten durch Angebot und Nachfrage. Hierzu passt das dem Investor Warren Buffet zugeschriebene Zitat: „Value is what you get, price is what you pay!“

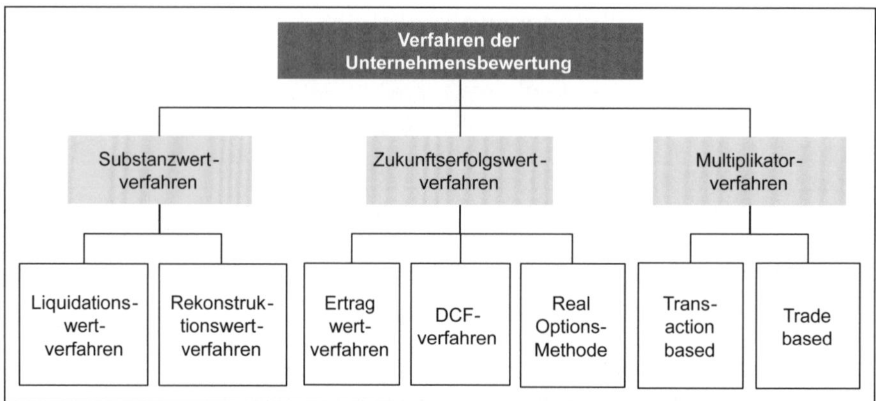

Abb. 115: Verfahren der Unternehmensbewertung (Quelle: Coenenberg & Schulze, 2011, S. 361)

Man unterscheidet bei der Unternehmensbewertung zwei Werte:

- Im Vordergrund steht der bereits oben definierte **Unternehmenswert** (UW), der Marktwert des Eigenkapitals, den sogenannten **Equity Value**.
- Es gibt aber zusätzlich den **Gesamtunternehmenswert** (EV), d. h. den Marktwert des Eigen- und des Fremdkapitals, den **Entity Value**.

Der Equity Value (UW) errechnet sich aus dem Entity Value (EV), indem man den Marktwert des Fremdkapitals vom Entity Value abzieht.

Zur Ermittlung des Unternehmenswertes sind in der Betriebswirtschaftslehre die in Abb. 115 dargestellten Verfahren entwickelt worden:

- Die traditionellen **Substanzwertverfahren** nehmen die Bewertung eines Unternehmens aufgrund einer Einzelbewertung der Vermögensgegenstände vor. Letztlich ermittelt auch die Bilanz der Rechnungslegung einen Substanzwert, das Eigenkapital ist der Equity Value, die Bilanzsumme der Entity Value.
- **Zukunftserfolgswertverfahren** ermitteln den Wert aus zukünftigen Rückflüssen. Die Ertragswertmethode ist ein traditionelles Verfahren, das die zukünftigen Jahresüberschüsse abzinst. Weitere Zukunftserfolgswertverfahren sind die Realoptions-Methode und die **Discounted Cashflow-Verfahren**. Letztere haben sich als Standard der Unternehmensbewertung durchgesetzt.
- Daneben spielen die Markt- bzw. Vergleichswertverfahren, die sogenannten **Multiplikatorverfahren**, eine besondere Rolle.

Was ist der Wert einer Kuh?

Als vereinfachendes Beispiel für die unterschiedlichen Verfahren der Unternehmensbewertung sei das Beispiel einer Milchkuh angeführt, nämlich die Frage: „Was ist der Wert einer zweijährigen Milchkuh?".

1. Bewertungsmöglichkeit: Nettobuchwert

Der Bauer hat die Kuh vor zwei Jahren als Kalb zu einem Kaufpreis von 2.000 € gekauft. Die gesetzlich zulässige Abschreibungsdauer der Kuh möge vier Jahre betragen, woraus sich bei linearer Abschreibung ein aktueller Buchwert von 1.000 € ergibt. Entspricht dieser Nettobuchwert dem tatsächlichen Marktwert der Kuh? Sicherlich nicht, denn der Marktpreis der Kuh ist deutlich höher als der ermittelte Nettobuchwert. Es existiert also eine stille Reserve im Vermögensgegenstand Kuh.

2. Bewertungsmöglichkeit: Substanzwert

Sofern der Bauer die Kuh zum heutigen Tage schlachten würde, könnte er das Fleisch der Kuh zum aktuellen Tagespreis für Rindfleisch für 2.000 € verkaufen (Substanzwert auf Basis von Liquidationswerten). Der Bauer stellt sich nun die Frage, ob die Kuh als Produzentin von Milch nicht einen noch höheren Wert für ihn haben kann.

3. Bewertungsmöglichkeit: Ertragswert

Der Bauer ermittelt abschließend den Ertragswert. Die Kuh kann noch vier weitere Jahre jeweils 4.000 l Milch jährlich geben, die er für 0,5 €/l an die Molkerei verkaufen kann. Für Futter und Unterhalt der Kuh muss er jährlich 1.000 € einrechnen. So ergibt sich folgende Rechnung:

	Erträge:	4 · 4.000 l Milch · 0,5 €/l	=	8.000 €
./.	Aufwendungen:	4 · 1.000 €/Jahr	=	4.000 €
=	Ergebnis:			4.000 €

Aus dieser Berechnung ergibt sich ein Zukunftserfolgswert der Kuh. Eventuell kann am Ende der Lebenszeit der Kuh noch ein Restverkaufserlös in Höhe des Fleischpreises realisiert werden.

4. Bewertungsmöglichkeit: Multiplikator-Bewertung

Die Kuh erwirtschaftet aus dem Verkauf der Milch jährlich einen Gewinn von 1.000 €. Aus dem Vergleich mit vergangenen Verkaufspreisen, die andere Bauern erzielt haben, weiß unser Bauer, dass ungefähr das 4,5-Fache des jährlichen Gewinns als Kaufpreis für eine gute Kuh erzielt werden kann. Somit ergäbe sich durch den Gewinn und den Multiplikator 4,5 ein Wert der Kuh von 4.500 €.

2.4 Substanzwertverfahren

Der **Substanzwert** bezeichnet einen Wertansatz, der durch eine Einzelbewertung aller betriebsnotwendigen Vermögensgegenstände eines Unternehmens und dessen Schulden zu einem bestimmten Stichtag ermittelt wird (vgl. Mandl & Rabel, 2009, S. 82).

Daher spricht man beim Substanzwertverfahren von einem Einzelbewertungsverfahren. Der Substanzwert ergibt sich aus der Analyse und Bewertung aller Vermögensgegenstände der Aktivseite der Bilanz, dies ergibt einen **Bruttosubstanzwert**. Wird der Bruttosubstanzwert um den Wert aller Rückstellungen und Verbindlichkeiten des Unternehmens vermindert, ergibt sich ein **Nettosubstanzwert**.

Das Substanzwertverfahren ist also durch folgende Merkmale gekennzeichnet:

- Einzelbewertung aller bilanziellen Vermögensgegenstände,
- Bewertung zu einem konkreten Bewertungsstichtag,
- getrennte Bewertung von betriebsnotwendigen und nicht betriebsnotwendigen Vermögensgegenständen (vgl. Schierenbeck & Wöhle, 2016, S. 485).

Hinsichtlich der Wertansätze für die Vermögensgegenstände können Substanzwertverfahren auf Basis von

- **Buchwerten,**
- **Rekonstruktionswerten** oder
- **Liquidationswerten** unterschieden werden.

Die Aktivseite der Bilanz entspricht dem **Bruttosubstanzwert zu Buchwerten**, das Eigenkapital dem **Nettosubstanzwert zu Buchwerten.**

Substanzwertverfahren auf Basis von Rekonstruktionswerten

Beim Substanzwertverfahren auf Basis von Rekonstruktionswerten wird die Fiktion verfolgt, zu ermitteln, was der Neuaufbau eines identischen Unternehmens auf der grünen Wiese kosten würde, wenn alle Vermögensgegenstände im derzeitigen Zustand, Alter oder Abnutzungsgrad neu beschafft werden müssten. Es wird dabei vom Going Concern-Prinzip, also der unveränderten Weiterführung des Unternehmens, ausgegangen. Die Rekonstruktionswerte entsprechen dabei den Wiederbeschaffungskosten der betriebsnotwendigen Vermögensgegenstände, nicht betriebsnotwendige Vermögensgegenstände werden zu Liquidationspreisen angesetzt (vgl. Born, 2003, S. 11 ff.; Sieben & Maltry, 2009, S. 544 ff.).

Werden die Vermögensgegenstände zu vollen Wiederbeschaffungskosten neuer Vermögensgegenstände bewertet, spricht man von **Rekonstruktionsneuwerten**. Werden dagegen die Vermögensgegenstände im derzeitigen durch Alter und Abnutzung gekennzeichneten Zustand zugrunde gelegt und diese zu Marktzeitwerten bewertet, spricht man von **Rekonstruktionsaltwerten**, die in der Praxis üblicher sind.

Abb. 116 zeigt, dass die auf der Aktivseite der Bilanz aufgeführten Vermögenswerte die Grundlage für die Einzelbewertung der Vermögensgegenstände bilden. Diese bilanziellen Wertansätze werden an die abweichenden **Marktzeitwerte,** also die aktuellen Wiederbeschaffungswerte der Aktiva, angepasst und so werden vorhandene **stille Reserven** in den Vermögensgegenständen aufgedeckt. Basiert die Bewertung des Unternehmens ausschließlich auf diesen in der Bilanz bzw. im Inventar aufgeführten selbständig verkehrsfähigen, materiellen und immateriellen Vermögensgegenständen, so wird dieser Wert als **Teilrekonstruktionswert** bezeichnet.

Werden zusätzlich auch die nicht bilanzierten, für den Unternehmenserfolg relevanten, also betriebsnotwendigen Vermögensgegenstände bewertet, spricht man von einem **Vollrekonstruktionswert**. Hierzu gehören z. B. nicht bilanzierte immaterielle Vermögensgegenstände, wie selbsterstellte Marken, Kunden- oder Lieferantenbeziehungen. Die Bestimmung eines Vollrekonstruktionswerts scheitert in der Praxis zumeist daran, dass es kaum objektiv gelingen kann, einen monetären Wert für die immateriellen nicht bilanzierten Vermögensgegenstände eindeutig zu bestimmen. In der Praxis basieren Bewertungen von Unternehmen nach dem Substanzwertverfahren zumeist auf Nettoteilreproduktionsaltwerten.

Bilanzposition (Vermögensgegenstände/ Schulden)	Buchwert 31.12.01 [in T€]	Rekonstruktionswert 31.12.01 [in T€]	Bemerkung
Grundstücke	1.400	2.900	– Aufdeckung stiller Reserven aufgrund höheren Marktwertes [1.500]
Gebäude	500	700	– Aufdeckung stiller Reserven aufgrund längerer Abschreibungsdauer [500] – Elimination nicht betriebsnotwendiger Gebäude [-300]
Betriebs- und Geschäftsausstattung	400	600	– Aufdeckung stiller Reserven aufgrund längerer Abschreibungsdauer [200]
Beteiligungen	3.600	5.000	– Aufdeckung stiller Reserven aufgrund höheren Börsenwerts [2.600] – Elimination einer spekulativen Beteiligung [-1.200]
Betriebsnotwendiges Anlagevermögen		10.200	
Vorräte	500	350	– Neubewertung aufgrund niedrigeren Marktwerts [-150]
Forderungen	300	300	– keine Neubewertung
Liquide Mittel	1.800	500	– Elimination nicht betriebsnotwendiger Liquidität [-1.300]
Betriebsnotwendiges Umlaufvermögen		1.150	
Bruttorekonstruktionswert		**13.750**	**Buchwert des Gesamtkapitals**
Schulden	- 5.600	- 5.600	– keine Neubewertung
Nettorekonstruktionswert		**8.150**	**Buchwert des Eigenkapitals**

Abb. 116: Substanzwertbewertung nach dem Verfahren des Teilrekonstruktionswertes Brutto und Netto

Substanzwert als Liquidationswert

Im Falle einer **Zerschlagung des Unternehmens**, d.h. der Beendigung der Unternehmenstätigkeit, kommen für die Bewertung der Vermögensgegenstände neben den Marktzeitwerten auch **Liquidationswerte** bzw. **Zerschlagungswerte** zum Einsatz. Dabei wird nicht mehr von einem going concern ausgegangen, sondern von einer Auflösung des Unternehmens. Liquidationswerte liegen häufig deutlich unter dem Wert bei Fortführung.

Anwendung findet der Liquidationswert z. B. im Rahmen eines Insolvenzverfahrens. Darüber hinaus stellt der Liquidationswert die absolute Wertuntergrenze für ertragsschwache Unternehmen dar (vgl. Sieben & Maltry, 2009, S. 563 ff.).

Zusammengefasst wird abgesehen von einigen Sonderfällen die Anwendung von Substanzwertverfahren zur Unternehmensbewertung aus wissenschaftlicher Sicht – insbesondere wegen der Bewertungsschwierigkeiten der nicht bilanzierten, immateriellen Vermögensgegenstände – weitgehend abgelehnt. Im Rahmen einer zukunftsorientierten Unternehmensbewertung können allein zukünftige Erfolge den Wert eines Unternehmens bestimmen. Somit sollten Unternehmensbewertungen auf Basis zukünftiger Erfolge des Unternehmens beruhen und nicht auf dem Substanzwert, da dieser die Vergangenheit des Unternehmens reflektiert.

2.5 Zukunftserfolgswertverfahren

Allen Zukunftserfolgswertverfahren ist gemeinsam, dass sie sich auf die Kapitalwertmethode, dem Net Present Value (NPV), als Methode der dynamischen Investitionsrechnung stützen und den Unternehmenswert aus den zukünftigen finanziellen Erträgen der Eigentümer ableiten (vgl. Schierenbeck & Wöhle, 2016, S. 409). Der Kauf eines Unternehmens wird damit analog zu einer Investitionsmöglichkeit in eine Maschine behandelt. Da hier nicht alle Vermögensgegenstände einzeln bewertet werden, sondern die Erträge des Unternehmens als Ganzes, spricht man von einem **Gesamtbewertungsverfahren.**

Die **Kapitalwertmethode** basiert auf dem zahlungsorientierten Investitionsbegriff, der eine Investition als eine Zahlungsreihe von Einzahlungsüberschüssen (EÜ = Einzahlungen – Auszahlungen) über die Nutzungsdauer der Investition definiert. Abb. 117 zeigt eine solche Zahlungsreihe einer Investition. Bei einer wirtschaftlich sinnvollen Investition werden die zunächst negativen Einzahlungsüberschüsse wie z. B. durch Anschaffungsauszahlungen in Periode 0 durch spätere positive Einzahlungsüberschüsse überkompensiert. Die positiven Einzahlungsüberschüsse werden meist aus Einzahlungen aus Umsätzen generiert, können aber auch auf ersparte Kosten zurückzuführen sein (vgl. Perridon, Rathgeber & Steiner, 2017, S. 62).

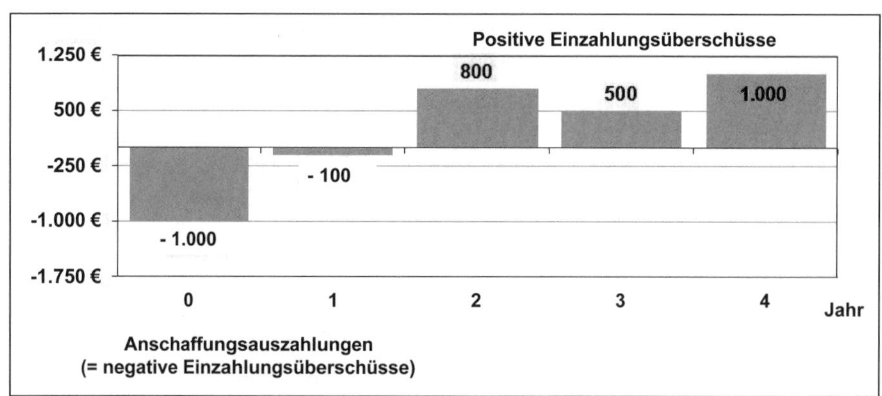

Abb. 117: Zahlungsorientierter Investitionsbegriff

Unter Beachtung des durch Abzinsung ermittelten Zeitwerts des Geldes ergibt sich die Formel des Kapitalwerts einer Investition. Eine Investition ist wirtschaftlich sinnvoll, wenn der **Kapitalwert dieser Investition positiv** ist.

$$C_0 = -I_0 + \sum_{t=1}^{n} (E_t - A_t) \cdot \frac{1}{(1+i)^t}$$

mit:

C_0 = Kapitalwert in t_0
E_t = Einzahlungen in der Periode t
A_t = Auszahlungen in der Periode t
i = Kalkulationszinsfuß

Im Rahmen der Unternehmensbewertung verändert sich die in Abb. 117 dargestellte Situation der Investition in Sachanlagen.

- Solange kein Kaufpreis feststeht, gibt es bei der **Unternehmensbewertung keine Anschaffungsauszahlung in t_0**. Der sich so ohne Berücksichtigung eines eventuellen Kaufpreises ergebende Kapitalwert ist i. a. R. positiv und beschreibt den Unternehmenswert. Der Unternehmenswert entspricht dem Kaufpreis, den ein Käufer maximal bezahlen sollte. Würde ein Käufer diesen maximalen Kaufpreis bezahlen, würde der Kapitalwert des Akquisitionsprojektes auf 0 sinken, es wäre aus Sicht des Käufers wirtschaftlich neutral. Ein Käufer sollte also immer weniger als den berechneten Unternehmenswert bezahlen. Zahlt der Käufer einen Kaufpreis über dem Unternehmenswert, macht er ein Verlustgeschäft.
- Als Einzahlungsüberschüsse werden beim Ertragswertverfahren Gewinngrößen wie der **Jahresüberschuss** oder bei den DCF-Verfahren **Cashflows** verwendet.
- Für den **Kalkulationszinsfuß i d**er Kapitalwertformel werden die risikoangepassten **Eigen- und Fremdkapitalkosten** des Unternehmens verwendet. Auf die Kapitalkosten und ihre Bestimmung werden wir ausführlich zurückkommen.
- Bei den meisten Verfahren der Unternehmensbewertung wird von einem **unendlichen Betrachtungshorizont** ausgegangen.

Der Unternehmensbewertung mithilfe der Zukunftserfolgswertverfahren liegt eine vierstufige Vorgehensweise zugrunde:

- **Analyse der Erfolgs-, Vermögens- und Finanzlage der letzten Geschäftsperioden** anhand vorgelegter Jahresabschlüsse und weiterer Informationen sowie Ermittlung eines nachhaltigen Unternehmenserfolgs durch Eliminierung außerordentlicher oder betriebsfremder Einflüsse Dies wird als Quality-of-Earnings-Analyse bezeichnet.
- Festlegung eines **Detailplanungszeitraums und Prognose zukünftiger Erfolge**. Der Detailplanungszeitraum beträgt – abhängig von dem zu bewertenden Unternehmen – zwischen vier und zehn Jahren. Nach Ablauf des Detailplanungszeitraums wird i. a. R. ein Rest- bzw. Fortführungswert des Unternehmens in die Berechnungen einbezogen werden.
- **Festlegung eines risikoadäquaten Kalkulationszinsfußes,** den Kapitalkosten, zur Abzinsung der prognostizierten Erfolgswerte.
- **Rechnerische Abzinsung der Einzahlungsüberschüsse** bzw. Ermittlung des Barwertes der Einzahlungsüberschüsse und damit des Unternehmenswertes unter Berücksichtigung eventueller Korrekturen wie z. B. nicht betriebsnotwendigen Vermögens.

2.5.1 Ertragswertverfahren

Das **Ertragswertverfahren** unterstellt, dass den Eigenkapitalgebern die Jahresüberschüsse des Unternehmens im Rahmen der Gewinnausschüttung vollständig zufließen. Diese Annahme wird Vollausschüttungshypothese bezeichnet (vgl. Peemöller & Kunowski, 2009, 265 ff.). In diesem Fall bestehen die abzuzinsenden Einzahlungsüberschüsse aus den Jahresüberschüssen der jeweiligen Prognosejahre und der Unternehmenswert entspricht den abgezinsten Jahresüberschüssen über den Planungshorizont.

$$UW_{Ertr.} = \sum_{t=1}^{n} (JÜ_t) \cdot \frac{1}{(1+i_{EK})^t}$$

mit:

$UW_{Ertr.}$ Unternehmenswert nach dem Ertragswertverfahren (EK-Wert)
$JÜ_t$ Jahresüberschuss nach Steuern der Periode t
i_{EK} Eigenkapitalkosten (Eigenkapitalzinssatz)

Ein Kritikpunkt an den klassischen Ertragswertverfahren ist die mangelnde Gültigkeit der Vollausschüttungsprämisse in der Praxis. Eventuelle Investitions- und Finanzierungsnotwendigkeiten des Unternehmens beeinflussen die Möglichkeit von Ausschüttungen an die Investoren, so dass die Jahresüberschüsse häufig nicht oder nur teilweise zur Ausschüttung zur Verfügung stehen. Es gibt beispielsweise Unternehmen wie Aldi Nord oder Deichmann, die nur einen sehr geringen Teil des Jahresüberschusses ausschütten. Auf der anderen Seite könnten aber auch Ausschüttungen aus Rücklagen oder Kapitalherabsetzungen vorgenommen werden, die im Ertragswertverfahren nicht berücksichtigt würden (vgl. Peemöller & Kunowski, 2009, 265 ff.).

Beim Modell des klassischen Ertragswerts in seiner Grundform wird eine endliche Lebensdauer des Unternehmens unterstellt. Nach Ablauf des Planungshorizontes werden nach diesem Modell keine Jahresüberschüsse mehr erwirtschaftet. Gerade aber für entwicklungsorientierte oder junge Unternehmen fallen bewertungsrelevante Überschüsse erst nach dem Detailplanungshorizont an, die dann nicht mehr berücksichtigt würden. Zudem kann der Jahresüberschuss als Ergebnisgröße anders als Cashflows durch bilanzpolitische Maßnahmen beeinflusst sein.

2.5.2 Discounted Cashflow-Verfahren (DCF-Verfahren)

Zur Ermittlung des Unternehmenswertes haben sich DCF-Verfahren durchgesetzt. Anstelle der Jahresüberschüsse verwenden **DCF-Verfahren** die **Free Cashflows** eines Unternehmens als zu kapitalisierende Größe (vgl. Deimel, 2002a, S. 79; Drukarczyk & Schüler, 2016, S. 27 ff.). Bei der Unternehmensbewertung mithilfe der DCF-Verfahren gibt es eine **Detail-Planungsperiode**, in der alle Zahlungsmittelüberschüsse detailliert geplant werden, und ein **Rest- bzw. Fortführungswert** des Unternehmens nach Ende der Detailplanungsperiode.

Bei den DCF-Verfahren können zum einen das **Entity-Verfahren (Brutto-Verfahren)** und zum anderen das **Equity-Verfahren (Netto-Verfahren)** zum Einsatz kommen. Beide Verfahren unterscheiden sich hinsichtlich der Ermittlung der Einzahlungsüberschüsse, d. h. der zu verwendenden Free Cashflows, wie auch der verwendeten Kapitalisierungszinssätze (vgl. Schierenbeck & Wöhle, 2016, S. 490 ff.).

2.5.2.1 Entity-Verfahren

Entity-Verfahren ermitteln den Unternehmenswert (UW, Equity Value) aus Sicht der Eigenkapitalinvestoren in zwei Schritten.

- Im ersten Schritt wird der **Gesamtunternehmenswert** (EV = Entity Value), der sogenannte **Marktwert des Gesamtkapitals**, bestimmt. Dieser stellt den Wert des Unternehmens für Eigen- und Fremdkapitalgeber dar.
- In einem zweiten Schritt wird der **Unternehmenswert der Eigenkapitalinvestoren UW** ermittelt, indem der Marktwert des Fremdkapitals vom Entity Value EV abgezogen wird (vgl. Baetge, Niemeyer, Kümmel & Schulz, 2009, S. 347 ff.).

Der Marktwert des Gesamtkapitals im Entity-Verfahren wird ermittelt, indem die prognostizierten Free Cashflows Brutto, abgeleitet aus dem Ergebnis vor Zinsen und nach Steuern (NOPAT), mit einem Gesamtkapitalkostensatz WACC als Kapitalisierungszinsfuß i_{WACC} abgezinst werden

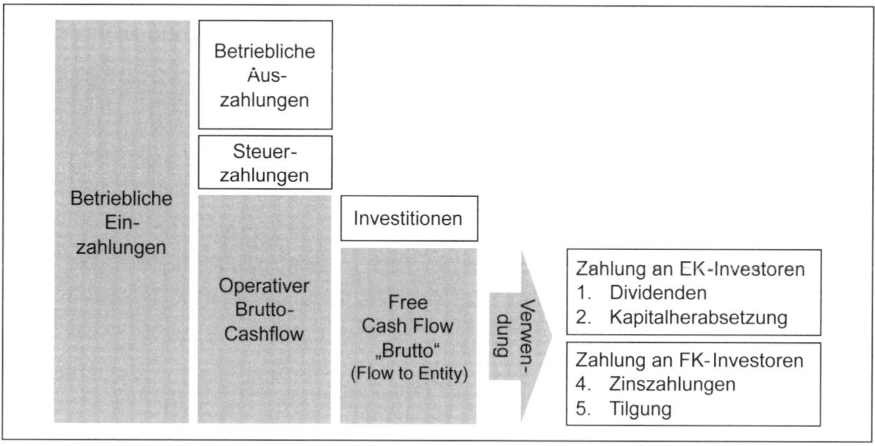

Abb. 118: Ermittlung des Free Cashflow Brutto im Entity-Verfahren

Im ersten Schritt erfolgt zunächst zur Unternehmensbewertung eine **Prognose der Einzahlungsüberschüsse**. Der abzuzinsende Free Cashflow Brutto, auch als Flow to Entity bezeichnet, errechnet sich, wie in Abb. 118 dargestellt, als betriebliche Einzahlungen abzüglich der betriebliche Auszahlungen, der Steuerzahlungen und der notwendigen Investitionen.

Der Free Cashflow Brutto steht dem Unternehmen zur Verfügung, um die **Interessen sowohl der Eigen- als auch der Fremdkapitalgeber** zu befriedigen: Der Free Cashflow Brutto kann zur Ausschüttung an die Eigenkapitalgeber sowie zu Zinszahlungen und Kredittilgungen an die Fremdkapitalgeber verwendet werden. Hervorzuheben ist hier, dass es sich beim Free Cashflow Brutto daher um einen Cashflow vor Zinszahlungen handelt. Der Free Cashflow Brutto kann ausgehend vom operativen Gewinn (EBIT) vereinfachend nach folgendem **Rechenschema** errechnet werden.

	Operativer Gewinn vor Zinsen und Steuern (EBIT)
–	Ertragssteuern auf das EBIT
=	Net Operating Profit After Taxes (NOPAT)
+/–	Abschreibungen/Zuschreibungen
+/–	Rückstellungsbildung/zahlungsunwirksame Rückstellungsauflösungen
–/+	Zunahme/Abnahme des Net Working Capital
=	Operativer Brutto Cashflow
–/+	Investitionen/Desinvestitionen von Anlagevermögen
=	Free Cashflow Brutto (Flow to Entity)

Abb. 119: Berechnung des Free Cashflow Brutto

Da hier Investitionen in Anlagevermögen und Working Capital, Desinvestitionen sowie die Veränderungen der Rückstellungen in die Berechnungsformel einbezogen werden, lässt sich erkennen, dass zur Prognose der Free Cashflows Brutto auch die Erstellung von Plan-Bilanzen für den Detailplanungszeitraum erforderlich ist.

Die periodenspezifisch geplanten Free Cashflows Brutto werden nun im Folgenden gemäß untenstehender Formel auf den Bewertungsstichtag abgezinst. Der zu verwendende **Kapitalisierungszinsfuß** muss sowohl die Verzinsungsansprüche der Fremdkapitalgeber (i_{FK}) als auch die der Eigenkapitalgeber (i_{EK}) berücksichtigen. Dieser Zinsfuß wird **WACC** (i_{WACC} = **Weighted Average Costs of Capital)** oder durchschnittliche Kapitalkosten genannt.

Der i_{WACC} berechnet sich im Vorgriff auf Kapitel C.2.5.2.3 wie folgt:

$$i_{WACC} = i_{EK} \cdot \frac{EK}{GK} + (1-s) \cdot i_{FK} \cdot \frac{FK}{GK}$$

mit:

i_{EK} = Eigenkapitalzinssatz
i_{FK} = Fremdkapitalzinssatz (vor Steuern)
s = Steuerquote
EK/GK = Eigenkapitalquote (zu Marktwerten)
FK/GK = Fremdkapitalquote (zu Marktwerten)

Es ergibt sich dann der Entity Value:

$$EV = UW_{DCF}^{Ent} = \sum_{t=1}^{\infty} \frac{FCF_t^B}{(1+i_{WACC})^t}$$

mit:

EV, UW_{DCF}^{Ent} = Entity Value
FCF_t^B = Free Cashflow Brutto der Periode t
i_{WACC} = Weighted Average Costs of Capital

Neben den obigen Anpassungen der Grundformel erfolgt eine weitere Erweiterung des Ansatzes insofern, als dass nun davon ausgegangen wird, dass die Lebensdauer eines Unternehmens normalerweise über den Detail-Planungshorizont hinausgeht. In den DCF-Verfahren wird zur Berücksichtigung dieser Tatsache ein **Restwert am**

Ende des Planungshorizontes (R_n) angesetzt. Die Abschätzung dieses Restwerts erfolgt über die Formel der **ewigen Rente**.

$$R_n = \frac{FCF_n^B}{i_{WACC}}$$

mit:

R_n = Restwert am Ende des Detailplanungszeitraums n

Da diese Zahlung in t_n (der letzten Periode des Detailplanungszeitraums) auftritt, muss der so ermittelte Restwert (R_n) noch einmal über n Perioden auf den Zeitpunkt der Bewertung t_0 abgezinst werden. Hieraus resultiert eine Weiterentwicklung der obigen Gleichung. Der Gesamtunternehmenswert unter Einschluss des Restwerts ergibt sich nun wie folgt:

$$UW_{DCF}^{Ent} = \sum_{t=1}^{n} \frac{FCF_t^B}{(1+i_{WACC})^t} + \frac{R_n}{(1+i_{ACC})^n}$$

Im zweiten Schritt der Unternehmensbewertung nach dem Entity-Verfahren muss nun, um vom Marktwert des Gesamtkapitals zum Marktwert des Eigenkapitals zu gelangen, noch der Marktwert des Fremdkapitals abgezogen werden. Unterstellt man, dass der Marktwert des Fremdkapitals der mit den Fremdkapitalzinsen abgezinsten Summe der Nettozahlungen an die Fremdkapitalgeber entspricht, so ergibt sich folgende Gleichung:

$$UW_{DCF}^{Ent.} = \sum_{t=1}^{n} \frac{FCF_t^B}{(1+i_{WACC})^t} + \frac{R_n}{(1+i_{WACC})^n} - \sum_{t=1}^{\infty} \frac{NZ_{FK-geber_t}}{(1+i)^t}$$

mit:

$NZ_{FK\text{-}Geber\ t}$ = Nettozahlungen an die Fremdkapitalgeber in Periode t

In der Praxis wird vereinfachend zumeist anstatt des Marktwerts des Fremdkapitals der Buchwert des Fremdkapitals zum Bewertungsstichtag angesetzt (vgl. Copeland, Koller, Murrin 2011, S. 63), so dass sich obige Formel wie folgt vereinfacht:

$$UW_{DCF}^{Ent.} = \sum_{t=1}^{n} \frac{FCF_t^B}{(1+i_{WACC})^t} + \frac{R_n}{(1+i_{WACC})^n} - FK_0$$

mit:

FK_0 = Buchwert des Fremdkapitals zum Bewertungszeitpunkt

Bewertung der EAST-Line mit dem Entity-Verfahren

Das Controlling beschließt, die EAST-Line mit dem Entity-Verfahren zu bewerten. Zusätzlich zu der oben bereits aufgeführten GuV-Planung werden jetzt die geplanten Veränderungen in der Finanzierungsstruktur wie auch mögliche Investitionsnotwendigkeiten mit in die Planungen einbezogen. Der aktualisierte WACC liegt bei 7 %.

Zur Realisierung der Ausweitung des Geschäftsvolumens (Umsatzsteigerung) sind erhebliche Investitionen in das Umlauf- und Anlagevermögen notwendig. Hinsichtlich der Finanzierungsstruktur ist ein gleichbleibender Verschuldungsgrad geplant. Auf dieser Basis ist in Abb. 120 die aktuelle, von EuroAir auf realistische Werte korrigierte Unternehmensplanung dargestellt.

Planung des Free Cash Flow „Brutto"

			2006	2007	2008	2009	2010
EBIT	(1)	T€	1.270,0	2.870,0	3.490,0	3.860,0	4.050,0
- Steuern	(2)	T€	-182,2	-542,3	-678,7	-769,0	-812,5
+ Abschreibungen	(3)	T€	230,0	380,0	460,0	540,0	750,0
- Investitionen in Anlage- und Umlaufvermögen	(4)	T€	-4.823,0	-3.398,0	-1.978,0	-2.053,0	-2.200,0
= Free Cash Flow „Brutto"	(5)	T€	-3.505,2	-690,3	1.293,3	1.578,0	1.787,5

Abb. 120: Planung der EAST-Line

Wert der Detailplanungsphase

		2006	2007	2008	2009	2010
Barwerte der Free Cash Flows Brutto	T€	-3.275,9	-602,9	1.055,7	1.203,8	1.274,5
Summe Barwerte innerhalb des Planungshorizonts	T€			-344,8		

Restwert

Cashflow der letzten Planungsperiode	T€	1.787,50
Restwert = „ewige Rente"	**T€**	**25.535,71**

Unternehmenswertberechnung

Unternehmenswert innerhalb des Planungshorizonts	T€	-344,84
Unternehmenswert nach dem Planungshorizont	T€	18.206,61
Unternehmenswert Gesamtkapital	**T€**	**17.861,77**
- Fremdkapital	T€	**-8.196,97**
Unternehmenswert Eigenkapital	**T€**	**9.664,80**

Abb. 121: Unternehmensbewertung nach dem Entity Verfahren

Aufgrund der Bewertung der EAST-Line ergibt sich ein Unternehmenswert für das Unternehmen aus Sicht der EuroAir von ca. 9,7 Mio. €. Der Vorstand beschließt aufgrund dieser Rechnung, mit einer Kaufpreisvorstellung von 7,0 Mio. € in die Verhandlungen zu gehen, um noch Verhandlungsspielraum zu haben.

Eine Komplexität des Entity-Verfahrens ergibt sich aus der Tatsache, dass in die Berechnung des gemischten Kapitalkostensatzes i_{WACC} die Eigenkapitalquote und die Fremdkapitalquote jeweils zu Marktwerten als Gewichtungsfaktoren für i_{EK} und i_{FK} eingehen. Das Eigenkapital zu Marktwerten ist allerdings erst nach der Unternehmensbewertung bekannt. Daher kann man auch die Eigenkapitalquote zu Marktwerten vor der Bewertung noch nicht kennen. Daher muss hier iterativ vorgegangen werden. Man beginnt mit einer realistischen Annahme über den Marktwert des EK bei der Berechnung des i_{WACC}. Dann berechnet man einen UW_{DCF}^{Ent}, um damit den i_{WACC} zu korrigieren, usw. Nach einigen Iterationen erhält man dann einen stabilen i_{WACC} und dann auch den Entity Value EV und Unternehmenswert UW_{DCF}^{Ent}.

2.5.2.2 Weitere DCF-Verfahren

Equity-Verfahren

Das **Equity-Verfahren (Netto-Verfahren)** berechnet den Unternehmenswert für die Eigenkapitalgeber direkt aus den Flows to Equity. Dabei werden die für die Zukunft geplanten Free Cashflows Netto, also der Anteil des Free Cashflows, der an die Eigenkapitalgeber ohne Zinszahlungen und Tilgungen, die an FK-Geber gehen, ausgeschüttet werden kann (Flow to Equity), abgezinst.

Wie aus Abb. 122 ersichtlich, werden schon bei der Cashflow-Ermittlung von dem Free Cashflow Brutto (Flow to Entity), der Eigen- und Fremdkapitalgebern zusteht, diejenigen Zahlungen abgezogen, die von den Unternehmen an die Fremdkapitalgeber geleistet werden. Dies sind vornehmlich die Zinszahlungen sowie die Tilgungen des Fremdkapitals. Eine Neuaufnahme von Fremdkapital erhöht die Finanzbasis des Unternehmens und muss daher bei der Free-Cashflow-Berechnung hinzugerechnet werden. Dieser Free Cashflow Netto repräsentiert diejenigen Zahlungsmittelüberschüsse, die jetzt nur noch für die Eigenkapitalgeber zur Verfügung stehen **(Flow to Equity)**. Abgezinst werden diese Zahlungen mit dem Eigenkapitalkostensatz.

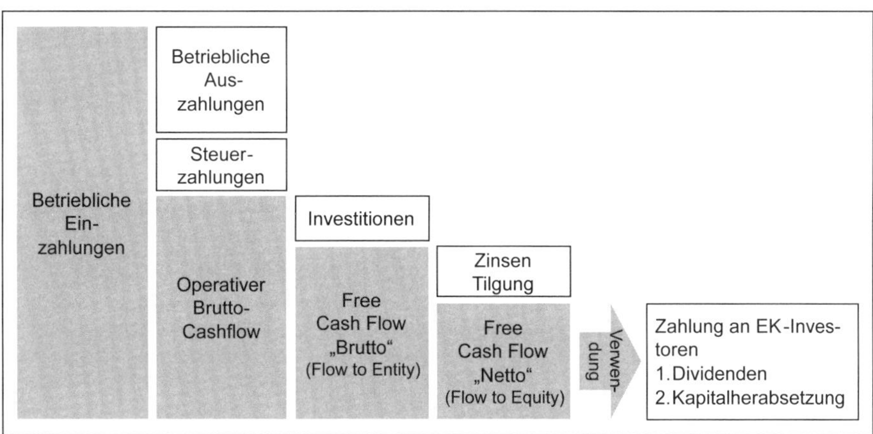

Abb. 122: Ermittlung des Free Cashflow Netto im Equity-Verfahren (Quelle: in Anlehnung an Bühner, 1994, S. 15)

Die Formel zur Berechnung des Unternehmenswerts nach dem Equity-Verfahren lautet wie folgt:

$$UW_{DCF}^{Eq} = \sum_{t=1}^{n} \frac{FCF_t^N}{(1+i_{EK})^t} + \frac{R_n}{(1+i_{EK})^n}$$

mit:

UW_{DCF}^{Eq} = Unternehmenswert nach dem DCF-Equity-Verfahren
FCF_t^N = Free Cashflow Netto
R_n = Restwert Netto
i_{EK} = Eigenkapitalkostensatz

Adjusted-Present-Value-Verfahren (APV-Verfahren)

Der **APV-Ansatz** basiert ebenso wie das Entity-Verfahren auf dem Modell der Bruttokapitalisierung. Dem Nachteil des Entity-Verfahrens hinsichtlich seiner Inflexibilität bzgl. der Kapitalstruktur schafft das APV-Verfahren der Unternehmensbewertung Abhilfe. Das APV-Verfahren zerlegt die Wertermittlung eines Unternehmens in zwei getrennte Teilbereiche und ermittelt den Unternehmenswert zunächst aus dem Marktwert des Gesamtkapitals bei einer unterstellten, fiktiven reinen Eigenkapitalfinanzierung. Zu diesem Wert des ausschließlich mit Eigenkapital finanzierten Unternehmens wird der steuerliche Vorteil hinzugerechnet, der sich aus einer anteiligen Fremdfinanzierung ergibt (Tax Shield). Damit ergibt sich ein Gesamtwert des Unternehmens, also des Eigen- und Fremdkapitals, von dem dann analog zum Entity-Verfahren der Marktwert des Fremdkapitals abgezogen wird. So ergibt sich ein Marktwert des Eigenkapitals des verschuldeten Unternehmens (vgl. Mandl & Rabel, 2009, S. 71 f.).

2.5.2.3 Bestimmung der Kapitalkosten

Die Kapitalkosten werden im Rahmen der Unternehmensbewertung als Abzinsungszinsfuß. der zukünftigen Free Cashflows verwendet. Somit stellt sich die Frage, wie diese, also i_{EK} im Falle des Equity- und APV-Verfahrens sowie i_{WACC} im Falle des Entity-Verfahrens, zu bestimmen sind.

Weighted Average Costs of Capital

Beim Entity-Ansatz werden die ermittelten Free Cashflows Brutto mit dem **WACC**, den **Weighted Average Costs of Capital** bzw. den **gewichteten, durchschnittlichen Kapitalkosten**, abgezinst. Hierzu wird im vorliegenden Modell der in untenstehender Formel dargestellte kapitalgewichtete Durchschnittszinssatz (i_{WACC} = Weighted Average Costs of Capital) herangezogen.

Der i_{WACC} berechnet sich wie folgt:

$$i_{WACC} = i_{EK} \cdot \frac{EK}{GK} + (1-s) \cdot i_{FK} \cdot \frac{FK}{GK}$$

mit:

i_{EK} = Eigenkapitalzinssatz
i_{FK} = Fremdkapitalzinssatz (vor Steuern)
s = Steuerquote
EK/GK = Eigenkapitalquote (zu Marktwerten)
FK/GK = Fremdkapitalquote (zu Marktwerten)

Eigenkapitalkosten

Zur Festlegung des anzusetzenden Kapitalisierungszinsfußes des Eigenkapitals (i_{EK}) greift das Entity-Verfahren auf das **Capital Asset Pricing Model (CAPM)** zurück. Das CAPM stellt den in Abb. 123 dargestellten systematischen Zusammenhang zwischen erwarteter Rendite und dem Risiko eines Wertpapiers dar.

Dabei wird auf der Abszisse das systematische Risiko einer Anlage auf dem Kapitalmarkt, ausgedrückt durch den Beta-Faktor β, dargestellt. Der **Beta-Faktor b**ist ein Korrelationsmaß zwischen der Performance eines bestimmten Wertpapiers und der Performance des Gesamtportefeuille des Kapitalmarktes in Form einer Volatilität. In Deutschland wird als Gesamtportefeuille für börsennotierte Konzerne der Aktienindex DAX herangezogen. Hat ein Wertpapier ein $\beta > 1$, ist das Risiko bzw. die Volatilität eines Wertpapiers größer als das Risiko des Gesamtportefeuilles. Das Gesamtportefeuille hat ein β von 1; dies ist die Korrelation des Gesamtportefeuilles mit sich selbst (vgl. Perridon et al., 2017, S. 314 ff.).

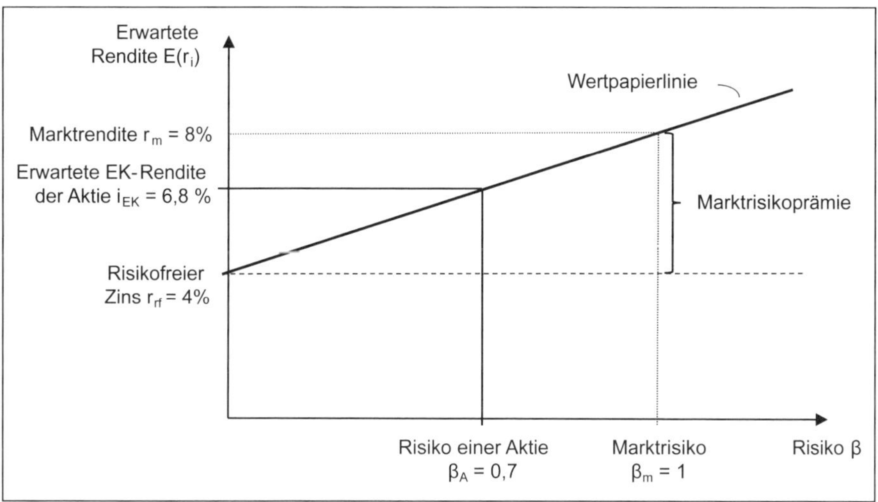

Abb. 123: Capital Asset Pricing Model
(Quelle: in Anlehnung an Gräfer, Rösner & Schiller, 2010, S. 266 ff.; Perridon et al., 2017, S. 296)

Die Rendite des Gesamtportefeuilles des Kapitalmarktes haben wir in der Abbildung mit 8 % angesetzt. Dies ist für den DAX relativ realistisch. Die Rendite der risikolosen Anlage, die meist mit der Rendite von 30-jährigen Staatsanleihen von Staaten erster Bonität wie USA oder Deutschland gleichgesetzt wird, haben wir mit 4 % im Beispiel angesetzt. Dies entspricht einem langjährigen Mittelwert, ist aber seit der Finanzkrise 2010 unrealistisch. Im Sommer 2019 waren die Renditen der 30-jährigen Bundesanleihe erstmals negativ, die 30-jährige US-Anleihe lag bei ungefähr 2 % (vgl. Handelsblatt Online, 2019b). Aus beiden ergibt sich eine Marktrisikoprämie, die im Beispiel bei 4 % liegt.

In Abb. 123 ist neben dem Grundmodell auch die Berechnung des i_{EK} für eine Aktie mit einem β von 0,7 dargestellt. Die Rendite eines konkreten Wertpapiers muss auf der Linie in Abb. 123 liegen und errechnet sich wie folgt:

$$E(R_i) = R_F + \left[E(R_M) - R_f\right] \cdot \beta_i$$

mit:

$E(R_i)$ = Renditeerwartung der Anlage i
$E(R_M)$ = Renditeerwartung des Marktportefeuilles
r_f = risikofreier Zinssatz
β_i = Betawert der Anlage i

Eigenkapitalgeber werden nur dann in ein Unternehmen investieren, wenn sie hierfür mindestens die Rendite einer risikofreien Anlagealternative und darüber hinaus eine Prämie für die Übernahme des Eigenkapitalrisikos erhalten. Die erwartete Rendite von 6,8 % ergibt sich in dem Beispiel aus.

$$i_{EK} = r_{rf} + \beta \cdot (r_m - r_{rf}) = 4\,\% + 0{,}7 \cdot (8\,\% - 4\,\%) = 6{,}8\,\%$$

Nur mit einer Rendite von über 6,8 % wird ein Anleger eine Aktie mit einem Beta β_i von 0,7 erwerben.

Fremdkapitalkosten

Die Fremdkapitalkosten (i_{FK}) werden aus den tatsächlichen Fremdkapitalzinsen abgeleitet (vgl. Bühner & Tuschke, 1999, S. 17). Der Faktor (1-s) berechnet den sogenannten **Tax Shield**. Dieser resultiert daraus, dass Fremdkapitalzinsen steuerlich absetzbar sind und damit nicht in voller Höhe das Ergebnis nach Steuern belasten:

$$i_{FK,\ nach\ Steuer} = i_{FK,\ vor\ Steuer} \cdot (1 - s).$$

2.6 Bewertung durch Multiple-Verfahren

Multiple-Verfahren ermitteln den Wert eines zu bewertenden Unternehmens aus Börsenkursen oder realisierten Verkaufspreisen von vergleichbaren Unternehmen in der Vergangenheit. Ein Multiple bzw. Multiplikator ist das Verhältnis des Unternehmenswertes zu einer Unternehmenskennzahl.

$$Multiplikator = \frac{Unternehmenswert}{Bezugsgröße}$$

Ein kaufpreisbasiertes EBIT-Multiple von 8,7 sagt aus, dass in der Vergangenheit das 8,7-Fache des jährlichen EBIT als Kaufpreis für das Unternehmen bezahlt wurde. Hat man ein relevantes Multiple für ein Unternehmen, ergibt sich der Unternehmenswert auf Basis von Multiples durch die Multiplikation der für das Unternehmen ermittelten Bezugsgröße mit dem Multiplikator.

$$Unternehmenswert = Bezugsgröße \cdot Multiplikator$$

Grundsätzlich gibt es zwei Arten von Multiples, je nachdem auf welchen Unternehmenswert sie sich beziehen.

- **Equity Multiples** beziehen sich auf den Equity Value (UW), also den Wert des Eigenkapitals.
- **Entity Multiples** beziehen sich auf den Entity Value (EV), den gesamten Unternehmenswert aus Eigen- und Fremdkapital.

Es gibt zwei Quellen für Multiples:

- **Trading Multiples** stützen sich auf Börsenkurse von vergleichbaren Gesellschaften.
- **Transaction Multiples** ermitteln den Unternehmenswert aufgrund tatsächlich entrichteter Kaufpreise vergangener M&A-Transaktionen, die nicht notwendiger Weise an Börsen durchgeführt werden.

Die gebräuchlichsten Multiples sind:

- Der **Price/Earnings-(P/E)-Multiplikator** ist ein sehr gebräuchliches Equity-Multiple.

$$P/E\text{-}Multiplikator = \frac{Preis\ je\ Aktie}{Gewinn\ je\ Aktie} = \frac{Equity\ Value}{Jahresüberschuss}$$

  Das P/E-Ratio multipliziert mit dem Jahresüberschuss des zu bewertenden Unternehmens ergibt sofort den Unternehmenswert UW, den Equity Value. Das P/E-Ratio ist also ein Equity-Ratio, da man damit direkt den Wert des Eigenkapitals erhält. P/E-Ratios sind aufgrund ihrer Einfachheit bei börsennotierten Unternehmen sehr gebräuchlich. Das P/E-Ratio entspricht dem deutschen KGV, dem Kurs-Gewinn-Verhältnis. P/E-Ratios bzw. KGVs werden regelmäßig auch auf Web-Seiten für Investoren kommentiert und zur Bewertung von Aktien herangezogen.
- Das **EV/EBIT-Multiple** ist das wichtigste Entity-Multiple im Bereich von M&A.

$$EV/EBIT\text{-}Multiplikator = \frac{Enterprise\ Value}{EBIT}$$

  Man findet in vielen Publikationen branchentypische EBIT-Multiples. Nach einer M&A-Transaktionen wird das gezahlte EBIT-Transaction-Multiples auch in Wirtschaftszeitungen diskutiert. Zu hohe gezahlte Transaction-Multiples führen zur Kritik am Topmanagement des erwerbenden Unternehmens. Abb. 124 zeigt typische EBIT-Multiples für einige Branchen. Diese liegen zwischen 7,7 und 12,9. Ein Unternehmen, das ein EBIT von 100 Mio. € erwirtschaftet, hätte bei einem EBIT-Multiple von 10,5 einen Entity Value von 1.050 Mio. €. Durch Abzug des Marktwertes des Fremdkapitals z. B. in Höhe von 600 Mio. €, käme man dann zu einem Unternehmenswert UW aus Sicht der Eigentümer von 450 Mio. €.
- Das **EV/EBITDA-Multiple** ist ein weiteres Entity-Multiple.

$$EV/EBITA\text{-}Multiplikator = \frac{Enterprise\ Value}{EBITDA}$$

  Im angelsächsischen Raum ist das EBITDA-Multiple verbreitet. Dieses Multiple wird verwendet, da Abschreibungen (D für depreciation und A für amortization) je nach Rechnungslegung beträchtliche Unterschiede aufweisen und sich auf die Investitionstätigkeit der Vergangenheit beziehen. Zudem ist das EBITDA eine Cashflow-nahe Kennzahl.

Branche	**Multiples für Large-Cap-Unternehmen**			
	EBIT-Multiple		**Umsatz-Multiple**	
	von	bis	von	bis
Software	10,1 ↑	12,9 ↓	1,61 ↑	2,28 ↑
Telekommunikation	10,0 ↓	12,1 ↑	1,20 ↑	1,64 ↑
Medien	8,6	11,3 ↑	1,10	1,70 ↓
Handel und E-Commerce	8,6 ↑	11,1 ↑	0,56 ↑	1,09 ↑
Maschinen- und Anlagenbau	7,8	9,9 ↑	0,57	1,00 ↑
Chemie und Kosmetik	9,4 ↓	12,0 ↑	1,08 ↓	1,62 ↑
Pharma	10,0 ↓	12,9 ↑	1,77 ↑	2,60 ↓
Textil und Bekleidung	7,8 ↓	10,0 ↑	0,78 ↑	1,20 ↑
Nahrungs- und Genussmittel	9,9 ↓	12,1	1,05	1,85
Umwelttechnologie und Gas, Strom, Wasser	7,7 ↓	9,7 ↑	0,82 ↑	1,16 ↑

Abb. 124: Beispiele für branchenspezifische Trading Multiples (Quelle: Finance Magazin, 2019)

- Das **EV/Sales-Multiple** ist das letzte Entity-Multiple, das wir betrachten. Das EV/Sales-Multiple ist gebräuchlich, aber stark branchenabhängig. Abb. 124 zeigt neben den EV/EBIT-Multiples auch EV/Sales-Multiples. Das EV/Sales-Multiple schwankt zwischen 0,56, dem niedrigeren Wert bei Handel und E-Commerce, und 2,60, dem oberen Wert von Pharma. Dies ist ein Faktor von 4,64, während die Spanne bei den EBIT-Multiples geringer ist. Die Umsatzrendite unterschiedlicher Branchen ist so unterschiedlich, dass man Umsätze von Unternehmen aus verschiedenen Branchen nicht vergleichen kann. Das EBIT hingegen ist als Ergebnisgröße branchenübergreifend vergleichbar.

$$EV/Sales\text{-}Multiplikator = \frac{Enterprise\,Value}{Sales}$$

Problematisch an der Verwendung von Multiples ist,

- dass transaktionsindividuelle Faktoren wie z. B. spezifische Wettbewerbsvorteile eines Unternehmens weitgehend unberücksichtigt bleiben. Auch mögliche Synergien auf der Käuferseite können hier nicht berücksichtigt werden.
- Ebenso stellt sich die Frage, ob die bei der Ermittlung des Multiples herangezogenen Unternehmen von Struktur, Branche und Geschäftstätigkeit überhaupt mit dem zu bewertenden Unternehmen zu vergleichen sind.
- Nicht zuletzt existieren Probleme bei der validen Ermittlung der Transaction Multiples, da diese Daten zumeist nicht regelmäßig und umfassend publiziert werden.

Daher werden solche Multiples zumeist zur Abschätzung einer ersten Kaufpreisindikation wie auch zu einer Validierung der mit anderen Verfahren errechneten Unternehmenswerte verwendet: „Ist der errechnete DCF-Unternehmenswert marktüblich?". Die Einfachheit der Bewertung mit Multiples ist letztlich der Grund, weshalb die Diskussion um Multiples häufig trotz aller methodischen Probleme breiten Raum einnimmt.

3 Wertorientiertes Controlling

Im Rahmen dieses Kapitels werden zunächst die Grundzüge des **Shareholder Value-Ansatzes als zentrales Konzept des strategischen Managements** dargestellt. Die dem strategischen Controlling zuzuordnenden Methoden zur Operationalisierung des Unternehmenswertes werden dargestellt. Nachfolgend werden rentabilitätsorientierte und residualwertorientierte Kennzahlen des wertorientierten Controllings vorgestellt.

Shareholder-Orientierung bei EuroAir

Die EuroAir SE ist in den letzten Jahren verstärkt in den Fokus institutioneller Anleger getreten. Diese **Investoren** sind auf der Suche nach **Investitionsmöglichkeiten**, um das Vermögen ihrer Anleger durch die Investition in renditestarke Anlageformen zu vermehren.

Insbesondere US-amerikanische Pensionsfonds erwägen, sich bei der EuroAir finanziell zu engagieren. Auf der letzten Roadshow des Unternehmens in New York wurde daher der Finanzvorstand gezielt zu der finanziellen Strategie des Unternehmens befragt. Besonderes Interesse zeigten die Investoren an der Verankerung des Shareholder Value-Konzepts im Zielsystem der Gesellschaft und der regelmäßigen Kontrolle der Wertsteigerungsbeiträge bei der EuroAir SE. Darüber hinaus wurde von den Investoren bemängelt, dass die Wertbeiträge einzelner Geschäftsbereiche sowie die verfolgten wertorientierten Strategien nicht transparent seien.

Daraufhin hat der Vorstand beschlossen,

- die **Wertschaffung als wichtige Unternehmenszielsetzung** zu verfolgen. Seither ist die langfristige Wertschaffung bei profitablem Wachstum eines der vorrangig verfolgten Unternehmensziele.
- das Konzerncontrolling zu beauftragen, eine Vorstandsvorlage zu erarbeiten, welche die verschiedenen **Messkonzepte für ein wertorientiertes Unternehmenscontrolling** aufzeigt, und ein angepasstes Messkonzept für die EuroAir SE zu entwickeln, das in allen Phasen des Planungs-, Steuerungs- und Kontrollprozesses des Controllings verankert werden kann.

Dieses wertorientierte Messkonzept soll es erlauben, sowohl die Performance des Gesamtunternehmens darzustellen als auch die Wertperformance der einzelnen Geschäftsbereiche zu messen. In einem weiteren Schritt sollte der Personalvorstand ein an diesem Messkonzept orientiertes Vergütungsmodell für die oberen Führungskräfte entwickeln.

3.1 Grundlagen des Shareholder Value

Der im Jahre 1986 von RAPPAPORT entwickelte Shareholder Value-Ansatz fordert, dass sich die Führungsspitze eines Unternehmens vornehmlich an den **Interessen der Eigenkapitalinvestoren, den Shareholdern**, orientiert (vgl. RAPPAPORT 1986). Die Interessen anderer Interessengruppen, der sogenannten **Stakeholder** (z. B. Kunden, Lieferanten, Mitarbeiter, Staat oder Öffentlichkeit), treten dementsprechend bei unternehmerischen Entscheidungen in den Hintergrund.

Das primäre Ziel einer Shareholder Value-orientierten Unternehmensführung ist die Steigerung des Vermögens der Unternehmenseigner durch die **Steigerung der Shareholder Earnings**, bestehend aus den Dividendenzahlungen und den Aktienkurssteigerungen. Eine Aktienkurssteigerung – als wesentlicher Bestandteil der Shareholder Earnings – wird durch eine nachhaltige Steigerung des Unternehmenswertes erreicht.

Das mit dem Shareholder Value verbundene Konzept des **Economic Profits** stellt aus der Sicht eines Investors bei jeder Investitionsmöglichkeit in ein Unternehmen die Frage, ob die Rendite dieser Investitionsmöglichkeit über der Rendite einer alternativen Investition mit gleichem oder ähnlichem Risiko auf dem Kapitalmarkt liegt. Die vergleichbaren Renditen des Kapitalmarktes werden als **Kapitalkosten (Costs of Capital)** bezeichnet und wurden bereits in Kapitel C.2.5.2.3 umfassend behandelt. Diese stellen **Opportunitätskosten** (Kosten der entgangenen Gelegenheit) dar.

Hieraus ergibt sich eine fundamentale Veränderung der Beurteilung der wirtschaftlichen Performance von Unternehmen, die sich im Konzept des Economic Profit widerspiegelt.

Accounting Profit vs. Economic Profit bei EuroAir

Die in Abb. 125 gezeigte GuV eines Konzerntochterunternehmens, der EuroCatering Suisse GmbH, schließt mit einem Jahresüberschuss von 10 Mio. € ab, einem **Accounting Profit**. In der bisherigen, klassisch-buchhalterischen Betrachtungsweise würde man die EuroCatering Suisse mit einer Umsatzrendite von 10 % als erfolgreich bezeichnen. Der Gewinn ist deutlich über der schwarzen Null. Aber ist dies aus Sicht der Investoren der EuroAir SE richtig?

Accounting Profit

Umsatzerlöse	100 Mio. €
Materialaufwand	40 Mio. €
Personalaufwand	30 Mio. €
Sonstiger Aufwand	10 Mio. €
Abschreibung	10 Mio. €
Jahresüberschuss	10 Mio. €

Economic Profit

Umsatzerlöse	100 Mio. €
Materialaufwand	40 Mio. €
Personalaufwand	30 Mio. €
Sonstiger Aufwand	10 Mio. €
Abschreibung	10 Mio. €
Jahresüberschuss	10 Mio. €
Kapitalkosten (= gebundenes Kapital in Höhe von 150 Mio. € bei einem WACC von 10%)	- 15 Mio. €
Economic Profit:	- 5 Mio. €

Abb. 125: Accounting Profit vs. Economic Profit

Betrachtet man aber die Rendite in Bezug auf das eingesetzte Kapital, im Sinne der Frage „Was musste der Investor investieren, um diese 10 Mio. € Gewinn zu erhalten?", verändert sich diese Beurteilung, was auf der rechten Seite in der grau unterlegten Berechnung gezeigt wird. Das in die EuroCatering Suisse investierte Kapital beträgt 150 Mio. € und der gewichtete Kapitalkostensatz WACC der EuroCatering Suisse liegt bei i_{WACC} = 10 %. Unter diesen Zusatzinformationen fällt die Performance-Beurteilung der EuroCatering Suisse negativ aus, denn bei Anlage von 150 Mio. € auf dem Kapitalmarkt mit ähnlichem Risiko würde der Investor eine Rendite von 15 Mio. € erreichen.

Der **Economic Profit** im Sinne einer **Überrendite über die Kapitalkosten** betrachtet den Jahresüberschuss der EuroCatering Suisse GmbH abzüglich der Opportunitätskosten der Anlage der in sie investierten Mittel auf dem Kapitalmarkt zu analogen Risikobedingungen. Der Economic Profit ist im Beispiel der EuroCatering Suisse negativ (–5 Mio. €). Dies bedeutet, dass Investoren durch die Anlage der Finanzmittel im beschriebenen Unternehmen einen Wertverlust in Höhe des Economic Profits, hier 5 Mio. €, erleiden.

Aus Sicht der Investoren sind Investitionen in ein Unternehmen nur dann wertschaffend, wenn die durch das Unternehmen erwirtschaftete Rendite über der erwarteten Rendite des Kapitalmarktes, also den Kapitalkosten bei vergleichbarem Risiko nach dem CAPM-Modell, liegt und der Economic Profit positiv ist (vgl. Abb. 126).

Die schwarze Null, die in vielen Wirtschaftsteilen von Tageszeitungen eine große Bedeutung hat und einen Jahresüberschuss von Null bezeichnet, ist aus Investorensicht letztlich irrelevant, da das eingesetzte Kapital nicht risikokonform verzinst wird. Insofern wird die bisherige Bewertung der Performance anhand des finanzbuchhalterisch geprägten **Accounting Profit** durch eine Bewertung anhand des an den Opportunitätskosten orientierten **Economic Profits** abgelöst. Der Economic Profit berücksichtigt

- den **notwendigen Kapitaleinsatz**,
- das mit der Investition verbundenen **Risiko** und somit
- die sich aus beidem ergebenden risikoadäquaten **Opportunitätskosten**.

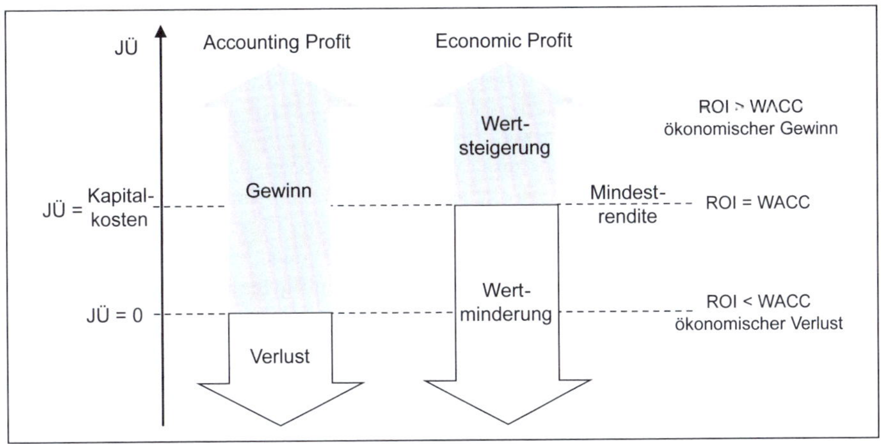

Abb. 126: Wertschaffung im Modell des ökonomischen Gewinns (Quelle: in Anlehnung an Copeland, Koller & Murrin, 2002, S. 14)

Eine **wertorientierte Unternehmensführung**, englisch als **Value Based Management** (VBM) bezeichnet, hat alle Aktivitäten des Managements darauf zu lenken, den Unternehmenswert für die Eigenkapitalinvestoren zu erhöhen. Hierzu ist eine Vorgehensweise in drei Schritten möglich (vgl. Arnold, 2008, S. 626 f.).

- **Verankerung einer Shareholder Value-Kultur** in den Unternehmenszielen,
- Einführung eines Controllingkreislaufs zur **Planung. Steuerung und Kontrolle der Wertschaffung** mit einer wertorientierten Kennzahl,
- **Implementierung von Strategien und Maßnahmen** zur Wertsteigerung.

BASF – Wertmanagement: Wir verdienen eine Prämie auf unsere Kapitalkosten

BASF
The Chemical Company

„Wir verdienen eine Prämie auf unsere Kapitalkosten" ist einer der vier Grundpfeiler unserer Strategie. Nur ein Unternehmen, dessen Gewinne die Kosten für das eingesetzte Eigen- und Fremdkapital übersteigen, schafft Wert und ist langfristig überlebensfähig. Um den nachhaltigen Erfolg der BASF zu sichern, fördern wir im Rahmen unseres Wertmanagementkonzepts alle Mitarbeiter in ihrem unternehmerischen Denken und Handeln. Unser Ziel: Ein Bewusstsein dafür schaffen, wie jeder einzelne Mitarbeiter im täglichen Geschäftsleben wertorientierte Lösungen finden und diese effizient und effektiv umsetzen kann.

Quelle: BASF, 2016

Gründe für das Aufkommen des Shareholder Value-Konzeptes in den 1990er-Jahren waren mehrere Entwicklungen:

- **Schutz vor unerwünschten Übernahmen**
  In den 1980er-Jahren suchten institutionelle Anleger, sogenannte Corporate Raiders, systematisch **Wertlücken** in Unternehmen. Wertlücken liegen vor, wenn die Marktkapitalisierung von Unternehmen an der Börse niedriger ist als Wert aller Unternehmensteile. Ein Grund kann der sogenannte Conglomerate Discount sein. Corporate Raider haben Unternehmen mit Wertlücken gekauft, von der Börse genommen und zerschlagen, um Arbitragegewinne zu erzielen. Bekanntester Corporate Raider der 1980er-Jahre war Michael Milken, der Vorbild für den von Michael Douglas gespielten Investor Gordon Gekko im US Spielfilm **Wall Street** von 1987 war.
- **Globalisierung der Finanzmärkte**
  Investoren agieren nicht mehr nur lokal oder branchenspezifisch, sondern streben über Ländergrenzen und Branchen hinweg eine **Optimierung der Rendite im weltweiten Vergleich** an. Verstärkt wird diese Tendenz durch die zunehmende Bedeutung institutioneller Anleger wie z. B. international agierender Pensionsfonds.
- **Manipulierbarkeit traditioneller Größen der Rechnungslegung**
  Die traditionellen Größen wie Jahresüberschuss oder Bilanzgewinn haben nur eine geringe Prognosekraft für die Vorhersage der Börsenkurse. Ein wesentlicher Grund ist, dass diese buchhalterisch ermittelten Erfolgsgrößen **Gegenstand bilanzpolitischer Maßnahmen** sind, welche z. B. den Jahresüberschuss über die Jahre glätten wollen.
- **Harmonisierung mit Investorenzielen und Principal-Agent-Problematik**
  Letztlich hat auch die Notwendigkeit der **Harmonisierung der Interessen der Anteilseigner und Manager** zu einer wachsenden Bedeutung des Shareholder Value-Ansatzes geführt. Dieses auch als Principal Agent-Problematik bezeichnete Problem zielt darauf ab, dass Manager, die als Agenten der Anteilseigner fungieren sollen, in der Praxis andere, eigene Zielsetzungen verfolgen, die nicht zwangsläufig zu einer Erhöhung des Unternehmenswertes führen und damit den Interessen der Anteilseigner zuwiderlaufen.

3.2 Wertbestimmung im Rahmen des Value Based Managements

Nachdem wir uns nun bisher mit der Shareholder Value-Philosophie und den Grundlagen des Value Based Managements beschäftigt haben, kehren wir nun zur zweiten Ausgangsfragestellung zurück, der Frage nach der Messung des Shareholder Value. Zur Operationalisierung des Wertbeitrags eines Unternehmens oder seiner Geschäftsbereiche im Rahmen des Shareholder Value-Konzepts stehen Unternehmen einige Messverfahren zur Verfügung.

Bei diesen Verfahren gibt es zunächst solche, die den Wertbeitrag von Unternehmen **mehrjährig, zukunftsorientiert planend** ermitteln. Hierzu gehört vor allem der Ansatz von Rappaport, der die Steigerung des Unternehmenswertes mittels des oben beschriebenen DCF-Ansatzes basierend auf Plan-Werten errechnet (vgl. Rappaport, 1999, S. 77 ff.).

Einen zweiten Ansatz bilden Kennzahlen, die **retrospektiv** die Wertbeiträge von Unternehmen oder Geschäftsbereichen innerhalb einer Abrechnungsperiode, meistens eines Geschäftsjahres, messen. Sie messen die Performance eines Unternehmens oder seiner Geschäftsbereiche nach Ablauf der betrachteten Abrechnungsperiode und beurteilen, ob die Einheiten wertsteigernd oder wertvernichtend gearbeitet haben. Hier unterscheidet man Kennzahlen, die auf einem Rentabilitätskonzept basieren, wie z. B. CFROI, RONA, ROCE, und Übergewinnkennzahlen wie den EVA™ (Economic Value Added).

3.2.1 Mehrperiodige Konzepte der Wertbestimmung

Der Shareholder Value nach Rappaport ist ein Unternehmenswert, der sehr ähnlich wie der Unternehmenswert nach dem DCF-Entity-Verfahren in Kapitel C.2.5.2 ermittelt wurde.

Aus der geplanten Unternehmens- und Kostenentwicklung heraus werden Free Cashflows für einen Planungszeitraum prognostiziert. Diese repräsentieren diejenigen ausschüttungsfähigen Zahlungsmittelüberschüsse, die nicht wieder in das Anlage- oder Netto-Umlaufvermögen reinvestiert werden müssen und somit potenziell an die Kapitalgeber ausgeschüttet werden. Zur Wertbestimmung werden die Zahlungsmittelüberschüsse über den i_{WACC} auf den Planungszeitpunkt abgezinst und ein Restwert für die Zahlungsmittelüberschüsse nach der Detailplanungsphase addiert. Hinzu kommt der Marktwert der nicht betriebsnotwendigen Vermögensgegenstände, da diese separat veräußerungsfähig sind. Anschließend muss in einem letzten Schritt der Marktwert des Fremdkapitals abgezogen werden.

Ein mithilfe des DCF-Verfahrens ermittelter Shareholder Value allein sagt jedoch noch nichts aus über eine Wertsteigerung, die durch ein Unternehmen oder einen Geschäftsbereich zu erzielen ist. Daher wird der Shareholder Value zu jedem Stichtag ermittelt. Die Veränderung des Shareholder Value, auch als Economic Profit bezeichnet, zeigt den Wertbeitrag des Unternehmens in der Abrechnungsperiode.

Bei größeren strategischen Initiativen oder Innovationen werden die Veränderungen auf den geplanten Unternehmenswertes – basierend auf zukünftigen Cashflows – errechnet und mit dem aktuellen Unternehmenswert verglichen werden. Dies gibt Aufschluss über die wertsteigernde Wirkung der strategischen Initiative. Ein negativer geplanter Shareholder Value zeigt an, dass das Kapital im Vergleich zu den Opportunitätskosten unrentabel angelegt ist.

3.2.2 Einperiodige Konzepte der Wertbestimmung

3.2.2.1 Rentabilitätsorientierte Kennzahlen

Beispiele rentabilitätsorientierter Wertkennzahlen sind:

- **CFROI** – Cashflow Return on Investment (in vereinfachter Form),
- **RONA** – Return on Net Assets
- **ROCE** – Return on Capital Employed

Die Kennzahlen sind unterschiedliche Gesamtkapitalrenditen, die die Frage beantworten, wie sich das gesamte im Unternehmen investierte Kapital verzinst hat. Investitionen schaffen aus Sicht der Investoren nur dann zusätzlichen Wert, wenn die Rentabilität oberhalb der Kapitalkosten liegt. Die Kapitalkosten stellen somit die Schwelle der Wertschaffung, englisch Hurdle Rate, dar.

Dargestellt werden soll die grundsätzliche Vorgehensweise der rentabilitätsorientierten Kennzahlen am Beispiel des von der Boston Consulting Group BCG entwickelten **CFROI**. Dieser beruht auch auf dem Grundmodell der zukunftsorientierten Bewertungsverfahren. Abgezinsten Cashflows der Zukunft werden zu dem gebundenen Kapital in Relation gesetzt. Letzteres wird beim CFROI der BCG als **Bruttoinvestitionsbasis** bezeichnet.

Zur Berechnung des CFROI werden die prognostizierten Brutto-Cashflows BCF_t, die Nutzungsdauer, das nicht abschreibbare Anlagevermögen am Ende der Nutzungsdauer NAA wie auch die Bruttoinvestitionsbasis BIB_0 benötigt, wie in Abb. 127 dargestellt. Entsprechend der Berechnungsformel des internen Zinsfußes ergibt sich die interne Verzinsung eines Projekts bei demjenigen Kalkulationszinsfuß, bei dem der Kapitalwert eines Projekts genau 0 beträgt:

$$0 = -BIB_0 + \sum_{t=1}^{n} \frac{BCF_t}{(1+CFROI)^t} + \frac{NAA_n}{(1+CFROI)^n}$$

mit:

BCF_t = Brutto-Cashflow der Periode t
BIB_0 = Bruttoinvestitionsbasis zum Zeitpunkt t_0
NAA_n = Restwert des nicht abschreibbaren Anlagevermögens
CFROI = Cashflow Return on Investment

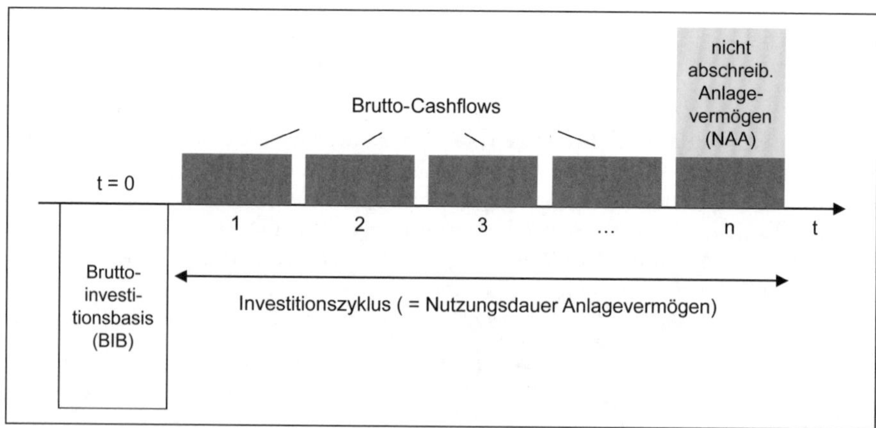

Abb. 127: CFROI – schematische Darstellung (Quelle: in Anlehnung an Heesen, 2014, S. 41)

Die Ermittlung des Brutto-Cashflows erfolgt indirekt, er wird aus dem Jahresüberschuss abgeleitet. Der Jahresüberschuss wird dazu um außerordentliche und aperiodische Aufwendungen und Erträge und deren Steuerwirkung bereinigt.

Die Berechnung des Brutto-Cashflows erfolgt bei der Bestimmung des CFROI nach folgender Formel (vgl. Günther, 1997, S. 218 f.):

	Ergebnis nach Steuern
+	planmäßige Abschreibungen
+	Zinsaufwand
+	Miet- und Leasingaufwendungen
=	Brutto-Cashflow zu laufenden Preisen

Die Bruttoinvestitionsbasis (BIB_0) als fiktive Anfangsauszahlung entspricht dem bis zu einem Stichtag in einem Unternehmen investierten, verzinslichen Kapital. Die Bruttoinvestitionsbasis ergibt sich aus dem Wiederbeschaffungsneuwert des Anlagevermögens zuzüglich des Werts des Umlaufvermögens und den kapitalisierten Mietaufwendungen. Nicht verzinsliches Fremdkapital wie z. B. die Verbindlichkeiten gegenüber Lieferanten, Anzahlungen von Kunden und Steuerverbindlichkeiten senkt die Bruttoinvestitionsbasis und wird abgezogen (vgl. Günther, 1997, S. 214 ff.; Horváth et al., 2020, S. 236).

Die konkrete Berechnung der Bruttoinvestitionsbasis ist in der nachfolgenden Rechnung dargestellt.

	Monetäres Umlaufvermögen ohne Vorräte und aktive RAP
+	Finanzanlagevermögen
=	Monetäre Aktiva Brutto
–	Nicht-zinstragende Verbindlichkeiten (NIBL)
=	Monetäre Aktiva Netto
+	Vorräte
+	Grundstücke und andere nicht abschreibbare Vermögensgegenstände
=	Nicht planmäßig abschreibbare Aktiva
+	Buchwerte des abschreibbaren Sachanlagevermögens
+	Kumulierte Abschreibungen
+	Kapitalisierte Miet- und Leasingaufwendungen
+	Selbst geschaffenes oder erworbenes immaterielles Anlagevermögen
=	Bruttoinvestitionsbasis

Die Bruttoinvestitionsbasis stellt das ursprünglich investierte Kapital dar. Deshalb wird das abschreibbare Anlagevermögen zu seinen historischen, aber inflationierten Anschaffungs- und Herstellungskosten angesetzt. Die Ermittlung erfolgt, indem zu den Buchwerten die kumulierten Abschreibungen hinzuaddiert und aufinflationiert werden. Zur besseren Vergleichbarkeit von Unternehmen mit eigenen oder gemieteten Anlagevermögensgegenständen werden die kapitalisierten Miet- und Leasingaufwendungen hinzugerechnet, ebenso wird selbst geschaffenes immaterielles Sachanlagevermögen hinzugerechnet. Das nicht abschreibungsfähigen Anlagevermögen NAA ergeben sich aus der Summe von Grund und Boden, dem Nettoumlaufvermögen und den Finanzanlagen und bezeichnen den Restwert des Unternehmens am Ende des Nutzungszeitraumes.

Im Rahmen des CFROI-Modells wird angenommen, dass die **Nutzungsdauer der Bruttoinvestitionsbasis**, während der die Cashflows erwirtschaftet werden können, begrenzt ist. Die Schätzung der durchschnittlichen Nutzungsdauer erfolgt durch die Division der historischen Anschaffungskosten durch die linearen Abschreibungen pro Periode.

Das Kriterium für die Wertschaffung nach dem Rentabilitätskonzept CFROI lautet:

$$CFROI > i_{WACC}$$

Ist der CFROI höher als der i_{WACC}, gibt es einen positiven Spread und das Unternehmen oder die Geschäftsbereiche schaffen Wert. Erreicht der CFROI den i_{WACC} dagegen nicht, hat man einen negativer Spread und durch die bewertete Einheit wird Wert vernichtet. Um die komplizierte Berechnung des internen Zinsfußes zu umgehen, findet man in der Praxis häufig folgende vereinfachte, statische Form der Berechnung des CFROI (vgl. Deimel, 2002b, S. 507).

$$CFROI_I = \frac{BCF_t}{BIB_0}$$

Diese Art der Berechnung des CFROI unterstellt als Prämisse die unendliche Erzielung des letzten in der Periode t erzielten Brutto-Cashflows. Tatsächlich aber sind die abnutzbaren Vermögensgegenstände am Ende ihrer Nutzungsdauer zu ersetzen, damit auch weiterhin positive Cashflows erzielt werden können.

Zur Berücksichtigung der zur Erhaltung der Bruttoinvestitionsbasis notwendigen Ersatzinvestitionen wird bei der modifizierten CFROI-Berechnung der Brutto-Cashflow um sogenannte ökonomische Abschreibung vermindert. Die ökonomische Abschreibung entspricht jenem konstanten Betrag, der jährlich zurückgelegt werden muss, damit die Reinvestition in neue Anlagen nach der erwarteten Nutzungsdauer möglich ist. Durch die Berücksichtigung der ökonomischen Abschreibung ergibt sich die unten dargestellte modifizierte $CFROI_{II}$-Berechnung.

$$CFROI_{II} = \frac{BCF_t - ÖA_t}{BIB_0}$$

$$ÖA = \frac{i_{WACC}}{(1 + i_{WACC}) - 1} \cdot BIB_0 - NAA$$

mit:

ÖA = ökonomische Abschreibung
NAA = nicht abschreibbares Anlagevermögen

CFROI bei EuroAir

Entsprechend dem bereits oben angeführten Beschluss des Vorstands der EuroAir SE hat die Controllingabteilung die Einführung eines wertorientierten Controllingsystems vorbereitet. Zur Evaluation der Systeme und bevor nun eine konzernweite Einführung eines wertorientierten Kennzahlensystems dieses Systems erfolgt, wurden die unterschiedlichen Messverfahren beispielhaft im Geschäftsbereich Service der EuroAir SE erprobt.

Hierzu hat die Controlling-Abteilung aus dem internen und externen Rechnungswesen die folgenden notwendigen Basis-Informationen zusammengestellt.

Ausgangsdaten		
Buchwert des immateriellen Anlagevermögens	T€	200
Buchwert des Sachanlagevermögens	T€	2.100
davon Wert der Grundstücke	T€	400
Kumulierte Abschreibungen des abschreibbaren Anlagevermögens	T€	830
Buchwert der Finanzanlagen	T€	300
Kasse/Sichtguthaben	T€	100
Forderungen	T€	550
Vorratsvermögen	T€	600
Rückstellungen	T€	500
Verbindlichkeiten aus Lieferungen und Leistungen	T€	100
Selbsterstellte immaterielle Anlagegüter	T€	200

Jahresüberschuss		
Umsatz	T€	4.750
- Aufwand	T€	4.070
- Abschreibungen	T€	250
= operatives Ergebnis	T€	430
- Zinsen	T€	50
= Ergebnis vor Steuern	T€	380
- Steuern	T€	190
= Jahresüberschuss	**T€**	**190**

Abb. 128: Ausgangsdaten

Darüber hinaus hat der Geschäftsbereich Service der EuroAir SE mehrere Vermögensgegenstände mit einer Laufdauer von zehn Jahren geleast. Der jährliche Aufwand hierfür betrug in der letzten Periode 50 T€. Der risikoangepasste Kapitalkostensatz i_{WACC} für den Geschäftsbereich Service wurde von der Finanzabteilung in Höhe von 7 % errechnet. Mit diesen Daten erfolgt nun die Berechnung der Bruttoinvestitionsbasis wie auch des Brutto-Cashflows.

Die Berechnung des $CFROI_I$ kommt zu folgendem Ergebnis:

$$CFROI_I = \frac{BCF_n}{BIB_0} = \frac{540\ T€}{4587\ T€} = 11{,}8\ \%$$

Da – wie zu erkennen ist – der einperiodige CFROI mit 11,8 % über dem i_{WACC} von 7 % liegt, hat der Geschäftsbereich Service im letzten Geschäftsjahr eine Wertsteigerung erwirtschaftet.

Monetäres Umlaufvermögen (ohne Vorräte)	T€	650
+ Aktive Rechnungsabgrenzungsposten	T€	
+ Finanzanlagevermögen	T€	300
= Monetäre Aktiva	**T€**	**950**
- Nicht zu verzinsende Verbindlichkeiten	T€	-600
= Netto Monetäre Aktiva	**T€**	**350**
+ Vorräte	T€	600
+ Grundstücke	T€	400
= Nettowert der nicht planmäßig abschreibbaren Aktiva	**T€**	**1.350**
+ Buchwerte des abschreibbaren Sachanlagevermögens	T€	1.700
+ Kumulierte Abschreibungen	T€	830
= Anschaffungs-/ Herstellungskosten des abschreibbaren Sachanlagevermögens	**T€**	**3.880**
+ Kapitalisierte Mietaufwendungen	T€	288
+ Selbstgeschaffenes oder erworbenes immaterielles Sachanlagevermögen	T€	400
= Bruttoinvestitionsbasis	**T€**	**4.568**

Ergebnis nach Steuern gemäß DVFA/SG	T€	190
+ Planmäßige Abschreibungen	T€	250
+ Zinsaufwand	T€	50
+ Miet- und Leasingaufwendungen	T€	50
= Brutto-Cashflow	**T€**	**540**

Abb. 129: Berechnung des CFROI

3.2.2.2 Residualgewinnorientierte Wertkennzahlen

Die Operationalisierung der Wertschaffung bei den residualgewinnorientierten Kennzahlen erfolgt – anders als beim Rentabilitätskonzept – dadurch, dass ein absoluter Übergewinn in Geldeinheiten errechnet wird, der sich aus der Differenz einer Gewinngröße und der absoluten Kapitalkosten ergibt.

Die am weitesten verbreitete residualgewinnorientierte Kennzahl ist der von der Unternehmensberatung Stern/Stewart entwickelte **Economic Value Added, das EVA™**. Im Gegensatz zum CFROI und des zugrunde liegenden DCF-Verfahrens verwendet das EVA-Konzept keine Cashflows als Erfolgskomponente, sondern nutzt eine operative Gewinngröße vor Zinsen und nach Steuern, das NOPAT) zur Messung der Erfolgsbeiträge. Der EVA™ als Residualkonzept beruht somit auf der Idee des Economic Profit, wodurch die buchhalterische Gewinnschwelle um die Verzinsungsansprüche der Kapitalgeber erhöht wird (vgl. Horváth et al., 2020, S. 234).

Die Kennzahl EVA™ ist definiert als:

$$EVA^{TM} = NOPAT_t - i_{WACC} \cdot ACE_t$$

mit:

$NOPAT_t$	=	operativer Gewinn vor Zinsen nach Steuern der Periode t (Net Operating Profit after Taxes)
ACE_t	=	durchschnittlich gebundenes Kapital der Periode
i_{WACC}	=	durchschnittlicher Kapitalkostensatz

Das NOPAT repräsentiert einen **Jahresüberschuss nach Steuern und vor Finanzierungskosten**. Ausgehend vom Betriebsergebnis wird der NOPAT durch eine Vielzahl von Anpassungen, den sogenannten Conversions, indirekt ermittelt. Durch diese Anpassungen wird die ursprünglich buchhalterische Gewinngröße in eine dem ökonomischen Cashflow ähnliche Größe transformiert. Bilanzpolitische Verzerrungen werden durch diese Anpassungen ebenfalls weitgehend eliminiert:

	Net Operating Profit = EBIT (= Betriebsergebnis)
+	Erhöhung der Wertberichtigungen auf Forderungen
+	Abschreibungen von derivativen Geschäftswerten
+	Erhöhung des Barwertes kapitalisierter F&E-Aufwendungen
+	sonstige betriebliche Erträge
+	Erhöhung der sonstigen Rückstellungen
–	finanzwirksame Steuern
=	Net Operating Profit after Tax (NOPAT)

Das **investierte Kapital (Capital Employed, CE_t)** besteht aus dem betriebsnotwendigen Vermögen, d. h. dem Anschaffungswert des Anlage- und Umlaufvermögens, erweitert um die betriebsnotwendigen, aber nicht aktivierten Vermögensgegenstände, wie z. B. geleaste Vermögensgegenstände, abzüglich des nicht betriebsnotwendigen Vermögens und kurzfristiger, nicht-zinstragenden Verbindlichkeiten, den Non Interest Bearing Liabilities (NIBL). Das investierte Kapital (CE_t) ergibt sich wie folgt:

	Buchwert des Anlage- und Umlaufvermögens
+	kumulierte Abschreibungen des Anlage- und Umlaufvermögen
+	kapitalisierte Miet- und Leasingaufwendungen
+	kapitalisierte F&E-Aufwendungen
–	marktgängige Wertpapiere im Umlaufvermögen
+	passivische Wertberichtigungen auf Forderungen
–	nicht zinstragende, kurzfristige Verbindlichkeiten (NIBL)
=	investiertes Kapital (CE_t)

Das durchschnittliche investierte Kapital ACE_t errechnet sich als Durchschnitt aus CE_t und CE_{t-1}. Der Kapitalkostensatz entspricht dem WACC (i_{WACC}).

Das EVA™ zeigt in absoluten Geldeinheiten, um wie viel der Gewinn eines Unternehmens die absoluten Kapitalkosten überschreitet. Demzufolge schafft ein Unternehmen dann Wert für die Anteilseigner, wenn der EVA™ positiv ist. Das Kriterium für Wertschaffung nach dem EVA™-Konzept lautet also (vgl. Deimel, 2002b, S. 508):

$$EVA > 0$$

Wertermittlung mithilfe des EVA™ bei EuroAir

Auch für die Kennzahl EVA™ gibt es für den Geschäftsbereich Technik bei der EuroAir SE die folgende Berechnung. Zunächst wurde der Net Operating Profit after Tax aus der GuV-Rechnung ermittelt. Hierbei mussten entsprechend der Berechnungsformel die Erhöhung der Wertberichtigung auf Forderungen, die Abschreibung von derivativen Firmenwerten wie auch die Erhöhungen der sonstigen Rückstellungen aus dem Abschluss ermittelt werden.

Die Berechnung ergab folgendes Ergebnis:

EBIT (= Betriebsergebnis)	T€	430,0
+ Erhöhung der Wertberichtigungen auf Forderungen	T€	15,0
+ Abschreibungen von derivativen Geschäftswerten	T€	30,0
+ Erhöhung des Barwertes kapital. F&E-Aufwendungen	T€	0,0
+ Sonstige betriebliche Erträge	T€	0,0
+ Erhöhung der sonstigen Rückstellungen	T€	50,0
= Net Operating Profit	T€	525,0
- Finanzwirksame Steuern auf das EBIT (50%)	T€	262,5
= Net Operating Profit After Tax	**T€**	**262,5**

Buchwert des Anlagevermögens	T€	1.300,0
+ Buchwert des Umlaufvermögens	T€	2.250,0
- Nicht verzinsliche, kurzfristige Verbindlichkeiten	T€	-600,0
- Marktgängige Wertpapiere	T€	-300,0
- Anlagen im Bau	T€	0,0
+ Passivische Wertberichtigungen auf Forderungen	T€	0,0
+ Kumulierte Abschreibungen	T€	200,0
+ Kapitalisierte Miet- und Leasingaufwendungen	T€	107,2
+ Kapitalisierte F&E-Aufwendungen	T€	0,0
+ Kumulierte außerordentliche Verluste nach Steuern	T€	0,0
= Investiertes Kapital	**T€**	**2.957,2**

Abb. 130: Ausgangsdaten zur EVA-Berechnung

Auf der Grundlage der ermittelten Werte für den NOPAT und das investierte Kapital lässt sich mithilfe des Kapitalkostensatzes (i_{WACC}) ein EVA™ des Geschäftsbereichs Technik berechnen.

$$EVA^{TM} = NOPAT_t - i_{WACC} \cdot ACE_t$$

$$EVA^{TM} = 258\ T€ - 0{,}07 \cdot 2957{,}2\ T€$$

$$EVA^{TM} = 258\ T€ - 207\ T€$$

$$EVA^{TM} = 55\ T€$$

Der positive EVA™-Wert deutet also darauf hin, dass der Geschäftsbereich Technik im abgelaufenen Geschäftsjahr einen positiven Wertbeitrag erwirtschaftet hat.

3.3 Wertmanagement

Während es in den ersten beiden Schritten um die Implementierung einer wertorientierten Kultur im Unternehmen und die Messung des Wertbeitrages geht, muss es im letzten Schritt darum gehen, den **Wert von Unternehmen und Geschäftsbereichen** gezielt zu erhöhen. Hierfür ist die Entwicklung von Maßnahmen zur Wertsteigerung notwendig.

3.3.1 Werttreiber-Netzwerk

Aus der Herleitung des Shareholder Value-Grundmodells lassen sich bereits die vier wesentlichen Einflussfaktoren auf den Shareholder Value erkennen, die zur

Verbesserung der Wertperformance von Unternehmen und Geschäftsbereichen genutzt werden können.

Diese finden sich auch im in Abb. 131 dargestellten **Werttreiber-Ansatz** von RAPPAPORT wieder. Durch dieses Shareholder Value-Werttreiber-Netzwerk entsteht ein ganzheitliches Konzept von Wirkungszusammenhängen, das die Aktivitäten eines Unternehmens in Hinblick auf die Wertschaffung analysiert.

Hier zeigen sich Werttreiber Länge des Planungshorizonts, Umsatzwachstum, betriebliche Cashflow-Marge sowie (Cash-)Steuersatz, Kapitalbindung sowie Kapitalkosten.

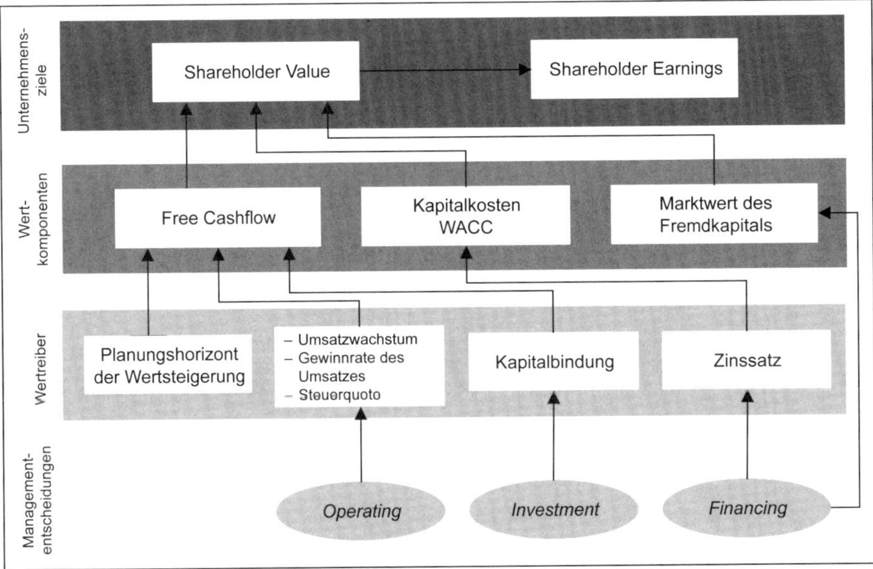

Abb. 131: Werttreiber-Konzept nach RAPPAPORT (Quelle: in Anlehnung an Rappaport, 1999, S. 56)

Die zukünftigen Free Cashflows werden vornehmlich

- durch **operative Führungsentscheidungen (Operating)** sowie
- durch **Investitionsentscheidungen (Investment)** beeinflusst,
- während **Finanzierungsentscheidungen (Financing)** über die Höhe des Fremdkapitals sowie den Kapitalisierungszinsfuß auf den Shareholder Value einwirken.

Einen besonderen Stellenwert zur Steigerung des Shareholder Value eines Unternehmens besitzen die Managemententscheidungen Operating wie auch Investment.

- Bei Managemententscheidungen im Bereich **Operating** können über die **nachhaltige Steigerung des Umsatzes** zusätzliche Free Cashflows erwirtschaftet werden. Daneben ist die Effizienz der Unternehmensprozesse, also ein konsequentes Kostenmanagement, ein wesentlicher Werttreiber. Maßnahmen der Steueroptimierung runden das Spektrum ab.
- Hinsichtlich der Managemententscheidungen im Bereich **Investment** kann eine **Reduzierung der Kapitalbindung** im Unternehmen zu Wertsteigerungen führen. Insofern sind alle Abteilungen im Unternehmen aufgefordert, die Notwendigkeit

von Investitionen und die Kapitalbindung im Anlage- und Umlaufvermögen zu hinterfragen.

Managemententscheidungen im Bereich **Financing** beeinflussen durch ein Financial Engineering die Zusammensetzung der Kapitalstruktur des Unternehmens und damit die **Kapitalkosten** als Wertreiber. Auch kann eine Reduktion des Unternehmensrisikos einen positiven Wertbeitrag generieren, wenn dadurch die Höhe der Verzinsungsanforderungen der Investoren sinkt.

3.3.2 Restrukturierungs-Pentagon

Ein weiterer Ansatz zur **Restrukturierung und Identifikation von Wertsteigerungspotenzialen**, insbesondere von diversifizierten Unternehmen, bietet das von McKinsey entwickelte Restrukturierung-Pentagon, auch englisch Value Action Pentagon genannt. Dieser Ansatz verknüpft das Wertsteigerungsziel der Eigentümer mit den Unternehmens- und Geschäftsstrategien sowie operativen Ansätzen zur Steigerung des Unternehmenswertes aus dem Werttreiber-Netzwerk (vgl. Copeland et al., 2002, 46 ff.).

Das Restrukturierungs-Pentagon teilt die gesamte Wertlücke in vier Teillücken auf.

- Die **Wahrnehmungslücke** beruht auf einer Unterschätzung des Unternehmenswertes durch den Kapitalmarkt. Die wertsteigernden Strategien des Unternehmens werden vom Kapitalmarkt nicht ausreichend wahrgenommen werden. Hieraus folgt die Empfehlung einer **verbesserten Kapitalmarktkommunikation**.
- Die **interne Restrukturierungslücke** kennzeichnet interne Ineffizienzen in den Geschäftsbereichen und -prozessen. Diese interne Restrukturierungslücke kann durch operative und strategische Maßnahmen geschlossen werden. Hier geht es vorwiegend um Umsatzsteigerungen, Kostenmanagementmaßnahmen oder die Reduzierung des Working Capitals.
- Die **externe Restrukturierungslücke** kann durch die Optimierung des Geschäftsbereichsportfolios des Unternehmens geschlossen werden. In dieser Phase sollten wertvernichtende Aktivitäten des Unternehmens durch Verkauf, Spin-off, Liquidation oder Leveraged Buy-outs aus dem Portfolio entfernt und die frei werdenden liquiden Mittel in wertschaffende Aktivitäten investiert oder an die Aktionäre ausgeschüttet werden. Durch Maßnahmen des Portfoliomanagements kann auch das Gesamtunternehmensrisiko verändert werden, indem risikobehaftete Geschäftseinheiten aus dem Portfolio entfernt bzw. in weniger risikobehaftete Geschäftseinheiten ausgebaut werden. So hat die BASF in den 1980er-Jahren das Gasgeschäft aufgebaut, um im Vergleich zur klassischen Chemie weniger konjunkturanfällig zu sein.
- Maßnahmen des **Financial Engineering** zielen darauf ab, die finanzielle Restrukturierungslücke zu schließen. Es geht um die Verringerung der Kapitalkosten durch Optimierung des Verschuldungsgrades, internationale Steueroptimierung oder den Rückkauf eigener Aktien.

Wie zu erkennen ist, verknüpft das Restrukturierungs-Pentagon die Maßnahmen eher operativer Natur des Werttreibernetzwerks mit Fragen der strategischen Portfoliosteuerung und der Investor Relations und stellt damit einen übergreifenden Ansatz der Unternehmenswertsteigerung dar.

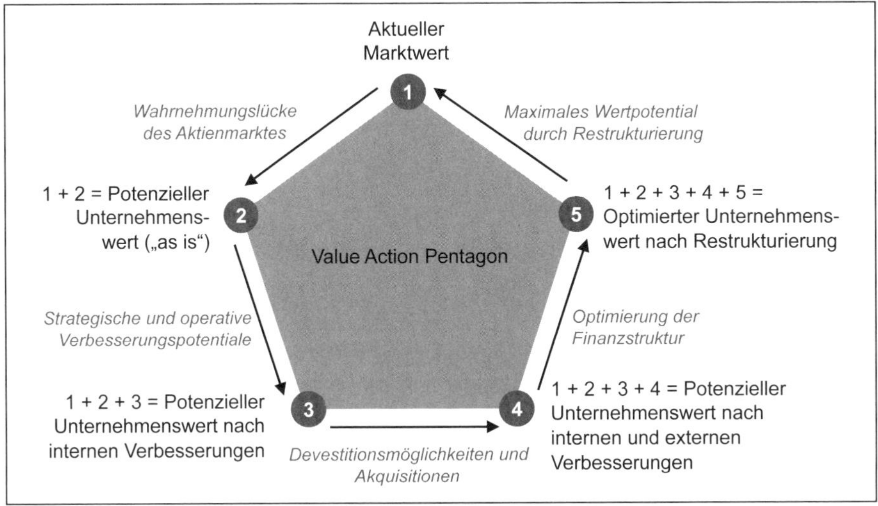

Abb. 132: Value Action Pentagon

3.3.3 Wertorientiertes Portfolio-Management

Beim wertorientierten Portfolio Management steht die Optimierung des **Geschäftsbereichsportfolios unter Wertgesichtspunkten** im Mittelpunkt. Hierzu steht in Ergänzung der bisher bekannten Portfolio-Analysen des BCG- und McKinsey-Portfolios eine Vielzahl unterschiedlicher unternehmenswertorientierter Portfoliodarstellungen zur Verfügung, so z. B.:

- Profitability-Matrix,
- die Value Curve,
- die unternehmenswertorientierte Performance-Matrix,
- das BCG-Wertbeitragsportfolio oder
- die Leaning-Brick-Pile-Darstellung.

Diesen Verfahren ist gemein, dass sie einerseits eine Transparenz über die wertorientierte Performance der einzelnen Geschäftsbereiche eines Unternehmens schaffen und andererseits auch in der Lage sind, bestimmte Normstrategien für die Geschäftsbereiche vorzuschlagen. Aus der Vielzahl von wertorientierten Portfolio-Darstellungen sollen hier nur die Methode des Leaning Brick Pile und des BCG-Wertbeitragsportfolios dargestellt werden.

Leaning Brick Pile

Die Methode des Leaning Brick Pile verfolgt das Ziel, unterschiedliche strategische Geschäftseinheiten eines diversifizierten Unternehmens nach wertorientierten Kriterien zu analysieren. Sie stellt dem Marktwert einer strategischen Geschäftseinheit, d. h. einer SGE, deren Buchwert gegenüber und ermittelt so ein Marktwert-/Buchwertverhältnis, das M/B-Verhältnis jeder SGE.

Die Marktwerte der SGE auf der Ordinate werden durch Discounted Cashflow-Verfahren der Unternehmensbewertung oder den Shareholder Value errechnet. Der Buchwert einer Geschäftseinheit auf der Abszisse stellt das inflationsangepasste

Gesamtvermögen der SGE dar. Trägt man nun die einzelnen Geschäftsbereiche in der Reihenfolge des M/B-Verhältnisses auf, so ergibt sich das in Abb. 133 dargestellte Bild.

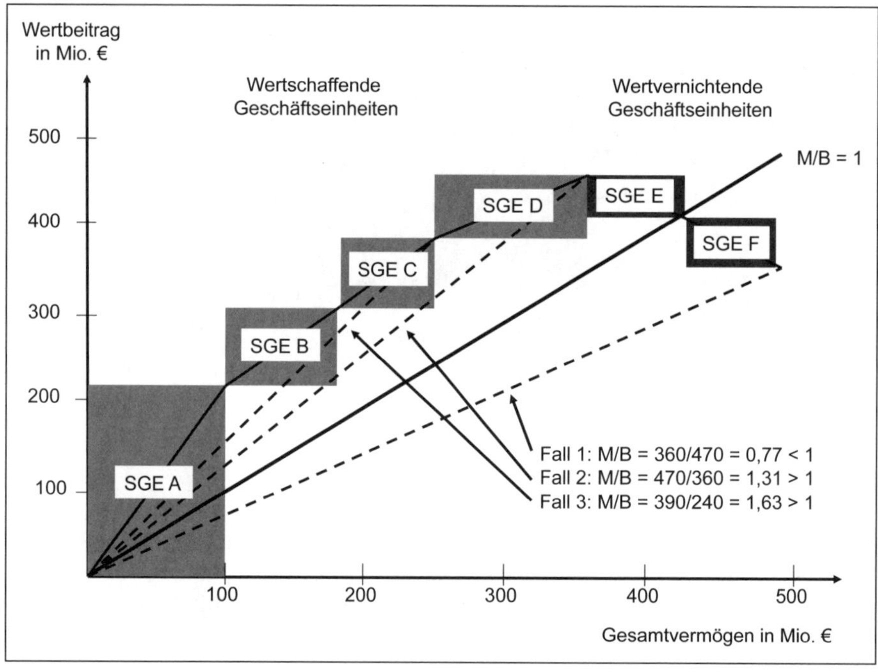

Abb. 133: Leaning Brick Pile
(Quelle: Baum, Coenenberg, Günther 2007, S. 305)

Entsprechend der obigen Theorie des Shareholder Value erwirtschaften unter Marktwert/Buchwertgesichtspunkten nur die Geschäftseinheiten Wert, bei denen die **Marktwerte die Buchwerte überschreiten**. Somit zeigt die Steigung der **eingezeichneten Linie M/B = 1** das Marktwert/Buchwert-Verhältnis (M/B-Verhältnis), das von den Geschäftsbereichen mindestens erreicht werden muss, um wertschaffend zu wirken. Aus einem Vergleich der M/B-Verhältnisse der einzelnen Geschäftseinheiten lässt sich erkennen, dass die SGE A und B wertschaffend sind (M/B-Verhältnis > 1), die Geschäftseinheit C wertneutral ist (M/B-Verhältnis = 1) und die Geschäftseinheiten D, E, und F Wertvernichter darstellen (M/B-Verhältnis < 1).

Das Gesamtunternehmen ist in vorliegendem Fall ein **Wertvernichter** mit einem M/B-Verhältnis von 0,77 (Fall 1; Linie 0/F). Jedoch könnte durch Veräußerung der SGE F und E ein positives M/B-Verhältnis von 1,31 (Fall 2) erreicht werden.

Voraussetzung dafür wäre, dass keine weiteren Belastungen durch die Stilllegung entstünden. Da das Leaning Brick Pile den Wert des Gesamtkapitals als Summe der einzelnen Wertbeiträge der SGE darstellt (= Wertadditivitätshypothese), werden mögliche Synergien hierbei nicht berücksichtigt. Deswegen muss dieser Aspekt vor einer Desinvestitionsentscheidung kritisch geprüft werden.

Wertbeitragsportfolio

In Anlehnung an das klassische BCG-Portfolio hat die Boston Consulting Group ein wertorientiertes Portfolio entwickelt, das BCG-Wertbeitragsportfolio. In dieser Darstellung werden das Wachstum der Geschäftseinheit auf der x-Achse und der CFROI-Spread auf der y-Achse abgebildet. Der **CFROI-Spread** bezeichnet die Differenz zwischen erreichtem CFROI und dem i_{WACC} als CFROI-Hurdle. Ein positiver Spread zeigt eine Wertschaffung durch den betreffenden Geschäftsbereich an, ein negativer Spread eine Wertvernichtung.

Aus den abgebildeten Quadranten können folgende Normstrategien abgeleitet werden.

- **Positiver Spread/überdurchschnittliches Wachstum**
  Investition in den betreffenden Geschäftsbereich zur Unterstützung des überdurchschnittlichen Wachstums, da der positive Spread eine Wertschaffung des Geschäftsbereichs anzeigt.
- **Positiver Spread/unterdurchschnittliches Wachstum**
  Auch diese Geschäftseinheit erzeugt einen positiven Wertbeitrag. Hier sollte geprüft werden, ob Maßnahmen zur Steigerung des **externen Wachstums** greifen können. Andererseits ist zu prüfen, ob eine Veräußerung zu einer Wertverbesserung des Unternehmens führen kann.
- **Negativer Spread/überdurchschnittliches Wachstum**
  Geschäftsbereiche in diesem Quadranten sind Wertvernichter. Hier ist zu prüfen, ob **wertsteigernde Maßnahmen** erfolgversprechend sein können, die diese Geschäftsbereiche zu wertsteigernden Einheiten machen können. Wenn dies möglich bzw. realisiert ist, sollten weitere Investitionen in diese Geschäftsbereiche

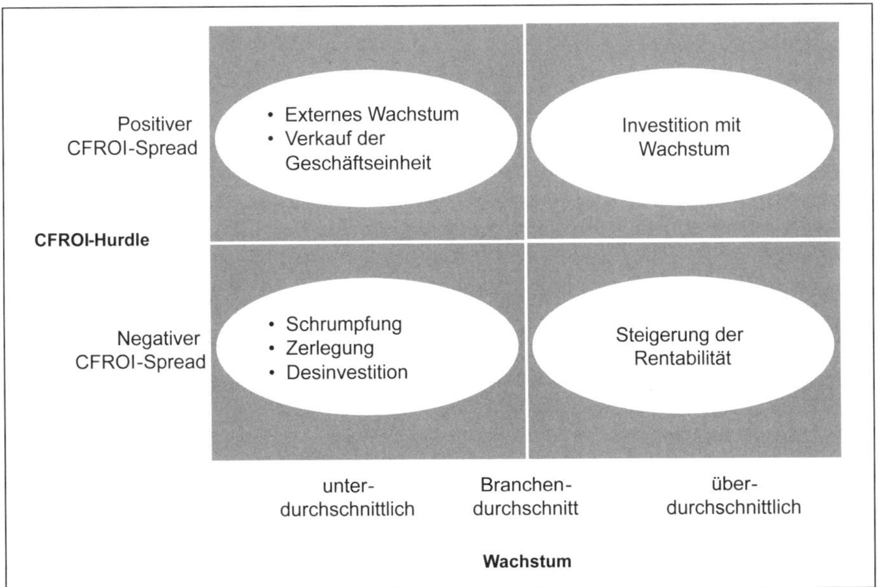

Abb. 134: Wertbeitragsportfolio nach BCG (Quelle: in Anlehnung an Lewis, 1995, S. 79)

erfolgen, um am Branchenwachstum teilzunehmen. Ist eine Entwicklung zu wertsteigernden Geschäftsbereichen nicht möglich, sollten diese desinvestiert werden.

- **Negativer Spread/unterdurchschnittliches Wachstum**
  Beide Werttreiber sind hier negativ. Es ist zu prüfen, ob eine Zerlegung, Schrumpfung des Geschäftsbereichs zu einer Verbesserung der Situation führen kann. Ansonsten sollte die **Desinvestition** erwogen werden.

4 Performance Controlling

Vor dem Hintergrund eines dynamischeren und komplexeren Umfelds reichen die klassischen buchhalterisch orientierten und rechnungswesennahen Controllingmethoden nicht mehr aus, um Unternehmen adäquat zu steuern. Insbesondere fehlt es bei den klassischen Methoden an einer konsequenten Verbindung zwischen Unternehmensstrategie und der operativen Steuerung. Aus diesem Grund wurde seit den 2000er-Jahren stärker über die Entwicklung eines ganzheitlichen modernen Steuerungssystems nachgedacht – des **Performance Controllings**.

Der Fokus des Performance Controllings liegt auf der Strategieumsetzung sowie Leistungssicherung im Unternehmen. In diesem Kapitel werden zunächst die generellen Trends, die zur Entwicklung des Performance Controllings geführt haben, analysiert. Anschließend werden die relevanten Instrumente des Performance Controllings dargestellt und bewertet. Der Schwerpunkt liegt auf neuen, leistungsorientierten Steuerungssystemen, wie z. B. Tableau de Bord, Performance Pyramid, Balanced Scorecard oder Objectives and Key Results.

Performance Controlling für die Transformation der Unternehmensstrategie bei EuroAir

Im Rahmen von Strategieworkshops des Vorstands wurden für EuroAir die bereits eingangs dargestellten strategischen Leitlinien fixiert. Neben dem profitablen Wachstum, welches als herausragendes Ziel der EuroAir SE festgehalten wurde, soll der Fokus der Geschäftstätigkeit zukünftig auf die Kerngeschäftsbereiche gelegt werden.

Im Vordergrund der Produkt- und Serviceentwicklung steht die konsequente Ausrichtung an den Kundenbedürfnissen von Premiumkunden. Es wird erwartet, dass die Kunden bereit sind, dies durch höherer Preise zu honorieren. Die Kundenzufriedenheit, die man als wichtigste Voraussetzung für die Kundentreue und damit für einen hohen Kundenwert erkannt hat, soll gesteigert werden. Unter anderem möchte man dies durch schnellere Buchungsprozesse erreichen. Vor dem Hintergrund der Erhöhung der Kundentreue als strategischem Ziel wurde als konkrete Maßnahme die Erweiterung des Vielfliegerprogramms FreeQuent in Angriff genommen.

Bisher war das Controlling bei EuroAir fast ausschließlich auf finanzielle Kennzahlen aus GuV und Bilanz, wie die Umsatzentwicklung oder die Eigenkapitalrendite, ausgerichtet. Bei der Frage der Umsetzung der obigen strategischen Ziele stellt sich das Controlling nun die Frage, wie die Erreichung solcher nicht-finanzieller, qualitativer Zielsetzungen im Unternehmen gemessen werden kann. Das Controlling soll zunächst klären:

- Auf Basis welcher Instrumente kann eine Strategieumsetzung bzw. -transformation erfolgen?
- Wie können strategische Planungs- und Kontrollprozesse sinnvoll mit operativen Planungs- und Kontrollprozessen verknüpft werden?

- Mit welchen Kennzahlen kann die Zielerreichung im Hinblick auf die Strategieimplementierung und die operative Leistung gemessen werden?
- Wie können aus einer Vielzahl von unterschiedlichsten operativen und strategischen Kennzahlen die relevanten Kennzahlen herausgefiltert werden, die die Strategieimplementierung messen?

Das Controlling von EuroAir sucht ein Performance Controlling Framework, welches die Hard Facts der Finanzperspektive mit Soft Facts aus den Bereichen Mitarbeiter, Kunde, Prozess zusammenführt.

4.1 Grundlagen des Performance Controllings

Seit vielen Jahren wird im Rahmen des Controllings eine Erhöhung der Transparenz über alle betrieblichen Prozesse gefordert. Dies umfasst die Erhöhung der

- **Leistungstransparenz** der Unternehmen und ihrer Teilbereiche,
- **Transparenz über Strategieumsetzung**,
- **Transparenz über kritische Erfolgsfaktoren** im operativen Geschäft.

Insbesondere die Forderung nach Leistungstransparenz wurde zwar häufig mit der Shareholder Value- bzw. der Corporate Governance-Diskussion verknüpft, kann aber auch unabhängig von dieser gesehen werden. Letztlich besteht die Forderung, dass die Manager eines Unternehmens jederzeit die Leistung des Gesamtunternehmens sowie einzelner Geschäftsbereiche, wie z. B. von Produkten oder Produktgruppen, Segmenten, Abteilungen, Gruppen bis hin zu einzelnen Mitarbeitern beurteilen können müssen.

Forderung nach Leistungstransparenz

Ursachen für die Forderung nach einer höheren Leistungstransparenz sind:

- Die stärkere **Betonung dezentraler Entscheidungen** führt zu einer Verlagerung von Entscheidungskompetenzen auf dezentrale Managementebenen. Im Gegenzug möchte das zentrale Management über die Leistung des dezentralen Managements vollständig informiert sein.
- **Institutionelle Eigenkapitalgeber** verlangen eine **direkte Kommunikation** mit dem Topmanagement des Unternehmens und eine Transparenz über die Performance nicht nur des Gesamtunternehmens, sondern auch seiner Geschäftsbereiche.
- Analog zu Eigenkapitalgebern haben sich auch die **Anforderungen der Fremdkapitalgeber** erhöht. Kreditinstitute und Rating Agenturen, wie z. B. Moody's oder Standard & Poor's, verlangen detaillierte Einblicke in das Unternehmen, seine Geschäftsbereiche, seine Strategien sowie deren Implementierung.
- Verschiedene Gesetzesinitiativen haben zusätzlich zu einer Erhöhung der Leistungstransparenz geführt. So ist z. B. in der Konzernrechnungslegung nach IFRS eine detaillierte **Segmentberichterstattung** verankert.

Konzentration auf kritische Erfolgsfaktoren

Seit den 1960er-Jahren sucht die betriebswirtschaftliche Forschung nach Erfolgsfaktoren. Grundlage ist die Annahme, dass es – ungeachtet der Multikausalität des Unternehmenserfolgs – Faktoren gibt, die unternehmens- und branchenübergreifend Basis einer erfolgreichen Unternehmensstrategie sind. Diese Faktoren werden als kritische Erfolgsfaktoren, strategische Erfolgsfaktoren oder Critical Success Factors bezeichnet. Sie stellen allgemeingültige Erfolgsrezepte für Unternehmen dar, ähnlich naturwissenschaftlichen Gesetzmäßigkeiten.

In Search of Excellence

Peters & Waterman haben 1984 mit dem Wirtschaftsbestseller **In Search of Excellence** die Grundlage für ein Revival der Erfolgsfaktorenforschung gelegt. Sie haben zwanzig US-amerikanische Unternehmen, die zum damaligen Zeitpunkt als besonders erfolgreich galten, bezüglich ihrer Gemeinsamkeiten, die die Basis des Erfolges sein könnten, intensiv untersucht. Peters & Waterman nennen sieben Erfolgsfaktoren. Diese werden in weiche und harte Erfolgsfaktoren unterteilt. Die harten Faktoren sind die Strategie, die Struktur und das System. Die weichen Faktoren sind Spezialkenntnisse, Selbstverständnis, Stil und Stammpersonal. Das wichtigste Merkmal erfolgreicher Unternehmen ist jedoch das sichtbar gelebte Wertsystem (vgl. Peters & Waterman, 1984, S.321).

PIMS-Projekt

Während die Studie von Peters & Waterman eher qualitativ angelegt war, untersucht das PIMS-Projekt den Erfolg von Unternehmen auf Basis einer breit angelegten quantitativ-empirischen Studie amerikanischer Unternehmen. PIMS steht dabei für Profit Impact of Market Strategies. Das PIMS-Projekt wurde bereits in den 1960er-Jahren begonnen und hatte Mitte der 1980er-Jahre Daten von mehr als 450 Unternehmen mit mehr als 3.000 Geschäftsbereichen gesammelt. Das Buch von Buzzell & Gale (1987) „The PIMS-Principles: Linking Strategy to Performance" wird in der Wissenschaft aufgrund der hohen Qualität der Empirie positiv bewertet. Critical Success Factors sind laut den Ergebnissen des PIMS-Projektes vor allem die Investitionsintensität, die Produktivität, die Marktposition, das Marktwachstum, die Qualität der Leistungen, die Innovation sowie das Ausmaß der vertikalen Integration (vgl. Buzzell & Gale, 1987).

Der Grundgedanke des kritischen Erfolgsfaktors hat sich fest in der Gedankenwelt der Betriebswirtschaftslehre und des strategischen Managements niedergeschlagen. Performance Controlling soll die kritischen Erfolgsfaktoren des operativen Geschäfts für das Management abbilden und greifbar machen.

Unterstützung der Strategieimplementierung

Der dritte Aspekt, der zu der Entwicklung des Konzepts des Performance Controllings geführt hat, ist die mangelnde Strategieimplementierung in vielen Unternehmen. Die Strategieimplementierung beschäftigt sich mit der Fragestellung „Are we doing the things right?", während sich die Strategieentwicklung mit der Frage „Are we doing the right things?" auseinandersetzt. „Although most of the executives have a clear understanding of the strategic direction of their company, the strategy may not be as obvious to the rest of the organization. ... In this way, the company secures buy-in and 'action' from managers and workers on the front lines" (Howard, Hitchcock & Dumarest, 2001, S.32). Performance Controlling soll die Strategieimplementierung fördern und den Status der Implementierung für Mitarbeiter und Manager transparent machen.

4.2 Key Performance Indicators (KPI)

Definition Key Performance Indicators

Das Konzept der **Key Performance Indicators (KPI)** setzt an den Kritikpunkten an klassischen Kennzahlen und an klassischen Kennzahlensystemen an. Kennzahlen sollen nicht mehr ungerichtet für alle Funktions- und Geschäftsbereiche des Unternehmens gebildet werden, sondern sich konsequent auf die effiziente **Erreichung der strategischen Zielsetzungen** konzentrieren.

Dabei wird auf die klassischen, charakteristischen Eigenschaften von Kennzahlen zurückgegriffen: den Informationscharakter, die Quantifizierbarkeit und die Verdichtung der Informationen. Zusätzlich wird eine hohe Relevanz der Kennzahlen im Hinblick auf die Erreichung der zentralen Unternehmensziele beziehungsweise auf die Umsetzung der Unternehmensstrategien gefordert.

Key Performance Indicators (KPI) sind Kennzahlen, die strategische oder operative Sachverhalte messen, die den Erfolg eines Unternehmens oder eines Geschäftsbereichs maßgeblich beeinflussen. Idealerweise lässt sich der zukünftige Unternehmenserfolg mithilfe der KPI vorhersagen.

Die Problematik in der Definition geeigneter Kennzahlen zur Umsetzung der zentralen Unternehmenszielsetzungen und -strategien erkannte PETER F. DRUCKER bereits Ende der 1960er-Jahre: „The real difficulty lies indeed not in determining what objectives we need, but in deciding how to set them. There is only one fruitful way to make this decision: by determining what shall be measured and what the yardstick of measurement should be. For the measurement used determines what one pays attention to. It makes things visible and tangible. The things measured become relevant" (Drucker, 1968, S. 85).

Anforderungen an KPI

Damit aus normalen Kennzahlen echte KPI werden, ist die Erfüllung von einigen Anforderungen notwendig. Diese erinnern an die SMART-Regeln der Zielformulierung, unterscheiden sich aber deutlich.

- KPI müssen zunächst hohen Strategiebezug und Relevanz haben. **Strategiebezug** bedeutet, dass KPI konkret aus der Strategie des Unternehmens abgeleitet werden sollen und die Strategieimplementierung für Mitarbeiter und Management greifbar machen müssen. **Relevanz** bedeutet, dass KPI einen bedeutsamen, ableitbaren Einfluss auf die strategischen Unternehmenszielsetzungen bzw. die Spitzenkennzahl haben. Der Zusammenhang kann, wie bereits bei den Rechensystemen und den Systemen selektiver Kennzahlen dargestellt, sowohl mathematischer als auch sachlogischer Natur sein (vgl. Gladen, 2003, S. 116 ff.).
- KPI sollen einen **vorlaufenden Charakter** haben. Vorlaufindikatoren, englisch Leading Indicators genannt, verfügen über zwei Eigenschaften. Während Nachlaufindikatoren, englisch Lagging Indicators genannt, die Symptome der Veränderung eines betriebswirtschaftlichen Zusammenhangs erfassen, messen Vorlaufindikatoren die **Ursachen** in betriebswirtschaftlichen Ursache-Wirkungsketten. Zudem ist mit dem vorlaufenden Charakter eine **Prognosemöglichkeit** verbunden. Damit sollen KPI frühzeitig zukünftige Entwicklung der Spitzenkennzahlen anzeigen.

Strategiebezug	KPI müssen aus der Strategie abgeleitet werden.	– KPI bilden die Strategie ab. – Mitarbeiter müssen den Strategiebezug erkennen.
Relevanz	KPI müssen einen Einfluß auf die Spitzenkennzahl haben.	– KPI sollen einen signifikanten, messbaren Einfluss auf die Spitzenkennzahl haben.
Vorlaufcharakter	KPI sollen „Leading Indicators" sein.	– Vorlaufende KPI messen frühzeitig Ursachen für Veränderungen in der Spitzenkennzahl, während nachlaufende KPI eher die Symptom mit Zeitverzug abbilden.
Messbarkeit	KPI müssen „leicht" messbar sein.	– Fortschritte bei der Strategieumsetzung sollen durch KPI quantifiziert werden. – Eine „einfache" Messbarkeit, die auch häufig möglich ist, ist vorteilhaft.
Ausführbarkeit	KPI-Targets müssen erreichbar und beeinflussbar sein.	– KPI müssen durch die Mitarbeiter als beeinflussbar wahrgenommen werden. – KPI-Targets motivieren nur, wenn sie für die Mitarbeiter realistisch erreichbar erscheinen.
Terminierung	KPI-Targets müssen Zielzeitpunkt haben.	– KPI-Targets müssen mit einem Zeitpunkt, zu dem das KPI-Target erfüllt sein muss, verknüpft werden.

Abb. 135: Anforderungen an KPI und KPI-Targets

Vorlaufende KPI bei Südzucker

Das Jahresergebnis der **Südzucker AG** wird stark vom heimischen Zuckergeschäft beeinflusst. Einer der Haupteinflussfaktoren ist die Kostensituation in der Kristallzuckerproduktion. Da die Kostensituation wiederum vom jeweiligen durchschnittlichen Zuckergehalt in der Zuckerrübenernte eines Jahres abhängt, der sich auf Basis des Klimas in den Monaten August und September vorhersagen lässt, handelt es sich bei den Kennzahlen Sonnentage in den Monaten August und September oder Durchschnittstemperatur in den Monaten August und September um **Vorlaufindikatoren (KPI) für den Zuckergehalt und damit auch für das Jahresergebnis.**

- Die **Messbarkeit** ist eine weitere Grundvoraussetzung für KPI. Dabei ist nicht nur eine theoretische Messbarkeit wichtig, sondern die Messung muss auf vielen Ebenen des Unternehmens einfach und kostengünstig möglich sein. Hierzu gehört auch, dass die Frequenz der Messung ohne erhebliche Kostensteigerung erhöht werden kann.
- **KPI-Targets** sind Zielvorgaben, die mit den KPI verbunden sind. KPI-Targets müssen ausführbar und terminiert sein. **Ausführbarkeit** bedeutet zunächst, dass KPI durch Mitarbeiter und Management beeinflussbar sind und auch als solches wahrgenommen werden. Zum anderen müssen die KPI-Targets aus Sicht der Mitarbeiter fordernd, aber realistisch und erreichbar erscheinen. Diese Anforderung ist aus der Theorie der Verhaltenswirkung von Zielen abgeleitet (vgl. Hofstede, 1967). **Terminierung** bedeutet schließlich, dass der Zeitpunkt, zu dem ein KPI-Target erreicht werden soll, festgelegt und kommuniziert werden muss.

Erstellung von KPI-Systemen

In aller Regel werden in Unternehmen nicht einzelne KPI getrennt betrachtet, sondern KPI-Systeme aufgebaut. Diese beinhalten eine Spitzenkennzahl sowie KPI aus verschiedenen Funktions- und Geschäftsbereichen des Unternehmens. Bekanntestes Beispiel für KPI-Systeme sind die Werttreiberbäume des Wertmanagements (vgl. Abb. 136 mit einem Beispiel von ThyssenKrupp).

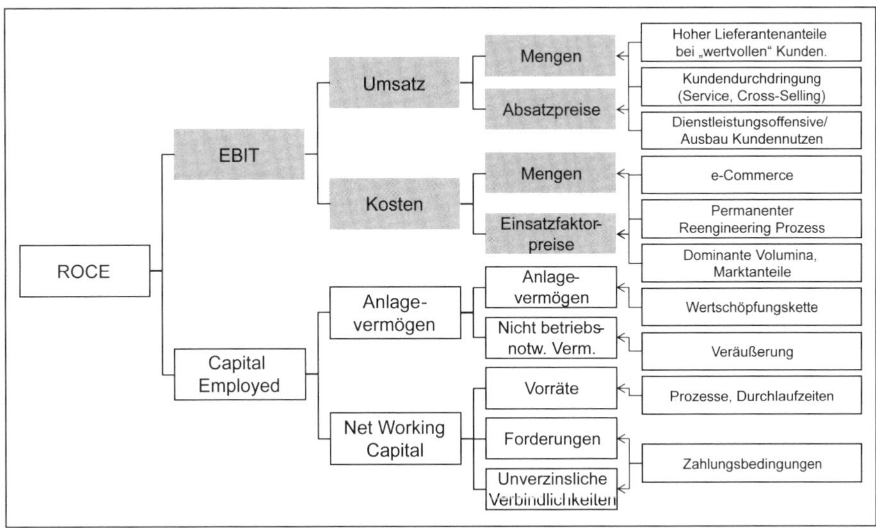

Abb. 136: KPI-System im ThyssenKrupp-Konzern (Quelle: Middelmann, 2004)

Grundsätzlich gibt es verschiedene Möglichkeiten zur Ableitung von KPI-Systemen. Neben der logischen Herleitung, der empirisch-theoretischen Fundierung sowie der modellgestützten Ableitung von Kennzahlen- und Zielsystemen nennt Küpper die empirisch-induktive Gewinnung als in der Praxis sehr weit verbreitetes Verfahren (vgl. Küpper et al., 2013, S. 488 ff.).

Die **empirisch-induktive Gewinnung** von KPI stützt sich dabei im Wesentlichen auf die Erfahrung von Führungskräften und Mitarbeitern der betrachteten Geschäftsbereiche. Darüber hinaus können auch externe Experten und Berater herangezogen werden.

Am Anfang steht hier meist ein Brainstorming, in dem jeder der Experten die kritischen Erfolgsfaktoren der Unternehmenszielsetzung bzw. der Umsetzung der Unternehmensstrategie nennt. In einem nächsten Schritt werden mit den Experten für jeden der kritischen Erfolgsfaktoren ein bis vier Kennzahlen entwickelt, die die Anforderungen aus Abb. 135 erfüllen. So erhält man für das Unternehmen oder die strategische Geschäftseinheit je nach Anzahl der Experten ca. 80–100 KPI. Diese werden in drei **Konsolidierungsschritten** auf 10–20 KPI reduziert (vgl. Abb. 137). Es sollte für ein Unternehmen nicht mehr als diese 10–20 KPI geben. Es gilt der Grundsatz von Kaplan & Norton: „Twenty is plenty."

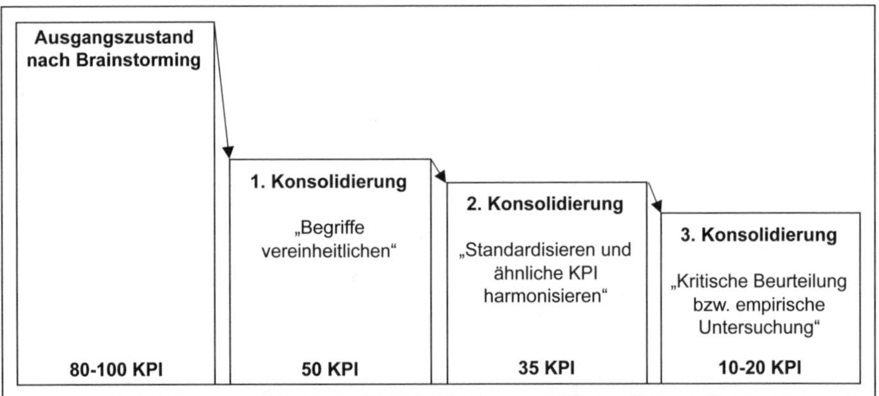

Abb. 137: Prozess der empirisch-induktiven Ableitung von KPI aus Expertengesprächen

Mit der reinen Entwicklung der KPI ist der Prozess der Erstellung eines KPI-Systems noch nicht abgeschlossen. Ein KPI-System beinhaltet nicht nur die 10–20 relevanten KPI einer SGE oder eines Unternehmens, sondern besteht aus folgenden Informationen.

- **Strategische Ziele:** Die strategischen Ziele bilden den Ausgangspunkt von KPI-Systemen. Sie werden über die kritischen Erfolgsfaktoren aus der Zielsetzung des Unternehmens bzw. des Geschäftsbereichs gebildet.
- **Key Performance Indicators:** Die KPI sind das Zentrum der KPI-Systeme. Sie legen fest, anhand welcher Messgrößen die Leistung (Performance) des Unternehmens bzw. der strategischen Geschäftseinheiten beurteilt und gesteuert wird.
- **Zielwerte und Zieltermine:** Für jeden KPI werden Zielwerte und -termine (KPI-Targets) festgelegt. Diese bilden das Anspruchsniveau für die Beurteilung der jeweiligen Leistung des Unternehmens.
- **Maßnahmen:** Im Hinblick auf die Zielerreichung ist es unverzichtbar, den KPI-Systemen auch Maßnahmen zuzuordnen. Erst durch die Maßnahmen zur Zielerreichung wird sichergestellt, dass die in den KPI-Systemen abgebildeten Ziele auch wirklich verfolgt werden.
- **Budgets:** Sämtliche Maßnahmen müssen budgetiert werden. Die Budgets bilden die Verbindung zwischen den KPI-Systemen als Instrument des Performance Controllings und der operativen Planung des Unternehmens.

Der **Prozess der Erstellung von KPI-Systemen** umfasst daher mehrere Aktivitäten. Zunächst werden die strategischen Ziele definiert, bevor die KPI und die KPI-Targets bestimmt werden können. Danach werden Maßnahmen erarbeitet, auf deren Basis ein Erreichen der KPI-Targets sichergestellt werden soll, und die für die Umsetzung der Maßnahmen notwendigen Budgets bestimmt.

Prozess der KPI-Ermittlung bei EuroAir

In dem bereits gekennzeichneten Unternehmensziel, den Fokus auf die Premiumkunden zu setzen, ist es auch eines der **strategischen Ziele** der **EuroAir SE**, die **Marktführerschaft im Businessgeschäft auf den Luftverkehrsstrecken zwischen Deutschland und den Britischen Inseln** konsequent auszubauen. Als Kennzahl, die anzeigt, ob man sich diesem Ziel genähert hat (Key Performance Indicator; KPI), könnte **der Marktanteil in der relevanten Zielgruppe** herangezogen werden. Für eine nachhaltige Marktführerschaft ist das Erreichen eines relevanten

Marktanteils von 32 % **(KPI-Target)** notwendig. Dieser kann im hart umkämpften Luftverkehrsmarkt auf diesen Strecken nicht durch ein organisches Wachstum erreicht werden.

Die zuvor gekennzeichneten Überlegungen münden schließlich in eine Kausalkette. So lässt sich das strategische Ziel Marktführerschaft auf den Strecken zwischen Deutschland und den Britischen Inseln durch den Key Performance Indicator Relevanter Markt messen. Den Zielwert von 32 % versucht man schließlich über den Unternehmenskauf zu erreichen. Es wird als **Maßnahme** die Akquisition eines der drei führenden Konkurrenzunternehmen im Premiumsegment angestrebt. Auf Basis von vergangenen M&A-Transaktionen im europäischen Luftverkehrsmarkt wie z. B. des Erwerbs der SWISS durch den Lufthansa-Konzern werden Kaufpreis und Integrationskosten einer kleineren europäischen Luftverkehrsgesellschaft mit einem **Budget** von 125 Mio. € beziffert. Man hat hier mit einem Grobscreening der in Frage kommenden Unternehmen sowie mit der Analyse und Sondierung einiger Unternehmensdaten bereits begonnen.

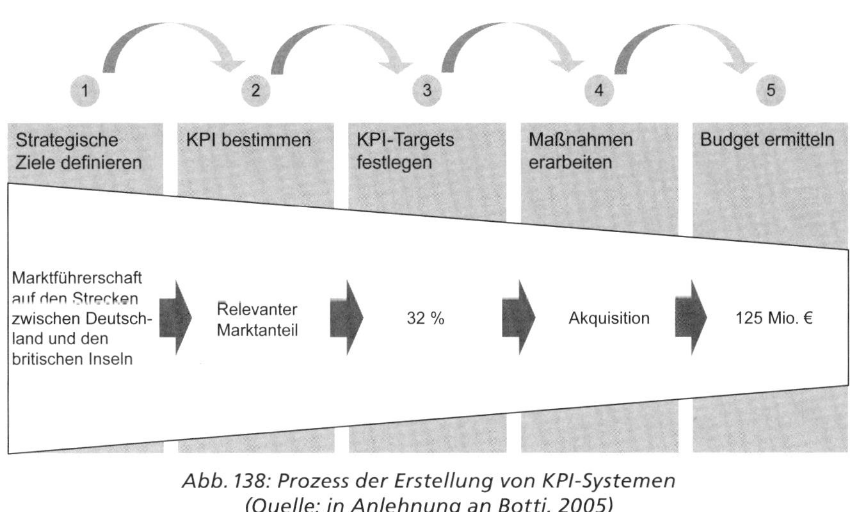

Abb. 138: Prozess der Erstellung von KPI-Systemen (Quelle: in Anlehnung an Botti, 2005)

Auch die **Integration von Maßnahmen und Budgets** grenzt KPI-Systeme von klassischen Kennzahlensystemen ab. Während klassische Kennzahlensysteme in aller Regel reine Analyse-Kennzahlensysteme sind, handelt es sich bei KPI-Systemen um Steuerungs-Kennzahlensysteme. KPI-Systeme sind das zentrale Element des Performance Controllings. Als Steuerungs-Kennzahlensysteme stellen sie die allgemeine konzeptionelle Grundlage für die im Folgenden dargestellten Instrumente des Performance Controllings dar. Letztlich können das Tableau de Bord (Kapitel C.4.3), die Balanced Scorecard (Kapitel C.4.4), die Performance Pyramid (Kapitel C.4.5), die Strategy Maps (Kapitel C.4.6) sowie die Objectives and Key Results (Kapitel C.4.7) als Ausprägungen beziehungsweise Weiterentwicklungen der allgemeinen Grundkonzeption der KPI-Systeme verstanden werden.

4.3 Tableau de Bord

Eines der ersten Kennzahlensysteme, das im Sinne von KPI-Systemen über die klassischen Kennzahlensysteme hinausging, sind die **Ratios au Tableau de Bord**, die in Frankreich entwickelt wurden und deren Ursprünge bis an 1970er-Jahre zurückreichen (vgl. Chiapello & Lebas, 1996; Fernandez, 2018).

„Das Tableau de Bord ist ein Management-Werkzeug, das sowohl aus einem Set an Indikatoren besteht, die miteinander in Beziehung stehen, jedoch nicht durch deterministische algebraische Operationen, sondern durch kausale Beziehungen und Verbindungen, als auch aus dem Prozess der Auswahl, der Dokumentation und der Interpretation dieser Indikatoren. Jeder der Indikatoren wurde ausgewählt, um den Status eines Teilbereichs des Geschäfts, das zu managen ist, festzustellen, so dass alle Indikatoren zusammengenommen ein Modell darstellen, das die Funktionsweise des Geschäfts(systems) beim Erreichen seiner Ziele beschreibt" (Daum, 2006, S. 820).

Anders als die nachfolgend vorgestellten KPI-Systeme der Balanced Scorecard und Strategy Maps zielt das Tableau de Bord in erster Linie auf die **Optimierung der operativen Prozesse** ab. Das Management soll in die Lage versetzt werden, sich wie ein Pilot im Flugzeug durch die Betrachtung ausgewählter Kennzahlen einen Überblick über den Status der operativen Prozesse im gesamten Unternehmen verschaffen zu können. Die Beurteilung des Gesamtunternehmens erfolgt daher bottom-up (vgl. Guerny, Guiriec & Lavergne, 1990, S. 14 ff.).

Das Konzept des Tableau de Bord ist durch die Besonderheiten der französischen Wirtschaft gekennzeichnet: die starke staatliche Regulierung, der hohe Anteil von Managern mit Ingenieurhintergrund und ein zentralistischer, direktiver Führungsstil. Grundgedanke ist der Vergleich des Unternehmens mit einem komplexen, dynamischen System, dessen operative Prozesse durch gezielte Steuerungsmaßnahmen in einem optimalen Zustand gehalten werden müssen. Die optimale Steuerung der operativen Prozesse führt nach Vorstellung des Tableau de Bord dann unweigerlich auch zu optimalen finanziellen Ergebnissen und zum langfristigen Wachstum des Gesamtunternehmens.

Der Bottom-up-Grundgedanke ist vielen anderen Kennzahlensystemen entgegengesetzt. Diese gehen davon aus, dass das Gesamtunternehmen über die Steuerung einer finanziellen Spitzenkennzahl, wie des ROI beim DuPont-Kennzahlensystem, zu führen ist. Die nachgestellten, finanziellen Detailkennzahlen im Kennzahlensystem dienen top-down zur Analyse der Ursachen bei Abweichungen oder Veränderung in der Spitzenkennzahl.

Das Konzept des Tableau de Bord beinhaltet (vgl. Chiapello & Lebas, 1996, S. 3 f.):

- **Variables d'Action**
  Hier sind KPI mit einem Fokus auf die operativen Prozesse des Unternehmens zusammengefasst, die für die Zielerreichung eine maßgebliche Rolle spielen.
- **Plans d'Action**
  Dieser Bereich beinhaltet KPI, die über den Status von Maßnahmen und Projekten zur Zielerreichung informieren.
- **Résultats**
  Die KPI des Bereiches Résultats informieren über die aktuelle Performance in Hinblick auf die Ziele des Unternehmens.

Eng verknüpft mit dem Tableau de Bord ist das System Gigogne. Hier werden die Tableaux de Bord der SGE, die betrieblichen Funktionen und die Manager in Beziehung gesetzt. Dies ist nur dadurch zu erreichen, dass die Tableaux de Bord zwar wie gefordert an die jeweiligen Verantwortungsbereiche und ihre Prozesse, Maßnahmen und Zielsetzungen angepasst werden, aber gleichzeitig auch KPI beinhalten, die über die Verantwortungsbereiche hinausgehen und die einzelnen Tableaux de Bord mit dem Gesamtsystem der Unternehmen verbinden.

Das Tableau de Bord soll damit

- dem einzelnen Manager helfen, seine eigene **Managementeinheit zu steuern**,
- vorgesetzte Manager bei der **Überwachung von delegierter Verantwortung** und untergeordnete Manager beim Report an den Vorgesetzten unterstützen,
- das Management von Bereichen **gemeinschaftlicher Verantwortung** unterstützen,
- ein **koordiniertes Vorgehen und einheitliches Verhalten** über alle Bereiche hinweg durch das Schaffen einer gemeinsamen Informationsstruktur fördern (vgl. Chiapello & Lebas, 1996, S. 5).

4.4 Balanced Scorecard

Die Balanced Scorecard ist das bekannteste und wissenschaftlich meist zitierte Instrument des Performance Controllings (vgl. Marr & Schiuma, 2003, S. 682). Sie wurde von Robert S. Kaplan, einem Professor an der Harvard Business School, und David P. Norton, einem Unternehmensberater, Anfang der 1990er-Jahre erstmalig publiziert und in vielen Beratungsprojekten, Büchern und Aufsätzen bis in die 2010er-Jahre weiterentwickelt (vgl. Kaplan & Norton, 1992, 1996, 2004b).

Aus Sicht von Kaplan/Norton ist die Balanced Scorecard ein Managementinstrument zur **Sicherstellung der Strategieimplementierung**. In Deutschland wir die Balanced Scorecard häufig das technische Kennzahlensystem gesehen, während Kaplan/Norton die Strategieimplementierung und damit den Performance Controlling-Charakter der Balanced Scorecard in den Vordergrund stellen. Die im anglo-amerikanischen Raum damals dominierende finanzielle Perspektive von Kennzahlensystemen war für die Aufgabe des Performance Controlling nicht ausreichend.

Die Besonderheiten der Balanced Scorecard liegen in folgenden Aspekten:

- **Fokus auf Strategieimplementierung**
  Wie beschrieben wird die Balanced Scorecard explizit als Managementinstrument der Strategieimplementierung bezeichnet und nicht als Controllinginstrument. Das Controlling muss sich daher in seiner Koordinationsfunktion von Planung, Kontrolle und Informationsversorgung deutlich strategischer ausrichten.
- **Integration nicht-finanzieller Kennzahlen**
  Während klassische Kennzahlensysteme sich auf finanzielle Kennzahlen beschränken, sind nicht-finanzielle Kennzahlen verschiedener Perspektiven elementarer Bestandteil und Schwerpunkt der Balanced Scorecard.
- **Verknüpfung von Zielen mit Kennzahlen, Anspruchsniveaus, Maßnahmen**
  Für jedes strategische Ziel in der Balanced Scorecard werden Kennzahlen, Anspruchsniveaus und Maßnahmen zur Zielerreichung definiert. Hierdurch weiß der einzelne Mitarbeiter, welche Ziele und welchen Zielerreichungsgrad das Unternehmen anstrebt und wie er zur Zielerreichung beitragen kann.
- **Vorlaufender Charakter der Kennzahlen**
  Der Schwerpunkt der in eine Balanced Scorecard aufzunehmenden Kennzahlen sollte auf vorlaufenden, zukunftsorientierten Kennzahlen im Sinne der KPI liegen.

- **Fokus auf Ziel- und Kennzahlenbeziehungen**
  Bestandteil der Balanced Scorecard ist die Analyse von Beziehungen zwischen den Zielen verschiedener Perspektiven. Hierdurch lassen sich aus den zunächst gleichrangigen Zielen mithilfe von Ursache-Wirkungsbeziehungen kausale Zielhierarchien ableiten.

Die Balanced Scorecard beinhaltet auf Basis der verwendeten Kennzahlen ein KPI-System und sieht eine Strukturierung der wichtigsten finanziellen und nicht-finanziellen Kennzahlen des Unternehmens auf Basis von vier Scorecards vor, die die aus Sicht von KAPLAN/NORTON wichtigsten Perspektiven der Leistung eines Unternehmens darstellen (vgl. Abb. 139):

- die finanzielle Perspektive,
- die Kundenperspektive,
- die interne Prozessperspektive und
- die Entwicklungsperspektive.

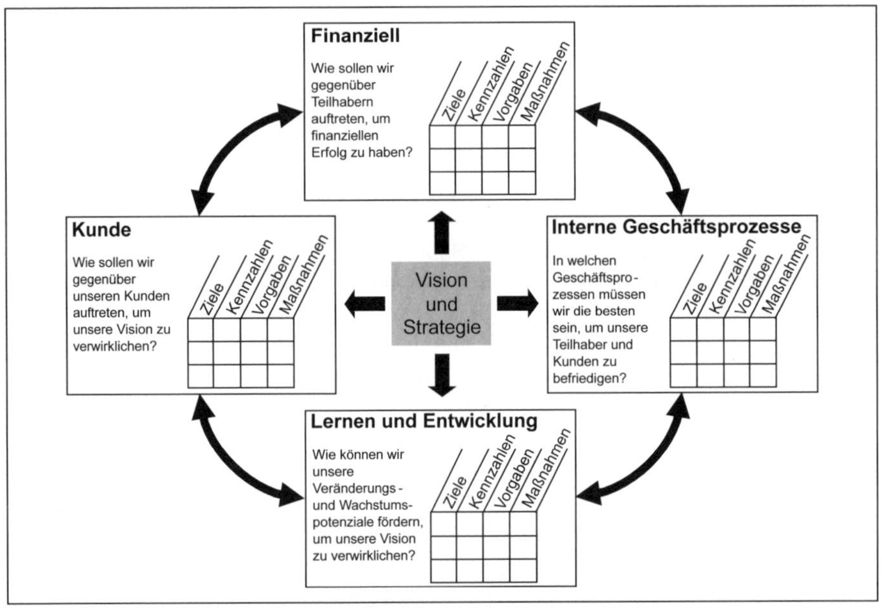

Abb. 139: Grundaufbau der Balanced Scorecard (Quelle: leicht verändert nach Kaplan & Norton, 1996, S. 9)

Finanzielle Perspektive

Auch die Balanced Scorecard lässt die finanziellen Ziele des Unternehmens nicht völlig. Im Hinblick auf die Wertsteigerung als meist zentrales und oberstes Unternehmensziel sind finanzielle Ziele und Kennzahlen als eine von vier Perspektiven unerlässlich.

Im Prinzip ist jedes Unternehmen bei der Definition des Inhalts und dem Aufbau der Scorecards frei. KAPLAN/NORTON geben allerdings eine jeweils ein Grundstruktur der Perspektive vor, die Grundstruktur der finanziellen Perspektive findet man in Abb. 140. Diese kann den Unternehmen als Vorlage für die Erstellung einer eigenen finanziellen Perspektive dienen. Vorgesehene strategische Themen in der finanziellen Perspektive sind Ertragswachstum und -mix, Kostensenkung/Produktivitätsverbesserung, Nutzung von Vermögenswerten.

Die Geschäftseinheitsstrategien werden nach Einordnung in die folgenden Phasen des Produktlebenszyklus differenziert:

- Geschäftseinheitsstrategien für die Wachstumsphase,
- Geschäftseinheitsstrategien für die Reifephase,
- Geschäftseinheitsstrategien für die Erntephase.

Je nachdem, welche der strategischen Maßnahmen gewählt wurde und ob sich die Produkte der Geschäftseinheiten in der Wachstums-, Reife- oder Erntephase des Produktlebenszyklus befinden, werden unterschiedliche Kennzahlen vorgeschlagen.

		Strategische Themen		
		Ertragswachstum und -mix	Kostensenkung/ Produktivitätsverbesserung	Nutzung von Vermögenswerten
Geschäftseinheitsstrategie	Wachstum	- Umsatzwachstumsrate pro Segment - Prozent der Erträge aus neuen Produkten, Kunden und Dienstleistungen	- Ertrag/Mitarbeiter	- Investition (in % des Umsatzes) - F&E (in % des Umsatzes)
	Reife	- Anteil an Zielkunden - Cross Selling - Prozentuale Erträge aus neuen Anwendungen - Rentabilität von Kunden und Produktlinie	- Kosten des Unternehmens vs. Kosten der Konkurrenz - Kostensenkungssätze - Indirekte Kosten	- Kennzahlen für das Working Capital (order-to-cash-cycle) - ROCE pro Hauptvermögenskategorie - Anlagennutzungsrate
	Ernte	- Rentabilität von Kunden und Produktlinie - Prozentzahl der unrentablen Kunden	- Einheitskosten (pro Output-einheit, pro Transaktion)	- Amortisation - Durchsatz

Abb. 140: Finanzielle Perspektive der Balanced Scorecard (Quelle: Kaplan & Norton, 1997, S. 50)

Die finanzielle Perspektive in der BSC von EuroAir

Die Finanzperspektive der BSC von EuroAir ist relativ einfach strukturiert. Wichtigste strategischen Leitlinie der EuroAir SE ist das profitable Wachstum im Geschäft und im Unternehmenswert für die Shareholder. Verbunden mit der klaren wertorientierten Strategie leitet sich der **Economic Value Added (EVA™)** als generelle oberste **Spitzenkennzahl des** EuroAir SE ab.

Weitere strategische Zielsetzung der finanziellen Perspektive ist das Umsatzwachstum. Eine Wertsteigerung ist allerdings auch vom strategischen Ziel der kontinuierlichen Kostensenkung abhängig. Durch die hohen Kapital- und Wartungskosten der Flugzeuge ist hier auch eine Auslastung erheblicher Bedeutung. Kennzahlen in Hinblick auf Kosten und Auslastung sind die Anzahl der geleisteten Flugkilometer pro Flugzeug, die Kosten pro Passagiermeile sowie die durchschnittliche Auslastung der Flugzeuge. EuroAir hat sich für das strategische Ziel der Kostensenkung mit der Kennzahl Kosten pro Passagiermeile entschieden. Hier soll im nächsten Jahr der Wert von 0,125 $ pro Passagiermeile erreicht werden. Da dies stark von den Kerosinkosten abhängig sind werden diese schon seit Jahren für ca. vier Jahre im Voraus durch Hedging abgesichert.

Die hier zunächst als Finanzperspektive aufgenommene erste Dimension der BSC soll in den nächsten Schritten um weitere Dimensionen ergänzt werden, so dass eine vollwertige BSC mit strategischen Zielen, Messgrößen, Zielvorgaben und Maßnahmen für das Unternehmen EuroAir entsteht.

FINANZPERSPEKTIVE			
Strategische Ziele	**Messgrößen**	**Zielvorgabe**	**Maßnahmen**
Steigerung des Unternehmenswertes	Economic Value Added (EVA™)	100 Mio. €	Stärkere Auslastung der Flotte; neue Destinationen
Wachstum	Umsatzsteigerung	15 %	Externes Wachstum durch M&A
Kostensenkung	Kosten pro Passagiermeile	0,125 $/Passagiermeile	Neue Fluggeräte; Hedging der Treibstoffkosten; Prozessoptimierung

Abb. 141: Finanzperspektive mit Zielen und Maßnahmen bei EuroAir

Es ist ratsam, die Zahl der Ziele und Messgrößen übersichtlich zu halten. Die EuroAir SE hat sich darauf verständigt, hier mit nicht mehr als 2–3 Ziele pro Dimension zu arbeiten.

Kundenperspektive

Im Entwurf der Kundenperspektive durch KAPLAN & NORTON ist der Marktanteil das oberste Ziel (vgl. Abb. 142).

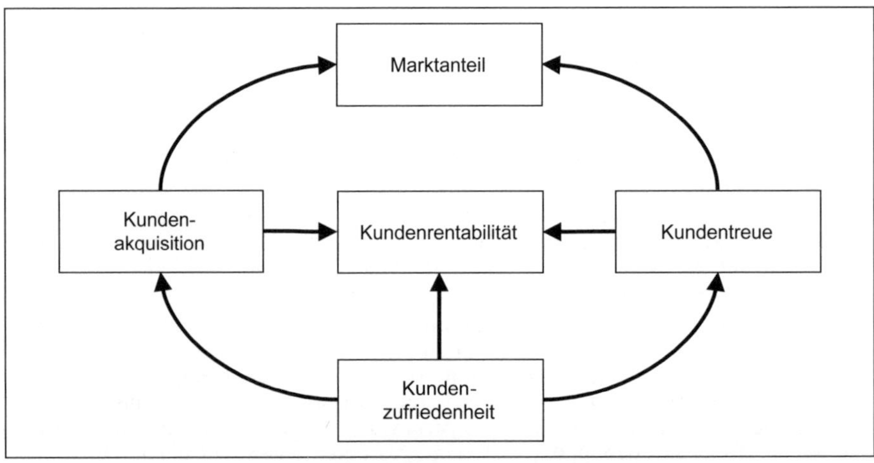

Abb. 142: Kundenperspektive der Balanced Scorecard (Quelle: Kaplan & Norton, 1997, S. 66)

Der Marktanteil ist aus einigen Gründen von hoher Bedeutung:

- Die bereits erwähnte Erfolgsfaktorenforschung, insbesondere das PIMS-Projekt, hat gezeigt, dass der Marktanteil einer Erfolgsfaktoren ist, der über mehrere Studien hinweg einen hohen, signifikanten Einfluss auf die Profitabilität hat.
- Ein hoher Marktanteil führt häufig zu einer günstigen Kostenposition aufgrund von Economies of Scale und Erfahrungskurveneffekten. Diese kann der Marktführer einerseits als niedrigere Preisen an die Kunden weitergeben, andererseits wirkt sich eine überlegene Kostenposition positiv auf die eigene Profitabilität aus.
- Ein hoher Marktanteil führt in aller Regel zu einem Imagevorteil, da sich der Marktführer eine bessere Distribution oder einen schnelleren Kundendienst erlauben kann. Sicherheitsorientierte Kunden neigen dazu, den Marktführer zu bevorzugen.

Einflussgrößen auf den Marktanteil, die im Entwurf der Kundenperspektive aufgenommen wurden, sind die Kundengewinnung, die Kundenbindung, die Kundenzufriedenheit.

Die Kundenperspektive der Balanced Scorecard ist durch die Entwicklung des Relationship Marketing in den frühen 1990er-Jahren gekennzeichnet. Das **Relationship Marketing** kritisiert die alte, überkommene Transaktionsorientierung des Marketings und fordert, die Beziehungen des Unternehmens zu seinen Kunden in den Mittelpunkt des Marketings zu stellen. Hintergrund dieser Neuorientierung war unter anderem die Erkenntnis, dass es wesentlich teurer ist, einen neuen Kunden zu gewinnen als einen bestehenden Kunden zu binden.

Die Kundenperspektive in der BSC von EuroAir

Für das Akquisitionsziel der Neukundengewinnung hat die EuroAir SE zunächst den **Marktanteil als Spitzenkennzahl** gewählt. Dieser soll im nächsten Jahr bei über 20 % auf den relevanten Strecken liegen. Darüber hinaus wurden konkrete Kennzahlen zur Kundengruppe der Businessflieger aufgerufen, um die Marktposition in diesem Kundensegment auszubauen. Dazu möchte man den **Anteil der Businesskunden**, die in den Buchungsklassen C, M und K buchen, auf über 14 % heben. Hierzu soll die Kundenbindung gesteigert werden. Für beide strategische Ziele sieht EuroAir den Ausbau des Bonusprogramms FreeQuent. Zusätzlich will man Rahmenverträge mit Großkunden und Kooperationen mit Pauschalreiseanbietern abschließen sowie deutlich mehr mit Influencern in Social Media werben.

Weiteres strategisches Ziel ist, als **hochwertiger Leistungspartner im Low-Budget-Segment** wahrgenommen zu werden. Als Kennzahlen dient der **Net Promotor Score**, der den State-of-the-Art bei der Kundenzufriedenheitsmessung von Dienstleistungen darstellt. Betrachten wir die Maßnahmen, so möchte EuroAir sein Personal schulen und den Onboard Service steigern, um den Net Promotor Score über 35 % heben zu können. Die nachfolgende Abbildung stellt diese Kausalketten detailliert dar.

KUNDENPERSPEKTIVE			
Strategische Ziele	Messgrößen	Zielvorgabe	Maßnahmen
Marktposition bei Businesskunden ausbauen	Anteil der Buchungen in Businessklassen C, M, K	mehr als 14% Business-Tickets der Buchungsklassen C, M, K	Leistungsspektrum Free-Quent Programm ausbau-en; Rahmenverträge mit Großunternehmen; Kooperation mit Pauschalreiseanbieter; Social Media-Kampagne mit Influencern
Profitables Wachstum	Absoluter Marktanteil	Marktanteil > 20%	
Wahrnehmung als hochwertiger Leistungspartner im Low-Budget-Bereich	Net Promotor Score	NPS > 35 %	Onboard Services noch steigern; Personalschulung durchführen

Abb. 143: Kundenperspektive mit Zielen und Maßnahmen bei EuroAir

Interne Prozessperspektive

In der internen Prozessperspektive sollen strategische Ziele und Kennzahlen zu den Prozessen erfasst werden, die für die Erreichung von Kunden- und Finanzzielen am kritischsten sind. Dies können in Anlehnung an die Wertschöpfungskette von PORTER Prozesse aus folgenden Bereichen sein (vgl. Porter, 1999):

- Einkaufs- und Beschaffungsprozesse,
- Logistikprozesse,
- Produktionsprozesse,
- Marketing- und Vertriebsprozesse,
- Warenausgangsprozesse,
- Kundendienstprozesse sowie
- Prozesse im Bereich der unterstützenden Aktivitäten wie Unternehmensinfrastruktur, Personalwirtschaft, Technologieentwicklung und Beschaffung.

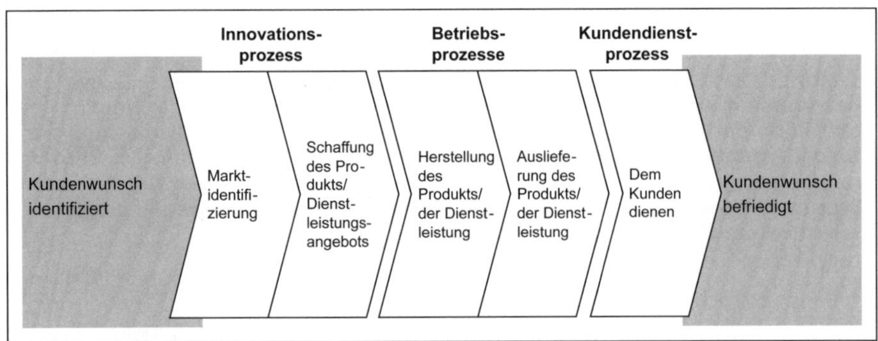

Abb. 144: Interne Prozessperspektive der Balanced Scorecard (Quelle: Kaplan & Norton, 1997, S. 93)

Wie in Abb. 144 dargestellt, sind die Bereiche der internen Prozessperspektive:

- **Innovationsprozess**
  Innovationsprozesse müssen effektiv, effizient und schnell sein. Bestandteil des Innovationsprozesses ist es, Märkte zu identifizieren und ein abgestimmtes Produkt- und Dienstleistungsangebot zu entwickeln und in die Märkte einzuführen.
- **Produktionsprozess**
  Der Produktionsprozess steht im Fokus der klassischen Prozessforschung. Neben Kostenfragen stehen heute insbesondere Qualitätsfragen im Vordergrund. Im Rahmen der sich ständig, schnell ändernden Marktanforderungen wird auch eine höhere Flexibilität der Produktionsprozesse gefordert.
- **Kundendienstprozess**
  Der Kundendienstprozess beinhaltet neben der Kaufabwicklung mit den Zahlungs- und Kreditprozessen insbesondere Gewährleistungs- und Reparaturaktivitäten.

BSC-Prozesskennzahlen bei EuroAir

Folgende strategische Ziele wurden bei EuroAir für die **Prozessperspektive** entwickelt. Erstens möchte das Unternehmen den **Abfertigungsprozess kundenfreundlicher gestalten** und zweitens die **Pünktlichkeit steigern**.

Für die Verbesserung des Abfertigungsprozesses werden Prozessoptimierungen beim Bodenpersonal durchgeführt sowie ein Single Sourcing eingeführt. Durch eingespielte Dienstleister kann die Dauer zwischen Landung und erneutem Start (On-Ground-Time) reduziert werden. Durch zusätzliche Personalschulungen des eigenen Personals können weitere Prozesse durch ein proaktives Eingreifen ebenfalls beschleunigt werden. Ziel ist es, die Verweildauer am Gate auf durchschnittlich unter 70 Minuten zu verkürzen.

Zum anderen möchte EuroAir seine bereits sehr gute Pünktlichkeits-Quote (**In-Time-Quote)** von über 90 % auf 95 % steigern. Um dies zu erreichen, wird EuroAir mit den großen Flughafenbetreibern sprechen, um bessere Abflugsslots zu erwirken. Als großer Kunde an einem Standort bekommt man auch an anderen Flughäfen bevorzugte Abflugsslots angeboten. Die nachfolgende Abbildung stellt diese Kausalketten noch einmal detailliert dar.

PROZESSPERSPEKTIVE			
Strategische Ziele	Messgrößen	Zielvorgabe	Maßnahmen
Abfertigungsprozess kundenfreundlicher gestalten	On-Ground-Time (Dauer zwischen Landung und erneutem Start)	kleiner 70 Minuten	Prozessoptimierung, Single Sourcing, Personalschulung
Pünktlichkeit steigern	Anteil der „in-time“-Landungen (= Flugplan + max. 15 min.)	95% in-time	Abflug-Slots an großen Flughäfen optimieren, Boarding überarbeiten

Abb. 145: Prozessperspektive mit Zielen und Maßnahmen bei EuroAir

Entwicklungsperspektive

Kennzahlen der Entwicklungsperspektive sind, wie in Abb. 146 dargestellt, in aller Regel mitarbeiterbezogen. Daher wird die Entwicklungsperspektive manchmal auch als Mitarbeiterperspektive bezeichnet.

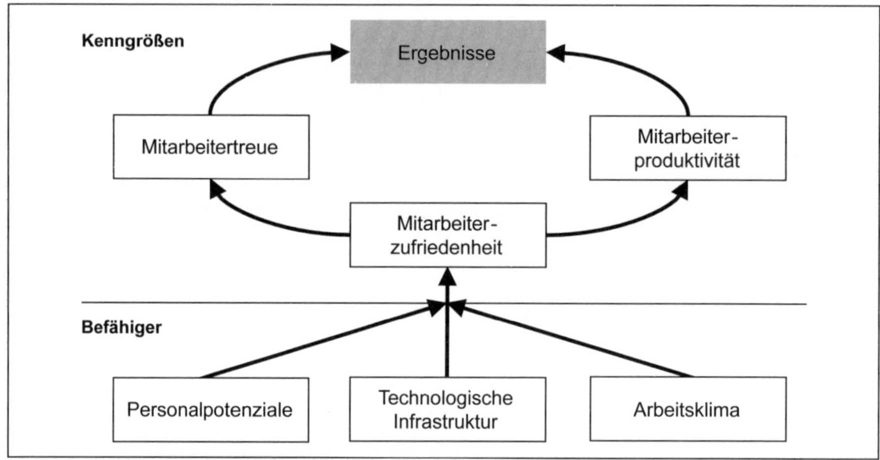

Abb. 146: Entwicklungsperspektive der Balanced Scorecard (Quelle: Kaplan & Norton, 1997, S. 124)

Zentrale Kennzahlen sind im Einzelnen:

- **Mitarbeiterzufriedenheit**
  Eine hohe Mitarbeiterzufriedenheit ist Voraussetzung für Mitarbeitertreue sowie eine hohe Mitarbeiterproduktivität. Die Mitarbeiterzufriedenheit wird als psychologisches Konstrukt im Wesentlichen in Form von Mitarbeiterbefragungen erhoben, die in den meisten Unternehmen nicht häufiger als jährlich stattfinden. Im Rahmen der Balanced Scorecard wäre es sinnvoll, die Mitarbeiterzufriedenheit häufiger zu erfassen, dann aber aus Kostengründen durch stichprobenartige Erhebungen.
- **Mitarbeitertreue**
  Das strategische Ziel der Mitarbeitertreue wird in aller Regel durch die Kennzahl Fluktuationsquote gemessen. Eine niedrige Fluktuation ist zentral, um das Know-how der Mitarbeiter zu erhalten. Darüber hinaus ist die Einstellung und Einarbeitung neuer Mitarbeiter ein erheblicher Kostenfaktor.
- **Mitarbeiterproduktivität**
  Eine Kennzahl der Mitarbeiterproduktivität ist beispielsweise der Umsatz pro Mitarbeiter. Da dieser branchenabhängig ist, sollten konkretere und unternehmensspezifischere Ziele und Kennzahlen der Mitarbeiterproduktivität gewählt werden.

Die Entwicklungsperspektive in der BSC von EuroAir

Im Rahmen der Entwicklungsperspektive hat sich EuroAir auf die Kennzahlen Mitarbeiterzufriedenheit, Fluktuationsquote, Weiterbildungsausgaben und Beteiligung am Aktienoptionsprogramm des Unternehmens festgelegt. Gemessen wird die **Mitarbeiterzufriedenheit** in einem monatlichen, stichprobenartigen Verfahren getrennt nach Administration, Servicepersonal am Boden, Servicepersonal in der Luft und Piloten. Zudem wird die Fluktuationsquote erhoben. Während die

Serviceorientierung des Flugpersonals historisch kein Problem darstellte, muss die Serviceorientierung des Bodenpersonals mit Kundenkontakt deutlich erhöht werden. Hierfür wurde ein spezielles Weiterbildungsprogramm geschaffen.

Die Mitarbeiterzufriedenheit und –bindung wird durch die Fluktuationsquote gemessen. Diese soll deutlich geringer als im Vorjahr sein. Der Zielwert wurde auf 7,60 % festgelegt, nachdem sie im Vorjahr bei 9,1 % lag. Die Steigerung der Serviceorientierung wird mit der Kenngröße Weiterbildungsausgaben pro Mitarbeiter gemessen. Der Zielwert wurde auf 22.500 € beim fliegenden Personal und 3.000 € beim Bodenpersonal festgelegt. Die nachfolgende Abb. 147 stellt diese Kausalketten noch einmal dar.

MITARBEITERPERSPEKTIVE			
Strategische Ziele	Messgrößen	Zielvorgabe	Maßnahmen
Mitarbeiterzufriedenheit und -bindung steigern	Fluktuationsquote	geringer als 7,60%	Personalgespräche durchführen, Work-Life-Balance-Programm ausarbeiten
Serviceorientierung steigern	Weiterbildungausgaben je Mitarbeiter	– fliegendes Personal: 22.500 €/Mitarbeiter – Bodenpersonal: 3.000 €/Mitarbeiter	Schulungen in Gewaltfreier Kommunikation und Fremdsprachen

Abb. 147: Entwicklungsperspektive mit Zielen und Maßnahmen bei EuroAir

Entwicklung der Balanced Scorecard

In den vorangegangenen Kapiteln wurden der Grundgedanke sowie der Aufbau der Balanced Scorecard anhand der vier Perspektiven dargestellt. Die beschriebenen typischen Zielsetzungen, Kennzahlen und Maßnahmen können nur einen Rahmen für die Erstellung von Balanced Scorecards bilden, die jeweils auf das Unternehmen und seine spezifische Situation anzupassen sind. Die konkrete Balanced Scorecard eines Unternehmens, einer SGE oder einer Funktionsabteilung muss in einem spezifischen Erstellungsprozess abgeleitet werden.

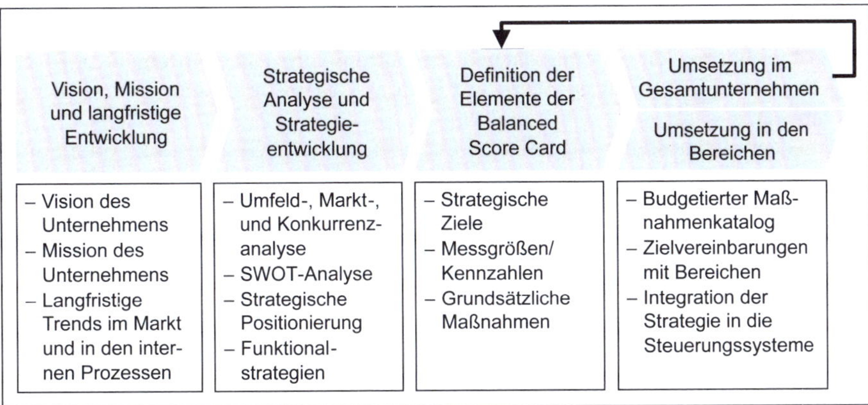

Abb. 148: Erstellung einer Balanced Scorecard

Die Erstellung der Balanced Scorecard ist eng verwoben mit den Phasen des allgemeinen Strategiefindungsprozesses (vgl. Welge et al., 2017, S. 843 ff.); dieser ist bereits in Kapitel B.2 ausführlich behandelt worden.

- Die erste Grundlage der Entwicklung einer Balanced Scorecard ist die Entwicklung beziehungsweise die Klarstellung des **Unternehmensleitbildes bzw. der Unternehmensvision**. Eine Unternehmensvision beinhaltet die grundlegenden Werte, die Core Values, sowie die grundlegenden Ziele, Core Purposes, des Unternehmens.
- Die zweite Grundlage ist die **strategische Analyse**. Diese umfasst beispielsweise die Erhebung der Positionierung des Unternehmens beziehungsweise der strategischen Geschäftseinheit oder die Ermittlung von Stärken und Schwächen.
- Im Rahmen der **Strategieentwicklung und -abstimmung** werden die strategischen Zielsetzungen definiert, Kennzahlen bzw. KPI für die strategischen Zielsetzungen entwickelt, Anspruchsniveaus als KPI-Targets festgelegt sowie konkrete Maßnahmen zum Erreichen der strategischen Zielsetzungen bestimmt. Ein Ergebnis dieser Phase ist eine Balanced Scorecard für das Gesamtunternehmen.
- Danach erfolgt die **Umsetzung** der Balanced Scorecard im Gesamtunternehmen durch die Budgetierung von Maßnahmen und ein Herunterbrechen der Balanced Scorecard auf die Geschäftsbereiche. Dabei wird die Verantwortlichkeit für den Maßnahmenkatalog wird auf die Geschäftsbereiche verteilt, die im Rahmen der Budgetierung mit Resourcen zur Umsetzung ausgestattet werden.

Implementierung der Balanced Scorecard im Unternehmen

Das Konzept der Balanced Scorecard umfasst nicht nur das bisher beschriebene Kennzahlensystem, sondern ist in einen umfassenden Controlling- und Managementprozess eingebunden. Dieser Aspekt der Balanced Scorecard wird von Kaplan/Norton wie folgt beschrieben:

- „Clarify and translate vision and strategy,
- Communicate and link strategic objectives and measures,
- Plan, set targets, and align strategic initiatives,
- Enhance strategic feedback and learning" (Kaplan & Norton, 1996, S. 10)

Der Performance-Controlling-Prozess auf Basis einer Balanced Scorecard beinhaltet fünf Grundprinzipien (vgl. Abb. 149).

- Der **Verknüpfung von strategischem und operativem Controlling** dient zunächst die Etablierung eines strategischen Zielbildungsprozesses. In einem nächsten Schritt wird die Balanced Scorecard für das Gesamtunternehmen erstellt und etabliert.
- Unternehmen bestehen in vielen Fällen aus mehreren SGEs, Produkt- oder Funktionsbereichen. Zur **Ausrichtung der Teileinheiten an der Unternehmensstrategie** ist es sinnvoll, in einem strategischen Prozess aus der Balanced Scorecard des Gesamtunternehmens Balanced Scorecards für die Geschäftsbereiche und Abteilungen abzuleiten.
- Das **Ausrichten der Mitarbeiter an der Unternehmensstrategie** ist Grundvoraussetzung für eine erfolgreiche Implementierung von Strategien. Alle Mitarbeiter sollen die Unternehmensstrategien kennen und ihre Handlungen auf diese ausrichten. Die strategischen Ziele, Kennzahlen, Anspruchsniveaus und Maßnahmen aus der Balanced Scorecard des Unternehmens und der Geschäftsbereiche müssen

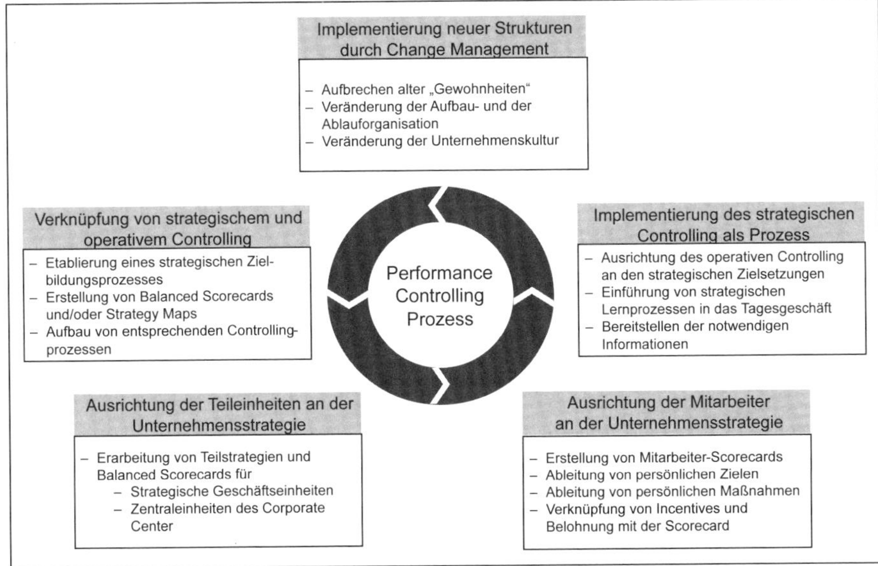

Abb. 149: Einbindung der Balanced Scorecard in den Managementprozess (Quelle: in Anlehnung an Kaplan & Norton, 2001, S. 148)

allen Mitarbeitern kommuniziert werden. Zum Teil können sie dann auch in die persönlichen Zielvereinbarungen der Mitarbeiter aufgenommen werden.

- Eine Balanced Scorecard muss **kontinuierlich überarbeitet** werden. Aufgrund der Dynamik im Unternehmensumfeld, die beispielsweise durch technologische Entwicklungen oder durch Veränderungen in den Kundenbedürfnissen ausgelöst werden, ändern sich die Unternehmensstrategien regelmäßig.
- Grundsätzlich ist bei der Implementierung der Balanced Scorecard darauf zu achten, dass eine eigene **Lern- und Veränderungskultur** im Unternehmen etabliert wird. Denn die Einführung des Performance Controllings stellt einen organisatorischen Veränderungsprozess dar. Zudem werden aus dem Performance Controlling regelmäßig organisatorische Veränderungen abgeleitet.

Strategische Leitlinien und Balanced Scorecard bei der Lufthansa

Den Zusammenhang zwischen Strategie und Balanced Scorecard kann man sehr gut am Beispiel des Lufthansa-Konzerns demonstrieren. Die Lufthansa AG hat sich folgende strategische Leitlinien gegeben:

- **„Langfristige Profitabilität**
  Das herausragende strategische Leitbild des Konzerns ist die langfristige Wertschaffung bei profitablem Wachstum. Die Lufthansa soll hinsichtlich dieser Wertschaffung zur führenden europäischen Netzwerk-Fluggesellschaft ausgebaut werden. Als Messgröße dient die in der wertorientierten Konzernsteuerung definierte Kennzahl Cash Value Added.
- **Fokus auf Kundennutzen**
  Der Kunde steht im Zentrum. Wir richten uns an den Kundenbedürfnissen aus und bieten darauf zugeschnittene Produkte an.

- **Ausrichtung an Kernkompetenzen**
  Wir richten unsere Aktivitäten konsequent an unseren Kernkompetenzen aus. Dazu gehören das Management von Flugnetzen, Partnerschaften und operativen Abläufen am Boden und in der Luft sowie die Bereitstellung und Pflege von Infrastruktur und Produktionsfaktoren.
- **Vorsprung durch Systemintegration**
  Wir bauen unsere Wettbewerbsfähigkeit gegenüber anderen Standorten, Fluggesellschaften und Allianzen durch eine starke Systemintegration aus. Wir arbeiten mit wesentlichen Partnern, Lieferanten und Infrastruktur-Anbietern eng zusammen, um die Kernprozesse zu integrieren und zu optimieren.
- **Attraktives Arbeitsumfeld**
  Unsere Mitarbeiter sind ein wesentlicher Erfolgsfaktor. Wir bieten ihnen gute Arbeitsbedingungen, angemessene Weiterentwicklungsmöglichkeiten und eine fördernde und internationale Unternehmenskultur. Dadurch sind wir ein attraktiver Arbeitgeber für qualifizierte, motivierte und dienstleistungsorientierte Mitarbeiter.
- **Gesellschaftliche Verantwortung**
  Balance halten ist für uns Verpflichtung. Umweltschutz und nachhaltige Entwicklung sind vorrangige Ziele unserer Unternehmenspolitik. Zudem engagieren wir uns aktiv in sozialen Projekten" (Lufthansa, 2011).

Diese Leitlinien spiegeln sich auch in den strategischen Zielen wie auch der Balanced Scorecard der Lufthansa wider.

	Strategische Ziele	Messgrößen	Operative Ziele	Strategische Initiativen
Aktionäre	Profitabilität	Kapitalrentabilität	X % nach Steuern	Ableitung von Hurdle- und Targetrates
	Nachhaltiges Wachstum	Umsatzwachstum Erhöhung Marktanteil	Anstieg Auslandsumsatz um x %	Screening potentieller ausländischer Partner
Kunden	Kundenloyalität	Customer Service Index	Steigerung des CSI um x%	Szenarioentwicklung zukünftiger Kundenerwartungen
	Globalität	Ausländischer Kundenanteil	Verbesserung des Anteils ausländischer Kunden um x%	Internationalisierung der externen Kommunikation
Mitarbeiter	Mitarbeiterengagement	Employee Commitment Index	Steigerung des ECI um x%	Projekt „Mitarbeiter im Fokus"
	Dienstleistungskultur	Branchenweiter Vergleich aus Kundensicht	unter den 5 Anbietern mit der höchsten Dienstleistungsorientierung	Verankerung dienstleistungsbezogener Einstellungsverfahren/-kriterien

Abb. 150: Balanced Scorecard der Lufthansa (Quelle: in Anlehnung an Weber & Schäffer, 2000, S. 84)

Kritik an der Balanced Scorecard

Mit ihrer Einführung in den frühen 1990er-Jahren wurde die Balanced Scorecard zu einem der erfolgreichsten Management- und Controllingkonzepte überhaupt. Sehr viele Unternehmen haben die Balanced Scorecard insgesamt oder zumindest in einigen Geschäftsbereichen oder Zentralbereichen eingeführt und somit Erfahrungen mit der Balanced Scorecard sammeln können. Auch viele mittelständische Unternehmen haben die Balanced Scorecard angewendet. Somit liegen vielfältige Erfahrungen mit dem Konzept in der Unternehmenspraxis vor. Befragungen zur Balanced Scorecard legen folgende **Hauptprobleme** bei der Erstellung und der Implementierung der Balanced Scorecard offen (vgl. Horváth und Partners, 2003):

- Hohe Komplexität der Balanced Scorecard,
- unzureichende Messung von weichen Kennzahlen in der Unternehmenspraxis,
- unfokussiertes Vorgehen bei der Erstellung (Zahlenfriedhöfe),
- hohe Dauer und Kosten der Erstellung und Einführung,
- mangelnde Managementunterstützung während der Erstellung,
- mangelnde Managementunterstützung während der Implementierung,
- schlechte Kommunikation der Balanced Scorecard im Unternehmen,
- mangelnde Integration der Balanced Scorecard in das Führungs-, Bewertungs- und Anreizsystem der Mitarbeiter.

Mit Ausnahme des ersten Kritikpunktes handelt es sich nicht um eine Kritik am Konzept selbst, sondern um eine Kritik am Prozess der Erstellung und Implementierung im Unternehmen. Letztlich kann allerdings nicht ausgeschlossen werden, dass diese Probleme bei der Erstellung und Implementierung mit dem komplexen Konzept der Balanced Scorecard an sich verbunden sind.

Kaplan/Norton haben das Konzept der Balanced Scorecard in vielen wissenschaftlichen Artikeln und Büchern auf Basis unzähliger Beratungsprojekte zur Balanced Scorecard weiterentwickelt. Auf eine Weiterentwicklung, die Strategy Maps, gehen wir in Kapitel C.4.6 ein (vgl. Kaplan & Norton, 2000, 2004b, 2006).

4.5 Performance Pyramid

Die Performance Pyramid wurde von Richard L. Lynch und Kelvin F. Cross zunächst unter dem Namen Strategic Measurement Analysis & Reporting Technique, also ebenfalls SMART, in den Wang Laboratories, einem bekannten Großrechnerhersteller aus Cambridge (MA USA), konzipiert. Die Performance Pyramid hat einen starken Kundenfokus (vgl. Cross & Lynch, 1988, S. 25 ff.).

„Performance Measurement [...] describes the feedback or information on activities with respect to meeting customer expectations and strategic objectives. [...] The purpose of Performance Measurement, then, is to motivate behavior leading to continuous improvement in customer satisfaction, flexibility and productivity" (Lynch & Cross, 1995, S. 1).

Bei der Performance Pyramid werden anstelle von vier Perspektiven die **Interessen von zwei Stakeholdern** betrachtet. Dies sind **Marktanforderungen durch die Kunden** und die **finanziellen Erwartungshaltungen der Eigenkapitalgeber**. Daraus leiten Lynch/Cross eine Abstufung von Zielsetzungen ab, die jeweils als externe oder interne Effektivität differenziert werden. In der letzten Abstufung stellen die Merkmale Qualität und Bereitstellung zwei wettbewerbsrelevante Anforderungen dar, denen auf der internen Seite Durchlaufzeit und Aktivitäten ohne Wertschöpfungsbeitrag als unmittelbar kostenrelevante Merkmale gegenüberstehen.

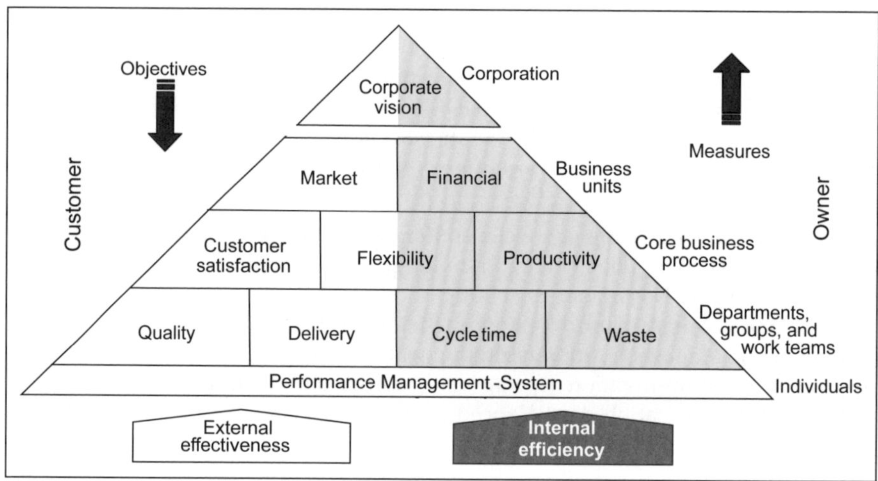

Abb. 151: Performance Pyramid
(Quelle: in Anlehnung an Lynch & Cross, 1995, S. 65 ff.)

Das konstituierende Merkmal der Performance Pyramid ist die hierarchische Gliederung der Unternehmensziele auf unterschiedliche Geschäftsbereiche mit den zugehörigen Messgrößen. Ausgehend von der Corporate Vision gliedert sich die Performance Pyramid in Business Units, d. h. in Geschäftsbereiche, die weiter untergliedert werden: Core Business Processes, Departments, Groups and Work Teams und Individuals.

Abb. 151 zeigt hierarchische Gliederung der Ziele und Kennzahlen der Performance Pyramid. Innerhalb des linken, hell markierten Bereiches wird die externe Effektivität, die external Effectiveness anhand in diesem Bereich üblichen qualitäts-, kunden- und flexibilitätsorientierter Kenngrößen marktbezogen gemessen. Der dunkel markierte Bereich stellt die interne Effizienz, d. h. die Internal Efficiency, resultierend im monetären Ergebnis, mit Durchlaufzeiten und Produktivitäten dar. Die in diesem Bereich eingesetzten Leistungsindikatoren, die Measures, werden bottom-up gebildet.

Die Vorteile der Performance Pyramid bestehen darin, dass Lynch/Cross die Arbeitsweise des Konzeptes, wie z. B. Aufbau, Verknüpfung der Kennzahlen, Steuerung und Regelung, sehr detailliert und nachvollziehbar beschreiben. Durch die Visualisierung geben sie eine konkrete Unterstützung beim Implementierungsprozess. Zwar ist, wie auch bei der BSC, ein Zweifel an den geforderten kausalen Zielbeziehungen angebracht, aber durch das Konzept der Building Blocks of Success werden die kausalen Zusammenhänge deutlicher als durch die offen gehaltene Konzeption der Balanced Scorecard. Schwierig ist allerdings eine Ausgewogenheit der Kennzahlen auf den einzelnen Ebenen herbeizuführen. „Der Anspruch der Performance Pyramid, verschiedene Aspekte des Unternehmenssystems ausgewogen zu berücksichtigen, bleibt weit hinter dem der Balanced Scorecard zurück" (Grüning, 2002, S. 41).

4.6 Strategy Maps

Bei der Strategy Map handelt es sich um eine **Weiterentwicklung der Balanced Scorecard** (vgl. Kaplan & Norton, 2004b).

Gemeinsamkeiten von Strategy Maps und der Balanced Scorecard sind:

- Die Kernzielsetzung ist die **Sicherstellung der Strategieimplementierung**.
- Die Performance im Hinblick auf die Strategie wird anhand von vier **Perspektiven** gemessen.
- Die Anforderungen an die **Ziele, Kennzahlen, Anspruchsniveaus und Maßnahmen** sowie der Prozess ihrer Ableitung sind unverändert.

Hervorgehoben bzw. verändert gegenüber der Balanced Scorecard werden im Konzept der Strategy Maps folgende Aspekte:

- Eine Strategy Map soll möglichst **weniger als 20 Kennzahlen** für alle vier Perspektiven beinhalten, während die Balanced Scorecard in der Praxis häufig acht bis 15 Kennzahlen pro Perspektive umfasste.
- Das Konzept der Strategy Map gibt einen **konkreteren inhaltlichen Rahmen** für die Perspektiven und die zu messenden Kennzahlen vor.
- Ein inhaltlicher **Fokus** liegt auf **Intangible Assets** der Entwicklungsperspektive.
- Der Aufdeckung, Kommunikation und Nutzung der **kausalen Beziehungen** zwischen den Spitzenkennzahlen und den Kennzahlen anderer Perspektiven wird eine besondere Bedeutung zugemessen.

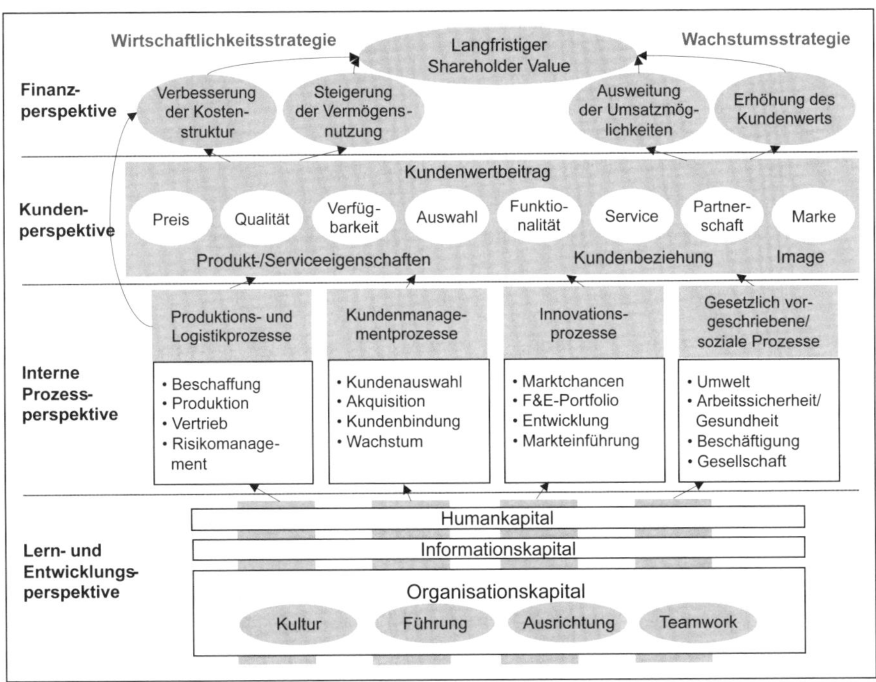

Abb. 152: Grundaufbau der Strategy Map
(Quelle: Kaplan & Norton, 2004a, S. 10)

Abb. 152 zeigt den Grundaufbau der Strategie Map. Die vorgegebene oberste Zielsetzung ist die **Steigerung des langfristigen Shareholder Values**. Dies geschieht grundsätzlich über zwei Strategien, die **Wirtschaftlichkeitsstrategie** und die **Wachstumsstrategie**.

In der **Finanzperspektive** wird die Wirtschaftlichkeitsstrategie über die strategischen Ziele Verbesserung der Kostenstruktur und Steigerung der Vermögensnutzung verfolgt. Die Wachstumsstrategie umfasst die strategischen Ziele Ausweitung der Umsatzmöglichkeiten und Erhöhung des Kundenwertes.

Auf der nächsten Ebene der Strategy Map kommt die **Kundenperspektive** mit Zielen wie Preis, Verfügbarkeit, Funktionalität oder Service, eine konkrete Untergliederung erfolgt nicht. Die **interne Prozessperspektive** als nächste Ebene der Strategie Map ist wieder klarer gegliedert. Hier werden strategische Ziele in Produktions- und Logistikprozessen, in Kundenmanagementprozessen, in Innovationsprozessen und in gesetzlich vorgeschriebenen sowie sozialen Prozessen vorgeschlagen. Die unterste, aber daher nicht unwichtigste Ebene ist die **Lern- und Entwicklungsperspektive**.

Die Vorstellung von KAPLAN/NORTON bei der Strategy Map ist, dass ein Erreichen von Ziele und Strategien der Lern- und Entwicklungsperspektive zu einer Verbesserung der internen Prozesse führt. Diese führen wiederum zu einer besseren Zielerreichung in der Kundenperspektive und letztlich über Wirtschaftlichkeits- und Wachstumsstrategie zu einem höheren Shareholder Value in der Finanzperspektive.

Die Strategy Map ist kein grundsätzlich neues Konzept. Sie stellt eher eine Weiterentwicklung der Balanced Scorecard dar, die auf den Erfahrungen von KAPLAN/NORTON aus vielen wissenschaftlichen und Praxis-Projekten zur Entwicklung, Umsetzung und Nutzung der Balanced Scorecard beruhen. KAPLAN/NORTON haben mit den Büchern „Strategy-Focussed Organisation: How Balanced Scorecard Companies Thrive in the New Business Environment" und „Alignment: Using the Balanced Scorecard to Create Corporate Synergies" noch weitere Bücher zur Implementierung von Balanced Scorecard und Strategy Map geschrieben (vgl. Kaplan & Norton, 2000, 2006).

4.7 Agiles Controlling und Objectives and Key Results

4.7.1 Agiles Management und Controlling

Stabile Umfeldbedingungen sind in vielen Märkten und damit für viele Unternehmen nicht mehr gegeben. Seit einiger Zeit wird von sogenannten **VUCA-Umfeldbedingungen** gesprochen. VUCA steht dabei für

- Volatile: Das Umfeld des Unternehmens ist extrem dynamisch, sodass selbst mittelfristige Prognosen unmöglich sind.
- Uncertain: Dazu kommt auch eine erhöhte Unsicherheit. Selbst wenn man mögliche zukünftige Umweltzustände kennt, sind für diese keine Eintrittswahrscheinlichkeiten bekannt.
- Complex: Die Umwelt des Unternehmens und die Prozesse im Unternehmen werden von so vielen Faktoren beeinflusst, dass diese nicht mehr zu überschauen sind und damit auch nicht sinnvoll geplant werden können.
- Ambiguous: Zudem können die Ursache-Wirkungsbeziehungen nicht mehr vorhergesehen werden. Gleiche Aktionen führen zu unterschiedlichen Zeitpunkten zu unterschiedlichen Konsequenzen, ohne dass die Gründe hierfür bekannt bzw. nachvollziehbar wären.

Die Covid19-Pandemie hat sicherlich vielen Unternehmen, die sich im stabilen Umfeld wähnten, die Dynamik, Unsicherheit und Komplexität des Unternehmensumfeldes vor Augen geführt. Die operativen Unternehmensplanungen, die Ende des Jahres 2019 für 2020 verabschiedet wurden, dürften nur in den wenigsten Unternehmen eingetreten sein.

Zu der Veränderung Umfeldes kommt die schon länger bestehende Kritik an den klassischen Planungs- und Kontrollprozessen im Unternehmen, wir bereits in Kapitel B.1.4 zum Better Budgeting sowie Beyond Budgeting diskutiert haben. Den klassischen Planungsprozessen wird vorgeworfen, mit **Effektivitäts- und Effizienzdefiziten** belastet zu sein (vgl. Dworski/Frey/Schentler 2009, S. 35 – 56).

Effektivitätsdefizite äußern sich z. B. in der mangelnden Berücksichtigung von Wettbewerbsaktivitäten, der mangelnden Integration von strategischer und operativer Planung oder der dysfunktionalen Verknüpfung von Planungsergebnissen und Incentives von Mitarbeitern. **Effizienzdefizite der Planung** äußern sich z. B. in einem zu hohen Detaillierungsgrad der Planung, in langwierigen Abstimmungsprozessen und unnötigen Anpassungsschleifen und letztlich in der Orientierung an internen Vorgaben und Machtprozessen anstelle an den Gegebenheiten der Märkte und Kunden.

Ähnliche Problemstellungen wie sie für das Controlling beschrieben wurden und die auch in anderen Managementfunktionen wie Vertrieb, Marketing oder Human Resources vorliegen, sind in der Softwareentwicklung schon früher zu Tage getreten.

Über Jahrzehnte lag dem Softwareentwicklungsprozess das sogenannte **Wasserfallmodell** zu Grunde. Im **Wasserfallmodell** definiert der Kunde vor Beginn des Softwareentwicklungsprojektes seine Anforderungen in einem Lastenheft sehr genau. Auf dieser Basis gibt der Software-Entwickler als Dienstleister ein Festpreisangebot für die Software, die den Anforderungen des Lastenheftes entspricht, ab. Ein wesentlicher **Nachteil des Wasserfallmodells** ist, dass Kunde und Software-Entwickler sich in einem ständigen Streit über die beauftragten Anforderungen und Zusatzaufwand befinden, wenn sich Kundenanforderungen ändern.

In einer VUCA-Welt ist das Wasserfallmodell obsolet, da der inhärente Streit über Anforderungen und deren Bezahlung die konstruktive Arbeit in Projektteams verhindert. Dies hat Softwareentwickler um Kent Beck zu einem Umdenken und im Jahr 2001 zur Entwicklung und Verabschiedung des **agilen Manifests** bewogen.

„Wir erschließen bessere Wege, Software zu entwickeln, indem wir es selbst tun und anderen dabei helfen. Durch diese Tätigkeit haben wir diese Werte zu schätzen gelernt:

- **Individuen und Interaktionen** mehr als Prozesse und Werkzeuge,
- **Funktionierende Software** mehr als umfassende Dokumentation,
- **Zusammenarbeit mit dem Kunden** mehr als Vertragsverhandlung,
- **Reagieren auf Veränderung** mehr als das Befolgen eines Plans.

Das heißt, obwohl wir die Werte auf der rechten Seite wichtig finden, schätzen wir die Werte auf der linken Seite höher ein“ (Agilemanifesto, 2001).

Wichtigster Unterschied der **agilen Entwicklung** im Vergleich zur Entwicklung nach dem Wasserfallmodell ist, dass nun nicht mehr der Zeitaufwand und die Kosten variabel sind, sondern diese vor dem Projektbeginn fixiert werden. Vielmehr ist im agilen Umfeld das Ergebnis der Entwicklung, das Softwareprodukt, variabel, da es über den Projektverlauf immer wieder an die sich über die Zeit und mit zunehmenden Projektfortschritt konkretisierenden und damit ändernden Anforderungen des Kunden angepasst wird. Da man in inkrementellen Schritten mit sichtbaren (lauffähigen) Zwischenergebnissen vorgeht, kann der Kunde während der gesamten Projektlaufzeit sehen, ob der Zwischenstand der Entwicklung in die richtige Richtung geht, seine sich ändernden Erwartungen erfüllt und gegebenenfalls im Team mit dem Entwickler Anpassungen vornehmen.

Die **Vorteile agiler Prozesse** liegen auf der Hand. Viele Kunden haben in der Phase der Anforderungsdefinition nach dem Wasserfallmodell nur sehr vage Vorstellungen von ihren Anforderungen. Sie kennen nur das grundsätzliche Problem, das zu lösen ist, oder haben eine grobe Vision von dem Softwareprodukt, aber keinesfalls konkrete Anforderungen, die detailliert genug für ein Lastenheft wären. Zudem dauern viele Software-Entwicklungsprojekte mehrere Jahre, sodass sich die Unternehmensorganisation und die Arbeitsprozesse im Unternehmen verändern und damit auch die Anforderungen an die Entwicklung. Im Rahmen der agilen Entwicklung kann dynamisch auf derartige Änderungen eingegangen werden.

4.7.2 Objectives and Key Results

Agiles Controlling überträgt die wesentlichen Grundgedanken des agilen Managements auf Controllingprozesse und Controllingorganisation. Es integriert dabei auch weitere Methoden und Ansätze wie zum Beispiel Beyond Budgeting (vgl. Hope & Fraser, 2003) oder Liberating Strutctures (vgl. Limanowicz & McCandless, 2014).

Die Performance Controlling Methode **Objectives and Key Results** (im Folgenden als **OKR** abgekürzt) ist nicht die einzige Methode des agilen Controllings. OKR ist aber die vollständigste Implementierung eines agilen Controllingprozesses. Im Mittelpunkt steht dabei das Performance Management von Teams, Abteilungen, Business Units, Geschäftsbereichen und ganzen Unternehmen. OKR sind ein **transparenter** und **effizienter agiler Ansatz** zur Steuerung der Performance des Unternehmens und seiner Organisationseinheiten (vgl. Wiltinger, 2021, S. 786).

Die OKR-Methode wurde erstmalig Mitte der 1970er-Jahre wurde beim US-amerikanischen Computerchip-Unternehmen Intel aus der Silicon Valley Stadt Santa Clara (CA USA) eingeführt. Dort wurde sie im Wesentlichen durch den Intel-Mitgründer Andy Grove in Anlehnung an Managementmethoden wie dem in den 1950er-Jahren von Peter Drucker entwickelten Management by Objectives (MBO) entwickelt und vorangetrieben (vgl. Drucker, 1954, S. 122 ff.; Grove, 1983, S. 104).

Weltweite Bekanntheit hat die OKR-Methode 2013 durch einen Vortrag des Google Venture Partners Rick Klau auf einer Google Konferenz für Start-Ups erlangt (vgl. Klau, 2013). OKR sind daher heute als die Methode bekannt, mit der Google-Konzern seit der ersten Einführung im Jahr 1999 zunächst seine Entwicklungsteams und später erhebliche Teile des Unternehmens steuert.

Kernelemente der OKR-Methode sind

- die grundlegenden **Objectives**,
- die zugehörigen **Key Results** sowie
- der **OKR-Zyklus**, in dem Objectives und Key Results gesetzt und reviewt werden.

Objectives sind **qualitative Ziele**. Wie jedes Ziel beschreiben sie einen in der Zukunft angestrebten Zustand. Objectives im OKR-Framework sind qualitativ und noch nicht quantitativ operationalisiert. Objectives sollen Aussagen beinhalten, die die Mitarbeiter des Teams oder des Unternehmens inspirieren. Zudem sollen sie mit der strategischen Ausrichtung der übergeordneten Organisationseinheiten, also der Abteilung, der Business Unit oder dem Gesamtunternehmen verknüpft sein bzw. zu deren Zielerreichung beitragen.

Da Mitarbeiter oder Teams nicht gleichzeitig beliebig viele Ziele motiviert verfolgen können, sollte die Anzahl der Objectives eines Teams oder einer Abteilung auf maximal fünf beschränkt werden. Unterschiedliche organisatorische Einheiten eines Unternehmens wie Teams oder Gruppen, Abteilungen, Business Units, Geschäftsbereiche, Unternehmenssegmente und das Gesamtunternehmen haben unterschiedliche Objectives, die aber aufeinander ausgerichtet sein sollten.

Key Results sind **messbare Ergebnisse**, die die Erreichung der Objectives operationalisieren. Unabdingbare und zentrale Kerneigenschaft der Key Results ist die Messbarkeit. Key Results werden daher häufig als Milestone mit einem Datum oder als Zielwert auf Basis einer gut definierten Kennzahl formuliert.

Wenn z. B. das Objective eines Markenartikelherstellers wie folgt formuliert wäre: „Wir wollen im deutschen Markt bis Ende 2021 die führende Marktposition einnehmen", könnten Key Results wie folgt formuliert sein:

- **Milestone**: Wir haben bis 31. Juli bei drei neuen Handelspartnern aus den Top Ten der Handelsunternehmen mindestens fünfzehn Produkte in der Listung und in der Distribution bei mindestens 40 % der Filialen.
- **Kennzahl**: Unser Marktanteil im Q4 2021 übersteigt 24 %.

Beiden Beispielen für Key Results ist gemein, dass es sich um sehr konkrete, eindeutig definierte und damit problemlos messbare bzw. nachverfolgbare Ereignisse auf dem Weg zur Zielerreichung des jeweiligen Objective handelt. Dadurch wird auch jederzeit eine objektive Bewertung der Zielerreichung ohne Interpretationsspielraum möglich. In der Praxis zeigt sich aber, dass eine solche überprüfbare und zweifelsfreie Formulierung nicht immer trivial ist.

Die Anspruchsniveaus der Key Results sollten herausfordernd gewählt werden, also ambitioniert sein. Sie sollten so gewählt werden, dass die Teams sie nur mit einer 70 %igen Wahrscheinlichkeit erreichen können und mit 30 % verfehlen. Hier wird deutlich, warum Key Results nicht mit den persönlichen Zielen, die für erfolgsabhängige Gehaltsbestandteile wie Boni verwendet werden, verknüpft werden sollten. Eine derartige Verknüpfung, wie sie beim Management-by-Objectives (MBO) üblich ist, würde im OKR-Framework dazu führen, dass die Mitarbeiter und Teams die Key Results weniger ambitioniert formulieren würden, was nicht erwünscht ist.

Drittes Kernelement des OKR-Frameworks ist der OKR-Zyklus, der in Abb. 153 dargestellt ist.

Aus einer **Vision**, die einen langfristigen Zielzustand des Unternehmens beschreibt und vom Topmanagement des Unternehmens entwickelt und gelebt wird, werden **Moals** abgeleitet. **Moals** stellen **Mid Term Goals** dar und sind daher in ihrer Fristigkeit von 1 – 3 Jahren langfristiger als die für den Kern-OKR-Zyklus relevanten Objectives, die zunächst für 3 – 4 Monate gelten. Moals stellen somit das Bindeglied zwischen Vision und Objectives dar.

Im eigentlichen OKR-Zyklus gibt es vier Elemente:

- Im Rahmen des **OKR Planning** werden die Objectives und Key Results für den nächsten OKR-Zyklus vom Team festgelegt. Der OKR-Prozess ist ein grundsätzlich demokratischer und tendenziell ein Bottom-up-Prozess. Über die Moals sind die Objectives eines Teams aber mit der Unternehmenszielsetzung verknüpft, denn wesentlicher Input für die Objectives sind zum einen die Moals des Unternehmens und zum anderen ein OKR Backlog. Der **OKR Backlog** ist ein Speicher für Objectives, die dem Team wichtig sind, die aber bisher nicht abgearbeitet werden konnten und somit für die zukünftige Bearbeitung aufgehoben wurden.

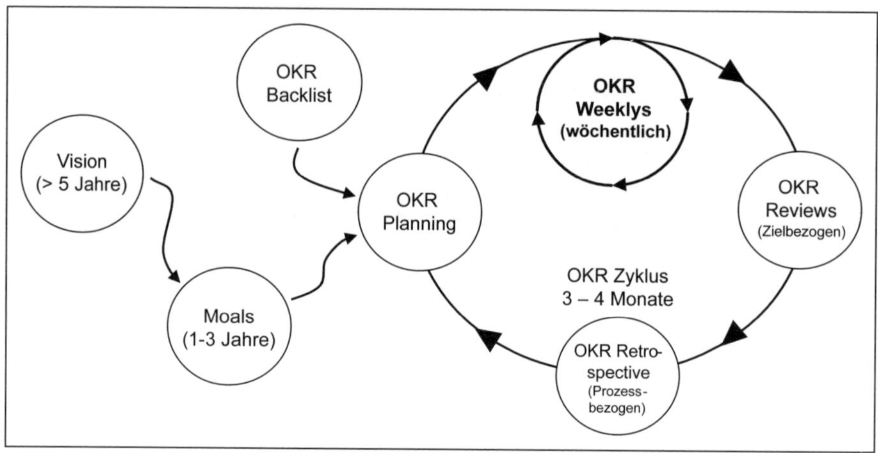

Abb. 153: OKR-Zyklus
(Quelle: Wiltinger, 2021, S. 789)

In der Literatur wird diskutiert, ob die Objectives ausschließlich aus dem Team entstehen, das natürlich die Vision und die Moals des Unternehmens freiwillig berücksichtigt, oder ob Objectives auch in einem Top-down-Prozess den Teams vorgegeben werden sollten. Während die ursprünglichen Quellen von Groves und Doerr eher von einem reinen selbststeuernden Bottom-up-Prozess ausgehen, empfehlen etliche deutsche Adaptionen des OKR Frameworks bis zu 70 % der Objectives der Teams aus der Unternehmensstrategie top-down abzuleiten und den Teams vorzugeben.

- Die **OKR Weeklys** sind der Kern des OKR-Zyklus und stellen einen Zyklus im Zyklus dar. Im wöchentlichen Rhythmus wird der Fortschritt der Zielerreichung kontrolliert, analysiert und im Team diskutiert. Potenziell könnten die Objectives bzw. die verabschiedeten Key Results auch innerhalb des OKR-Zyklus adjustiert werden. Manche Unternehmen orientierten sich auch an den Daily Sprints der Software-Entwicklungsmethode **Scrum** und haben jeden Morgen eine 10-minütige Aussprache in den Teams als festen Bestandteil der Weeklys installiert. Die OKR Weeklys sind der unverzichtbare Kern der OKR-Methode, durch die gewährleistet wird, dass das OKR Framework seine volle Wirkungskraft entfalten kann.
- Nach Ablauf der 3 – 4 Monate erfolgt der **OKR Review**. Das Team betrachtet, in wie weit die Key Results, die die Objectives operationalisieren, erreicht wurden. Es werden Abweichungen analysiert und Ursachen und Hindernisse identifiziert, die für die Abweichungen verantwortlich waren. Hier sei nochmal darauf hingewiesen, dass in der OKR-Methode die Key Results sehr ambitioniert gesetzt werden, so dass ein Nicht-Erreichen in 30 % – 50 % der der Fälle zu erwarten ist.
- Ebenso wichtig wie die OKR Reviews, die die Performance im OKR-Zyklus inhaltlich analysieren, sind die **OKR Retrospectives**. In diesen betrachtet das Team

den OKR-Prozess, also die Umsetzung des OKR Frameworks, an sich. Es werden Mängel in der Durchführung des OKR-Prozesses analysiert und Maßnahmen besprochen, wie diese Mängel im nächsten OKR-Zyklus vermieden werden können.

Abb. 154 zeigt den so wichtigen OKR-Zyklus im Zeitverlauf, basierend auf einer Zyklusdauer von vierzehn Wochen. Nach einer kurzen OKR Planning Phase von zwei Wochen läuft über die nächsten vierzehn Wochen der iterative OKR Weekly Prozess mit den wöchentlichen Weekly-Meetings. Am Ende der vierzehn Wochen findet der OKR Review und die OKR Retrospective parallel zum nächsten OKR Planning statt. Die Zyklen überlappen sich. Anders als in Abbildung 3 dargestellt gibt es allerdings auch Unternehmen, die hier keine Überlappung einplanen, sondern nach Ende des ersten Zyklus ein Zwischenphase, in der OKR Review, OKR Retrospective und neues OKR Planning für den Nachfolgezyklus stattfinden, ansetzen.

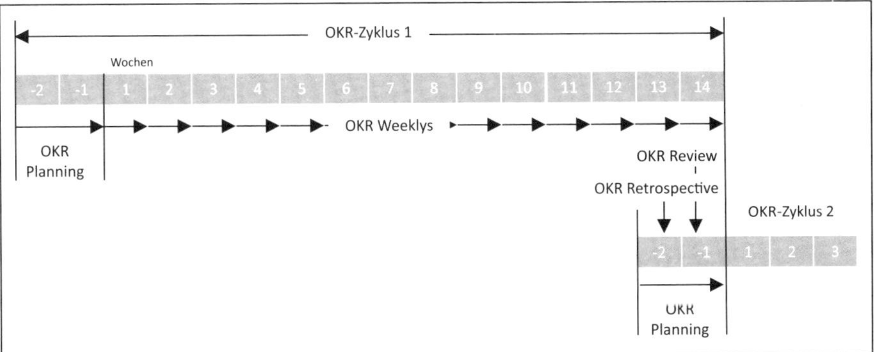

Abb. 154: OKR Zyklus im Zeitverlauf (Quelle: Wiltinger, 2021, S. 790)

Letztes Element des OKR Frameworks ist der **OKR Master**. Der OKR Master ist der Experte für das OKR Framework im Team. Er sollte im Team als Mitarbeiter ganz normal mitarbeiten, aber in Bezug auf die Umsetzung des OKR Frameworks im Team als Coach, Change Agent, Prozesswächter, Experte und Facilitator agieren. Der OKR Master begleitet das Team bei der Einführung des OKR Frameworks, als Change Agent muss er zwingend die typischen Widerstände gegen die Einführung des OKR Frameworks kennen und einen integrativen Change-Prozess beginnen, um alle Team-Mitglieder abzuholen und zu in den OKR-Prozess zu integrieren. Der OKR Master organisiert die anstehenden Meetings und sorgt für die Dokumentation der Ergebnisse. Er informiert sich ständig über Veränderungen und Weiterentwicklungen des OKR-Frameworks im Unternehmen und schließlich übernimmt er als Facilitator auch die Moderation der Meetings im Rahmen von Weeklys, OKR Planning, OKR Reviews und OKR Retrospectives.

Zu den Aufgaben des OKR Masters gehört es auch, die Objectives und die zugehörigen Key Results jedes OKR-Zyklus im gesamten Unternehmen zu veröffentlichen. Im Gegensatz zu vielen traditionellen Zielvereinbarungssystemen, in denen die Ziele eines Mitarbeiters oder eines Teams nur den jeweils vorgesetzten Führungskräften bekannt sind, werden die OKR aller Teams, Abteilungen und sonstigen Organisationseinheiten im gesamten Unternehmen publiziert. Dies geschieht in aller Regel mithilfe einer entsprechenden Software im Intranet des Unternehmens.

4.8 Performance Controllings im internationalen Unternehmens

Die Implementierung des Performance Controllings setzt voraus, dass man sich für eines der beschriebenen Instrumente des Performance Controllings entscheidet. In den letzten Jahren ist eine zunehmende Anwendung der Strategy Maps festzustellen, da sie die verschiedenen Probleme der Balanced Scorecard vermeiden.

Strategy Maps bei EuroAir

Die Strategie der EuroAir basiert auf **vier strategischen Leitlinien**: profitables Wachstum, Fokus auf Kerngeschäftsbereiche, Fokus auf Premiumkunden, Verantwortung gegenüber Mitarbeitern und Gesellschaft.

- **Finanzperspektive**
  In der Finanzperspektive werden konkrete Ziele definiert. Die Wertschaffung ist das oberste Ziel des EuroAir-Konzerns und wird mit der Spitzenkennzahl **EVA™** gemessen. Auf die Wertschöpfung wirken in der Finanzperspektive die Ziele Wachstum und geringere Kapitalkosten.
- **Kundenperspektive**
  In der Kundenperspektive werden die Ziele Kundengewinnung und -bindung, Pünktlichkeit und Premiumservice verfolgt. Die Kundengewinnung und -bindung wird über die Kennzahl Anzahl der Kunden gemessen. Wichtigste Maßnahme ist der Ausbau des FreeQuent-Programms. Die Pünktlichkeit wird über die Kennzahl Anteil pünktlicher Abflüge mit einem Anspruchsniveau von 95 % gemessen.
- **Interne Prozessperspektive**
  Die interne Prozessperspektive umfasst das Ziel der schnelleren Abfertigung. Es wirkt sowohl auf die Ziele Pünktlichkeit und Premiumservice in der Kundenperspektive als auch direkt auf das Ziel geringerer Kapitalkosten in der Finanzperspektive. Die schnellere Abfertigung wird über zwei Kennzahlen bestimmt, die **On Ground Time** und den **Anteil pünktlicher Abflüge**. Maßnahmen sind ein umfassendes Programm zur Reduktion der On Ground Time.
- **Entwicklungsperspektive**
  In der Entwicklungsperspektive wurde als vornehmliches Ziel die Identifikation der Mitarbeiter, insbesondere des Bodenservicepersonals, mit dem Unternehmen determiniert.

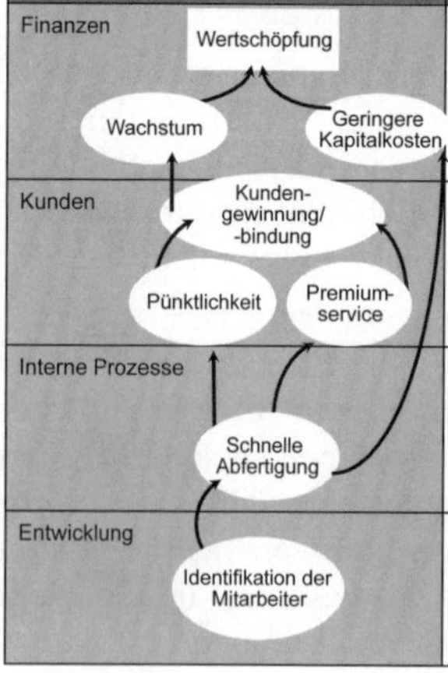

Strategy Map	Ziele	Kennzahlen	Werte	Maßnahmen
Finanzen Wertschöpfung Wachstum Geringere Kapitalkosten	- Wertschöpfung - Wachstum - Geringere Kapitalkosten	- EVA - Umsatzwachst. - Zinsergebnis	- 100 Mio. € - 10 % CAGR - + 10 %	- Financial Engineering - FreeQuent ausbauen - Kosten-management
Kunden Kunden-gewinnung/-bindung Pünktlichkeit Premium-service	- Kundengew./-bindung - Pünktlichkeit - Premiumservice	- Anzahl Kunden - Anteil pünktlicher Abflüge - Kundenbe-fragung	- + 12 % - 90 % - Nr. 1	- AH Card - Qualitäts-management
Interne Prozesse Schnelle Abfertigung	- Schnellere Abfertigung	- On Ground Time - Anteil pünktlicher Abflüge	- 30 min. - 90 %	- Programm zur Reduktion der On Ground Time
Entwicklung Identifikation der Mitarbeiter	-Identifikation der Mitarbeiter	- Anteil Teilnahme an Trainings - Anteil Teilnahme Aktienprogramm	- 90% - 60 %	- Training - Einführung Aktienprogramm

Abb. 155: Strategy Map der EuroAir

Bei der Entwicklung müssen auch die Schritte vollzogen werden, die in Kapitel C.4.2 für KPI-Systeme und in Kapitel C.4.4 für die Balanced Scorecard beschrieben wurden. Auch die Einbettung in einen Managementprozess ist sinnvoll. Die dortigen Ausführungen sollen an dieser Stelle nicht wiederholt werden. Vielmehr soll zum Abschluss des Kapitels C.4 eine mögliche Strategy Map von EuroAir SE dargestellt werden.

An dem Beispiel der EuroAir werden einige positive Aspekte der Strategy Map deutlich. Es besteht ein **kausaler Zusammenhang** zwischen den verschiedenen Perspektiven/Dimensionen und strategischen Zielen der BSC. Diese werden in der Strategy Map hervorgehoben. Beispielsweise kann eine höhere Identifikation der Mitarbeiter (und damit eine Stärkung der Mitarbeiterperspektive) eine Verbesserung der operativen Prozesse bewirken: Motivierte, engagierte Mitarbeiter werden stärker auf die Stabilität der Prozesse achten, als dies von weniger motivierten Mitarbeitern zu erwarten ist. Weiterhin wird durch gute interne Prozesse auch die Kundenzufriedenheit gestützt, wodurch langfristig eine Verbesserung der Indikatoren der Finanzperspektive zu verzeichnen ist.

5 Risikocontrolling

Der permanentem Wandel, den wir auch mit der VUCA-Welt beschrieben haben, birgt täglich neue Chancen – andererseits konfrontiert er das Management mit immer neuen Risiken. Diese kündigen sich nicht von langer Hand an, sondern kommen meist unerwartet, dafür aber umso vehementer. Die Beschäftigung mit Chancen und Risiken ist eine der grundlegenden Aufgaben des Managements. Daher gehört ein Risikomanagement im Sinne von Risikohandhabung und Risikocontrolling seit jeher zu den Managementaufgaben.

5.1 Grundlagen des Risikocontrollings

Bevor wir uns mit Risikocontrolling auseinandersetzen, müssen wir den Risikobegriff definieren.

Risiko ist die Möglichkeit des Abweichens eines Ist-Wertes von einem erwarteten Wert – im Controlling häufig dem Plan-Wert – und die Eintrittswahrscheinlichkeit eines solchen Abweichens (vgl. Ziegenbein, 2012, S. 73 ff.).

Es ist für jedes Unternehmen notwendig, die Bandbreite und das Ausmaß seiner Risiken zu kennen und diese aktiv zu handhaben. Aufgrund verschiedener Finanz- und Wirtschaftskrisen wurde seit den 1990er-Jahren ein formalisiertes Risikocontrolling durch Gesetzesinitiativen auf nationaler und internationaler Ebene im Unternehmen verankert.

- Die Verabschiedung des Gesetzes zur Kontrolle und Transparenz im Unternehmensbereich **(KonTraG)** von 1998 ist eine Reaktion des deutschen Gesetzgebers auf konkrete Unternehmenskrisen wie z. B. auf den Zusammenbruch des Bauimperiums von Dr. Jürgen Schneider. Das KonTraG fordert von den Unternehmen v. a. die Einrichtung eines funktionsfähigen Risikomanagements.

- In den USA wurde wenige Jahre später – auch durch spektakuläre Unternehmenszusammenbrüche initiiert – unter George W Bush der **Sarbanes-Oxley Act von 2002** erlassen, der umfassende Risikocontrollingsysteme fordert, die einen Bilanzbetrug verhindern sollen, und dessen Implementierung einen erheblichen Aufwand darstellt.
- Im Bereich der Kreditwirtschaft sind die internationalen Initiativen **Basel II** und **Basel III**, deren Umsetzung noch heute läuft, zu nennen, in der Versicherungswirtschaft **Solvency II**.
- Schließlich beinhaltet auch der **Deutsche Corporate Governance Kodex** spezielle Anforderungen an das Risikocontrolling im Unternehmen.

Gerade für die Unternehmen, bei denen mehrere der genannten gesetzlichen und nicht-gesetzlichen Anforderungen anzuwenden sind, ist es eine besondere Herausforderung, über die reine Erfüllung der gesetzlichen Anforderungen hinaus, einer reinen **Compliance**, ein effizientes Risikomanagementsystem aufzubauen, das auch einen Mehrwert schafft. Dazu sind die reinen Compliance-Systeme der Wirtschaftsprüfer meist nicht in der Lage.

5.2 Corporate Governance

Die Fragestellung der Corporate Governance existiert, solange Manager-geführte Unternehmen existieren. Corporate Governance beschäftigt sich mit der Fragestellung, wie das Verhalten des Managements auf die Zielsetzung der Eigentümer und der Stakeholder ausgerichtet werden kann. Unter Corporate Governance werden die Regeln der guten Unternehmensführung verstanden, unter Compliance das Befolgen dieser Regeln.

> „**Compliance** kann als Organisationsmodell, -prozess und -system aufgefasst werden, die eine Übereinstimmung mit dem geltenden Recht, internen Standards und Regeln, sowie mit den Erwartungen der Stakeholder gewährleistet, sodass das Unternehmen das eigene Geschäftsmodell, den Ruf und finanzielle Bedingungen schützt und verbessert" (PWC, 2005).

Corporate Governance und Compliance werden dem Risikomanagement zugeordnet, da ein Abweichen von den Regeln der guten Unternehmensführung, eine sogenannte Non-Compliance, als grundlegendes Risiko für das Unternehmen gesehen wird. Unternehmenspleiten, wie z. B. der Wirecard-Skandal in 2020, werden auch auf eine Non-Compliance zurückgeführt.

Wirecard-Affäre

Die Wirecard AG war ein börsennotierter Zahlungsabwickler und Finanzdienstleister. Das Geschäft von Wirecard waren im Schwerpunkt Dienstleistungen für den elektronischen Zahlungsverkehr insbesondere im Zusammenhang mit Kreditkartenkäufen im Internet. Heute wird geschrieben, dass Wirecard seine Kunden zunächst fast ausschließlich im Segment des Internet-Glückspiels und der Internetpornografie gefunden hätte. Da die Tochtergesellschaft Wirecard Bank AG eine deutsche Banklizenz hatte, war auch die BAFIN (Bundesanstalt für Finanzmarktaufsicht) für die Aufsicht der Wirecard AG zuständig.

EY

Die Wirecard AG meldete am 25. Juni 2020 Insolvenz an. Hintergrund war das Fehlen von 1,9 Milliarden Euro, fast einem Viertel der Bilanzsumme. Die langjährigen und verantwortlichen Manager, Markus Braun (CEO) und Jan Marsalek (COO), versuchten sich der Verantwortung zu entziehen. Markus Braun trat zurück und wurde aber bald verhaftet. Jan Marsalek wurde entlassen, tauchte unter und wird mit internationalem Haftbefehl gesucht.

Erstaunlich an der Insolvenz ist, dass die fehlenden 1,9 Mrd. Euro auf Guthaben auf einigen, wenigen Treuhandkonten in Singapur zurückzuführen waren und dieses Fehlen erst im Jahr 2020 beim Jahresabschluss 2019 durch die verantwortliche Wirtschaftsprüfungsgesellschaft EY (Ernst & Young) erkannt wurde. Dies ist umso erstaunlicher, als unterschiedlichste Journalisten seit dem Jahr 2008, insbesondere aber die Financial Times ab dem Jahr 2015 international und später das Manager Magazin national negativ über die Bilanzierungspraxis und den Managementstil von Wirecard berichteten.

Die Insolvenz Wirecards löste einen wirtschaftlichen und politischen Skandal in Deutschland aus. Wirtschaftlich steht EY, eine der vier großen, weltweit aktiven Wirtschaftsprüfungsgesellschaften, den sogenannten Big Four, am stärksten in der Kritik. Sukzessive wurde bekannt, dass sich die Wirtschaftsprüfer von EY in vielen Belangen auf die Aussagen und Unterlagen von Wirecard verlassen haben, ohne wirklich unabhängige Prüfungen durchzuführen. Letztlich hat EY bis heute sein Versagen kaum erklären können und auch keine strukturellen Konsequenzen gezogen. Da es weltweit immer wieder und bei allen Wirtschaftsprüfungsgesellschaften der Big Four zum totalen Versagen kommt, muss man letztlich die Effektivität von Wirtschaftsprüfungsgesellschaften und das gesamte heutige Konzept der Wirtschaftsprüfung grundsätzlich in Frage stellen.

Politisch wurde die Finanzmarktaufsicht durch die BAFIN als unzureichend kritisiert. Die BAFIN und ihr Leiter Felix Hufeld hätten sich immer wieder – auch aus einer persönlich zu großen Nähe – vor Wirecard und sein Management gestellt. Als der für die Finanzmarktaufsicht zuständige Bundesfinanzminister Olaf Scholz im Rahmen eines Bundestagsuntersuchungsausschusses unter Druck geriet, wurde Hufeld abgelöst und Reformen angekündigt (vgl. Capital Online, 2021; Handelsblatt Online, 2020; NTV Online, 2018; NZZ Online, 2020; Tagesschau Online, 2021).

Theoretische Fundierung der Corporate Governance

Bereits ADAM SMITH hat in seinem Buch „The Wealth of Nations“ beschrieben: „The directors of such companies, being the managers rather of the people's money than of their own, it cannot well be expected that they should watch over it with the same anxious vigilance with which the partners in a private copartnery frequently watch over their own“ (Smith, 1976, S. 700).

Theoretische Fundierung der Corporate Governance-Diskussion ist die **Principal Agent-Theorie**. Diese untersucht, wie sichergestellt werden kann, dass der Manager eines Unternehmens im Interesse des Eigentümers handelt. Dabei wird der Manager als **Agent** und der Eigentümer als **Principal** bezeichnet (vgl. Williamson, 1984).

In der Principal Agent-Theorie stellen sich zwei Grundprobleme:

- Principal und Agent verfolgen **unterschiedliche Zielsetzungen**. Der Principal ist am langfristigen Fortbestand des Unternehmens und einer hohen Rendite interessiert. Dem Manager unterstellt man in aller Regel eine persönliche Nutzenoptimierung, die als Opportunismus bezeichnet wird und z. B. ein Streben nach persönlichem Reichtum oder Macht sein kann.

- Der Agent verfügt aufgrund seiner Funktion als Manager im tagtäglichen Geschäft über bessere Informationen über das Unternehmen und die Chancen und Risiken seiner Entscheidungen als der Principal, der als Eigentümer nur eine Aufsichtsfunktion wahrnimmt. Es entstehen **Informationsasymmetrien** zwischen Principal und Agent.

Ursprünglich bezogen sich die Fragestellungen der Principal Agent-Theorie ausschließlich auf das Verhältnis von Management und Eigentümer eines Unternehmens. Über die Zeit hinweg haben sich allerdings Ansätze herausgebildet, die weitere Aspekte beinhalten.

- Der **finanzwirtschaftliche Ansatz** ist der ursprüngliche Ansatz, bei dem – wie oben erläutert – die Ausrichtung des Handelns des Managements auf die Zielsetzung der Eigentümer im Mittelpunkt steht. Dieser wird deshalb auch als Shareholder-Ansatz bezeichnet. In den Modellen des finanzwirtschaftlichen Ansatzes wird der Manager in aller Regel als vollständig opportunistisch modelliert. In den meisten Modellen ist dies durch eine reine Einkommensmaximierung implementiert.
- Der **Stakeholder-Ansatz** ergänzt den finanzwirtschaftlichen Ansatz, indem er die Tatsache betont, dass es neben den Eigentümern noch weitere Interessensgruppen, die Stakeholder mit Anforderungen an das Unternehmen und sein Management gibt, die im Rahmen einer Corporate Governance auch gewahrt werden müssen. Vornehmliche Fragestellung ist es daher, wie ein Ausgleich zwischen den Interessen aller Stakeholder im Handeln des Managements geschaffen werden kann.
- Der **Stewardship-Ansatz** erweitert das Bild des opportunistischen Managers insofern, als ihm durchaus die intrinsische Motivation, dem Wohl des Unternehmens und des Principal zu dienen, zugestanden wird. Damit fokussiert sich der Stewardship-Ansatz allerdings auch nur auf die Interessen der Eigentümer und nicht der Stakeholder.
- Der **resourcenorientierte Ansatz** ist eine Ergänzung des Stakeholder-Ansatzes. Das Unternehmen wird als Bündel von Resourcen verstanden und Zielsetzung der Corporate Governance ist es, einen Ausgleich zwischen den Interessen aller Resourceninhaber herzustellen.

Hat man die grundsätzliche Problematik und Zielsetzung der Corporate Governance gelöst, stellt sich natürlich die Frage, wie der Interessenausgleich geschaffen werden kann. Hierzu dienen sogenannte Corporate Governance-Mechanismen.

Corporate Governance-Mechanismen

Was hat die Problematik der Corporate Governance nun mit dem Risikocontrolling zu tun? Die Antwort auf diese Frage ist nicht unbedingt offensichtlich: Aus Sicht des Principal und der Stakeholder ist die Tatsache, dass das Handeln des Agents nicht mit den eigenen Interessen übereinstimmt, ein grundsätzliches Risiko. Alle Instrumente, die es ermöglichen, das Risiko transparent und beherrschbar zu machen, dienen dem Risikomanagement.

Im Sinne des ursprünglichen, finanzwirtschaftlichen Ansatzes wären Corporate Governance-Mechanismen alle Maßnahmen, die dafür sorgen, dass das Management die Ziele der Eigentümer verfolgt. Corporate Governance-Mechanismen im Rahmen des Stakeholder-Ansatzes müssen geeignet sein, das Handeln des Managements auf einen Ausgleich der Zielsetzung aller Stakeholder auszurichten.

Corporate Governance-Mechanismen sind (vgl. Wagenhofer, 2010, S. 8):

- **Begrenzung von Entscheidungsrechten der Manager**
  Regelungen in der Unternehmenssatzung oder dem Arbeitsvertrag des Managers, wie z. B. Mitbestimmungskataloge, können festlegen, welche Entscheidungen das Management nur mit Zustimmung der Eigentümer bzw. eines Aufsichtsgremiums treffen darf, und sichern so die Übereinstimmung der Interessen bei wichtigeren Entscheidungen.
- **Reduktion von Interessenskonflikten**
  Die Einführung einer leistungsbezogenen Vergütung des Managements, wie z. B. Aktienoptionen, ist nichts anderes als der Versuch, Interessenskonflikte zu reduzieren. Dadurch, dass die Kompensation des Agents vom Wert der Aktienoption und damit dem Unternehmenswert abhängt, ist es selbst im Sinne eines vollständig opportunistischen denkenden Managers, den Unternehmenswert zu erhöhen, was den Interessen des Principal entspricht.
- **Informationsbereitstellung für die Stakeholder**
  Maßnahmen der Informationsbereitstellung betreffen z. B. bei börsennotierten Unternehmen die Veröffentlichungspflichten. Auch hier können gesetzlich oder durch die Satzung Regelungen getroffen werden. Bei börsennotierten Unternehmen gibt es z. B. die sogenannte Ad-hoc-Publikationspflicht, die dazu dient, Informationsasymmetrien zu begrenzen.

Die Einführung von Corporate Governance-Mechanismen ist dabei nicht nur im Interesse des einzelnen Eigentümers bzw. Stakeholders, sondern auch der Gesellschaft. In einer sozialen Marktwirtschaft ist es Aufgabe des Gesetzgebers, einen gesetzlichen Rahmen für Unternehmen zu schaffen, der Corporate Governance-Mechanismen beinhaltet. In Deutschland finden sich in nahezu allen handelsrechtlichen Gesetzen, wie z. B. dem Aktiengesetz, dem dritten Buch des HGB oder aber auch dem Wertpapierhandelsgesetz, Regelung der Corporate Governance.

Deutscher Corporate Governance Kodex

Neben den oben beschriebenen gesetzlichen Regelungen ist der Deutsche Corporate Governance Kodex (DCGK) ein zentrales Instrument der Corporate Governance. Der DCGK ist ein Regelwerk, das die wichtigsten Regeln eines juristisch, wirtschaftlich und ethisch korrekten Verhaltens für die verschiedenen Organe vor allem in Kapitalgesellschaften regelt.

Zielsetzung des Deutschen Corporate Governance Kodex

„Der vorliegende Deutsche Corporate Governance Kodex (der 'Kodex') stellt wesentliche gesetzliche Vorschriften zur Leitung und Überwachung deutscher börsennotierter Gesellschaften (Unternehmensführung) dar und enthält international und national anerkannte Standards guter und verantwortungsvoller Unternehmensführung. Der Kodex soll das deutsche Corporate Governance-System transparent und nachvollziehbar machen. Er will das Vertrauen der internationalen und nationalen Anleger, der Kunden, der Mitarbeiter und der Öffentlichkeit in die Leitung und Überwachung deutscher börsennotierter Gesellschaften fördern.

Der Kodex verdeutlicht die Verpflichtung von Vorstand und Aufsichtsrat, im Einklang mit den Prinzipien der sozialen Marktwirtschaft für den Bestand des Unternehmens und seine nachhaltige Wertschöpfung zu sorgen (Unternehmensinteresse)" (Regierungskommission Deutscher Corporate Governance Kodex, 2017).

Die Bundesregierung hat im September 2001 eine Regierungskommission aus Wirtschaftsvertretern, Wirtschaftsprüfern und Wirtschaftswissenschaftlern gebildet, die die Aufgabe hatte, den Deutsche Corporate Governance Kodex zu entwickeln. Am 20. August 2002 wurde der DCGK erstmalig im elektronischen Bundesanzeiger veröffentlicht und seitdem immer wieder ergänzt und überarbeitet.

Inhaltlich gliedert sich der DCGK inklusive einer Präambel in sieben Regelungsgebiete zu folgenden Themen:

- Aktionäre und Hauptversammlung,
- Zusammenwirken von Vorstand und Aufsichtsrat,
- Vorstand,
- Aufsichtsrat,
- Transparenz sowie
- Rechnungslegung und Abschlussprüfung.

In jedem dieser Gebiete gibt es inzwischen eine Vielzahl von Regeln. Konkret beinhaltet der DCGK dabei **Muss-Regelungen**, die verpflichtende, gesetzliche Regelungen aus echten Gesetzen, vornehmlich dem AktG, wiederholen, **Soll-Regelungen**, deren Einhaltung empfohlen wird, sowie **Kann-Regelungen**, die als Anregungen zu verstehen sind.

Aus juristischer Sicht handelt es sich bei dem DCGK also nicht um ein Gesetz. Allerdings müssen auf Basis des § 161 AktG Vorstand und Aufsichtsrat deutscher Aktiengesellschaften erklären, ob und inwieweit sie den Regelungen des DCGK entsprochen haben. Sollte ein Unternehmen nicht alle Empfehlungen umsetzen, muss es erklären, warum die Empfehlungen nicht umgesetzt wurden. Dieses Prinzip wird „**comply or explain**" genannt, auf Deutsch befolge oder erkläre. Zunächst richtet sich der DCGK an börsennotierte Gesellschaften, aber auch nicht-börsennotierten Gesellschaften wird seine Einhaltung empfohlen.

Die Kritik am DCGK ist vielfältig. Zunächst wird bemängelt, dass der Kodex in seinen Regelungen immer weiter wuchere. Es kämen jährlich neue Regelungen hinzu und nur selten würden obsolete Regelungen gestrichen. Dadurch werde der DCGK unüberschaubar und wenig nachvollziehbar. Viele Regelungen seien zudem unpräzise und die Unternehmen wüssten nicht, wie sie die Regelung konkret umsetzen sollten. Der Kodex richte sich an DAX-Unternehmen aus, die Anforderungen kleiner oder mittelständische Unternehmen, die nicht börsennotiert sind, seien nicht berücksichtigt.

Grundlegender ist die Kritik, dass der DCGK kein Gesetz sei, durch § 161 AktG aber zum Teil eine gesetzesähnliche Verbindlichkeit hergestellt werde, wobei der DCGK von einer willkürlich zusammengesetzten Kommission und nicht vom Gesetzgeber entwickelt wurde. Dies sei nicht verfassungskonform.

Ein letzter und schwerwiegender Kritikpunkt, den wir aus der Unternehmenspraxis hören, ist, dass der Erstellungsprozess der Entsprechungserklärung des DCGK im Unternehmen vom externen Rechnungswesen, von der Rechtsabteilung und Wirtschaftsprüfern verantwortet werde. Insbesondere durch die rein sicherheitsorientierten und nicht unternehmerisch denkenden Wirtschaftsprüfer sei der DCGK-Prozess zu einem rein formalistischen, exkulpierenden Prozess verkümmert, der keinen Mehrwert für Management, Aufsichtsrat, Aktionäre und das Unternehmen stifte. Die Entsprechungserklärungen der DAX-Unternehmen sind tatsächlich häufig fast wortwörtlich gleichlautend. Dem Prozess können in der Praxis der Rechnungslegung also keine nutzenstiftenden Anregungen für ein effizientes Risikomanagement, wie wir es im nachfolgenden Kapitel C.5.3. beschreiben, abgewonnen werden.

5.3 Risikomanagement

Risikomanagement im Unternehmen hat die Aufgabe, Risiken frühzeitig zu identifizieren, zu bewerten und zu überwachen sowie Strategien und Maßnahmen zur Handhabung dieser Risiken zu planen, zu steuern und zu kontrollieren (vgl. Fiege, 2006, S. 51).

Modernes Risikomanagement äußert sich nicht mehr allein im Absichern konkreter Risiken, z. B. durch Versicherungen. Stattdessen muss das **Gestalten von Risikostrukturen** im Mittelpunkt stehen. Dabei können einzelne Risiken nicht isoliert behandelt werden. Risikomanagement ist als integratives Konzept aufzufassen, d. h. die gesamte Risikosituation des Unternehmens muss erfasst und gestaltet werden.

Auf der Basis der unterschiedlichen Aufgabenfelder und Planungszeiträume kann zwischen strategischem und operativem Risikomanagement differenziert werden. Im Rahmen des **strategischen Risikomanagements** hat die Unternehmensleitung einen Sollzustand der Risikolage des Unternehmens zu definieren. Das strategische Risikomanagement beinhaltet die Festlegung der Richtung, des Ausmaßes und der Struktur der Risikopolitik, wie z. B., in welchem Umfang ein Unternehmen überhaupt Risiken eingehen will.

Der Fokus des **operativen Risikomanagements** liegt zunächst auf dem frühzeitigen Erkennen potenzieller Risiken für das langfristige Überleben des Unternehmens. In einem nächsten Prozessschritt erfolgt die Analyse und Bewertung der Risiken. Auf Basis dieser Transparenz können Strategien und Maßnahmen der Risikohandhabung festgelegt werden. In einem weiteren Prozess erfolgt die regelmäßige Überwachung aller Risiken. Flankiert werden diese Prozesse durch ein Informations- und Kontrollsystem (vgl. Abb. 156).

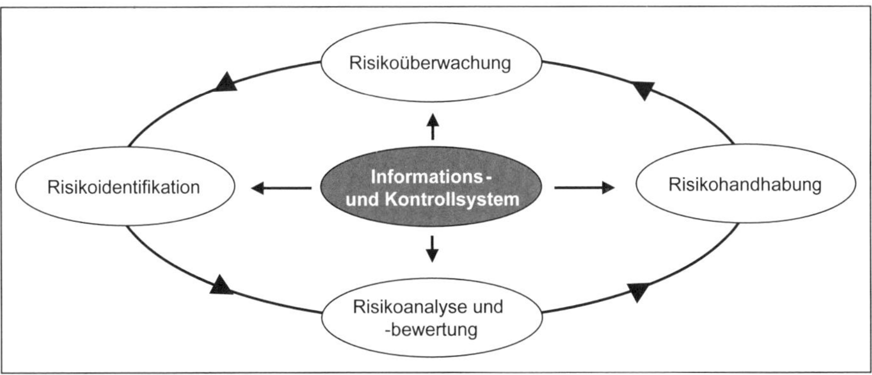

Abb. 156: Risikomanagementprozess

Die zentrale Funktion des Risikocontrollings liegt in der Unterstützung der Unternehmenssteuerung beim Risikomanagement durch Beschaffung und Analyse risikorelevanter Informationen aus allen Geschäftsbereichen und die Koordination der damit verbundenen Prozesse.

Primäre Aufgaben sind

- die **Entwicklung eines Systems von grundlegenden Prozessen und Instrumenten** zur Risikoidentifikation, -analyse, -bewertung und -überwachung (Risikocontrollingsystem) sowie
- die Koordination der Anwendung des Risikocontrollingsystems. Dies beinhaltet im Einzelnen:
  - die **Identifikation** sowie die Bewertung von Chancen und Risiken,
  - die **Eingrenzung** der Risiken,
  - die **Bewertung** von geeigneten Maßnahmen zum Umgang mit Risiken,
  - einen Austausch **risikorelevanter Informationen** sowie
- die Koordination der Risikoüberwachung.

Übergeordnete Zielsetzung des Risikocontrollings ist die Steigerung der Entscheidungsqualität in Hinblick auf die Risikosteuerung.

5.4 Frühwarnung, Früherkennung, Frühaufklärung

Bei der Risikoidentifikation geht es vor allem darum, schon frühzeitig Risiken, die zu potenziellen Unternehmenskrisen führen können, aufzudecken. Dieses ständige Beobachten des Umfeldes ist Gegenstand von Frühwarnung, Früherkennung und Frühaufklärung. Dabei lassen sich sowohl externe als auch interne Faktoren als maßgebliche Auslöser von Unternehmenskrisen identifizieren (vgl. Schwarzecker & Spandl, 1993, S. 12).

Zu den wichtigsten **externen Krisenursachen** zählen vor allem:

- ein konjunkturbedingter Nachfragerückgang,
- ein Nachfragerückgang zugunsten neuer Technologien,
- eine Insolvenz anderer Unternehmen, z. B. wichtiger Kunden oder Lieferanten,
- eine Verschlechterung der Zahlungsmoral wichtiger Kunden,
- eine starke Abhängigkeit von einem oder wenigen Hauptabnehmer(n),
- eine Abwälzung des Kostendrucks der Kunden auf ihre Zulieferer,
- ein plötzlicher Lieferengpass bei wichtigen Lieferanten,
- eine Störung der nationalen oder globalen Logistikkette,
- eine Verteuerung der Kreditzinsen und eine restriktive Kreditpolitik,
- eine Verschlechterung der Währungsparität,
- ein Krieg oder eine Krise in wichtigen Abnehmer- oder Bezugsländern,
- ein Mangel an qualifizierten Arbeitskräften,
- ein Streik in der eigenen Branche oder in Zulieferindustrien.

Zu den wichtigsten **internen Krisenursachen** zählen vor allem:

- die Unerfahrenheit des Managements,
- mangelnde technische und kaufmännische Fähigkeiten,
- ein Verlust der Wettbewerbsfähigkeit durch langsame Anpassung an neue Trends,
- mangelndes Eigenkapital und hohe Privatentnahmen,
- Probleme mit der Gesellschafterstruktur,
- eine unüberlegte oder überhastete Expansion,
- Planungsfehler und zu optimistische Planungsansätze,
- eine Verschlechterung der Kostenstruktur,

- Verschwendung, Spekulation oder Betrug,
- organisatorische und führungsbezogene Mängel,
- ein unzureichendes Management des Working-Capital,
- ein unzureichendes Rechnungswesen.

Im Unternehmen gilt es daher, Prozesse und Methoden zu installieren, die eine Identifikation von potenziellen Krisenursachen sicherstellen. Diese bezeichnen wir allgemein als betriebswirtschaftliche Frühwarnsysteme. Historisch betrachtet, lassen sich mit Frühwarnsystemen, Früherkennungssystemen und Frühaufklärungssystemen im engeren Sinne drei Entwicklungsstufen betriebswirtschaftlicher Frühaufklärungssysteme unterscheiden (vgl. Wiedmann, 1989, S. 301 ff.).

Frühwarnsysteme entstanden in der zweiten Hälfte der 1960er-Jahre unter dem Einfluss der zunehmenden Möglichkeiten zur Informationsgewinnung aus IT-gestützten Rechnungswesen- und Controllingsystemen. Ihre Aufgabe war, bedrohliche Abweichungen zu erkennen. In Deutschland wurden sie als Ausnahme-Berichtssysteme bezeichnet. Bei den betreffenden Ansätzen handelte es sich meist um Warnsysteme, die bei einer Über- oder Unterschreitung zuvor definierter Schwellenwerte einer problemspezifischen Kennzahl eine Warnmeldung auslösen. Gleichzeitig wurden vermehrt Planungshochrechnungen genutzt, die einen Vergleich zwischen Plan-Werten und voraussichtlichen Ist-Werten aus einem Forecast ermöglichten.

Früherkennungssysteme sind eine Weiterentwicklung der Frühwarnsysteme. Zunächst beschränken sie sich nicht allein auf eine Identifikation möglicher Risiken, sondern das Aufspüren von Chancen zählt auch zu ihrem Aufgabenbereich. Sie erweitern die Überwachungsfunktion, indem sie auch Gegenmaßnahmen für vordefinierte Risiken entwerfen. Insgesamt verstehen sie sich als umfassendes Analyse, Diagnose- und Prognoseinstrumentarium.

Frühaufklärungssysteme legen einen Schwerpunkt auf die Initiierung von Strategien und Handlungsprogrammen auf Basis der über zukünftige Chancen und Risiken erlangten Informationen. Die Frühaufklärung wird als Aufgabe zur Sensibilisierung des Managements gegenüber sogenannten schwachen Signalen verstanden – ein Konzept, das 1976 von Igor Ansoff formuliert wurde und bis heute die Grundlage moderner Frühaufklärungssysteme bildet (vgl. Ansoff, 1976, S. 129 ff.). In Deutschland begann die Beschäftigung mit einer so verstandenen Krisenvorsorge fast zeitgleich mit der Entwicklung indikatororientierter Frühwarnsysteme.

In der Praxis geht die Begriffswelt Frühwarnung, Früherkennung und Frühaufklärung durcheinander und auch Autoren wie z. B. Fiege oder Krystek, Müller-Stewens nutzen diese unterschiedlich. Heute wird eher zwischen **drei Generationen** der Früherkennung bzw. Frühaufklärung unterschieden (vgl. Fiege, 2006, S. 120 ff.; Krystek & Müller-Stewens, 2006, S. 175 ff.).

Abb. 157 zeigt diese drei Generationen der strategischen Frühaufklärung. Bei den **Systemen der 1. Generation** basiert die Frühaufklärung – ähnlich wie oben für die Frühwarnung beschrieben – auf der Analyse von Kennzahlen, die Sachverhalte innerhalb und außerhalb des Unternehmens erfassen. Sie greifen also bei der Wirkung der Unternehmenskrisen an.

Systeme der 2. Generation versuchen hingegen, bereits Indikatoren vornehmlich für das Unternehmensumfeld aufzustellen und anhand dieser Krisen noch frühzeitiger zu erkennen. Man versucht also, bereits Symptome der Unternehmenskrisen aufzuspüren.

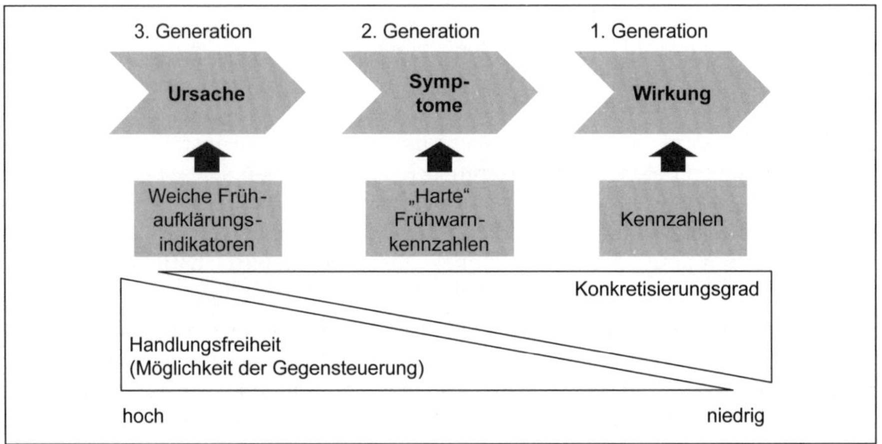

Abb. 157: Generationen der strategischen Frühaufklärung

Systeme der dritten Generation schließlich gelten auch heute noch als State of the Art der strategischen Frühaufklärung. Sie setzen auf Basis sogenannter weicher Faktoren und der bereits erwähnten schwachen Signale an den Ursachen für Unternehmenskrisen an und versuchen so, diese bereits in der Entstehung zu erkennen.

Im Zusammenhang der Systeme der dritten Generation werden **Environmental Scanning und Environmental Monitoring** unterschieden. Abb. 158 zeigt diesen Zusammenhang. Environmental Scanning umfasst zunächst einmal die grundsätzliche Identifikation potenziell krisenauslösender Ereignisse oder Trends. Hier wird informal oder formal, gerichtet und ungerichtet das Umfeld des Unternehmens nach schwachen Signalen mit und ohne festen Themenbezug abgetastet. Environmental Monitoring hingegen bezieht sich dann in der Folge auf die gerichtete und ungerichtete Beobachtung bereits identifizierter Signale (vgl. Krystek & Müller-Stewens, 2006, S. 179 f.).

	Ungerichtete Suche	Gerichtete Suche	
Informal	Abtasten nach schwachen Signalen **außerhalb** der Domäne **ohne** festen Themenbezug	Abtasten nach schwachen Signalen **innerhalb** der Domäne **ohne** festen Themenbezug	Scanning
Formal	Abtasten nach schwachen Signalen **außerhalb** der Domäne **mit** festen Themenbezug	Abtasten nach schwachen Signalen **innerhalb** der Domäne **mit** festen Themenbezug	Scanning
Formal	Beobachtung und vertiefende Suche nach Informationen **außerhalb** der Domäne **mit** speziellem Themenbezug eines bereits identifizierten Signals	Beobachtung und vertiefende Suche nach Informationen **innerhalb** der Domäne **mit** speziellem Themenbezug eines bereits identifizierten Signals	Monitoring

Abb. 158: Environmental Scanning und Monitoring (Quelle: Krystek & Müller-Stewens, 1993, S. 177)

Der **Vorteil einer frühzeitigen Identifikation** von Chancen und Risiken liegt darin, dass die Handlungsfreiheit, also die Möglichkeit wohldurchdachter und geplanter Maßnahmen, bei frühzeitig identifizierten Chancen und Risiken zunimmt.

Probleme dieser schon frühzeitig ansetzenden Identifikation liegen vor allem darin begründet, dass der Konkretisierungsgrad der Indikatoren mit zunehmendem Vorlauf abnimmt. So sind schwache Signale häufig unkonkret und interpretationsbedürftig, während Kennzahlen, die nah an der Wirkung angesiedelt sind wie z. B. Eigenkapitalquoten sehr konkret und eindeutig sind.

5.5 Konkrete Ansätze des Risikomanagements

5.5.1 Risikocontrolling auf Basis des KonTraG

Während es Ende der 1980er-Jahre in Deutschland Jahr für Jahr ca. 10.000 Unternehmensinsolvenzen gab, stieg diese Zahl bis 1997 auf über 25.000 an. Sie liegt heute bei 15.000 bis 20.000. Unter den Unternehmenszusammenbrüchen gab es solche mit hoher Öffentlichkeitswirkung, wie den oben bereits erwähnten Zusammenbruch des Bauimperiums von Dr. Jürgen Schneider oder die Balsamaffäre, den Zusammenbruch eines Bodenbelagsherstellers aus Ostwestfalen. Aber auch in anderen Unternehmen wie der Metallgesellschaft AG kam es zu Unternehmenskrisen aufgrund größerer Verluste infolge spekulativer Termingeschäfte.

Der Gesetzgeber hat Anfang 1998 mit dem **Gesetz zur Kontrolle und Transparenz im Unternehmensbereich (KonTraG)** auf diese Entwicklung reagiert. Beim KonTraG handelt es sich um ein sogenanntes Artikelgesetz. Durch das KonTraG wurden Änderungen, Ergänzungen und die Streichung in anderen Gesetzen vorgenommen. Betroffen sind im Schwerpunkt das Aktiengesetz und das Handelsgesetzbuch, aber auch das Publizitätsgesetz, das GmbH-Gesetz und die Börsenzulassungsverordnung.

Wichtige Zielsetzungen und Maßnahmen des KonTraG, die zum Teil für kleinere Unternehmen natürlich nach Gesellschaftsgröße abgeschwächt gelten, sind:

- Erhöhung der Transparenz, insbesondere bei Risiken,
- Verpflichtung des Vorstands zur Einführung eines Risikomanagements,
- Prüfung der Darstellung der Risiken im Lagebericht und des Risikomanagementsystems durch Wirtschaftsprüfer,
- Stärkung der Aufsichtsfunktion des Aufsichtsrates und der Hauptversammlung,
- Verbesserung der Qualität der Abschlussprüfung.

In seinen zentralen Regelungen hat das KonTraG folgende Änderungen im Aktiengesetz und Handelsgesetzbuch vorgenommen:

- § 91 (2) AktG: „(2) Der Vorstand hat geeignete Maßnahmen zu treffen, insbesondere ein Überwachungssystem einzurichten, damit den Fortbestand der Gesellschaft gefährdende Entwicklungen früh erkannt werden."
- § 317 (2) HGB: „... Dabei ist auch zu prüfen, ob die Risiken der künftigen Entwicklung [im Lagebericht, Erg.] zutreffend dargestellt sind."

Risiken im Sinne des KonTraG sind den Fortbestand der Gesellschaft gefährdende Entwicklungen. Unter Risikomanagement wird im Sinne des KonTraG insbesondere die Risikoidentifikation, die Risikoanalyse und -bewertung sowie die Risikoüberwachung verstanden (siehe Abb. 159).

	Risikoidentifikation	Risikoanalyse und -bewertung	Risikoüberwachung
Controlling	– Festlegung der Rahmenbedingungen – Prozessmoderation – Schaffung von Risikobewußtsein	– Festlegung von Risikokennzahlen – Bewertung von Risikointerdependenzen und Aggregation – Prozessmoderation und Beratung	– Risikoberichterstattung: – Berichtsumfang – Berichtszeitpunkte – Analyse von Veränderungen – Aggregation
Fachabteilung	– Brainstorming der internen und externen Risiken	– Analyse und Bewertung von Risiken und Sicherungsmaßnahmen	– Regelmäßiges Update bzw. Neuerhebung der Risiken
IR/ WP	– Interne Revision (IR): Internes Monitoring und Auditing – Wirtschaftsprüfer (WP): Prüfung im Rahmen des Jahresabschlusses		

Abb. 159: Controllingprozesse im Rahmen des Risikomanagements nach KonTraG

Die Strategien und Maßnahmen der Risikohandhabung sind kein Bestandteil der gesetzlichen Regelungen. Der Gesetzgeber kann und will explizit nicht darüber entscheiden, in welchem Ausmaß der Unternehmer im Rahmen seiner Geschäftstätigkeit Risiken eingeht.

Im Rahmen des KonTraG haben im Unternehmen die folgenden Festlegungen zu erfolgen:

- **Konkrete Risikodefinition**
  In vielen Unternehmen werden als Risiken solche Ereignisse betrachtet, die zu negativen (Ergebnis-)Abweichungen von strategischen Plänen führen können. Diese müssen einzeln nicht unbedingt existenzgefährdend sein, aber durch eine potenzielle Kumulation.
- **Risikofelder**
  Zusätzlich wird determiniert, aus welchen Geschäfts- und Funktionsbereichen Risiken betrachtet werden. Hier können beispielsweise strategische Risiken ebenso wie operative Risiken in Produktion oder Vertrieb sowie Personalrisiken wie Betrug oder die Abwerbung von Mitarbeitern im Fokus stehen. Die Festlegung der Risikofelder begrenzt die Risikoidentifikation und hat unter Würdigung der konkreten Gegebenheiten des Unternehmens zu erfolgen. Hierzu wurde in der Praxis eine Vielzahl von Risikochecklisten entwickelt.

Abb. 160 zeigt typische Risikofelder und Beispiele für Risiken dieser Risikofelder. Die Zielsetzung der Checklisten ist nicht nur die Systematisierung von Risiken, also die Zuordnung von Einzelrisiken zu Risikofeldern, sondern sie dienen auch als Anregung für eine vollständige Risikoidentifikation. Checklisten sind daher meist nicht überschneidungsfrei. So könnte beispielsweise Korruption in der Einkaufsabteilung unter das Risiko Integrität und dolose Handlungen im Risikofeld Personalrisiken eingeordnet werden, aber auch in den Bereich Einkauf/Lieferanten im Risikofeld Operative Risiken.

Risiko-feld	Checklisten typischer Risiken	Risiko-feld	Checklisten typischer Risiken
Externe Risiken	– Marktrisiko, Wettbewerb – Branchen- und Produktentwicklung – Steuerrisiken – politische und rechtliche Entwicklung – höhere Gewalt und Wetter	Personalrisiken	– Personalplanung – Management/Nachfolgeregelungen – Integrität und dolose Handlungen
Strategische Risiken	– neue Produkte/Märkte – Beteiligungen – Investitionen – Standort – Informationsmanagement	IT-Risiken	– inhaltliche Funktionserfüllung – Zugriff – Verfügbarkeit – Lizenzmissbrauch Software
Operative Risiken	– Produkt-/Gewährleistungsrisiken – Fertigung/Betrieb von Anlagen – Verkaufs-/Kundenrisiken – Einkauf/Lieferanten – Lagerhaltung und Logistik – Umweltrisiken – Warenzeichen/Patente – Prozessrisiken – Arbeitsschutzrisiken	Finanzwirtschaftliche Risiken	– Liquidität – Wechselkursänderungen – Zinsänderungen – Wertpapierkursänderungen – Adressenausfallrisiko – Kreditlinien
...			

Abb. 160: Checkliste für Risiken typischer Risikofelder

Die Erstellung der Liste der Risiken obliegt den Fachabteilungen, da sie die Verantwortung für das Ergebnis vor dem Vorstand haben, das Controlling moderiert den Prozess der Erstellung und gibt methodische Hilfestellung.

Im Rahmen der **Risikoanalyse und -bewertung** legt das Controlling die **Risikokennzahlen** fest. Darüber hinaus gibt es Bewertungsschemata vor und berät gegebenenfalls die Fachabteilungen bei der detaillierten Analyse und Bewertung von Risiken und Sicherungsmaßnahmen. Weiterhin aggregiert das Controlling die einzelnen Risiken zu einem Unternehmensgesamtrisiko unter Berücksichtigung der Interdependenzen zwischen den Einzelrisiken.

Die Risikoüberwachung besteht insbesondere in der **Risikoberichterstattung**. Im Rahmen der Risikoberichterstattung werden vom Controlling der Berichtsumfang und die Berichtszeitpunkte sowie die Instrumente der Risikoberichterstattung festgelegt. In den meisten Unternehmen erfolgt die Risikoberichterstattung in Tabellenkalkulationsprogrammen wie Microsoft Excel. Es sind aber auch spezielle Risikoberichte sowie grafische Darstellungsmöglichkeiten wie die Risiko-Map möglich (vgl. Abb. 161).

Die Risiko-Map stellt die Risiken in einem Portfolio dar und gibt auch Hinweise auf den Umgang mit möglichen Risiken. Auf der x-Achse wird die Eintrittswahrscheinlichkeit, auf der y-Achse die Schadenhöhe abgetragen. Ziel ist die Intensivierung der Überwachung und die Bewertung von Unternehmensrisiken. So ergeben sich ein Bereich mit existenzbedrohenden Risiken, ein Bereich mit Risiken, bei denen möglicher Weise Handlungsbedarf besteht, und ein Bereich mit unkritischen Risiken.

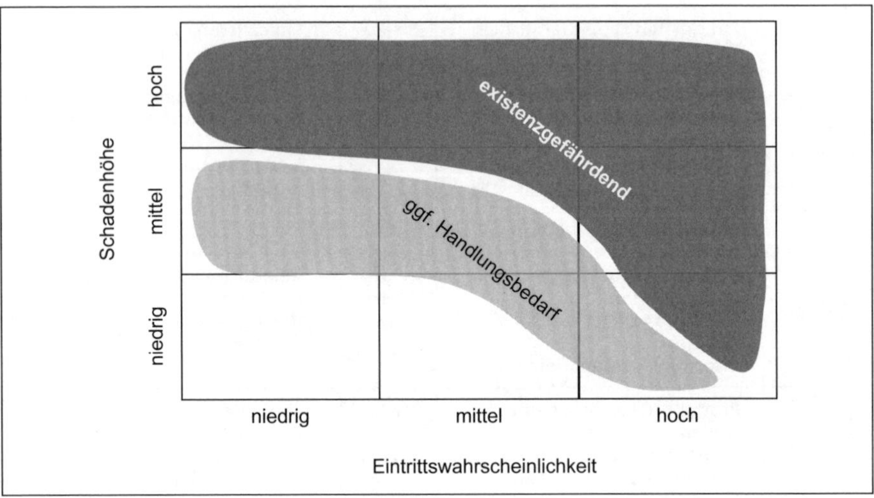

Abb. 161: Beispiel einer Risiko-Map im Rahmen der Risikoberichterstattung (Quelle: in Anlehnung an Wolf & Runzheimer, 2003, S. 82)

Das gesamte Risikomanagementsystem nach KonTraG wird i. a. R. zunächst von der internen Revision im Rahmen eines internen Monitorings überprüft. Den externen Wirtschaftsprüfern obliegt die jährliche Prüfung und Testierung im Rahmen des Jahresabschlusses nach den konkreten gesetzlichen Gegebenheiten der jeweiligen Gesellschaft.

Risikomanagement bei EuroAir

Um den eingangs dieses Kapitels beschriebenen Risiken begegnen zu können, hat man bei der EuroAir SE einen Risikomanagementprozess implementiert, der aus den Phasen Risiken identifizieren, Risiken bewerten, Risiken aggregieren, Risiken bewältigen, Risiken überwachen und Risiken dokumentieren besteht.

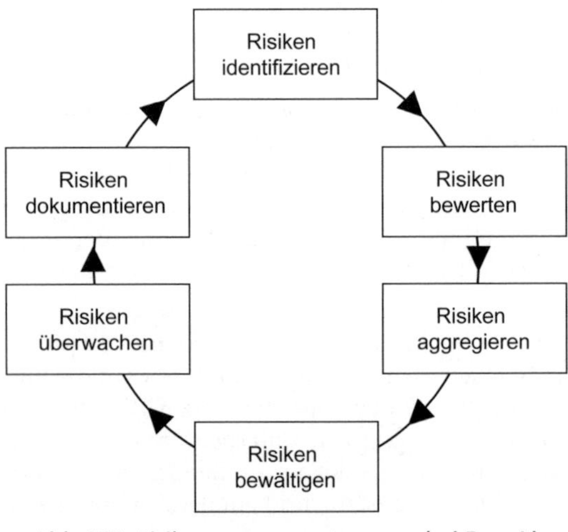

Abb. 162: Risikomanagementprozess bei EuroAir

Klassifiziert man in einem ersten Schritt die Risiken nach der **Risikoquelle** (vgl. Abb. 163) so lassen sich allgemeine Marktrisiken, Risiken durch rechtliche Veränderungen, Veränderungen der politischen Lage (einige Destinationen können durch politische Unruhen in der arabischen Welt nicht mehr angeflogen werden oder aber die Nachfrage reißt ab) und technische Entwicklungen identifizieren. Die Marktrisiken können wiederum in Währungsrisiken, Risiken durch Kundenabwanderungen sowie Risiken durch neue Wettbewerber unterteilt werden.

Würde man als Analyseinstrument die 5-Kräfte-Matrix von Porter heranziehen, so würden sich als weitere Kräfte des 5-Forces-Portfolios auch Risiken durch mächtige Lieferanten, mächtige Kunden, Konkurrenten der Branche und Substitute identifizieren lassen.

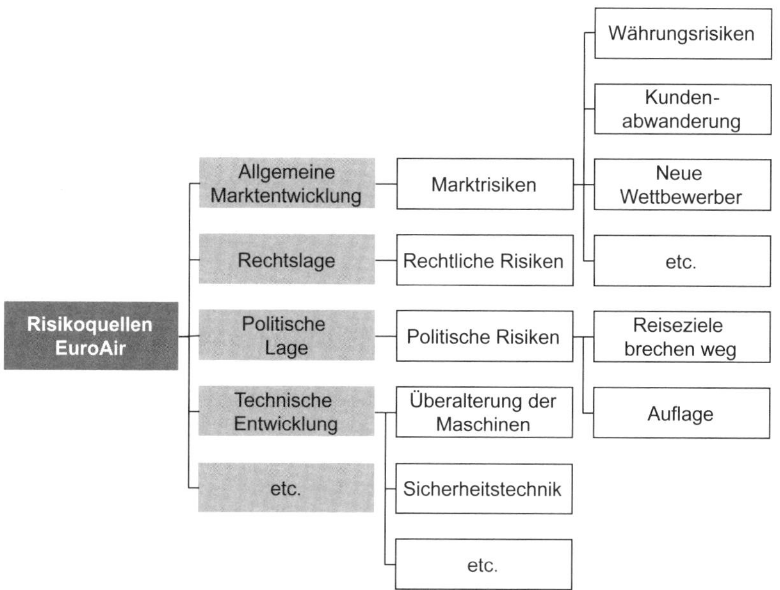

Abb. 163: Identifikation von Risikoquellen bei EuroAir

Die **Risikobewertung** erfolgt mithilfe eines Portfolios. Wie Abb. 164 zeigt, stellen die eingangs beschriebenen CO_2-Abgaben ein Risiko mit höherer **Eintrittswahrscheinlichkeit** und höherer **Schadenshöhe** dar. Weitere Risiken, wie z.B. Währungsrisiken, Kundenabwanderungen und Unfallrisiken, stellen Risiken mittlerer Eintrittswahrscheinlichkeit sowie mittlerer Schadenshöhe dar.

Sind die Risiken schließlich identifiziert und bewertet, so stellen sich die Fragen der **Aggregation** und der **Bewältigung**. In einigen Fällen würde das Eintreten eines Risikos zugleich auch ein weiteres herbeiführen und aus zwei – isoliert betrachtet weniger bedeutsamen – Risiken kann eine größere Schadensposition werden. Möchte man Risiken vermeiden, so kann beispielsweise auch das Outsourcen von Dienstleistungen erwogen werden, um das Risiko von Streiks auf den Lieferanten zu verlagern. Durch finanzwirtschaftliche Instrumente wie die Währungs-SWAPS können auch Risiken im Zahlungsausgleich unterschiedlicher Währungen vermindert werden. Die Folgen von Unfallrisiken im Flugverkehr können durch entsprechende Versicherungen reduziert werden.

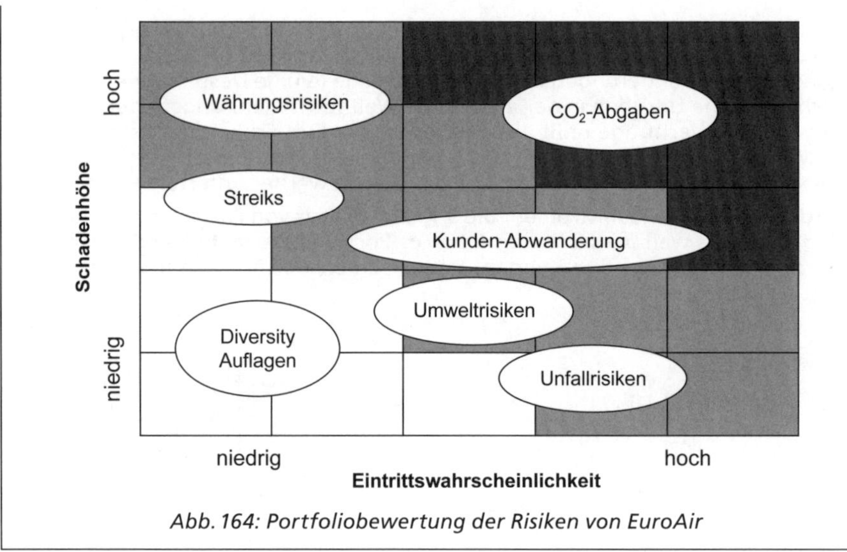

Abb. 164: Portfoliobewertung der Risiken von EuroAir

5.5.2 Risikocontrolling auf Basis des Sarbanes-Oxley Acts

Der US-amerikanische Sarbanes-Oxley Act (SOX) wurde im Jahr 2002 rechtskräftig. Der in diesem Jahr amtierende US-Präsident GEORGE W. BUSH bezeichnete das Gesetz als „the most far reaching reforms of American business practices since the time of Franklin Delano Roosevelt" (SEC 2007). Das Gesetz stellt einen wesentlichen Baustein in den Bestrebungen nach einer **verbesserten Corporate Governance** von in den USA ansässigen oder börsennotierten Unternehmen dar. Auch soll der Sarbanes-Oxley Act helfen, das durch Finanzskandale erschütterte **Vertrauen der Anleger in die Finanzmärkte** und die veröffentlichten Informationen wiederherzustellen.

Auslöser für das Gesetz waren wie bei dem deutschen KonTraG unerwartete, größere **Firmenzusammenbrüche**. Hervorzuheben sind hierbei die Vorgänge bei zwei Unternehmen. Die Zusammenbrüche von ENRON und WORLDCOM haben auch zum **Zusammenbruch der Wirtschaftsprüfungsgesellschaft** ARTHUR ANDERSEN geführt, die mit der Prüfung beider Unternehmen betraut und zum damaligen Zeitpunkt eine der fünf größten globalen Wirtschaftsprüfungsgesellschaften (Big Five) war.

Enron

Enron war das erste Unternehmen, das Energie wie Aktien und andere Finanzdienstleistungen handelbar machte, indem es standardisierte (Termin-)Kontrakte anbot. Im Jahr 2002 ging das Unternehmen, das zeitweilig das siebtgrößte Unternehmen der USA war, innerhalb weniger Wochen in Konkurs. Dabei wurde ein Aktienwert von mehreren Milliarden Dollar vernichtet. Enron hatte Risiken und Verbindlichkeiten von mehr als 1 Mrd. US-Dollar in eine Unzahl von Partnerschaften mit anderen Unternehmen und Privatpersonen ausgelagert. Diese sogenannten Special Purpose Entities waren nur gegründet worden, um diese Risiken und Verbindlichkeiten nicht in der Konzernbilanz ausweisen zu müssen. Als das komplexe Finanzkonstrukt aufgedeckt wurde, wurden Enron weitere Kredite von Banken verweigert, was letztendlich zur Insolvenz führte. Eine interne Kommission kam zum Ergebnis: „Zweifelhafte Geschäftspraktiken, Selbstbereicherung von Angestellten, unzureichende interne Kontrollen, gleichgültige Aufsichtsbehörden, Fehler bei der Wirtschaftsprüfung, eine Firmenkultur, die jeden Mitarbeiter aufforderte, Grenzen zu testen, und dabei über ihr Ziel hinausschoss".

Quelle: Zeit Online, 2002

Worldcom

MCI WORLDCOM

Der US-Telekommunikationskonzern Worldcom, der zeitweilig der zweitgrößte Anbieter von Ferngesprächen in den USA war, hatte 2002 30 Milliarden Dollar Schulden angehäuft und mithilfe von Falschbuchungen 3,8 Milliarden Dollar fiktive Gewinne erzeugt. Worldcom wurde zahlungsunfähig und stellte Insolvenzantrag. Der Skandal war bis dahin die größte Pleite der amerikanischen Wirtschaftsgeschichte, letztlich hervorgerufen durch jahrelang betrügerisch veränderte Bücher.

Quelle: in Anlehnung an Peemöller & Hofmann, 2005, S. 39

Zielsetzung des SOX ist es, durch verschiedene Initiativen, insbesondere aber durch den **Ausbau des internen Kontrollsystems** des Unternehmens Vorgänge wie bei Enron und Worldcom zu verhindern. Dabei dehnt sich der Geltungsbereich des SOX nicht nur auf US-amerikanische Publikumsgesellschaften und ihre weltweiten Tochtergesellschaften aus, sondern auf alle Unternehmen, die einen Kapitalmarkt in Anspruch nehmen, der der Börsenaufsicht der US amerikanischen **Security and Exchange Commission (SEC)** unterliegt. Somit fallen auch deutsche Unternehmen, deren Aktien in den USA gehandelt werden, in den Geltungsbereich.

Der SOX gliedert sich in elf Titles, die in einzelnen Sections näher beschrieben werden. Während sich die meisten Paragraphen mit der Verhinderung von Betrug und Bilanzmanipulationen, einer Neuordnung der Beziehungen zwischen Wirtschaftsprüfer und geprüften Unternehmen sowie deren Implementierung durch Überwachungsorganisationen und Strafbewehrung befassen, umfasst der vierte Abschnitt eine inhaltliche Erweiterung der durch Public Companies zu veröffentlichenden Finanzberichte und dabei auch neue Anforderungen an das Risikocontrolling (vgl. PWC 2003).

Risikocontrolling wird im Rahmen der Section 404 des SOX dabei als Konzeption, Durchführung und Monitoring eines Systems interner Kontrollen zur Sicherstellung der Richtigkeit des Jahresabschlusses und zur Verhinderung von Betrug verstanden. Gerade im Vergleich zum KonTraG ist dies ein sehr enger Ausschnitt aus allen Unternehmensrisiken.

Der SOX verpflichtet die Unternehmen, mit jedem Jahresabschluss einen internen **Kontrollbericht** abzugeben, der das Risikocontrollingsystem sowie die Erkenntnisse, die sich aus dem System ergeben haben, konkret beschreibt. Der vom Management abzugebende interne Kontrollbericht muss nach der Final Rule der SEC folgende **Bestandteile** beinhalten (vgl. U.S. Securities and Exchange Commission [SEC], 2002):

- eine Erklärung, dass das **Management** für den Aufbau und die Aufrechterhaltung des Risikocontrollingsystems im Sinne des SOX verantwortlich ist,
- eine **Beschreibung des Frameworks**, welches für das Risikocontrolling verwendet wurde,

- eine Bewertung des Risikocontrollingsystems der Finanzberichterstattung,
- eine Offenlegung aller schwerwiegenden Schwachstellen, falls diese existieren, und
- eine **Bewertung des Wirtschaftsprüfers** zur Wirksamkeit des Risikocontrollingsystems.

D Funktionales Controlling

In den vorausgegangenen Kapiteln wurden verschiedene Instrumente der Planung, Kontrolle und Informationsversorgung vorgestellt. Wir haben diese kennengelernt und am Beispiel der Fallstudie EuroAir SE angewendet. Bereits in der Einführung in Kapitel A.1.1 hatten wir geschrieben, dass das allgemeine Controllinginstrumentarium unter anderem auch auf die betrieblichen Funktionen oder andere Untereinheiten des Unternehmens angewendet wird. In Hinblick auf betriebliche Produktionsfaktoren und betriebliche Funktionen gibt es also ein Materialcontrolling, ein Personalcontrolling, ein Investitionscontrolling, ein Beschaffungscontrolling, ein Logistikcontrolling, ein IT-Controlling, ein Projektcontrolling, ein Umweltcontrolling, ein Vertriebscontrolling, ein Produktionscontrolling, ein Werkscontrolling, ein F&E-Controlling oder auch ein Finanzcontrolling (vgl. Abb. 3). Es ist nahezu unmöglich – und auch in einem Buch nicht sinnvoll – alle konkreten Ausprägungen des Controllings aufzuzählen oder vorzustellen. Hingegen ist es sinnvoll, das Controlling der betrieblichen Funktionen an den Beispielen von betrieblichen Funktionen exemplarisch vorzustellen, in denen die meisten Mitarbeiter arbeiten bzw. mit denen sich viele Studierende in ihrer betriebswirtschaftlichen Vertiefung beschäftigen. Daher haben wir in diesem Kapitel D die Personalfunktion, die Marketingfunktion und die Produktionsfunktion ausgewählt.

Insgesamt werden wir also drei ausgesuchte Arbeitsgebiete des funktionalen Controllings betrachten: das **Personalcontrolling**, das **Marketingcontrolling** und das **Produktionscontrolling**. Dabei werden Sie erkennen, wie das Controllinginstrumentarium hierfür eine funktionsspezifische Adaption erfährt. So kennen Sie z. B. das BCG-Portfolio zur Analyse der strategischen Position von SGEs (vgl. Kapitel B.2.3.4.3). In Kapitel D.1.2 werden wir ein Human Resource-Portfolio vorstellen, dass den Grundgedanken der Portfolio-Methoden aus dem strategischen Controlling auf die HR-Funktion im Unternehmen überträgt. Im Kapitel D.2.2.7 lernen Sie Kundenportfolios kennen, die sich ebenfalls in der Benennung der Kundensegmente an den Question Marks, Stars, Cash Cows und Poor Dogs des BCG-Portfolios orientieren.

1 Personalcontrolling

Während man Roh-, Hilfs- und Betriebsstoffe oder Kapital aufgrund der geringen Transportkosten in normalen Zeiten problemlos in gleicher Qualität beschaffen kann, sind qualifizierte bzw. qualifizierbare Mitarbeiter nicht gleichermaßen weltweit verfügbar. Sie können auch nicht so einfach weltweit transferiert werden.

Geht man davon aus, dass zukünftig nur jene Unternehmen ihre Position am Markt ausbauen können, die mit den sich dynamisch verändernden Anforderungen der Märkte Schritt halten können, so werden qualifizierte und motivierte Mitarbeiter zu einem wesentlichen Erfolgsfaktor. Da wir inzwischen vor dem Hintergrund des demografischen Wandels zudem in den westlichen Industrienationen von einen **War for Talents** sprechen, in dem der Kampf um die Nachwuchskräfte bereits begonnen hat, gewinnt das Personalmanagement an Bedeutung. Nachgelagert wird damit auch das Controlling in diesem Funktionsbereich zu einer wichtigen Aufgabe.

1.1 Begriff, Aufgaben und Instrumente des Personalcontrollings

Das Personalcontrolling umfasst Planung, Kontrolle und Informationsversorgung der personalwirtschaftlichen Prozesse. Damit stellt es – wie bereits in der Einführung geschrieben – eine Übertragung des allgemeinen Controllinginstrumentariums auf den Personalbereich dar (vgl. Schulte, 2020, S. 4 ff.).

> „Das **Personalcontrolling** umfasst drei zentrale Elemente. Zunächst müssen geeignete Instrumente und Methoden ausgewählt werden, mit denen die Effizienz des Personalmanagements gemessen werden kann. Die umfassende Realisierung der Kontroll-, Informations- und Steuerungsfunktion erfordert in einem zweiten Schritt deren Integration in ein konsistentes Kennzahlensystem. Das dritte Element bildet die Institutionalisierung und Organisation des Personalcontrollings" (Holtbrügge, 2018, S. 259).

Man unterscheidet das strategische und das operative Personalcontrolling (vgl. Abb. 165). Das **strategische Personalcontrolling** ist eher qualitativ und extern ausgerichtet. Im strategischen Personalcontrolling stehen dabei eher weiche Faktoren wie z. B. die Mitarbeiterzufriedenheit, die Mitarbeitermotivation oder das Employer Branding im Fokus. Das strategische Personalcontrolling fokussiert sich auf den Einsatz menschlicher Potenziale. Das **operative Personalcontrolling** ist eher quantitativ und häufig monetär. Es fokussiert sich auf messbare Daten wie z. B. Personalkosten, Mitarbeiteranzahlen nach Köpfen oder Ganztageskraftäquivalenten (GTK bzw. FTE für engl. Full Time Equivalent), Krankenstände, Fluktuationsraten. Bei der Berechnung der GTK werden die wöchentlichen Arbeitsstunden aller Mitarbeiter durch die wöchentliche Vollzeitarbeitszeit geteilt. Die Arbeitszeit eines 50 %-Teilzeitmitarbeiters und zweier 30 %-Teilzeitmitarbeiter ergibt 1,1 GTK (vgl. Reindl & Krügl, 2017, S. 54).

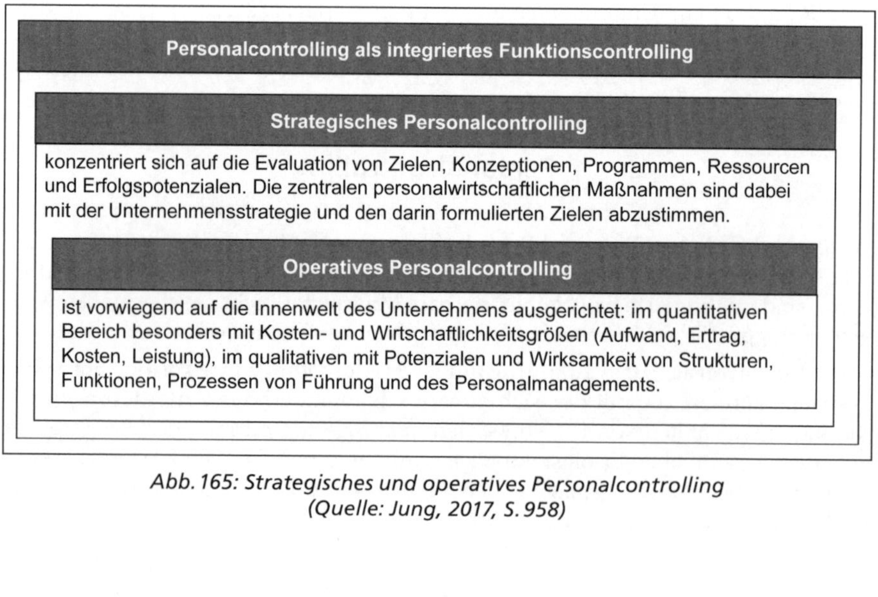

Personalcontrolling als integriertes Funktionscontrolling

Strategisches Personalcontrolling

konzentriert sich auf die Evaluation von Zielen, Konzeptionen, Programmen, Ressourcen und Erfolgspotenzialen. Die zentralen personalwirtschaftlichen Maßnahmen sind dabei mit der Unternehmensstrategie und den darin formulierten Zielen abzustimmen.

Operatives Personalcontrolling

ist vorwiegend auf die Innenwelt des Unternehmens ausgerichtet: im quantitativen Bereich besonders mit Kosten- und Wirtschaftlichkeitsgrößen (Aufwand, Ertrag, Kosten, Leistung), im qualitativen mit Potenzialen und Wirksamkeit von Strukturen, Funktionen, Prozessen von Führung und des Personalmanagements.

Abb. 165: Strategisches und operatives Personalcontrolling (Quelle: Jung, 2017, S. 958)

Da das Personalcontrolling die Planung, Kontrolle und Informationsversorgung des Personalmanagements erfolgsorientiert unterstützt, kann man seine Aufgabenbereichen auf Basis des für das Personalmanagement zentralen **Personalkreislaufes** mit den **Handlungsfeldern des Personalmanagements** systematisieren (vgl. Abb. 166). Diese sind

- Personalbedarfsbestimmung,
- Personalbeschaffung,
- Personaleinsatz,
- Personalführung,
- Personalbestandsanalyse,
- Personalveränderung,
- Personalentwicklung und
- Personalfreisetzung (vgl. Scholz, 2014, S. 85).

In jedem dieser Handlungsfelder treffen die Personalmanager Entscheidungen und benötigen zur **Rationalitätssicherung der Personalentscheidungen** Unterstützung durch das Personalcontrolling. Aufgabe des Personalcontrollings ist dabei eine entscheidungsvorbereitende Analyse von Daten im Rahmen der Personalplanung sowie später die Kontrolle der Planumsetzung im Personalbereich sowie die Informationsversorgung generell.

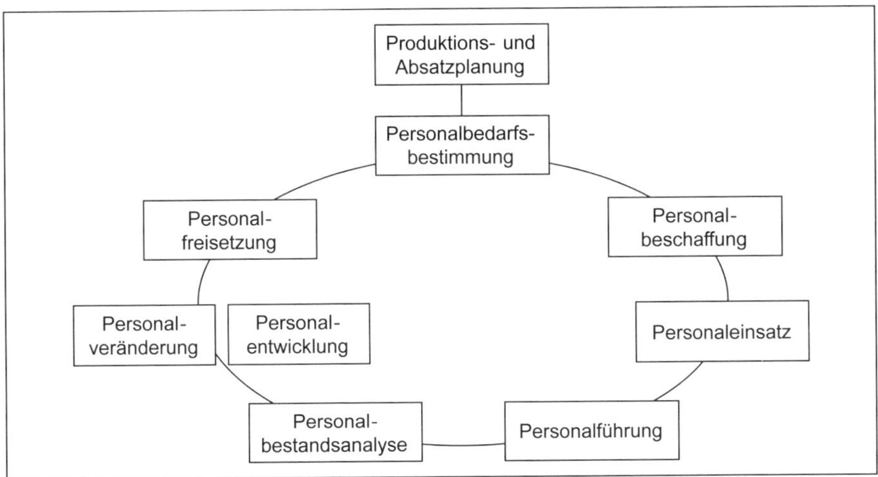

Abb. 166: Der Personalkreislauf
(Quelle: in Anlehnung an Scholz, 2014, S. 85)

Am Beispiel des Handlungsfeldes Personalbeschaffung kann man sich dies verdeutlichen. Fokus ist die Planung, Kontrolle und Informationsversorgung von Personalmarketingmaßnahmen bei der Beschaffung von gut ausgebildeten und motivierten Hochschulabsolventen. Dies wird heute häufig als **Employer Brandings** bezeichnet. Es kann Aufgabe des Personalcontrollings sein, unterschiedliche Maßnahmen des Employer Brandings hinsichtlich ihrer **Effektivität und Effizienz** zu bewerten (vgl. Weinrich, 2014, S. 17):

- Welche personalkommunikationspolitischen Maßnahmen wie Anzeigen in Absolventenbüchern, Teilnahme an Absolventenkongressen, Veranstaltung von

Personalmarketingevents laden die Employer Brand eines Unternehmens bei Hochschulabsolventen oder Young Professionals bestimmter Fachrichtungen am positivsten auf?
- Wie viele Absolventen bzw. Young Professionals benötigt das Unternehmen im kommenden Jahr, in zwei Jahren oder in drei Jahren?
- Wie ist die Effizienz, also das Kosten-Nutzen-Verhältnis, verschiedener Maßnahmen des Personalmarketings bzw. der Kommunikation mit zukünftigen und derzeitigen Hochschulabsolventen sowie Young Professionals?
- Welches Budget muss das Unternehmen einsetzen, um Hochschulabsolventen bzw. Young Professionals in der gewünschten Anzahl und mit der benötigten Qualifikation einzustellen?

Die Beantwortung keiner dieser Fragen ist trivial. Daher benötigt man ein fokussiertes Personalcontrolling, dass die Personalmanager, aber auch die Linienmanager mit den notwendigen Informationen für ihre Personalmarketing- und Personalbeschaffungsentscheidungen versorgt.

Übergeordnete Aufgabe des Personalcontrollings ist daher zunächst die **Informationsaufgabe**. Für alle oben in Abb. 166 genannten Handlungsfelder des Personalmanagements wie Personalplanung, Personaleinsatz oder Personalentwicklung werden Informationen für konkrete Entscheidungssituationen benötigt. Informationen müssen in ihrer Beschaffenheit zuverlässig, vollständig, objektiv und aktuell sein, um eine belastbare Basis für personalwirtschaftliche Entscheidungen darzustellen. Dazu gehört auch die Konzeption, Implementierung und kontinuierliche Aktualisierung eines Personalinformationssystems zur Sicherung und Verbesserung der Informationsversorgung.

Die Informationsversorgungsaufgabe unterteilt sich in die nachfolgenden Einzelaufgaben:

- die **Informationsbedarfsermittlung** zur Filterung der benötigten Informationen aus dem Gesamtinformationsangebot,
- die **Informationsbeschaffung** zur Ermittlung der geeigneten Informationsquellen sowie
- die **Informationsaufbereitung** zur empfängerorientierten Verdichtung der Informationen.

Holtbrügge unterteilt die **Elemente des Personalcontrollings** daher mit einem Schwerpunkt auf der Informationsaufgabe wie in Abb. 167 dargestellt. Er sieht zunächst die grundlegenden Instrumente und Methoden wie die Kennzahlen des Personalmanagements sowie deren Planung, Umsetzung und Kontrolle. Darüber hinaus haben die von ihm als Kennzahlensysteme bezeichneten Elemente eine zentrale Bedeutung. Sie greifen die auf die grundlegenden Instrumente und Methoden zurück und setzen diese in einen strategischen oder operativen Zusammenhang. Beispiel hierfür sind Sozialbilanzen oder Humanvermögensrechnungen. Auf eine weiteren, noch abstrakteren Ebene gehört auch die Aufbau- und Ablauforganisation des Personalcontrollings zu den von ihm aufgeführten Elementen.

Wer übernimmt die Planung, Kontrolle und Informationsversorgung im Rahmen des Personalcontrollings? Dies kann Aufgabe von spezialisierten Personalcontrollern wie in einigen großen DAX-Unternehmen sein oder aber Aufgabe der Personalmanager selbst wie in vielen mittelständischen Unternehmen. Selbst in großen Unternehmen sind die Personalcontroller meist als reine Stabsfunktion des Personalleiters angesiedelt (vgl. Holtbrügge, 2018, S. 262 ff.).

Instrumente und Methoden	Kennzahlensysteme	Organisation
– Kennzahlen – Analysemethoden – Zeit-, Betriebs- und Soll-Ist-Vergleiche – Big Data Analytics	– Sozialbilanzen – Humanvermögens-rechnung – instrumentenorienti erter Ansatz – akteurorientierter Ansatz	– Aufbauorganisation – Ablauforganisation

Abb. 167: Elemente des Personalcontrolling (Quelle: Holtbrügge, 2018, S. 259)

Wie zu Beginn dieses Kapitels ausgeführt, kann das Personalcontrolling in seiner Ausrichtung operativ oder strategisch sein.

- **Operatives Personalcontrolling:** Operatives Personalcontrolling hat einen starken Gegenwartsbezug, da es am unmittelbaren Tagesgeschäft ausgerichtet ist. Im operativen Personalcontrolling erfolgt eine quantitative und eine qualitative Bewertung. Im quantitativen Bereich beschäftigt sich das operative Personalcontrolling vor allem mit Kosten- und Wirtschaftlichkeitsgrößen, so genannten harten Kennzahlen, wie beispielsweise Mitarbeiterzahlen, demographischer Entwicklung oder Personalkosten. Die Umsetzung strategischer Unternehmensziele durch konkrete Maßnahmen sowie deren Kosten und Nutzen stehen hier im Mittelpunkt. Instrumente des operativen Personalcontrollings können z. B. die Deckungsbeitragsrechnung oder die Prozesskostenrechnung sein.
- **Strategisches Personalcontrolling:** Das strategische Personalcontrolling ist auf die langfristige Unternehmensentwicklung ausgerichtet und konzentriert sich vorwiegend auf existenzsichernde und weiterführende Ziele und Programme wie die Integration der personellen Dimension in die Unternehmensstrategie, die unternehmerische Orientierung des Personalmanagements und die langfristige Personalplanung.
  Viele Unternehmen mussten in den letzten Jahren feststellen, dass Unternehmensziele noch so gut geplant werden können und trotzdem nicht erreichbar sind, weil die knappe Resource Mitarbeiter die Entwicklung des Unternehmens bremst. Gerade in Deutschland sind Mitarbeiter mit hoher Qualifikation und entsprechender Berufserfahrung nicht so einfach beschaffbar.
  Die wesentlichen Aufgabeninhalte des strategischen Personalcontrollings beinhalten auch die Eingliederung des Personalbereichs und seiner Personalstrategie(n) in die Unternehmensstrategie und die damit verbundene Personalplanung. Instrumente des strategischen Personalcontrollings sind z. B. die Balanced Scorecard des Personalbereichs sowie die HR-Scorecard, Human Resource-Portfolios oder die Humanvermögensrechnung, von denen wir einige kurz darstellen werden.

Die **Dienstleistungs- bzw. Serviceaufgabe** des Personalcontrollings umfasst neben der Entwicklung und Gestaltung von Personalplanungs- und -kontrollsystemen einen Beitrag zur Sicherstellung der Koordination der Personalfunktion im Unternehmen. Mit Koordination ist in diesem Zusammenhang sowohl die Abstimmung zwischen dem Personalmanagement und anderen Funktionsbereichen, wie Beschaffung, Produktion und Vertrieb, als auch die Abstimmung zwischen den verschiedenen Teilfunktionen des Personalmanagements gemeint (vgl. Wunderer & Jaritz, 2007, S. 17 f.).

Personalcontrolling muss weiterhin in Form einer permanenten **Kontrolle im Personalmanagement** tätig werden. Hierunter ist die Kontrolle von Plan- und Ist-Größen unter Einbeziehung der Analyse der Abweichungsursachen zu verstehen (vgl. Jung, 2017, S. 934). Die Kontrolle ist dabei die laufende Beobachtung oder Beaufsichtigung der Durchführung von Maßnahmen sowie die Überwachung der Kennzahlenerreichung. Kontrolle zeichnet sich – im Gegensatz zu Controlling – durch seine Vergangenheitsorientierung aus und besteht in der Regel aus der Überwachung der Soll-Werte und der Untersuchung der Plan-Ist-Abweichungen im Personalbereich (vgl. Olfert, 2012, S. 46).

Um die Wertschöpfung zu optimieren, sollte das Personalcontrolling den **Wertschöpfungsbeitrag der Personalarbeit** messbar machen. Dabei stehen dem Personalcontroller unterschiedlichste Instrumente, wie zum Beispiel Kennzahlen, Mitarbeiterbefragungen oder Betriebs- oder Zeitvergleiche, zur Verfügung.

1.2 Das Human Resource-Portfolio

Im strategischen Management dient eine Portfolio-Analyse der Analyse der strategischen Situation eines Unternehmens. Weiterhin gibt sie Hinweise für die Wahl von sogenannten Standardstrategien.

Im Personalcontrolling kann das **Human Resource-Portfolio** zur Bestimmung und Prüfung der Personalstrategie hinsichtlich der Stellenbesetzung und Personalentwicklung genutzt werden. In Human Resource-Portfolios können einzelne Mitarbeiter, aber auch Mitarbeitergruppen abgebildet werden. Die Mitarbeiter oder Mitarbeitergruppen werden bezüglich ihres **Leistungsverhaltens** und ihres **Entwicklungspotenzials** kategorisiert. Damit können für die Mitarbeitergruppen anschließend passende personalpolitische Strategien und damit verbundene Maßnahmen abgeleitet werden (vgl. Scholz, 2014, S. 404 ff.).

Im Human Resource-Portfolios, das in Abb. 168 dargestellt ist, wird auf der x-Achse das Entwicklungspotenzial und auf der y-Achse das Leistungsverhalten jedes Mitarbeiters abgetragen. Durch die Bewertung des Mitarbeiters bezüglich hohen oder niedrigen Leistungsverhaltens und hohen oder niedrigen Entwicklungspotenzials können diese in vier Mitarbeiterkategorien eingestuft werden.

Leistungsverhalten und Entwicklungspotenzial wiederum setzen sich aus jeweils mehreren Indikatoren zusammen. Die Bewertung der Mitarbeiter anhand dieser Indikatoren basiert entweder auf den in vielen Unternehmen im Rahmen des Management-by-Objectives stattfindenden Personalbeurteilungen durch die disziplinarisch Vorgesetzten oder auf speziell für die Portfolio-Analyse durchgeführten Personalevaluationen. Letzteres hat den Nachteil, dass die Beurteilung meist nur einmalig durchgeführt wird (vgl. Olfert, 2012, S. 47; Scholz, 2014, 404 ff.).

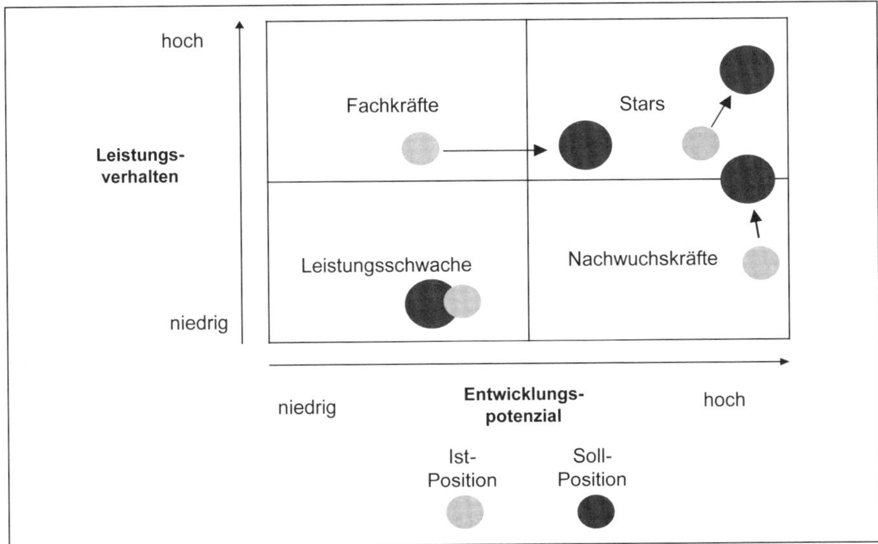

Abb. 168: Das Human Resource-Portfolio
(Quelle: in Anlehnung an Odiorne, 1984, S. 66; Siller, 2017, S. 333)

Durch die Beurteilung im Rahmen des Human Resource-Portfolios ergeben sich vier Mitarbeiterkategorien entsprechend den vier Felder in Abb. 168.

- **Nachwuchskräfte** sind fähige und meist junge Mitarbeiter, der im Augenblick noch ein eher niedriges Leistungsverhalten haben, aber ein hohes Entwicklungspotenzial. Nachwuchskräfte muss man sehr genau beobachten. Einerseits kann durch eine gezielte Personalentwicklung das Potenzial in Leistungsverhalten umgewandelt werden. Andererseits weiß man nicht, ob Nachwuchskräfte längerfristig dem Unternehmen mit ihrer Arbeitskraft zur Verfügung stehen werden oder sie ihre derzeitigen Einstiegspositionen als Sprungbrett für eine Karriere in einem anderen Unternehmen ansehen. Mitarbeitergruppen im Portfoliofeld Nachwuchskraft könnten durch Weiterbildung, Job-Enrichment oder Job-Rotation an das Unternehmen gebunden und zu Spitzenkräften entwickelt werden. Hier muss man aber insgesamt selektiv vorgehen.
- **Stars** sind Spitzenkräfte, die hochmotiviert und leistungsstark sind und zusätzlich ein hohes Entwicklungspotenzial haben. Bei ihnen lohnt es sich, in eine gezielte Personalentwicklung und Karriereplanung für die Übernahme von Führungsverantwortung in Topmanagement-Positionen zu investieren. Bei der Mitarbeitergruppe Stars müssen stets neue Motivationsimpulse gegeben werden, indem beispielsweise eine Beförderung in eine Position mit mehr Verantwortung in Aussicht gestellt wird oder Job-Rotation eingeplant wird, damit der Mitarbeiter seinen Erfahrungshintergrund erweitern kann.
- **Fachkräfte,** manchmal auch als Arbeitstiere bezeichnet, verfügen über ein hohes Leistungsverhalten, aber ein geringes Entwicklungspotenzial. Es sind auch häufig ältere Mitarbeiter, die über sehr hohe Fachkompetenz und Erfahrung verfügen. Viele der Mitarbeiter haben eine hohe Bindung an das Unternehmen, was sie für das Unternehmen wertvoll macht. Für die Fachkraft gilt es, ihren Leistungsstand zu erhalten oder gezielt das Potenzial wie z. B. durch Führungsschulungen zu

fördern. Eine zweite Mitarbeitergruppe, die hier einzuordnen ist, sind fachlich hoch spezialisierte Berufsgruppen wie Naturwissenschaftler oder Ingenieure, die zunächst kein Interesse an einer Karriere im Management haben. Auch hier können Fachkarriere-Laufbahnmodelle entwickelt werden, um das Interesse an Managementtätigkeiten zu fördern.

- **Leistungsschwache** sind die problematische Mitarbeiterkategorie im Human Resource-Portfolio. Das geringe Entwicklungspotenzial lässt nur Personalentwicklungsmaßnahmen zur Steigerung des Leistungsverhaltens in Richtung Fachkräfte zu. Aufgrund der geringen Performance kann man davon ausgehen, dass diese Mitarbeitergruppe nur eine geringe Wechselneigung hat. Da diese Mitarbeiter häufig nicht gegen Regeln verstoßen, ist aufgrund des Kündigungsschutzes eine Freisetzung aber meist nicht möglich. Aus diesem Grund ist es entscheidend, darauf zu achten, dass Mitarbeiter aus den anderen Segmenten des Portfolios nicht in die problematische Kategorie der Leistungsschwachen abrutschen.

Human Resource-Portfolios können als Ist-Portfolios, Soll-Portfolios oder als Kombinationen aus beiden erstellt werden, wie in Abb. 168 dargestellt. Zudem beinhalten Beschreibungen der Mitarbeiterkategorien im Human Resource-Portfolio fast immer auch Empfehlungen zum Umgang mit den Mitarbeiterkategorien.

Die Vorteile des Human Resource-Portfolios sind vielfältig. Zunächst einmal gibt es einen Überblick über den Status des derzeitigen Leistungsverhaltens und in die Zukunft gerichteten Entwicklungspotenzials der Mitarbeiter bzw. von Mitarbeitergruppen eines Unternehmens. Durch eine Gegenüberstellung von Ist- und Sollportfolios kann der Personalbeschaffungs- und Personalentwicklungsbedarf aufgezeigt werden. Das Human Resource-Portfolio verbindet dabei eine personalwirtschaftlich operative Dimension mit einer strategischen Perspektive. Durch die Analyse der zeitlichen Entwicklung von Human Resource-Portfolios kann das Personalcontrolling die Effektivität motivationaler und weiterbildender Maßnahmen überprüfen. Somit kann dem Human Resource-Portfolio eine Informations- und Planungsfunktion mit strategischem Stellenwert zugesprochen werden.

1.3 Berechnung des Humankapitals

Die Berechnung des **Humankapitals** eines Unternehmens basiert auf einem personalökonomischen Ansatz und versucht, die Mitarbeiter nicht als Kostenfaktor, sondern vielmehr als Potenzialfaktor und als längerfristiges Investitionsgut zu erfassen (vgl. Holtbrügge, 2018, S. 265 ff.; Scholz & Scholz, 2019, S. 131 ff.). Betriebswirtschaftlich ist der Begriff Humankapital falsch gewählt. Da das Wissen der Mitarbeiter ein **Vermögensgegenstand** (Aktivseite der Bilanz) und nicht eine Finanzierungsform (= Kapital = Passivseite) ist, müsste eigentlich von **Humanvermögen** gesprochen werden.

In der deutschen Literatur ist die **Saarbrücker Formel** die bekannteste Methode zur Bestimmung des Humankapitals als ökonomischer Wert der Gesamtbelegschaft. Sie wird als Saarbrücker Formel bezeichnet, da sie zunächst im Jahr 2004 von dem damaligen Professor für Personalmanagement an der Universität des Saarlandes Christian Scholz mit Mitarbeitern entwickelt wurde (vgl. Scholz, Stein & Bechtel, 2011, S. 211).

Bei der Saarbrücker Formel wird die Gesamtbelegschaft eines Unternehmens in n Beschäftigtengruppen (in der Formel i = 1 … n) unterteilt. Jede der n Beschäftigtengruppen sollte Mitarbeiter umfassen, die in ihrem Humankapital möglichst homogen sind. Zwischen den Beschäftigtengruppen kann durchaus eine hohe Heterogenität herrschen. Der Wert jeder Beschäftigtengruppe wird einzeln, wie nachfolgend erläutert, ausgerechnet und dann zu dem Gesamtwert des Humankapitals des Unternehmens aufsummiert.

$$Humankapital = \sum_{i=1}^{n}\left[\left(FTE_i \cdot l_i \cdot \frac{w_i}{b_i} + PE_i\right) \cdot M_i\right]$$

Für die Bewertung des Humankapitals der einzelnen Beschäftigtengruppen wird zunächst die Anzahl der Mitarbeiter in Vollzeit- bzw. Ganztageskräfte FTE_i umgerechnet. Die FTE werden dann mit den branchenüblichen Durchschnittsgehältern der jeweiligen Beschäftigtengruppe l_i bewertet. Hier kommt ein wesentlicher Faktor der Saarbrücker Formel zum Einsatz, der den Wissensverfall zum Ausdruck bringen soll. Er wird durch den Quotienten aus der durchschnittlichen Wissensrelevanzzeit der Beschäftigtengruppe w_i und der durchschnittlichen Betriebszugehörigkeit b_i berechnet. Wenn also die durchschnittliche Betriebszugehörigkeit größer als die Wissensrelevanzzeit ist, geht die Lohnsumme einer Beschäftigtengruppe nicht mehr voll in das Humankapital ein.

Nur Investitionen in die Personalentwicklung PE_i, können diesem Wissens- und Wertverlust entgegenwirken. Zuletzt wird das Ergebnis jeder Beschäftigtengruppe mit einem aus Mitarbeiterbefragungen ermittelten Motivationsindex M_i gewichtet. Das so abgeleitete Humankapital der n Beschäftigtengruppen wird zum gesamten Humankapital des Unternehmens aufsummiert.

Die **Bewertung der Saarbrücker Formel** wurde in der Fachliteratur ausführlich diskutiert. Vorteilhaft ist, dass durch die Humankapitalberechnung mit der Saarbrücker Formel ein direkter Bezug verschiedener Gebiete des Personalmanagements zum Personalcontrolling hergestellt wird. Die Saarbrücker Formel integriert entscheidende Aufgabenfelder wie Personalkostenmanagement l_i, Personalentwicklung PE_i und Personalführung M_i (vgl. Wunderer & Jaritz, 2007, S. 188). Vorteile der Berechnung sind weiterhin, dass der berechnete Wert des Humankapitals periodenbezogen ist und sich nach Organisationseinheiten differenzieren lässt (vgl. Holtbrügge, 2018, S. 263). Gerade Letzteres ermöglicht zeitliche Betrachtungen über Veränderungen des Humankapitalwertes sowie interne und externe Benchmarkings. Ein weiterer Vorteil ist die relativ einfache Bestimmung aus Werten der Kotenrechnung und aus Befragungen. So können auch nicht börsennotierte Unternehmen den Unternehmenswert bestimmen.

Ein **Problem der Saarbrücker Formel** ist, dass letztlich fast jeder Faktor in der Formel wissenschaftlich angreifbar ist. Dies beginnt mit der Bildung der Beschäftigtengruppen über die verwendeten Branchendurchschnittsgehälter oder den Motivationsindex. Am angreifbarsten ist der Faktor für die Wissensveralterung w_i/b_i, hier werden lineare Verläufe unterstellt und die Bildung von Erfahrungswissen wird vollständig ignoriert. Ältere Mitarbeiter werden faktisch diskriminiert.

Schwerwiegender ist jedoch, dass die resultierende Zahl ein rein fiktiver Wert ist, der in keiner Weise durch Marktwerte oder Ähnliches verifiziert werden kann. Anders als beim Markenwert aus Kapitel D.2.3 wird kein Bezug zur Marktkapitalisierung des Unternehmens hergestellt. Das Humankapital kann durchaus größer sein als die Marktkapitalisierung. Länderübergreifende Betrachtungen sind aufgrund der unterschiedlichen Lohnniveaus völlig ausgeschlossen. Dies gilt natürlich auch für verschiedene nationale Einheiten eines globalen Unternehmens. Daher eignet sich die Berechnung des Humankapitals hauptsächlich für unternehmensinterne Betrachtungen in einem Land. Trotz der genannten Nachteile ist die Bestimmung des Humankapitals sinnvoll. Insbesondere wenn man das Humankapital regelmäßig im gesamten Unternehmen über längere Zeiträume bestimmt, lassen sich viele nutzenstiftende Aussagen ableiten.

1.4 Human Resources-Scorecard

Basierend auf dem Konzept der Balanced Scorecard, das wir umfänglich in Kapitel C.4.4 beschreiben haben, wurde für das Personalwesen im Unternehmen das Konzept der Human Resources Scorecard oder kurz HR-Scorecard entwickelt. Die HR-Scorecard ist ein **Instrument zur Implementierung von Personalstrategien**. Es steht daher zwischen strategischem und operativem Personalcontrolling und Personalmanagement. Ähnlich wie die BSC ist die HR-Scorecard ein Kennzahlensystem. In ihrem Aufbau und der Verwendung lehnt sich die HR-Scorecard eng an die BSC an (vgl. Scholz & Scholz, 2019, S. 436 ff.).

Wie die BSC umfasst die HR-Scorecard die gleichen Perspektiven: die Finanzperspektive, die Kundenperspektive, die interne Prozessperspektive sowie die Entwicklungsperspektive. Die HR-Scorecard kann für den Personalbereich insgesamt oder aber für einzelne organisatorische oder prozessuale Bereiche erstellt werden. Abb. 169 zeigt eine HR-Scorecard mit einem Recruiting-Schwerpunkt.

Wie bei die BSC gehört auch in der HR-Scorecard zu jeder Perspektive zunächst ein oder einige, wenige strategische Zielsetzungen, die aus der Unternehmensvision abgeleitet sind. Jedes strategische Ziel wird mit einer Kennzahl – manchmal auch zwei oder drei Kennzahlen – operationalisiert. Für jede Kennzahl gibt sich das Unternehmen konkrete Vorgabewerte vor, die auch terminiert sein müssen. Zuletzt benötigt man Maßnahmen zur Erreichung der Ziele, deren Durchführung detailliert budgetiert und in die operative Planung integriert werden müssen. Ohne Maßnahmen funktioniert die Strategieimplementierung, das eigentliche Ziel der HR-Scorecard, nicht.

Für die HR-Scorecard werden die Perspektiven der BSC an die Personalarbeit angepasst. In Rahmen der **Finanzenperspektive** wird der konkrete Beitrag des Personalmanagements bzw. des betrachteten Teilbereichs zur Wertschöpfung und die Effizienz des Einsatzes der HR-Instrumente im Unternehmen gemessen. Die verbundenen strategischen Zielsetzungen werden i. a. R. wertsteigernd, umsatzsteigernd oder kostensenkend sein.

Die Kunden der HR-Scorecard sind die Mitarbeiter des Unternehmens. Daher werden in der **Kundenperspektive** strategische Mitarbeiterziele definiert und Kennzahlen verwendet, die z. B. die Zufriedenheit und Motivation der Mitarbeiter widerspiegeln.

In der **Prozessperspektive** liegt den Fokus auf den internen Prozessen in der Personalabteilung. Das können Personaleinstellungsprozesse, Weiterbildungsprozesse oder auch Personalfreisetzungsprozesse sein. Auch hier werden Kennzahlen, Vorgabewerte und Maßnahmen benötigt. Die **Lern- und Entwicklungsperspektive** beschäftigt sich mit der langfristigen Entwicklung der Mitarbeiter und Führungskräfte, und deren Kenntnisse und Kompetenzen (vgl. Tonnesen, 2000, S. 77 ff.).

Perspektive	Strategisches Ziel	Kennzahlen	Vorgabe 2021	Budgetierte Maßnahme
Finanzen	Senkung der Kosten für Neueinstellungen	Kosten je Einstellung	5.000 €	Aktives Personalmarketing bei Xing und LinkedIn
Kunde	Steigerung der Bewerberzufriedenheit	Verhältnis angenommener zu angebotenen Verträgen	72 %	Einführung einer Erhebung der Candidate Experience
Prozesse	Verkürzung des Einstellungsprozesses	Time-to-hire	6,5 Wochen	Prozessanalyse und Einführung eines Cloud-Bewerbermanagements
Lernen und Entwicklung	Verkürzung der Einarbeitungszeit neuer Mitarbeiter	Anzahl der Schulungen neuer Mitarbeitender in den ersten sechs Monaten	2,7	Entwicklung eines Onboarding- und Schulungskonzeptes

Abb. 169: HR-Scorecard mit Recruiting Schwerpunkt (Quelle: stark verändert nach Achouri, 2015, S. 108; Scholz & Scholz, 2019, S. 439; Tonnesen, 2000, S. 82 ff.)

Wie geschrieben zeigt Abb. 169 zeigt eine verkürzte HR-Scorecard mit einem Recruiting-Schwerpunkt. Dabei sollte man aber bedenken, dass es sich dabei um eine Scorecard eines von mehreren Teilgebieten im Personalmanagement handelt, und daher gar nicht so viele Zielsetzungen umsetzbar sind. Aus unserer Erfahrung sollte man sich bei Scorecards für einzelne Funktionsbereiche wie der HR-Scorecard auf keinesfalls mehr als zehn bis zwölf strategische Zielsetzungen fokussieren.

Für die HR-Scorecard gelten die gleichen Chancen, aber auch ähnliche **Kritikpunkte** wie für die BSC, die wir bereits in Abschnitt C4.4 behandelt haben. Wichtigste Kritikpunkte sind, dass die Einführung von HR-Scorecards häufig sehr viel Zeit verbrauchen und von manchen Mitarbeitern der Detaillierungsgrad übertrieben wird. Dann entstehen Zahlenfriedhöfe, die schon bald nicht mehr verwendet werden. Der HR-Scorecard wirft man speziell vor, dass hier zu viele Ziele aufgenommen werden, die gar nicht durch ernsthafte Programme und Budgets verfolgt werden, dass es also eine Sammlung von Lippenbekenntnissen bleibt (vgl. Scholz & Scholz, 2019, S. 439).

Letztlich sind diese Kritikpunkte aber keine Kritikpunkte an der Methode der BSC oder der HR-Scorecard selbst, sondern an deren mangelhaften Umsetzung in Unternehmen.

1.5 Ausgewählte Kennzahlen des Personalcontrollings

Die Anzahl und Bandbreite der Kennzahlen des Personalcontrollings ist sehr hoch, ihre Heterogenität ebenfalls. Dies sieht man zum Beispiel an der Frequenz ihrer Erhebung., die in Abhängigkeit von betriebswirtschaftlichem Nutzen sowie Bedeutung und Dynamik des Umfeldes stark variiert. Personalkennzahlen werden täglich, wöchentlich, monatlich, quartalsweise, jährlich oder auch nur bei Bedarf erhoben. Kennzahlen wie z. B. die Fehlzeiten, Ausfallzeiten oder Arbeitsunfälle unterliegen einer ständigen Bewegung. Um frühzeitig geeignete personalwirtschaftliche Maßnahmen einleiten zu können, bietet sich eine tägliche Erhebung an. Kennzahlen wie die Personalkosten werden meist monatlich erhoben. Im Gegensatz dazu stehen situationsbezogene Auswertungen wie z. B. Altersstrukturanalysen. Diese werden in einem unregelmäßigen Rhythmus erhoben, da sich bei einer monatlichen Betrachtung nur minimale Änderungen ergeben würden. Neben einer Einteilung nach dem zeitlichen Bezug ergeben sich zusätzlich funktionale Unterscheidungsebenen von Kennzahlen.

Basierend auf den Handlungsfeldern des Personalwesens im Rahmen des Personalkreislaufs, der in Abb. 166 dargestellt wurde, gibt es einerseits für jedes dieser **Handlungsfelder spezifische Kennzahlen** sowie natürlich auch **übergreifende Kennzahlen**. Zunächst wollen wir einige sehr verbreitete übergreifende Kennzahlen der Personalkosten und dann spezifische Kennzahlen am Beispiel des Handlungsfeldes der Personalentwicklung vorstellen.

Übergreifende Kennzahlen rund um die Personalkosten sind

- die **Personalkosten** an sich, d. h. die gesamten Personalkosten des Unternehmens oder einer Organisationseinheit in einer Periode.
  Die Personalkosten umfassen alle Leistungen eines Unternehmens, die den Mitarbeitern direkt oder indirekt geldlich oder geldwert gewährt werden. Sie setzen sich zusammen aus Personalbasiskosten, die in einem unmittelbaren Zusammenhang mit der Leistungserstellung stehen, und Personalzusatzkosten, die keinen direkten Zusammenhang mit der Leistungserstellung aufweisen, aber auf Grund gesetzlicher oder tarifvertraglicher Regelungen, aber teilweise auch freiwillig gewährt werden. Hier wird häufig auch zwischen Lohn- und Gehaltskosten und Personalnebenkosten unterschieden.
- Die **Personalkostenquote** wird gebildet aus dem Verhältnis der Personalkosten zu den Gesamtkosten des Unternehmens.

  $$Personalkostenquote = \frac{Personalkosten}{Gesamtkosten} \cdot 100\ \%$$

  Auf Basis der Personalkostenquote kann man unterschiedliche Aussagen treffen. In Produktionsbetrieben gibt die Kennzahl beispielsweise unter anderem Auskunft über den Automatisierungsgrad der Produktion.
- Die **Personalkosten je Mitarbeiter** werden durch den Quotienten aus Personalkosten und der Anzahl der Ganztageskräfte (GTK) gebildet.

  $$Personalkosten\ je\ Mitarbeiter = \frac{Personalkosten}{Anzahl\ der\ Ganztageskräfte\ (GTK)} \cdot 100\ \%$$

  Die Personalkosten je Mitarbeiter geben Auskunft über die Höhe der Entlohnung der Mitarbeiter und sind im Vergleich mit Wettbewerbsunternehmen ein Zeichen der Wettbewerbsfähigkeit. Allerdings können viele Einflussfaktoren wie durchschnittliche Betriebszugehörigkeit, Ausbildungsstand oder Lebensstandardkosten des Standorts starken Einfluss auf diese Kennzahl haben und zu Fehlinterpretationen führen.

- Die **Personalkosten pro h** werden durch den Quotienten aus Personalkosten und der gesamten geleisteten Stundenzahl gebildet.

$$Personalkosten\ pro\ h = \frac{Personalkosten}{Gesamtzahl\ der\ geleisteten\ Stunden\ h}$$

  Auch Personalkosten pro h dienen dem Benchmarking des eigenen Unternehmens mit Wettbewerbern. Hier gelten die gleichen Beschränkungen bei der Interpretation wie bei den Personalkosten je Mitarbeiter.
- Die **Personalnebenkostenquote** wird gebildet aus dem Verhältnis aller gesetzlichen und freiwilligen Sozialleistungen sowie sonstigen Nebenkosten zu der reinen Lohn- und Gehaltskostensumme des Unternehmens.

$$Personalnebenkostenquote = \frac{gesetzl., freiw.\ Sozialleistungen\ u.\ sonst.\ Nebenkosten}{Lohn\text{- und } Gehaltskostensumme} \cdot 100\ \%$$

Personalkosten in der Luftfahrtindustrie

Abb. 170 zeigt einen internationalen Vergleich der Gehälter der Flight Deck Crew (Piloten und Co-Piloten) in der Luftfahrindustrie. Hier zeigt sich ein extremes internationales Gefälle. Auf der einen Seite stehen die ehemaligen staatlichen Airlines in Europa. Hier liegt das Endgehalt des Captains häufig deutlich über 200.000 €. Dies gilt auch für Airlines wie Iberia oder Alitalia, die nur noch durch staatliche Hilfen von der Insolvenz bewahrt werden.

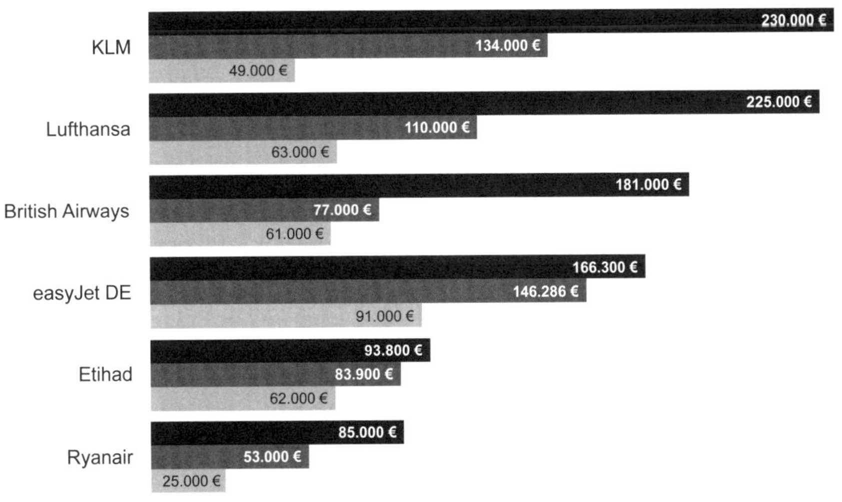

Abb. 170: Internationaler Vergleich der Gehälter der Flight Deck Crew (Quelle: in Anlehnung an Wilke, Schmid & Gröning Stefanie, 2016, S. 62)

Auf der anderen Seite findet man die Airlines der arabischen Halbinsel wie Etihad, Emirates und Qatar Airways sowie als die das irische Airline Kostenführer Ryanair. Dazwischen liegen British Airways, aufgrund der konsequenten Deregulierung Großbritannien der 1980er-Jahre, und easy Jet. Beide zeigen, dass man auch in Europa zumindest etwas niedrigere Gehälter zahlen kann.

> Das große Gehaltsgefälle ist ein erheblicher Wettbewerbsnachteil der ehemals staatlichen, kontinentaleuropäischen Luftfahrtunternehmen. Da es sich beim Kabinenpersonal ähnlich fortsetzt und die Personalkosten nach den Kerosinkosten und noch vor den Kosten der Flugzeuge zweitgrößte Kostenblock darstellt, ist dieser Effekt erheblich.
>
> Aufgrund der hohen Mobilität der Piloten sollte man davon ausgehen, dass sich diese Gehaltsgefälle mit der Zeit abbauen. Dies ist aber nicht der Fall, da die Piloten fast in jedem Land Europas durch sehr starke Gewerkschaften vertreten werden, die ihre Position bisher durch öffentlichkeitswirksame Arbeitskämpfe durchsetzen konnten.

Zwei weitere häufig genannte übergreifende Kennzahlen des Personalcontrollings sind

- die **Anzahl der Krankheitstage (Krankenstand)**

$$\textit{Anzahl der Krankheitstage} = \frac{\textit{Anzahl aller Fehltage im Unternehmen}}{\textit{Mitarbeiteranzahl (GTK)}}$$

- und die **Fluktuationsrate**

$$\textit{Fluktuationsrate} = \frac{\textit{Anzahl der beendeten Arbeitsverhältnisse}}{\textit{Durchschnittliche Anzahl der Arbeitsverhältnisse}}$$

Krankenstand und Fluktuationsrate haben beide eine konkrete wirtschaftliche Bedeutung. Bei einem hohen Krankenstand muss die Arbeitsleistung des Mitarbeiters z. B. durch Leiharbeit aufgefangen werden. Bei einer hohen Fluktuationsrate entstehen erhebliche Kosten durch die Neueinstellung und Einarbeitung von Mitarbeitern. Krankenstand und Fluktuationsrate werden aber im Controlling zusätzlich auch als Indikatoren für die **Mitarbeiterzufriedenheit** gesehen. Ihr Vorteil als Indikator der Mitarbeiterzufriedenheit ist, dass sie ohne großen Aufwand erhoben werden können, da die Daten automatisch in der Lohnbuchhaltung gesammelt werden. Nachteilig ist, dass beide Kennzahlen im Controlling als **Lagging Indicators** der Mitarbeiterzufriedenheit angesehen werden.

Ein Vorteil der meisten bisher erläuterten übergreifenden Kennzahlen des Personalcontrollings ist, dass zu ihnen eine Fülle von deutschland- oder europaweiten Vergleichszahlen öffentlich verfügbar ist. Das STATISTISCHE BUNDESAMT veröffentlicht beispielsweise die Arbeitskosten je geleisteter Stunde aller EU-Staaten. Diese lagen in Deutschland im Jahr 2020 bei 36,70 €/h. Im Vergleich dazu lagen die Arbeitskosten je Stunde in Dänemark als EU-Maximum bei 46,90 €/h und in Bulgarien Als EU-Minimum bei 6,40 €/h (vgl. Destatis, 2021a). Ebenso findet man hier die Zahlen zu den Krankheitstagen. Diese lagen 2019 in Deutschland bei 10,9 Tagen je Arbeitnehmer. Der Höchststand der letzten 30 Jahre in Deutschland war im Jahr 1995 mit 13,0 Tagen, der Tiefstand im Jahr 2007 mit 8,1 Tagen (vgl. Destatis, 2021b). Andere Quellen für ähnliche Statistiken sind z. B. die BUNDESAGENTUR FÜR ARBEIT, die die Fluktuationsquote branchenbezogen erhebt, Bundesministerien wie das BUNDESMINISTERIUM FÜR ARBEIT UND SOZIALES (BMAS) oder Wirtschaftsforschungsinstitute wie das DEUTSCHE INSTITUT FÜR WIRTSCHAFTSFORSCHUNG DIW (vgl. z. B. Bundesagentur für Arbeit, 2020).

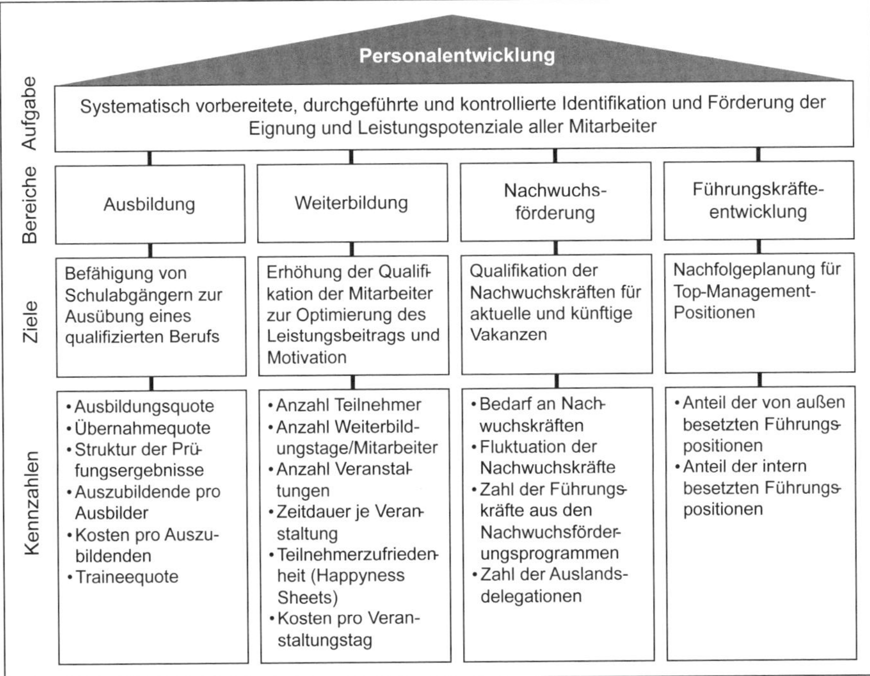

Abb. 171: Aufgaben, Phasen, Ziele und Kennzahlen des Personalentwicklungscontrolling (Quelle: in Anlehnung an Schulte, 2020, S. 69 ff.)

Wenn man von den übergreifenden Kennzahlen zu den **aufgabenbezogenen Kennzahlen** wechselt, kann man Kennzahlen zu allen Handlungsfeldern des Personalkreislaufes aus Abb. 166 ableiten. Es gibt also Kennzahlen des Personalbedarfs, Kennzahlen der Personalbeschaffung, Kennzahlen des Personaleinsatzes, Kennzahlen der Personalentwicklung usw.

In Abb. 171 sind exemplarisch Kennzahlen für das Handlungsfeld der Personalentwicklung dargestellt. Diese werden aus der Aufgabe der Personalentwicklung, den vier Aufgabenbereichen Ausbildung, Weiterbildung, Nachwuchsförderung und Führungskräfteentwicklung (Aufstiegsplanung) sowie den Zielsetzungen dieser Aufgabenbereiche abgeleitet. Grundsätzlich ist es **Ziel der Personalentwicklung**, regelmäßige, optimierte und kontrollierte Prozesse zu etablieren, mit deren Hilfe die Leistungspotenziale aller Mitarbeiter für die Übernahme weiterführender Tätigkeiten identifiziert und gefördert werden. Es geht dabei auch um eine Vertiefung und Erweiterung von fachlichen Kompetenzen und Führungsfähigkeiten. Die Personalentwicklung ist langfristig ausgelegt und hat die Bedürfnisse der Mitarbeiter und des Unternehmens im Blick.

Das **Personalentwicklungscontrolling** koordiniert die Planung, Kontrolle und Informationsversorgung im Rahmen der Personalentwicklung ergebniszielorientiert. Entsprechende Kennzahlen sind ein elementarer Bestandteil des Controllingsystems. Dabei gelten natürlich die allgemeinen Anforderungen an Kennzahlen und Kennzahlensysteme (vgl. Abschnitte B.3.1. und B.3.4).

2 Marketingcontrolling

Marketing einerseits und Controlling andererseits sind für viele Führungskräfte auch heute noch zwei Funktionsbereiche des Unternehmens, deren Philosophien nur schwer vereinbar scheinen. Auf der einen Seite stehen im Marketing Führungskräfte, die durch kreative Produktideen, innovative Kommunikationsstrategien z. B. in TV oder Social Media den Umsatz, das Umsatzwachstum und den Marktanteil des Unternehmens im Blick haben. Auf der anderen Seite stehen – aus Sicht der Marketiers – die ewig konservativen Erbsenzähler, die Controller, die kreative Ideen nur dann akzeptieren, wenn ihre Wirtschaftlichkeit durch harte Fakten bis auf den letzten Cent bewiesen ist.

Trotzdem gibt es seit einiger Zeit ein durchaus lebhaftes Arbeitsgebiet des Controllings, das Marketingcontrolling. Dieses hat seit den 2000er-Jahren deutlich an Bedeutung gewonnen. Die **drei Wirtschaftskrisen der 2000er-Jahre**, erstens das Platzens der Internetblase und die Folgen des 11. Septembers 2001 von 2001 bis 2003, zweitens die Wirtschaftskrise infolge der Finanzkrise von 2008 bis 2011 und nun drittens die wirtschaftlichen Folgen der Corona-Krise seit 2020, haben die Marketingfunktion in vielen Unternehmen einem bis dahin nicht gekannten Effizienzdruck ausgesetzt, der bis heute anhält.

In der akademischen Welt wird dies durch die Vielzahl von Publikationen zum Marketingcontrolling, die in Deutschland seit den 2000er-Jahren geschrieben wurden, reflektiert (Ehrmann, 2016; Klein, 2010, 2014; Kühnapfel, 2013; Link & Weiser, 2014; Reinecke & Janz, 2007; Winkelmann, 2008; Zerres, 2017; Ziehe, 2013). Im angloamerikanischen Raum wird die Themenstellung des Marketingcontrollings am ehesten durch Bücher und Aufsätze zum Thema **Marketing Metrics** reflektiert (vgl. Bendle, Farris, Pfeifer & Reibstein, 2016).

2.1 Begriff, Aufgaben und Instrumente des Marketingcontrollings

Grundlegend für das Marketingcontrolling ist die Erkenntnis, dass es nicht ausreichend ist, das Marketinginstrumentarium kreativ zu gestalten, sondern dass neben der **Effektivität** auch die **Effizienz des Einsatzes der Marketinginstrumente** im Vordergrund stehen sollte. Infolgedessen ist das Marketingcontrolling als Schnittstellenfunktion zwischen Marketing und Controlling entstanden (vgl. Bendle et al., 2016, S. 2; Reinecke & Janz, 2007, S. 25).

Begriff und Aufgaben des Marketingcontrollings

Wir definieren Marketingcontrolling in Anlehnung an den koordinationsorientierten Ansatz des Controllings wie folgt.

Marketingcontrolling koordiniert die Planung, Kontrolle und Informationsversorgung der Marketingfunktion in Hinblick auf den Einsatz des strategischen und operativen Marketinginstrumentariums mit einem Fokus auf die Rationalitätssicherung der Entscheidungen der Marketingmanager.

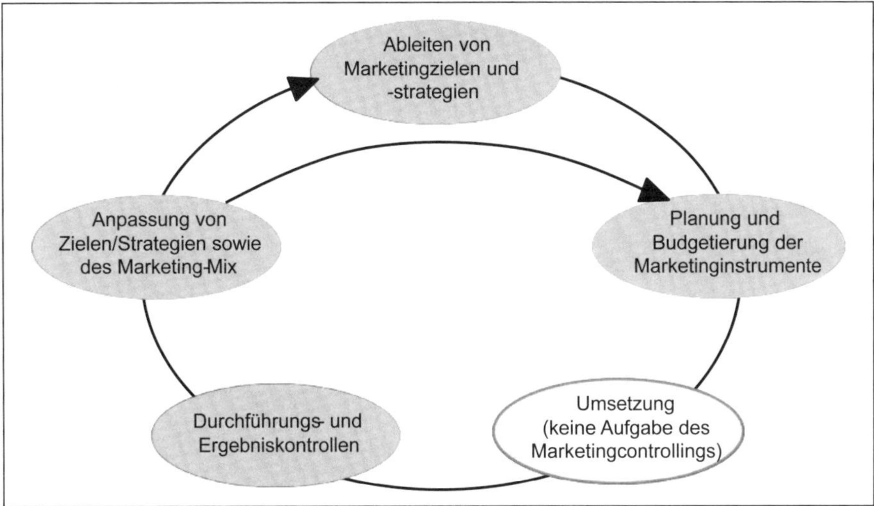

Abb. 172: Der Marketingcontrollingkreislauf

Kern des Marketingcontrollings ist der für das Marketing angepasste Controllingkreislauf, der in Abb. 172 dargestellt ist. Zunächst werden aus den allgemeinen Unternehmenszielen und -strategien **Marketingziele und -strategien** abgeleitet. Die Marketingziele müssen den Ansprüchen SMARTer Ziele des Controllings genügen. Sie müssen spezifisch, messbar – insbesondere auch quantifiziert –, ausführbar, relevant und terminiert sein (vgl. Kapitel B.1.2).

Produktoffensive bei BMW

BMW hat auf der Hauptversammlung 2019 eine Modelloffensive im Bereich E-Mobility angekündigt, die Tesla vom Tisch fegt (Handelsblatt Online, 2019a).

Hintergrund ist einerseits der Dieselskandal, die CO_2-Diskussion und die internationalen Konkurrenten, die in ihrer E-Mobility-Strategie den deutschen Automobilunternehmen voraus zu sein schienen. BMW hatte daher eine eigene E-Mobility-Strategie entwickelt und im Rahmen der Hauptversammlung als Maßnahme der Produktpolitik die Einführung von 25 Elektroautomodellen bis zum Jahr 2025 angekündigt (vgl. Abb. 173). Da die Kosten der Entwicklung einer Automobilbaureihe im niedrigen Milliardenbereich liegen wurden entsprechende Investitionen und Aufwendungen budgetiert.

Die Durchführungskontrolle würde in den kommenden Jahren überprüfen, ob die angekündigten Modell auch zu den angekündigten Zeitpunkten in den Markt eingeführt wurden.

Im Rahmen der Effektivitätskontrolle wird überprüft, ob die angestrebten Absatz- und Umsatzzahlen in den verschiedenen Vertriebsregionen und Marktsegmenten erreicht wurden. Die Effizienzkontrolle wird zudem die für die E-Modelloffensive budgetierten Mittel mit den tatsächlichen Mitteln vergleichen.

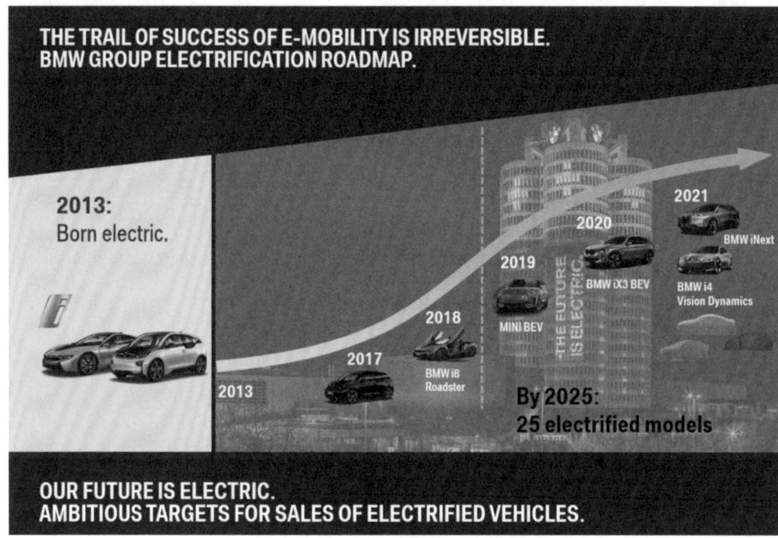

Abb. 173: BMW e-Mobility-Modelloffensive (Quelle: Bendle et al., 2016; BMW, 2019, S. 7)

Bei Abweichungen wird das Controlling Maßnahmen vorschlagen, wie die Ziele dennoch erreicht werden können, oder aber im Rahmen der strategischen Kontrolle Anpassungen an den Marketingzielen veranlassen.

Die Marketingstrategien werden im Rahmen des operativen Planungsprozesses durch Einsatz des Marketinginstrumentariums umgesetzt. Dabei erfolgt zunächst die konkrete **Maßnahmenplanung für Produkt-, Preis-, Kommunikations- und Distributionspolitik** – also die Festlegung des Marketing-Mix. Basierend auf dieser Maßnahmenplanung erfolgt die Formalzielplanung im Marketing durch die Planung und **Freigabe von Marketingbudgets** für die Produkt-, Preis-, Kommunikations- und Distributionspolitik im Planungszeitraum.

Während und nach der Umsetzung der Planung durch die Marketing- und Vertriebsabteilungen erfolgt die Kontrolle:

- Im Rahmen der **Durchführungskontrolle** wird analysiert, ob die geplanten Meilensteine der Maßnahmen bzw. Maßnahmenpakete erreicht wurden, also die konkret geplanten Marketingmaßnahmen auch wirklich durchgeführt wurden.
- Die **Ergebniskontrolle** bestimmt, ob mit den eingesetzten Instrumenten und Maßnahmen des Marketing-Mix die Marketingziele erreicht wurden. Sie greift auf eine Messung der Kennzahlen zurück, mit deren Hilfe die SMARTen Ziele definiert wurden.

Bestandteil der Kontrollen sind die für das Controlling typischen Soll-Ist- und Ist-Ist-Vergleiche sowie die darauf aufbauenden Abweichungsanalysen und Kommentierungen. Das Marketingcontrolling sollte im Rahmen seiner **Beratungsfunktion als Business Partner** Handlungsalternativen und ergebniszielorientierte Handlungsempfehlungen für die Marketingmanager und die Unternehmensleitung ausarbeiten. Diese führen dann in einem letzten Schritt des Marketingcontrollingkreislaufes zu einer Anpassung der Marketingziele und strategien und/oder zur Veränderung der Maßnahmenplanung und budgetierung.

Marketingplanung

- Entwicklung eines zielorientierten Marketingplanungssystems („systembildend"), z. B. durch Methoden der
  - produkt-, kunden-, regionsbezogenen Erfolgsrechnungen,
  - Werbebudgetierung,
  - Vertriebssteuerung.
- Koordination der Durchführung der Marketingplanung („system-koppelnd"),
  - Terminplanung,
  - Beratung von Fachabteilung-en bei der Planung,
  - Konsolidierung von Einzel-plänen,
  - Analyse und Kommentierung der Pläne.

Marketingkontrolle

- Kontrolle des Einsatzes des Marketinginstrumentariums zu Implementierung von markt - und marketingbezogenen Visionen, Zielen und Strategien, im Einzelnen:
  - Durchführungskontrolle,
  - Effektivitätskontrolle und
  - Effizienzkontrolle.
- Analyse und Kommentierung von Planabweichungen und von markt - und marketingbezogenen Veränderungen im Unternehmensumfeld,
- Information der Unternehmens-leitung über die
  - Abweichungsarten,
  - Abweichungsursachen und
  - Abweichungsfolgen.

Marketingreporting (Informationsversorgung)

- Konzeption und Implementierung eines leistungsfähigen Informationssystems für das Marketing, im Einzelnen:
- Entwicklung von Marketing-KPI und Marketing-KPI-Systemen,
- Entwicklung und Implementierung eines regelmäßigen, standardisierten und IT-gestützten Marketingberichtswesens auf funktionaler, divisionaler und Gesamtunternehmensebene,
- Implementierung von Systemen für organisatorische Gestaltung des Marketing, wie zum Beispiel den Verrechnungssätzen von Marketing-Service-Abteilungen.

Abb. 174: Aufgaben des Marketingcontrollings

Aus dem Auftrag des Marketingcontrollings im Controllingkreislauf ergeben sich vielfältige Aufgaben. Diese sind in Abb. 174 dargestellt.

- Im Rahmen der **Marketingplanung** gestaltet das Marketingcontrolling die Systeme der Marketingplanung. Dabei gibt es **systembildende** Aufgaben im Sinne des koordinationsorientierten Ansatzes des Controllings: So gibt das Marketingcontrolling den operativen Marketinglinienfunktionen vor, wie und zu welchem Zeitpunkt geplant werden muss. Das kann beispielsweise den Detaillierungsgrad, bis zu dem die Absatz- und Umsatzplanung für das Produktportfolio durchgeführt werden soll, betreffen. Daneben koordiniert das Marketingcontrolling **systemkoppelnd** die Durchführung der Marketingplanung durch die Fachabteilung aus Vertrieb und Marketing, konsolidiert, visualisiert und kommentiert diese.
- Die **Marketingkontrolle** beinhaltet die schon oben erwähnte Durchführungskontrolle und Ergebniskontrolle. Hier werden die für das Controlling typischen Soll-Ist-Vergleiche, deren Analyse und die Kommentierung durchgeführt. Da die Planung und Umsetzung vieler Marketinginstrumente zeitaufwändig sind und viele Instrumente erst mit erheblicher Verzögerung wirken, ist eine Ergebniskontrolle nicht trivial. Daher begnügen sich viele Unternehmen damit, eine Durchführungskontrolle durchzuführen, d. h. zu prüfen, ob die geplanten Marketingmaßnahmen auch wirklich deutschland-, europa- oder weltweit umgesetzt wurden.
- Parallel zu Marketingplanung und -kontrolle erfolgt ein **Marketingreporting** im Sinne einer kontinuierlichen Informationsversorgung der Marketingmanager mit entscheidungsrelevanten Informationen.

Instrumente des Marketingcontrollings

Die Instrumente des Marketingcontrollings gliedern sich in drei Ebenen:

- Instrumente des strategischen Marketingcontrollings,
- Instrumente des operativen Marketingcontrollings sowie
- Instrumente der übergreifenden Koordination der Marketingfunktion.

Wie bereits in Kapitel B.2 geschrieben gleichen sich die Instrumente des strategischen Managements, des strategischen Marketings und des strategischen Controllings. Dies gilt gleichermaßen auch für die Instrumente des strategischen Marketingcontrollings. Auch diese befassen sich z. B. mit Umfeld- und Unternehmensanalysen, wenden die Portfoliomethoden von BCG und McKinsey an oder suchen nach einer Kostenführerschaft bzw. Differenzierungsstrategie. Da wir diese Instrumente in Kapitel B.2 beschrieben haben, wollen wir sie hier nicht wiederholen.

Im Fokus dieses Kapitels stehen die **Instrumente des operativen Marketingcontrollings.** Diese befassen sich zunächst mit der Planung und Kontrolle des Einsatzes der vier klassischen Instrumente des Marketing-Mix, der Produkt-, der Preis-, der Kommunikations- und der Vertriebspolitik. Zudem haben wir das Markencontrolling aufgrund seiner Bedeutung und seines starken Bezugs zum Kommunikationscontrolling aus dem Produktcontrolling herausgelöst sowie als Querschnittsbetrachtung das Kundencontrolling hinzugefügt. Insgesamt betrachten wir daher die folgenden sechs Arbeitsgebiete des operativen Marketingcontrollings:

- Produktcontrolling,
- Markencontrolling,
- Preiscontrolling,
- Kommunikationscontrolling,
- Vertriebscontrolling sowie
- Kundencontrolling.

2.2 Produktcontrolling

Basis des Produktcontrollings sind Produktergebnisrechnungen und dabei insbesondere mehrstufige Deckungsbeitragsrechnungen – auch als stufenweise Fixkostendeckungsrechnung bezeichnet – wie sie in Abb. 175 dargestellt sind.

Die **mehrstufige Deckungsbeitragsrechnung** ist eine Standardmethode des Controllings und erlaubt die Auswertung der Kosten und Erlöse eines Unternehmens nach den unterschiedlichsten Gesichtspunkten.

Objekte, nach denen gegliedert wird, können einerseits die in Abb. 175 dargestellten

- Produkte,
- Produktgruppen,
- Geschäftsbereiche,
- Divisionen/Segmente sein,

Zum anderen kann die Auswertung aber auch in einer Kundenergebnisrechnung nach

- Kunden und
- Kundengruppen

oder nach

- Vertriebsgebieten,
- Ländern oder
- Regionen erfolgen.

Unternehmensbereich	I					II		Summe
Produktgruppe	1		2			3		
Produkt	A	B	C	D	E	F	G	
Produktumsatz	3.000	3.500	4.750	3.650	5.000	2.000	3.250	25.150
-variable Kosten k_f	1.000	2.900	2.575	1.550	3.200	700	1.500	14.650
Deckungsbeitrag I	2.000	600	2.175	2.100	1.800	1.300	1.750	10.500
- Produktfixkosten	400	1.000	375	100		750	200	1.600
Deckungsbeitrag II	1.600	**- 400**	1.800	2.000	1.800	550	1.550	8.000
- Produktgruppenfixkosten	750		4.000			2.000		1.600
Deckungsbeitrag III	450		1.600			100		2.150
- Fixkosten U.-bereich	1.000					200		1.200
Deckungsbeitrag IV	1.050					**- 100**		950
- Unternehmensfixkosten	300							300
Betriebsergebnis des Unternehmens	**650**							**650**

alle Werte in t€

Abb. 175: Produktergebnisrechnung in Form einer mehrstufigen Deckungsbeitragsrechnung

Hier bietet sich der Einsatz von **Data Warehouses** im Rahmen von **Business Intelligence (BI)** bzw. **Big Data** an (vgl. Abb. 176 und Kapitel B.3.5). Diese ermöglichen es dem Controller, flexibel unterschiedlichste Auswertungen nach den oben genannten Objekten durchzuführen und hier auch unterschiedliche Objekte zu kombinieren. Dies ist sinnvoll, da bereits die Anzahl der Produkte und Varianten in vielen Unternehmen nur schwer zu überschauen ist.

Produktvielfalt in der Automobilindustrie

So kommt die Marke Volkswagen heute auf bis zu 30 Modelle mit durchschnittlich 43 Modellvarianten je Modell, also insgesamt rechnerisch mehr als 1.000 Modellvarianten. Rechnet man weitere Variationsmöglichkeiten wie Sonderausstattungen und Lackierungen hinzu, kommt man schnell auf mehrere Millionen theoretisch mögliche Varianten im Produktportfolio von Volkswagen.

Beim von 2012 bis 2019 gebauten Opel Adam, einem Lifestyle-Kleinwagen, gab es allein über zwei Millionen Farbvarianten, da unterschiedliche Teile der Karosserie wie z. B. Dach, Motorhaube, Stoßfänger, Dachsäulen, Rückspiegel in unterschiedlichsten Farben lackiert werden konnten.

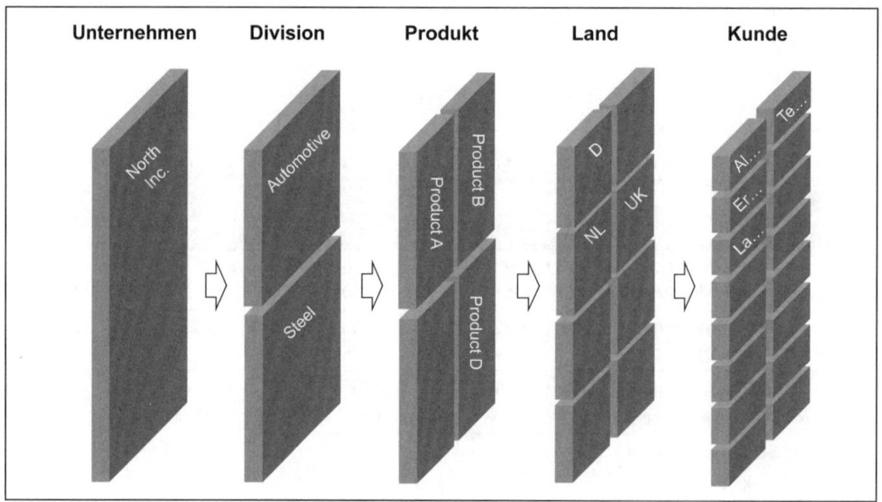

Abb. 176: Betrachtungsdimensionen der mehrstufigen Deckungsbeitragsrechnung

Basierend auf den Daten der Produktergebnisrechnung sowie dem Konzept des Produktlebenszyklus (vgl. Kapitel B.2.3) ergibt sich eine Vielzahl von Marketingcontrollinginstrumenten, die dem Produktcontrolling zugeordnet werden können:

- Instrumente des **Innovationscontrollings**/Controllings der **Produktentwicklung** wie z. B.
  - Wirtschaftlichkeitsrechnungen,
  - Break-even-Analysen,
  - Quality-Function-Deployment,
  - Target Costing,
  - Design-to-Cost,
  - Stage-Gate-Konzepte zur Steuerung des gesamten Produktentwicklungsprozesses,
- Instrumente des Controllings in der **Marktphase** wie z. B.
  - Produktergebnisrechnungen auf Vollkostenbasis,
  - Produktergebnisrechnungen auf Teilkostenbasis,
  - Value Engineering,
  - Failure Mode and Effect Analysis (FMEA),
  - Lean Management-Methoden und
- **Life Cycle Costing** als übergreifende Methode des Produktcontrollings von Entwicklungs-, Betriebs-, Modernisierungs- und Entsorgungskosten.

2.3 Markencontrolling

Die Markenpolitik ist neben der Produkt- und Sortimentsgestaltung, Qualität, produktbegleitender Dienstleistung, Verpackung und Innovation klassischer Bestandteil der Produktpolitik im Marketing-Mix. Aufgrund der Bedeutung der Marke und der Nähe zur Kommunikationspolitik haben wir das Markencontrolling nicht dem Produktcontrolling zugeordnet, sondern betrachten dieses als eigenständiges Aufgabenfeld des Marketingcontrollings.

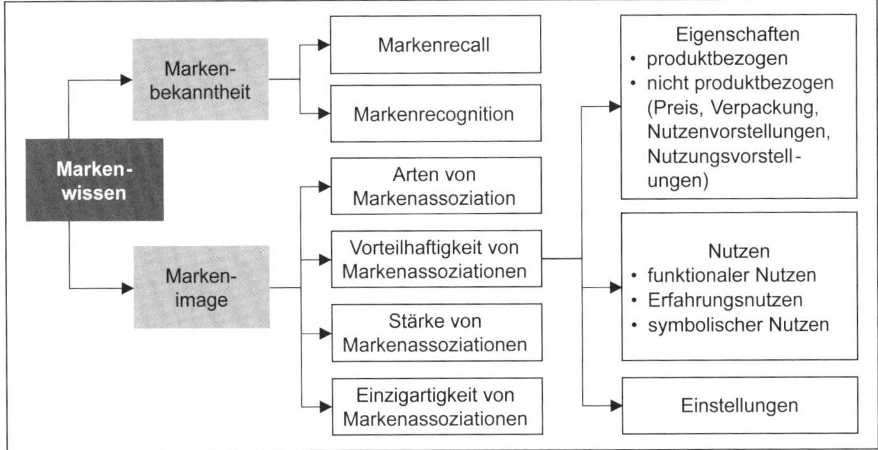

Abb. 177: Instrumente zur Kontrolle des Markenwissens
(Quelle: Tomczak, Reinecke & Kaetzke, 2004, S. 1828)

Markencontrolling beinhaltet die Koordination der Planung, Kontrolle und Informationsversorgung nicht-finanzieller Aspekte der Marke wie z. B. der Markenbekanntheit und des Markenimages sowie finanzieller Aspekte der Marke wie des Markenwerts.

Abb. 177 zeigt eine Übersicht über ausgesuchte Instrumente zur Messung des Markenwissens. Hier geht es im Wesentlichen um die **kognitiven Aspekte der Markenbekanntheit** gemessen mit Kennzahlen wie Unaided Brand Recall, Aided Brand Recall oder Brand Recognition. Das **Markenimage** beinhaltet grundsätzlich **kognitive, affektive (= emotionale) und konative Aspekte**, wobei aber im Markencontrolling häufig die affektiven Aspekte im Vordergrund stehen.

Ein bekanntes Controllinginstrument für affektive Aspekte von Marken ist das **Markensteuerrad**, das die folgenden Elemente umfasst (vgl. Esch, 2005, S. 120):

- **Kompetenz (Wer bin ich?):** Markenhistorie, Herkunft der Marke, Rolle der Marke und zentrale Markenwerte;
- **Tonalität (Wie bin ich?):** Markenpersönlichkeit, Markenerlebnisse, Markenbeziehungen;
- **Benefit & Reason Why (Was biete ich an?)**: funktionales und psychosoziales Nutzenversprechen;
- **Markenbild (Wie trete ich auf?)**: visuelle, akustische, olfaktorische, haptische und gustatorische Eindrücke.

Zentrale Aufgabe des Markencontrolling ist aber sicherlich die **Messung des Markenwertes**. Anlässe für eine Markenbewertung können vielfältig sein: der Kauf eines Unternehmens, der Kauf oder die Lizensierung einer Marke sowie die Planung, Steuerung und Kontrolle von Marken.

Der Nutzen der Analyse des Markenwertes ist vielfältig (vgl. Homburg, 2017, S. 649; Tomczak et al., 2004, S. 1835):

- Die Analyse des Markenwertes im Zeitablauf (Zeitvergleich) oder im Vergleich zu Konkurrenzmarken (Benchmarking) zeigt, wie erfolgreich der Einsatz von Marketinginstrumenten in der Vergangenheit war.
- Hat ein Unternehmen mehrere Marken, liefern Markenbewertungen Informationen zur Steuerung des Markenportfolios.
- Börsennotierte Markenartikelhersteller wie Procter & Gamble, Ferrero oder Henkel nutzen den Markenwert auch in der Investor Relation-Kommunikation. Sie betrachten die Markenwerte ihrer Marken als Frühindikator für Veränderungen des Unternehmenswerts.

In der Literatur sind weit über 50 Verfahren der Markenbewertung i. w. S. beschrieben. Diese lassen sich in **nicht-monetäre Verfahren** (Markenwert = Markenstärke) und **monetäre Verfahren** (Markenwert i. e. S. = monetärer Markenwert) unterteilen (vgl. Abb. 178). Letztere beinhalten rein **finanzorientierte Verfahren** sowie **hybriden/mehrstufige Verfahren**, wie das Verfahren der auf Markenwert und –führung spezialisierten Unternehmensberatung Interbrand, das qualitative, nicht-monetäre Aspekte der Markenstärke mit monetären Aspekten der zukünftigen Gewinne/Cashflows verbindet.

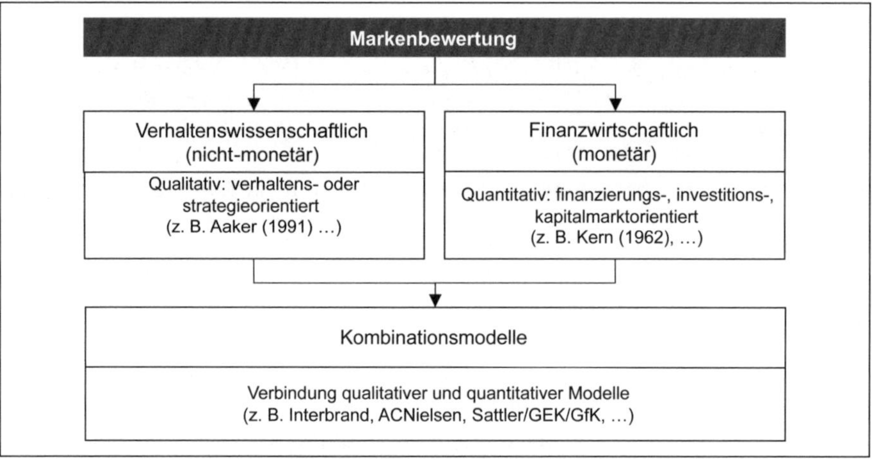

Abb. 178: Methoden der Markenbewertung
(Quelle: in Anlehnung an Aaker, 1991; Holtz, 2012, S. 21; Kern, 1662)

Das bekannteste Markenwert-Ranking wird jährlich im September von Interbrand veröffentlicht. In Interbrand-Ranking kam Apple als wertvollste Marke der Welt auf einen Markenwert von 323 Mrd. USD (Jahr 2020). Apple hat erst in der letzten Dekade Coca-Cola nach etlichen Jahrzehnten an der Spitze des Markenrankings als wertvollste Marke abgelöst (vgl. Homburg, 2017, S. 647; Meffert, Burmann, Kirchgeorg & Eisenbeiß, 2019, S. 940; Reinecke & Janz, 2007, S. 405 ff.).

2.4 Preiscontrolling

Der Preis ist das Marketinginstrument mit der direktesten, schnellsten und stärksten Wirkung auf Umsatz und Gewinn: Während eine 10-prozentige Veränderung des

Werbebudgets sich erst nach Wochen bemerkbar macht und bestenfalls zu Umsatzveränderungen im einstelligen oder niedrigen zweistelligen Prozentbereich führt, kann eine 10-prozentige Preisänderung fast augenblicklich starke Auswirkungen auf Umsatz und Gewinn haben (vgl. Simon & Faßnacht, 2016, S. 7; Wiltinger, 1998, S. 2).

Wenn man bedenkt, wie wichtig der Preis ist, ist es umso verwunderlicher, dass Preisentscheidungen in Marketingabteilungen häufig wenig analytisch angegangen werden. Viele Marketingmanager kümmern sich lieber um die Kommunikationspolitik, also die neueste Werbekampagne im Fernsehen oder Influencer Marketing. Gleiches gilt für das Preiscontrolling, das im Gegensatz zum Produkt- oder Kommunikationscontrolling in der Praxis weniger entwickelt ist (vgl. Wiltinger & Wricke, 2014a, S. 73).

Preiscontrolling umfasst die grundlegende Versorgung der Manager mit Pricing-Informationen. Dies reicht von der Unterstützung des strategischen Pricings, über die Planung von Preisen und Rabatten für Produkte, Produktgruppen, Kunden, Kundengruppen, Vertriebsgebiete, Länder und Regionen bis zu der Überwachung der sogenannten Transaktionspreise, d. h. der Preise, die die Kunden nach Abzug aller Erlösschmälerungen wie z. B. Rabatte oder Boni tatsächlich bezahlen.

Die Instrumente des Preiscontrollings lassen sich in drei Aufgabenfelder unterteilen (vgl. Wiltinger & Wricke, 2014b, S. 145):

- Instrumente zur grundlegenden Versorgung der Unternehmen mit Pricing-Informationen wie z. B.
  - Preiswasserfälle,
  - Preisbandanalysen,
  - Price Scatter Plots (Preispunktwolken),
- Instrumente zur Unterstützung des strategischen Pricings sowie zur Überwachung der implementierten Preise wie z. B.
  - Strategic Pricing Scatter Plots,
  - Margenanalyse im Produkt- und Kundenportfolio,
  - Pricing-KPI-Systeme,
- Instrumente zur Steuerung der Pricing-Prozesse wie z. B.
  - Preis- und Rabattgewährungssysteme für Vertrieb und Außendienst,
  - Preisänderungstools.

Im Folgenden wird der Preiswasserfall und der Price Scatter Plot dargestellt. Basis der Überlegungen ist, dass viele Unternehmen die eigenen Preise nicht kennen. Bei den Unternehmen stehen in Analysen und Statistiken zumeist die Listen- oder Rechnungspreise im Mittelpunkt der Analysen.

Hierbei lassen die Unternehmen die nachgelagerten Preiselemente wie z. B. Boni oder Zahlungsbedingungen außer Acht. Für eine vollständige Abbildung aller Elemente und somit eine vollständige Transparenz aller Margen-Abflüsse eignet sich der Preiswasserfall (manchmal auch Preistreppe oder englisch Pricing Waterfall genannt). Durch diese Art der Analyse werden Preisinformationen bereitgestellt und Verbesserungspotenziale identifiziert wie z. B. bei welchem Kunden die Preise erhöht bzw. die Discounts zurückgefahren werden müssen (vgl. Marn & Rosiello, 1992, S. 85; Simon & Faßnacht, 2016, S. 420; Wiltinger, 1998, S. 14 ff.).

Abb. 179 zeigt die Preiselemente bzw. den Preiswasserfall eines deutschen mittelständischen Komponentenherstellers für einen Dichtungsring. Der Listenpreis von

5 € für den Ring ist der Startpunkt. Vom Listenpreis werden ein Mengenrabatt und ein Wettbewerbsrabatt abgezogen. So errechnet sich der Rechnungspreis von 4 €. Der Hersteller verwendete den Rechnungspreis zur Messung der Preisperformance und ließ dabei die nachgelagerten Konditionen völlig außen vor. Tatsächlich ergab sich für den Dichtungsring nach Abzug von Skonti, Zahlungsbedingungen, Boni und Marketingzuschüssen ein Transaktionspreis von 2,30 €. Die tatsächliche Preisperformance lag demnach bei weniger als 50 % des Listenpreises. Anstelle des angenommenen Rabattes in Höhe 22 % wurden tatsächlich Abzüge von 54 % gewährt.

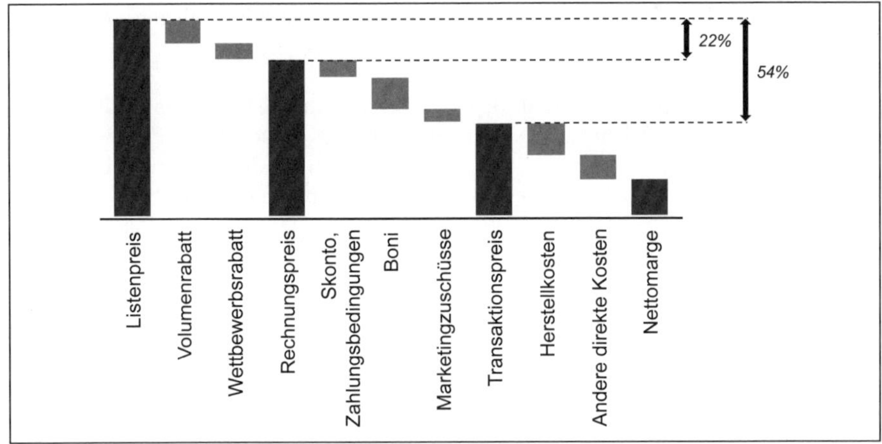

Abb. 179: Preiswasserfall
(Quelle: Wiltinger & Wricke, 2014b, S. 148)

Dieses Beispiel verdeutlicht, dass der Transaktionspreis und nicht der Rechnungspreis der eigentliche Wert sein sollte, an dem ein Unternehmen seine Preisperformance misst. Eine Gegenüberstellung mit vergleichbaren Produkten der Konkurrenz zeigte in dem Beispiel, dass die Abzüge der Wettbewerber wesentlich geringer ausfielen. Als Konsequenz erstellte das Unternehmen eine Vertriebsrichtlinie, um den Außendienst auf Linie zu bekommen, und verringerte den zulässigen Wettbewerbsrabatt. Dadurch ergab sich eine erhebliche Gewinnsteigerung (vgl. Wiltinger, 1996, S. 984).

Während der Preiswasserfall eine eindimensionale Darstellung ist, betrachten **Price Scatter Plots** eine zweite Dimension als Einflussfaktor auf den Transaktionspreis. Im Beispiel der Abb. 180 wird der jährliche Umsatz mit dem Kunden als zweite Dimension analysiert.

Auf Basis des Price Scatter Plots kann dargestellt werden, ob es Kunden oder Kundengruppen gibt, die ungerechtfertigter Weise zu hohe Rabatte erhalten und damit umsatz- und margenschwach sind. Diese sind in Abb. 180 als **Kunden mit Handlungsbedarf** bezeichnet. Auf der anderen Seite gibt es aber auch umsatzstarke Kunden, die hohe Transaktionspreise bezahlen. Diese bezeichnen wir als **Risikokunden**, da die Gefahr besteht, dass diese abwandern, sobald sie realisieren, dass sie wesentlich höhere Transaktionspreise bezahlen als andere Kunden des Unternehmens mit ähnlichem Umsatz. Allerdings verdient man an den Risikogruppen auch besonders gut.

Bei Kunden, die sich im **Toleranzbereich** befinden, sind zunächst einmal keine direkten Maßnahmen notwendig, da ihre Transaktionspreise im Einklang mit ihrer Bedeutung für das Unternehmen (gemessen am Umsatz) stehen. In einem zweiten Schritt ist eine Analyse der Steigung der den Toleranzbereich begrenzenden Linien interessant. Sie zeigt, wie stark die Rabattierung aufgrund des Umsatzes ist. Hier könnte man bei dem Verlauf in Abb. 180 zum Schluss kommen, dass die Rabatte, Boni und sonstigen Erlösschmälerungen, die großen Kunden gewährt werden, übertrieben und daher Anpassungen der Vertriebspolitik notwendig sind.

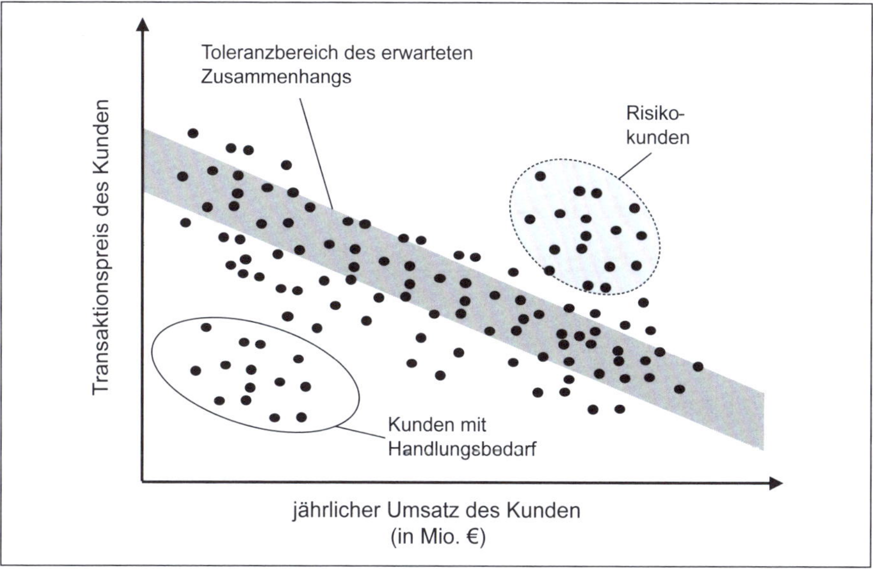

Abb. 180: Price Scatter Plot

2.5 Kommunikationscontrolling

Das am besten bearbeitete Teilgebiet des Marketingcontrollings ist das **Kommunikationscontrolling**. Viele Autoren des Marketingcontrollings fokussieren ihre Ausführungen auf das Kommunikationscontrolling.

Kommunikationscontrolling ist für uns eine Funktion im Unternehmen, die das Kommunikationsmanagement unterstützt, Kommunikationsprozesse zielorientiert zu steuern. Im Sinne des Führens mit messbaren Zielen hilft Kommunikationscontrolling dem Kommunikationsmanager bei der Analyse, Planung, Umsetzung und Kontrolle der Unternehmenskommunikation und stellt deren Effektivität und Effizienz sicher.

Dafür stellt das Kommunikationscontrolling Strukturen, Methoden und Kennzahlen für vier Aspekte zur Verfügung:

- „Kommunikationsstrategie und Unternehmensstrategie: Sind wir noch auf dem richtigen Weg?

- Arbeitsprozesse: Arbeiten wir effizient?
- Ergebnisse: Haben wir die richtigen Ziele gesetzt und das erreicht, was wir wollten?
- Kosten: Was kosten unsere Maßnahmen, welches Budget haben wir wofür eingesetzt?“ (Internationaler Controller Verein, 2016, S. 13).

Das Kommunikationscontrolling wurde in den letzten Jahren deutlich komplexer, da die Anzahl der kommunikationspolitischen Instrumente durch die Entwicklung des Internets zum Web 4.0 stetig gewachsen ist. Abb. 181 zeigt einen Überblick über kommunikationspolitische Instrumente. Dabei wird nach Instrumenten der Above-the-Line- und Below-the-Line-Kommunikation unterschieden.

	Kommunikationsinstrumente	**Typische Erscheinungsformen (Online und Offline)**
Above-the-Line	Mediawerbung/klassische Werbung	– Fernsehen – Radio – Kino – Printmedien – Out-of-Home (Außenwerbung)
	Online-Kommunikation	– Bannerwerbung – Social Media Advertising
Below-the-Line	Produkt-PR	
	Verkaufsförderung	– Direkt, Konsumenten gerichtet – Indirekt, Konsumenten gerichtet – Handelsgerichtet
	Messen und Ausstellungen	– Universalmessen, Spezialmessen, Branchenmessen, Solo- oder Monomessen, Fachmessen
	Direct Marketing	– Passiv – Reaktionsorientiert – Interaktionsorientiert – Online (E-Mail) oder Offline (Brief)
	Sponsoring	– Sportsponsoring – Kultursponsoring – Gesellschaft- und Umweltsponsoring – Influencer Marketing
	Event Marketing	– Anlassbezogen – Markenorientiert
	Persönliche Kommunikation	– Direkt – Indirekt

Abb. 181: Instrumente der Above-the-Line- und Below-the-Line-Kommunikation (Quelle: Reinecke & Janz, 2007, S. 220)

Wie aus Abb. 181 ersichtlich unterscheiden wir nicht explizit zwischen klassischen Medien und Online-Medien. Die Online-Kommunikation hat seit Einführung der klassischen Bannerwerbung in den späten 1990er-Jahren inzwischen ein breites und insbesondere auch heterogenes Spektrum an Kommunikationsinstrumenten hervorgebracht. Eine klassische Banner-Werbung auf einer Internetseite wie FAZ.NET oder Spiegel-Online liegt aus unserer Sicht näher an der klassischen Mediawerbung als an einem Influencer Marketing oder In-Game-Advertising. Daher können die einzelnen Online-Kommunikationsinstrumente nicht zusammengefasst betrachtet werden, sondern jedes konkrete Instrument muss im Einzelfall der Kampagne und ihrer Zielsetzung betrachtet werden. Ein spezialisiertes B2B-Unternehmen oder ein Ingenieurbüro, das eine Webseite als klassisches PR-Instrument benötigt, ist vielleicht auf LinkedIn oder Xing aktiv, muss aber nicht unbedingt einen Auftritt bei Facebook, Instagram oder TikTok haben (vgl. Wiltinger, 2014, S. 70).

Bei jedem Einsatz eines kommunikationspolitischen Instruments bzw. auch bei einer integrierten Kommunikationspolitik sollte ein an die Anforderungen der Kommunikationspolitik angepasster Controllingkreislauf durchlaufen werden (vgl. Abb. 182). Nach einer **Definition der Kommunikationsziele** bezogen auf Marktsegmente und Zielgruppen, deren spezifische Behandlung im Rahmen der Marktpositionierung in der Kommunikationspolitik eine besondere Bedeutung zukommt, erfolgt die Durchführung der Mediabudgetierung und -planung.

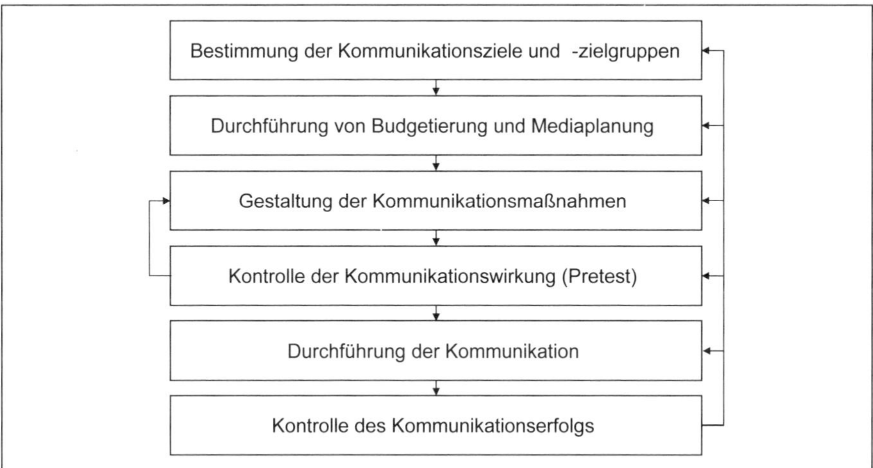

Abb. 182: Kommunikationscontrollingkreislauf (Quelle: Homburg, 2017, S. 763)

Im Rahmen der Budgetierung erfolgt zum einen die Bestimmung des kommunikationspolitischen Budgets insgesamt und zum anderen die Budgetallokation auf die verschiedenen Marktsegmente/Zielgruppen sowie auf die Kommunikationsinstrumente. In der Literatur werden fünf heuristische Verfahren der **Kommunikationsbudgetierung** genannt (vgl. Homburg, 2017, S. 768; Kotler et al., 2017, S. 619 ff.; Meffert et al., 2019, S. 650 f.):

- Orientierung an Budget der Vorperiode (Fortschreibungsmethode),
- Orientierung am Umsatz bzw. am Gewinn (z. B. Percentage-of-Sales-Methode),
- Orientierung an den verfügbaren monetären Mitteln (All-You-Can-Afford-Methode),
- Orientierung an Wettbewerbsaktivitäten (z. B. Competitive-Parity-Methode oder Share-of-Voice-Methode) und
- Orientierung an Zielen der Kommunikationspolitik (Objectives-and-Tasks-Methode).

Nur das letzte Verfahren, die **kommunikationszielorientierte Budgetierung**, ist ein Vorgehen im Sinne eines modernen Kommunikationscontrollings. Hier werden zunächst die kommunikationspolitischen Ziele wie z. B. ein bestimmter Bekanntheitsgrad oder eine Imageveränderung festgelegt. Dann wird das Budget auf das Erreichen dieser Ziele abgestimmt. Kann sich ein Unternehmen das zum Erreichen der kommunikationspolitischen Ziele notwendige Budget nicht leisten, muss es seine Ziele anpassen. Aber auch ein Overspending ist nicht sinnvoll.

Das Hauptproblem dieser einzig richtigen Methode ist, dass die meisten Unternehmen die Wirkung der kommunikationspolitischen Maßnahmen auf die kommunikationspolitischen Zielgrößen nicht verlässlich genug prognostizieren können und somit nur ein Trial-and-Error-Vorgehen möglich ist.

Daher weichen doch sehr viele Unternehmen auf die sehr einfachen heuristischen Methoden wie die Percentage-of-Sales-Methode oder Competitive-Parity-Methode aus. Bei letzterer setzen die Unternehmen ungefähr so viele finanzielle Mittel für die Kommunikationspolitik ein, dass der Anteil des eigenen Kommunikationsbudgets an den gesamten Kommunikationsbudgets der Branche (Share-of-Voice) ungefähr dem eigenen Marktanteil entspricht. Dann gilt: Share-of-Voice = Share-of-Sales.

Nach der Kommunikationsbudgetierung erfolgt im Rahmen von Pretests eine erste **Kontrolle der Kommunikationswirkung**. Die eigentliche Kontrolle des Kommunikationserfolgs im Rahmen eines Soll-Ist-Vergleichs ist natürlich erst nach der Umsetzung der kommunikationspolitischen Maßnahmen im Markt möglich. Die Möglichkeit, umfassende Pretests durchzuführen, ist ein Vorteil des Kommunikationscontrollings und sollte im Unternehmen in jedem Fall genutzt werden. Pretests lassen sich auch sehr einfach auf die betreuende Kommunikationsagentur outsourcen, wenn dies vor dem Vertragsabschluss so definiert wird.

Nach der Durchführung der Kommunikation erfolgt die **Kontrolle des Kommunikationserfolgs**. Diese ist die zentrale Ergebniskontrolle im Sinne des Controllingkreislaufs. Insgesamt ergibt sich damit der geschlossene Kommunikationscontrollingkreislauf.

Da die zielorientierte Budgetierung der Marketingkommunikation nur eingeschränkt möglich ist, kommt derzeit der Kontrolle im Rahmen des Kommunikationscontrollings eine besondere Rolle zu.

Abb. 183 systematisiert die verschiedenen Kontrollmöglichkeiten in:

- Mitteleinsatzkontrolle,
- Effektivitätskontrolle,
- Effizienzkontrolle sowie
- Ablaufkontrollen und Audits.

Eine wirkliche Effizienzkontrolle der Wirtschaftlichkeit des Einsatzes von kommunikationspolitischen Instrumenten ist nur in wenigen Ausnahmefällen möglich. Hierbei müsste der Einfluss des Kommunikationsinstruments auf den Umsatz – entweder auf Basis eines höheren Preises oder auf Basis eines größeren Absatzes – direkt und unmittelbar nachgewiesen werden und von anderen Einflussfaktoren wie z. B. Wettbewerbsaktionen exakt getrennt werden.

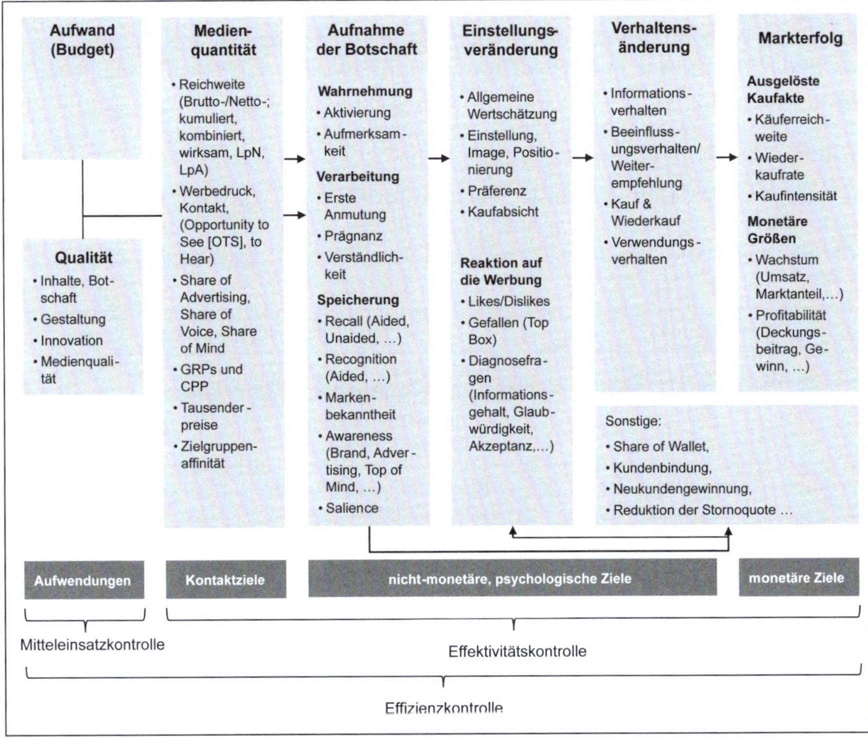

Abb. 183: Wirkungen und Zielgrößen/Kennzahlen der Kommunikation (Quelle: Reinecke & Janz, 2007, S. 230)

Daher konzentriert sich das Kommunikationscontrolling im Schwerpunkt auf das Effektivitätscontrolling von kommunikationspolitischen Zwischenzielen aus den Werbewirkungsmodellen wie z. B. AIDA (Attraction, Interest, Desire, Action). Es werden Bekanntheitsgrade durch Aided oder Unaided Recalls, Produktwissen oder Einstellungen durch angepasste Instrumente gemessen. Werden diese psychologischen Zwischenziele durch den Einsatz der Kommunikationsinstrumente positiv beeinflusst, geht man davon aus, dass sich auch Absatz oder Umsatz erhöhen (vgl. Wiltinger, 2002, S. 87 ff.; Wiltinger & Wiltinger, 2006, S. 207 ff.).

2.6 Vertriebscontrolling

„Der **Vertrieb** umfasst alle Tätigkeiten und Funktionen, Strukturen und Abläufe (Prozesse), Methoden und Systeme zur betrieblichen Leistungsbewertung. Hinreichendes Kennzeichen für eine Vertriebsfunktion ist eine Kunden(betreuungs-)verantwortung. Hinreichendes Kennzeichen für eine Vertriebsführungsfunktion ist eine Umsatzverantwortung" (Winkelmann, 2008, S. 2).

Der Vertrieb ist damit mit dem Kundendienst die letzte Phase innerhalb des Leistungserstellungsprozesses im Unternehmen. Wir verwenden aus Praktikabilitätsgründen, auch wenn die Begriffe nicht synonym sind, den Vertriebsbegriff anstelle des Distributionsbegriffs aus dem Marketing-Mix. Während der Vertrieb in der akademischen Welt im Rahmen des Marketings eher ein Schattendasein führt, kommt ihm in der Praxis eine große Bedeutung zu. Analysen von Stellenanzeigen zeigen regelmäßig, dass der Vertrieb neben Controlling/Rechnungswesen der Funktionsbereich mit der größten Nachfrage nach Mitarbeitern mit betriebswirtschaftlicher Ausbildung ist (vgl. Winkelmann, 2008, S. 7).

Im Rahmen der Optimierung der Vertriebsfunktion soll das Vertriebscontrolling „Verkaufsprozesse berechenbar machen, vertriebsinduzierte Transaktionskosten im Unternehmen senken und die Vertriebseffizienz steigern" (Kühnapfel, 2013, S. 21).

Schwerpunkt	Teilaufgabe/Instrumente
Optimierung der Vertriebsausrichtung	– Markt- und Segmentrentabilitätsanalysen – Vertriebskanaloptimierung – Wettbewerbsanalysen – Benchmarkanalysen
Verkaufserfolgsoptimierung	– Produkterfolgsrechnungen – Kundenerfolgsrechnungen – Kundenwertanalysen – Vertriebsinstanzenerfolgsrechnung – Angebots- und Preiskalkulation – Besuchsoptimierung
Organisationsoptimierung	– Optimierung der Vertriebseffizienz und -effektivität – Vertriebsprozessoptimierung – Vertriebskostenoptimierung – Optimierung der Vertriebsanreizsysteme

Abb. 184: Aufgaben des Vertriebscontrollings
(Quelle: in Anlehnung an Kühnapfel, 2013, S. 22)

Aus Abb. 184 wird ersichtlich, dass das Aufgabenspektrum des Vertriebscontrollings sehr umfassend ist. Er umfasst dabei auch Fragestellungen, die wir dem Marketingcontrolling insgesamt zuordnen, wie Produkterfolgsrechnungen oder Kundenerfolgsrechnungen. Zudem werden auch Themen zugeordnet, die man auch dem Personalcontrolling oder -management zuordnen könnte, wie die Optimierung der Vertriebsanreizsysteme. Daher wollen wir hier das Vertriebscontrolling nicht tiefer betrachten, sondern verweisen auf die bereits verwendete, einschlägige Literatur. Im nachfolgenden Kapitel wollen wir aber einen Überblick über das auch für das Vertriebscontrolling sehr wichtige Gebiet des Kundencontrollings geben, das wir dem Marketingcontrolling zuordnen. Mit diesem schließen wir die Darstellung des Marketingcontrollings ab.

2.7 Kundencontrolling

Nach Produkt-, Marken-, Preis-, Kommunikations- und Vertriebscontrolling verlassen wir den Blickwinkel des Marketing-Mix und betrachten das Kundencontrolling als Querschnittsaufgabe.

Das **Kundencontrolling** koordiniert die Planung, Kontrolle und Informationsversorgung der Führungskräfte aus Marketing und Vertrieb in Hinblick auf den Kunden über dessen gesamten Lebenszyklus, den **Kundenlebenszyklus**. Dieser umfasst dabei im Wesentlichen die **Kundengewinnung**, die **Kundenzufriedenheit** und **Kundenbindung** sowie die **Rückgewinnung** von verlorenen Kunden (**Churn-Management**).

Instrumente des Kundenmanagements und des Kundencontrollings sind vielfältig, da inzwischen eine Ausrichtung des gesamten Unternehmens am Kunden gefordert wird (vgl. Töpfer, 2008, S. 4). Wir unterscheiden im Kundencontrolling daher

- Instrumente der Kundenbewertung,
- Instrumente der Kundenstrukturanalyse,
- Instrumente der Kundenzufriedenheitsanalyse.

Instrumente der Kundenbewertung

Grundlage vieler Instrumente des Kundencontrollings sind Kundenerfolgsrechnungen. Dabei haben sich Kundendeckungsbeitragsrechnungen als Instrument durchgesetzt. In Kapitel D.2.2 haben wir Produktergebnisrechnungen auf Teilkostenbasis in Form von mehrstufigen Deckungsbeitragsrechnungen vorgestellt (vgl. Abb. 175). Bereits dort hatten wir darauf hingewiesen, dass man die mehrstufigen Deckungsbeitragsrechnungen nach vielfältigen Objekten systematisieren kann; Objekte können neben Produkten und Kunden auch Länder/Regionen oder Vertriebsinstanzen sein.

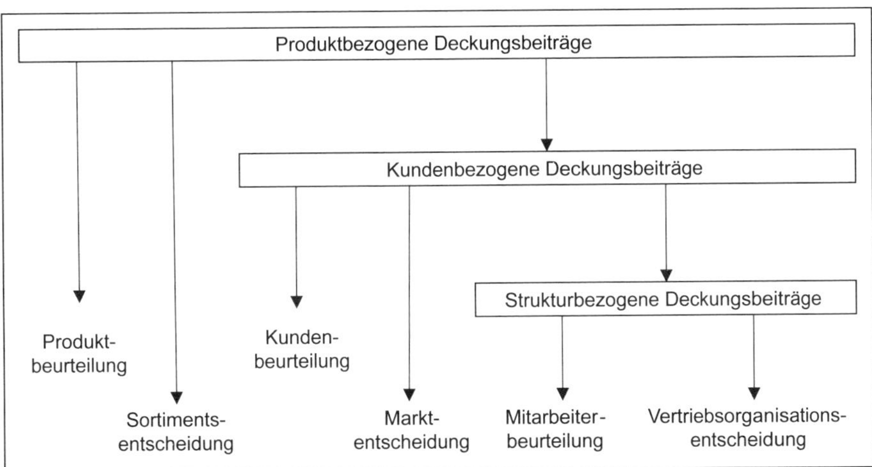

Abb. 185: Kundenbezogene Deckungsbeiträge im Zusammenhang (Quelle: in Anlehnung an Bleiber, 2014, S. 60)

Ausgehend von Produktdeckungsbeiträgen können kundenbezogene Deckungsbeiträge berechnet werden. Hierfür geht man vom **Kundenrohertrag** aus, der sich aus dem Umsatz abzüglich der produktbezogenen Kosten der vom Kunden bezogenen Produkte und Leistungen ergibt (vgl. Abb. 185). Im Folgenden werden dann in mehreren Stufen kundenspezifische Fixkosten von den Produktergebnissen abgezogen. Hier sind zunächst direkte Kundeneinzelkosten wie Transport-/Versandkosten, Vertriebsprovisionen oder Factoring-Kosten zu nennen. In späteren Deckungsbeitragsebenen können aber auch mithilfe von Schlüsseln oder der Prozesskostenrechnung den Kunden zurechenbare Anteile an Marketing-Etats, an Vertriebskosten und insbesondere an Kosten des betriebswirtschaftlichen und technischen Kundendienstes zugeordnet werden (vgl. Ehrmann, 2016, S. 129).

Kundenertragsrechnungen dienen der Beurteilung des einzelnen Kunden bzw. von Marktsegmenten und sind häufig auch Basis für Kundenstrukturanalysen wie die ABC/XYZ-Analyse oder Kundenportfolios. Zudem dienen sie als Basis der Ableitung von Cashflows im Rahmen der Kundenwertanalyse wie zum Beispiel des Customer Lifetime Value. Abb. 185 zeigt darüber hinaus, dass auch Analysen zur Bewertung der Vertriebsinstanzen wie zum Beispiel von Außendienstmitarbeitern oder Handelspartnern auf dem Kundenerfolg beruhen.

Aufbauend auf Kundenertragsrechnungen wird ein **Kundenwert (Customer Lifetime Value, CLV)** berechnet. Dieser bezieht sich auf den Kundenwert über die gesamte Kundenbeziehung. Er berücksichtigt Kundenakquisitionskosten, die am Anfang der Kundenbeziehung bestehen. Auf der anderen Seite betrachtet er auch die wirtschaftlich positiven Aspekte eine hohen Kundenzufriedenheit und -bindung, die im Modell der Abb. 186 dargestellt sind.

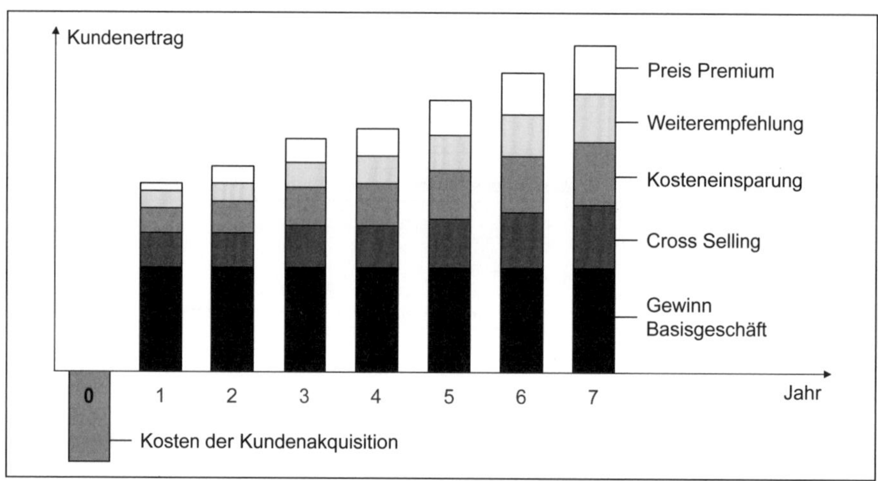

Abb. 186: Elemente des Kundenwertes

Der Kundenwert berechnet sich in Analogie zur Unternehmensbewertung nach der folgenden Formel (vgl. Kapitel C.2.5.2.1):

$$Kundenwert = \sum_{t=1}^{\infty} \frac{CF_t^{Kunde}}{(1+i_{WACC})^t}$$

mit:

CLV = Customer Lifetime Value = Kundenwert
CF_t^{Kunde} = Cashflow des Kunden in Periode t
i_{WACC} = Weighted Average Costs of Capital

In der Praxis der Kundenbewertung werden häufig Kundenertragswerte berechnet, da man nicht den Cashflow des Kunden über den Kundenlebenszyklus abzinst, sondern die oben dargestellten Kundendeckungsbeiträge (vgl. Winkelmann, 2008, S. 355).

Instrumente der Kundenstrukturanalyse

Eine Kundenstrukturanalyse ist eine erste Form der Kundenklassifizierung. Es gibt unterschiedliche Anlässe für eine Kundenklassifizierung. In aller Regel stehen aber Effizienzgesichtspunkte im Vordergrund. Darf der Außendienst deckungsbeitragsschwache Kunden genauso häufig besuchen wie deckungsbeitragsstarke Kunden? Sollen Umsatzschwache Kunden nicht lieber über einen indirekten Vertrieb beliefert werden? Bei welchen Kunden lohnt sich der Einsatz des technischen Kundendienstes? Es gibt viele Gründe, große Kunden anders zu behandeln als mittlere und kleine Kunden.

Zu den Methoden der Kundenstrukturanalyse rechnen wir

- umsatzbezogene oder deckungsbeitragsbezogene ABC-Analysen,
- Kundenportfolios und
- Kundenrankings auf Basis von Scoring-Modellen.

ABC-Analysen sind ein Basisinstrument des Kundencontrollings (vgl. Reinecke & Janz, 2007, S. 118f.). Das Vorgehen bei ihrer Erstellung ist wie folgt:

- Zunächst wird der Umsatzanteil jedes Kunden am Gesamtumsatz des Unternehmens errechnet.
- Danach werden die Kunden nach dem Umsatzanteil in absteigender Reihenfolge geordnet und die Umsatzanteile kumuliert.
- Dies wird dann in eine Grafik eingetragen, wobei auf der x-Achse die Kundenanzahl abgetragen wird und auf der y-Achse der kumulierte Umsatzanteil (vgl. Abb. 187).
- Als A-Kunden werden die größten Kunden bezeichnet, deren kumulierter Umsatzanteil 75 % oder 80 % ausmacht. Die Grenze der B-Kunden wird in aller Regel bei 95 % angesetzt.

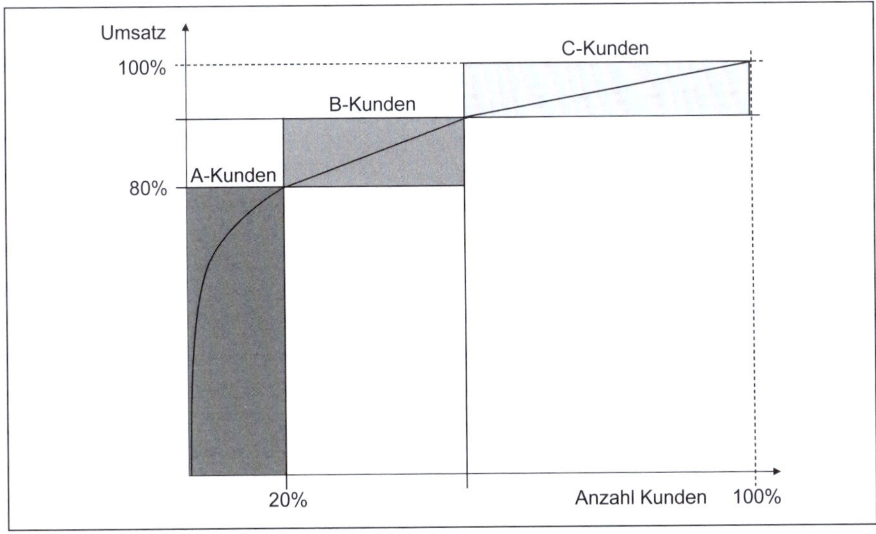

Abb. 187: ABC-Analyse

Bei der ABC-Analyse wird meist unterstellt, dass im Kundenumsatz die 80/20-Regel gilt. Diese besagt ganz allgemein, dass die 20 % umsatzstärksten Kunden 80 % oder mehr des Umsatzes auf sich vereinen. 80/20-Regeln gelten in vielen Funktions- oder Geschäftsbereichen des Unternehmens. So ist es häufig auch so, dass die 20 % umsatzstärksten Produkte 80 % des Umsatzes des Unternehmens auf sich vereinen.

Neben den ABC-Analysen erfreuen sich **Kundenportfolios** in der Praxis einer steigenden Beliebtheit. Abb. 188 zeigt ein Kundenportfolio. In diesem sind vier Dimensionen dargestellt:

- unsere Wettbewerbsposition beim Kunden auf der x-Achse,
- die Kundenattraktivität auf der y-Achse,
- das Kunden-/Umsatzpotenzial als Kreisgröße und
- unser Lieferanteil beim Kunden als Kreisanteil.

Die Wettbewerbsposition beim Kunden und die Kundenattraktivität werden in aller Regel aus Scoring-Modellen ähnlich dem McKinsey-Portfolio abgeleitet (vgl. Kapitel B.2.3.4.3). Beispiele für Kriterien der Wettbewerbsposition beim Kunden sind der Lieferantenstatus, die Kundenzufriedenheit, die Produktpenetration, Beispiele für Kriterien der Kundenattraktivität die Eignung als Referenzkunde, die strategische Bedeutung und das Kundenwachstum.

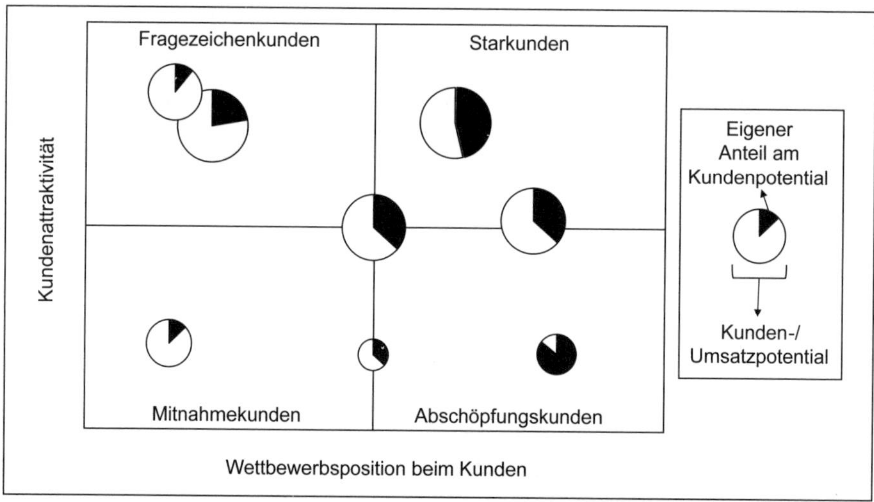

Abb. 188: Beispiel eines Kundenportfolios (Quelle: in Anlehnung an Reinecke & Janz, 2007, S. 125)

Analog zum BCG-Portfolio werden die Kunden in vier Segmente aufgeteilt, für die üblicherweise Standardstrategien der Kundenbearbeitung vorgeschlagen werden, die sich schon aus der Namensgebung erschließen.

Instrumente der Kundenzufriedenheitsmessung

Zum Abschluss des Kapitels zum Marketingcontrolling soll ein Überblick über die Instrumente der Kundenzufriedenheitsmessung gegeben werden (vgl. Abb. 189).

In der Praxis dominieren die nachfrageorientierten, subjektiven merkmalsorientierten Verfahren wie das multiattributive Modell oder SERVQUAL. **SERVQUAL** ist ein sehr frühes Modell der Kundenzufriedenheit, das eng mit dem sogenannten **C/D-Paradigma** in Verbindung steht (vgl. Zeithaml, Parasuraman, Berry & Rastalsky, 1992). C/D steht dabei für Confirmation/Disconfirmation. Das C/D-Paradigma geht davon aus, dass Kundenzufriedenheit durch den Vergleich der Kunden von wahrgenommener Leistung eines Produktes bzw. einer Dienstleistung mit der erwarteten Leistung entsteht. Übertrifft die wahrgenommene Leistung die erwartete Leistung, entsteht Kundenzufriedenheit (Confirmation). Ist dies nicht der Fall, dann entsteht Unzufriedenheit. Dazwischen gibt es einen Indifferenzbereich (vgl. Kaiser, 2006, S. 43).

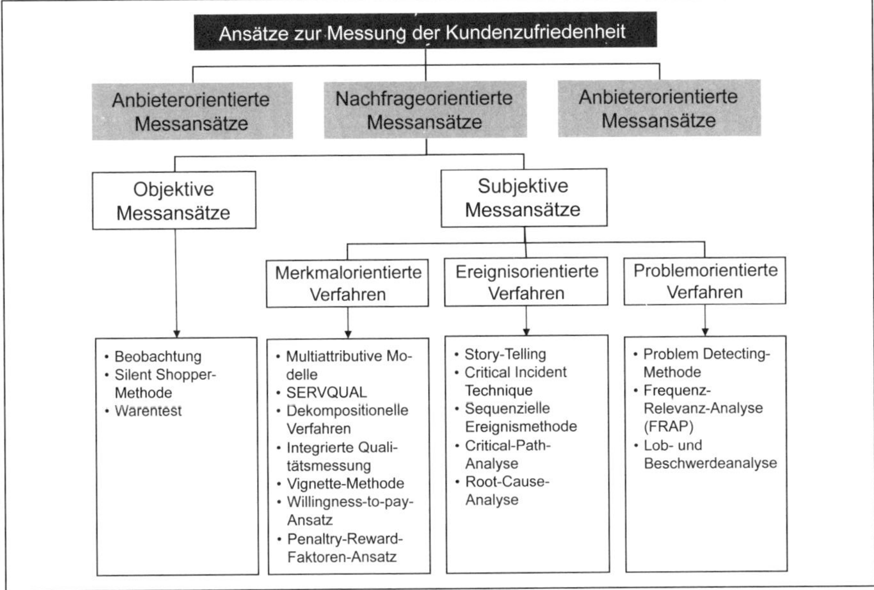

Abb. 189: Ansätze zur Messung der Kundenzufriedenheit (Quelle: in Anlehnung an Kaiser, 2006, S. 68)

In der Praxis wird das C/D-Paradigma meist mit Kunden-/Konsumentenbefragungen umgesetzt. Die Kunden/Konsumenten erhalten Fragebögen mit Fragen bezüglich Wichtigkeit, Erwartungshaltung und/oder Ist-Leistung in Hinblick auf sehr viele relevanten Kriterien der Qualität von Produkten bzw. Dienstleistungen.

J.D. Power 2018 – Toyota, Seat und Volvo top
BMW schlechter als Fiat: Mit welchen Autos Käufer wirklich zufrieden sind

„Vor diesen Daten zittern die Autohersteller: Bei der J.D. Power Kundenzufriedenheits-Studie enthüllen Autobesitzer, wie gut oder schlecht die Qualität ihrer Fahrzeuge wirklich ist. …

Ob ein Auto wirklich das hält, was es verspricht, kann man erst nach einiger Zeit sagen. Beim Marktforschungsunternehmen J.D. Power zählen Erfahrungen der Kunden, die zu ihren Autos befragt werden. Nach den Daten für den US-Markt liegen nun auch die Zahlen für Deutschland vor. Die abgefragten Kategorien für Zuverlässigkeit sind: *Zuverlässigkeit insgesamt*, *Motor und Antrieb*, *Karosserie und Innenraum* sowie *Extras und Funktionalität*. Insgesamt werden 177 Kategorien abgefragt. …

Toyota top, BMW auf dem letzten Platz

J.D. Power gibt seinen Index mit dem Terminus 'PP100' an – das bedeutet 'Probleme pro 100 Fahrzeuge'. Am Ende wird die Anzahl der Probleme pro 100 Fahrzeuge zur Gesamtzuverlässigkeit berechnet. Erfasst sind alle bekannten Marken. Ausnahmen: Honda, Jeep und Porsche fallen aus der Liste, weil die Zahl der in der Studie erfassten Fahrzeuge für verlässliche Aussagen nicht groß genug ist" (Focus Online, 2018).

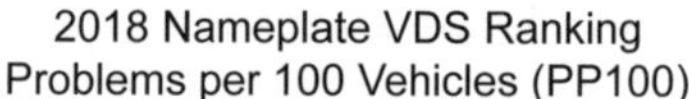

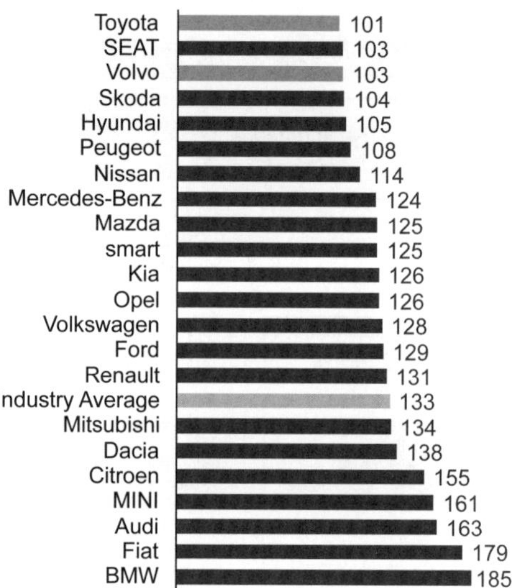

Abb. 190: J.D. Power – 2018 Germany Vehicle Dependability Study (VDS) (Quelle: in Anlehnung an Focus Online, 2018)

Es wird also z. B. im Automobilservice die Bedeutung der Wartezeit in der Telefonhotline zur Terminvereinbarung eines Servicetermins, die Erwartungshaltungen des Kunden an die Wartezeit sowie die wahrgenommene Wartezeit bei der Terminvereinbarung abgefragt. Die Ergebnisse der Befragung werden ausgewertet. Dabei wird dann davon ausgegangen, dass Unzufriedenheit entsteht, wenn die Befragung ergibt, dass die Wartezeit bei der Terminvereinbarung über der erwarteten Wartezeit des Kunden lag und die Wartezeit bei der Terminvereinbarung für den Kunden relativ wichtig ist.

Ein Nachteil von Befragungen auf Basis von multiattributiven Modellen wie der auf dem C/D-Paradigma basierende im Beispiel gezeigte J.D. Power-Studie besteht darin, dass die Befragungen meist sehr umfangreich und zeitaufwendig sind und daher auch nur jährlich oder sogar seltener oder sporadisch durchgeführt werden. Ein Interview im Rahmen der J.D. Power-Studie nimmt mehr als eine Stunde in Anspruch. Daher verursachen diese Kundenzufriedenheitsstudien hohe Kosten pro Befragtem.

Für Kundenprozesse wie die Anrufe in einem Callcenter von Telekommunikationsunternehmen, die täglich mehrere tausende Mal ablaufen, können einerseits so umfangreiche Befragungen nicht durchgeführt werden. Andererseits wäre eine jährliche

Befragungsfrequenz viel zu niedrig. Um aus Kundenzufriedenheitsmessungen in Dienstleistungsunternehmen mit vielen Kundenprozessen am Tag Maßnahmen ableiten zu können, benötigt man Echtzeit-Kundenzufriedenheitsmessungen, die zumindest annähernd so häufig stattfinden wie die Kundenprozesse selbst. Man möchte zeitnah feststellen, wenn die Stimmung in einem Callcenter schlecht ist und die Call-Agents unfreundlich sind oder wenn ein neu gelaunchtes Produkt beim Kunden Probleme bereitet.

Daher hat Reichheld Anfang der 2000er-Jahre den **Net Promotor Score** entwickelt (vgl. Reichheld, 2003). In dem Buch „The Ultimate Question 2.0" beschreibt er mit seinem Co-Autor Markey die durch Anwendungserfahrung verbesserte Philosophie und Technik des Net Promotor Score (vgl. Reichheld & Markey, 2011). Der Net Promotor Score misst mit einer einzigen Frage „Würden Sie diesen Service weiterempfehlen?" die Kundenzufriedenheit unidimensional. Dadurch können aber mehr Kunden häufiger und an mehreren Customer Touch Points in der Customer Journey befragt werden. Sinkt die Kundenzufriedenheit an einem Customer Touch Point im Zeitverlauf, kann zeitnah eingegriffen und die Ursachen in längeren Interviews, in denen bei unzufriedenen Kunden nachgefragt wird, aufgedeckt werden (vgl. Reichheld & Markey, 2011, S. 12).

3 Produktionscontrolling

In der **Produktionsfunktion** hat Controlling eine lange Tradition. Seit den 1920er-Jahren werden die Leistungen in Produktion und Fertigung durch Kennzahlen geplant und überwacht. Die Produktion ist eine Kernfunktion des Unternehmens, egal ob es sich um Produktunternehmen- oder Dienstleistungsunternehmen handelt. Auch Dienstleistungen werden produziert.

Während früher zwischen Produktunternehmen und Dienstleistungsunternehmen unterschieden wurde, verwischen die Grenzen zwischen Produkt- und Dienstleistungsunternehmen zunehmend. Seit Mitte der 1980er-Jahre diskutierten Produktunternehmen über die Bedeutung und hohe Wertschöpfung von **produktbegleitenden Dienstleistungen** wie Wartung, Finanzierung oder Betrieb (vgl. Simon, 1993). Bei Dienstleistungsunternehmen wurde ebenso darüber nachgedacht, wie die Dienstleistung durch haptische Produktkomponenten augmentiert werden kann.

Heute spricht man in vielen Unternehmen von **hybriden Leistungsbündeln** aus Produkt- und Dienstleistungskomponenten. Unternehmen bieten auf die Kundenbedürfnisse abgestimmte Kombinationen aus Produkten und Dienstleistungen an. Ehemalige Produktanbieter kombinieren ihre Produkte mit immateriellen Dienstleistungen wie Beratung, Wartung, Betrieb oder Finanzierung. Hier wird häufig von der **Servitization** gesprochen.

3.1 Begriff, Aufgaben und Instrumente des Produktionscontrollings

Die Produktion ist durch die drei Elemente des Produktionssystems gekennzeichnet (vgl. Abb. 191). Der **Input** kennzeichnet die **Produktionsfaktoren** des Unternehmens. Diese umfassen klassischer Weise nach Gutenberg Werkstoffe, Arbeitsleistung und Betriebsmittel. Die Beschaffung der Produktionsfaktoren liegt in den meisten Unternehmen außerhalb der Verantwortung der Produktion, nämlich in der Beschaffung. Die Produktion bestimmt aber die Mengen und Zeiten, zu denen die Produktionsfaktoren benötigt werden.

Weiteres Kernelement des Produktionssystems ist der **Throughput**. Dieser umfasst die eigentlichen Prozesse der Leistungserstellung und die Transformation der Produktionsfaktoren zu Zwischen- und Endprodukten. Der **Output** stellt das Ergebnis der Produktionsprozesse dar. Die Relation von Output zu Input bezeichnet man auch als **Produktivität des Produktionssystems**. Die funktionale Beziehung zwischen Output und einzelnen Produktionsfaktoren wird in Produktionsfunktionen abgebildet (vgl. Schwellnuß, 2021, S. 4 ff.).

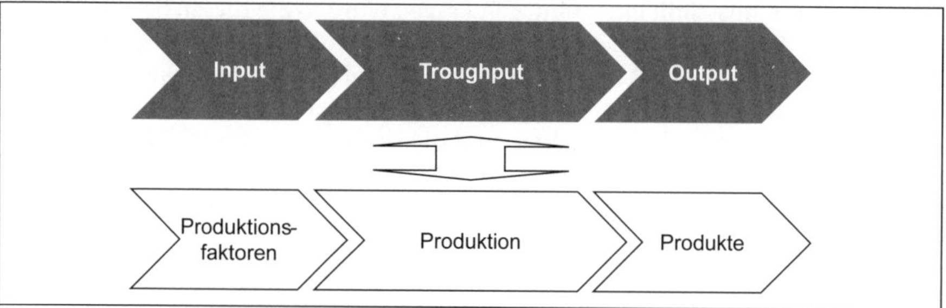

Abb. 191: Elemente des Produktionssystems (Quelle: in Anlehnung an Schwellnuß, 2021, S. 4)

Historisch umfassten die Produktionskosten den größten Anteil an den Selbstkosten im Unternehmen. Deshalb standen die Produktionsprozesse seit Beginn der Industrialisierung im Mittelpunkt der **Rationalisierungsbemühungen**. Dies beginnt 1776 mit den Ausführungen von Adam Smith zur Spezialisierung im Buch „The Wealth Of Nations" und geht über Henry Ford mit der Fließfertigung, über Roethlisberger und Mayo in den 1920er-Jahren mit den Hawthorne-Experimenten, über Just-in-Time-Fertigung und Lean Production der 1990er-Jahre bis zur Produktion 4.0 der heutigen Zeit. Die Reduktion der Produktionskosten ist auch heute noch sehr relevant, auch wenn sich Unternehmen inzwischen häufig stärker mit der die Analyse und Reduktion von Overheadkosten beschäftigen, da diese heute häufig den größten Anteil an den Selbstkosten haben.

Diese Optimierungsbemühungen setzen natürlich eine Planung und Kontrolle der Produktionsprozesse sowie eine Informationsversorgung der Produktionsmanager in Bezug auf das Produktionssystem voraus. Die Koordination dessen ist Aufgabe des Produktionscontrollings.

„Aus einer funktionalen Sicht stellt das **Produktionscontrolling** ein unterstützendes Subsystem des Produktionsmanagements dar. Das Produktionscontrolling ist ein Bereichscontrolling. Hieraus ergeben sich die folgenden Koordinationsprobleme:

- Koordination des Führungsteilsystems der Produktion,
- Koordination mit dem Unternehmenscontrolling und
- Koordination mit dem Controlling anderer Funktionsbereiche (z. B. Absatz, Logistik)" (Corsten & Corsten, 2013, S. 441).

Als Träger des Produktionscontrollings unterstützt der Produktionscontroller den Fertigungsmanager bei seinen Aufgaben (vgl. Abb. 192).

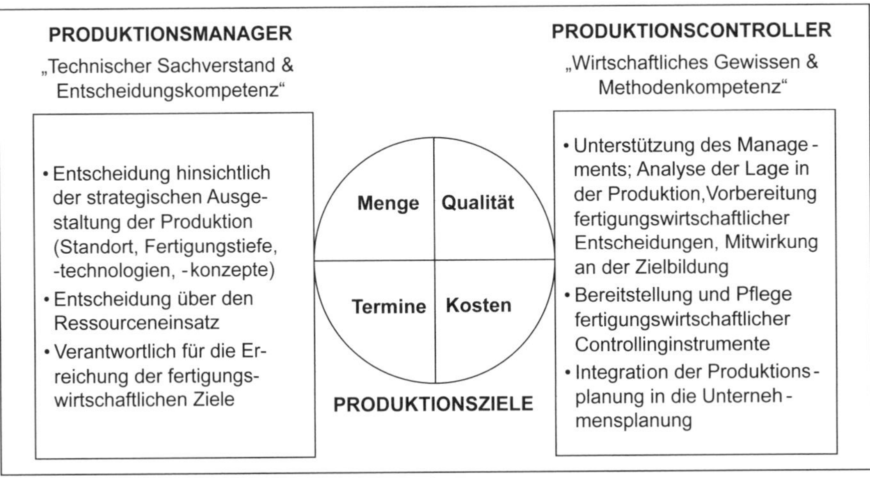

Abb. 192: Produktionsmanagement und Produktionscontrolling (Quelle: Schnell, 2018b, S. 27)

Im Rahmen seiner Unterstützungsfunktion für das Produktionsmanagement nimmt der Produktionscontroller eine ganze Reihe von Aufgaben wahr. Diese können nach dem inhaltlichen Aspekt der Koordination in Aufgaben in Bezug **auf Planung, Steuerung und Kontrolle der Produktion** sowie in Aufgaben in **Bezug auf Informationsversorgung der Produktion** untergliedert werden. In beiden Bereichen gibt es in Analogie zur Controlling-Definition von Horváth **systemgestaltende** sowie **systemnutzende** Aufgaben (vgl. Horváth et al., 2020, S. 62).

Abb. 193 zeigt ausgewählte Aufgabengebiete des Produktionscontrollings in Hinblick auf diese Unterteilung.

Bei der Erfüllung der Aufgaben muss das Produktionscontrolling sehr konkrete Anforderungen erfüllen, um effizient zu sein. Dies bezieht sich natürlich auf die Planung, Steuerung und Kontrolle einerseits und auf die Informationsversorgung andererseits. Für die Informationsversorgung definieren Schmelting & Hoffjan drei zentrale Anforderungen (vgl. Schmelting & Hoffjan, 2021, S. 64):

- Eine Erfassung der Daten auf einem ausreichenden Detaillierungsgrad. Eine zu geringe Detaillierung begrenzt auch die Analysemöglichkeiten.
- Eine sehr zeitnahe Zurverfügungstellung der Informationen ohne langen Analysevorlauf. Produktionsprozesse sind eher kurze, sich häufig wiederholende Prozesse. Bei Abweichungen muss sehr kurzfristig reagiert werden. Ein Monatsturnus wie im allgemeinen Controlling üblich ist hier in aller Regel nicht ausreichend.
- Informationen müssen durch geeignete Kennzahlen verdichtet werden. Dabei muss man sich auf die wesentlichen KPI beschränken, um den Blick auf das wesentliche nicht zu verlieren.

	Unterstützung des Produktionsmanagements durch Koordination von	
	Planung, Steuerung und Kontrolle der Produktion	**Informationsversorgung der Produktion**
Systemgestaltung	Aufbau und Anpassung des Produktions-, Planungs-, Steuerungs- und Kontrollsystems in Bezug auf – Strukturen (strategische, taktische, operative Planung, Steuerung und Kontrolle) – Inhalte (Produktionszielplanung, Produktionsprozessplanung und -kontrolle) – Organisation der Planung, Steuerung und Kontrolle	Aufbau und Anpassung des Produktionsinformationssystems in Bezug auf – Informationsbeschaffungs- und -aufbereitungssysteme (Betriebsdatenerfassung, Kostenrechnungssysteme, Produktionskennzahlen, Prognose-, Investitionsrechnungssysteme) – Informationsübermittlungssysteme (Produktionsberichtswesen)
Systemnutzung	– Unterstützung bei der Aufstellung von Produktionsteilplänen (z. B. Produktionsprogrammplan) – Koordination der Teilpläne – Teilplanerstellung (z. B. Investitions- und Kostenpläne des Produktionsbereichs) – Durchführung von Produktions- und Produktionskostenabweichungsanalysen	– Beschaffung und Aufbereitung produktionswirtschaftlich relevanter Informationen – Informationsweiterleitung – Erstellung von Produktionsberichten (Abweichungsberichte im Rahmen der Produktionskontrolle, Sonderuntersuchungen)

Abb. 193: Aufgabengebiete des Produktionscontrollings (Quelle: in Anlehnung an Hoitsch, 1990, S. 606)

Durch die genannten Anforderungen werden einige Besonderheiten des Produktionscontrollings offenbar. Die Prozesse in der Produktion bestehen aus Teilprozessen und Aktivitäten, die sehr häufig ablaufen, in aller Regel standardisiert sind und nur eine kurze Durchlaufzeit haben. Daher müssen in der Produktion vieler Unternehmen wichtige KPI auch täglich oder sogar mehrfach täglich erhoben werden. Diese KPI müssen den verantwortlichen Managern fast in Echtzeit zur Verfügung stehen, damit diese bei Problemen umgehend eingreifen können. Ein Vorteil des Produktionscontrollings bei der sehr zeitnahen Verarbeitung von Informationen besteht darin, dass viele der Informationen automatisiert durch die Produktionsanlagen oder eine Betriebsdatenerfassung kontinuierlich erfasst werden. Daher haben auch die Entwicklungen im Rahmen von Industrie 4.0 eine erhebliche und positive Auswirkung auf das Produktionscontrolling.

3.2 Strategisches Produktionscontrolling

3.2.1 Themengebiete des strategischen Produktionscontrollings

Beim strategischen Produktionscontrolling geht es grundsätzlich darum, festzulegen, wie die richtige Fertigung für das Unternehmen gestaltetet werden muss. Es geht also um Fragestellungen der Effektivität. Grundsätzlich müssen vier Fragestellungen beantwortet werden (vgl. Schnell, 2018b, S. 23 f.):

- **Fertigungsstandorte**: An welchen nationalen oder globalen Standorten sollte die Produktion optimaler angesiedelt werden? Welche langfristige Entwicklung des politischen, ökonomischen, sozialen und technologischen Umfeldes an den Standorten ist zu erwarten (PEST- oder PESTEL-Analyse)?

- **Fertigungstiefe**: Was ist der optimale Grad der Fertigungstiefe? Welche Teile der Produktion können outgesourct werden? Welche Bereiche der Produktion sollten aus Sicherheitsgründen in die eigene Wertschöpfungskette integriert werden? Wie kann ich Partnerschaften nutzen, um Produktionssicherheit sicherzustellen?
- **Fertigungstechnologie**: Welche Fertigungstechnologien sind verfügbar, können adaptiert werden und sind wirtschaftlich sinnvoll? Muss die Frage nach der Fertigungstechnologie wie z. B. dem Grad der Automatisierung nicht grundsätzlich standortbezogen beantwortet werden: manuelle Fertigung in den Amerikas und Asien, hohe Automatisierung in Europa?
- **Fertigungskonzepte**: Wie sollte die Fertigungsorganisation an den verschiedenen Standorten aussehen? Welche Konzepte wie Just-in-Time, Lean-Produktion, Produktion 4.0 sollten an den Standorten angewendet werden?

Das strategische Produktionscontrolling hat also zur Beantwortung sehr unterschiedlicher und heterogener Fragestellungen beizutragen. Für jede der Fragestellungen gibt es spezialisierte Controlling-Tools. Diese können wir natürlich nicht umfänglich darstellen.

Wir werden uns im Folgenden mit zwei konkreten Methoden des strategischen Produktionscontrollings beschäftigen:

- dem Technologie-Portfolio als Tool zur Bewertung von Fertigungstechnologien
- und der Methode des Total Productive Maintenance die auch dem Bereich Fertigungstechnologie/Fertigungskonzepte zuzuordnen ist.

3.2.2 Technologie-Portfolio

Das Technologie-Portfolio ist ein Instrument zur Beurteilung von neuen Technologien. Es soll dabei helfen, eine Entscheidung zu treffen, ob eine Technologie im Unternehmen eingeführt wird und die damit notwendigen Investitionen getätigt werden. Abb. 194 zeigt ein Technologie-Portfolio. Auf den Achsen werden wie beim BCG-Portfolio eine interne Größe und eine externe Größe abgetragen.

Die x-Achse stellt die **Resourcenstärke**, eine interne Größe, dar. Eine hohe Resourcenstärke bedeutet, dass das eigene Unternehmen schon über Fähigkeiten/Mittel verfügt, die eine Adaption der neuen Technologie begünstigen. Die Resourcenstärke wird aus den folgenden Kriterien zusammengesetzt:

- Der **technisch-qualitativer Beherrschungsgrad** beschreibt, wie das vom Unternehmen verfolgte Konzept der Technologieadaption in technischer und wirtschaftlicher Sicht im Verhältnis zur Konkurrenz zu bewerten ist.
- Das Kriterium **Potenziale** bewertet die finanziellen, personellen, technologischen und rechtlichen Resourcen für die Einführung, Ausschöpfung und Weiterentwicklung der Technologie.
- Die **Reaktionsgeschwindigkeit** gibt Auskunft über die Geschwindigkeit, mit der ein Unternehmen Weiterentwicklungsmöglichkeiten der Technologie im Vergleich zur Konkurrenz wahrnehmen und ausschöpfen kann.

Auf der y-Achse wird die **Technologieattraktivität** abgetragen, die sich wie folgt zusammensetzen kann:

- Ein hohes **Weiterentwicklungspotenzial** steht für eine Technologie, von der auch zukünftig noch etliche weitere Schritte der Leistungssteigerung oder Kostensen-

kung erwartet werden. Dies ist bei Technologien, die am Anfang ihres Lebenszyklus stehen, eher gegeben als bei Technologien, die schon breit eingeführt sind.
- Das Kriterium **Anwendungsbreite** bezieht sich auf die Breite der Einsatzmöglichkeiten und damit auf das erreichbare wirtschaftliche Potenzial der Technologie.
- Die **Kompatibilität** zeigt Synergien oder Unverträglichkeiten der Technologie mit anderen Technologien, die im Unternehmen eingesetzt werden.

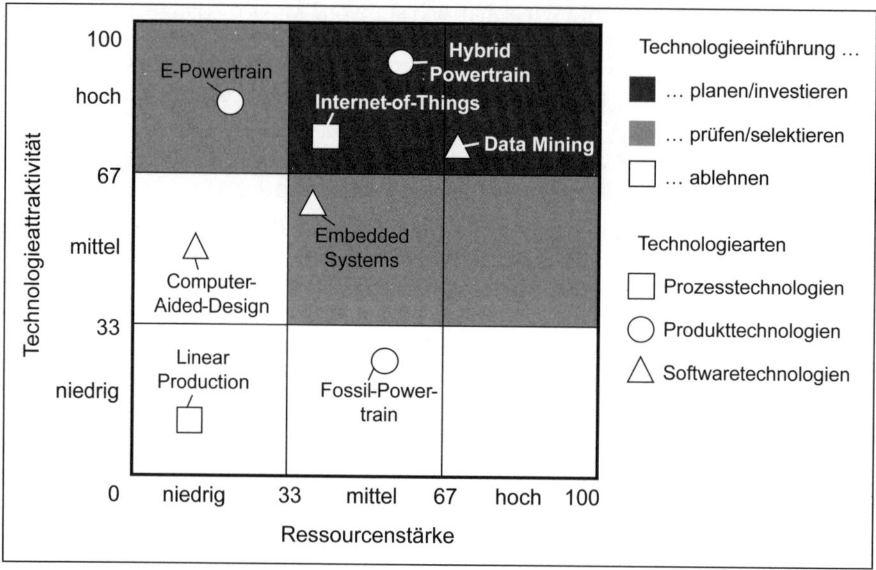

Abb. 194: Technologie-Portfolio
(Quelle: in Anlehnung an Pfeiffer, Metze, Schneider & Amler, 1991, S. 90 ff.; Wildemann, 2002, S. 93)

Jede der Achsen des Technologie-Portfolios wird in drei Felder, gering, mittel und hoch, unterteilt, so dass sich insgesamt ein **9-Felder-Portfolio** ergibt.

Für die Felder gibt das Konzept des Technologie-Portfolios **Standardstrategien** vor:
- Bei Technologien, die im mittleren und rechten Feld der obersten Reihe eingetragen werden, sollte demnach eine Einführung vorgenommen werden, da die Resourcenstärke mittel bis hoch und die Technologieattraktivität ebenfalls hoch ist.
- Im den mittleren Feldern ist eine selektive Strategie sinnvoll. Hier sollte eine Investition nochmal geprüft werden.
- Bei allen anderen Feldern ist von einer Einführung der Technologie abzuraten.

Auch wenn Standardstrategien grundsätzlich kritisch betrachtet werden sollten, erlaubt das Technologie-Portfolio mit seinen Standardstrategien dennoch eine sinnvolle Darstellung und eine Vorsortierung der Technologien. Wie bei allen strategischen Analysemethoden haben abgeleitete Standardstrategien Vorschlagscharakter und sollen zur Diskussion kompetenter Fachleute anregen. Die Ergebnisse müssen auf jeden Fall trianguliert werden.

In der Literatur wird auch die **typische Vorgehensweise** bei Projekten zur Einführung von Technologie-Portfolios beschrieben (vgl. Pfeiffer et al., 1991, S. 88 ff.):

1. Liste der vorhandenen und potenziellen Produkt- und Fertigungstechnologien,

2. Beschaffung von Informationen für die Evaluation der Technologien,
3. Ableitung der Ratings aller Technologien bezüglich Technologieattraktivität und Resourcenstärke,
4. Positionierung der Technologien im Portfolio,
5. optional eine Dynamisierung der Positionen,
6. Ableitung und Kommentierung von Handlungsempfehlungen.

Die in den Schritten genannte optionale **Dynamisierung** ist ein sinnvoller Schritt, da es sich beim Technologie-Portfolio um ein strategisches Verfahren handelt. Hintergrund ist, dass durch eine Dynamisierung nicht nur die Ist-Situation analysiert wird, sondern auch die Auswirkungen von externen Entwicklungen sowie internen Entscheidungen auf die zukünftige Technologiesituation im Unternehmen berücksichtigt werden können.

Die Vorgehensweise ist wie folgt: Nach der Ermittlung der Resourcenstärke und der Technologieattraktivität zum heutigen Zeitpunkt wird die Situation zum Zeitpunkt des Entscheidungshorizonts auf Basis der vermuteten externen Entwicklung und interner Investitionsentscheidungen abgeleitet. Dies ist nicht trivial, da abgeschätzt werden muss, welche Technologien das Unternehmen in den kommenden Jahren ausbauen wird oder wo Rückstände auszugleichen sind. Zudem muss die technologische Entwicklung der Konkurrenten sowie der Technologien an sich prognostiziert werden. Sollten einzelne Entwicklungen unklar sein, können sich bei der Dynamisierung unterschiedliche Szenarien ergeben.

Letzter Schritt ist die **Ableitung und Kommentierung von Handlungsempfehlungen**, also die Aufarbeitung der Ergebnisse für das Management. Die Methode des Technologie-Portfolios ist aus unserer Sicht eine sehr geeignete Methode, um den Status und zukünftige Entwicklungen im Rahmen des strategischen Produktionscontrollings zu strukturieren und zu analysieren. Wie bei allen Portfolio-Methoden gibt es natürlich auch Schwächen, die aber häufiger in einer fehlerhaften Anwendung und nicht in der Methode an sich liegen. Selbstverständlich funktioniert die Methode nicht, wenn die Qualität der Daten in Schritt 2 nicht ausreichend ist. Gerade die Schritte 5 und 6 setzen eine erhebliche Erfahrung der Produktionscontroller und Linienmanager voraus.

3.2.3 Total Productive Maintenance als strategisches Instrument des Produktionscontrollings

Kennzahlen sollen im Produktionscontrolling zur Diagnose des Zustandes und der Leistungskraft der Produktion und als Hilfsmittel zur Entscheidung über alternative Maßnahmen zur Effizienzsteigerung dienen. Als ein ausgewähltes Konzept des strategischen Produktionscontrollings stellen wir das **Total Productive Maintenance (TPM)** vor.

TPM wurde entwickelt, um eine **möglichst hohe Verfügbarkeit von Produktionsanlagen** sicherzustellen. Das Konzept schließt die Nutzung der Produktionsanlagen sowie sämtliche Maßnahmen der Wartung, der Inspektion und der Instandsetzung ein. Zudem werden auch alle Mitarbeiter auf allen Produktionsstufen in den TPM-Prozess einbezogen. Eine hervorgehobene Rolle übernehmen dabei die Mitarbeiter, die die Produktionsanlagen bedienen. Sie haben nicht nur für die Instandhaltung zu sorgen, sondern tragen auch die Verantwortung für den einwandfreien Zustand ihrer Produktionsanlage. Ziel von TPM ist es, zu einer Reduktion von Funktionsstörungen, zu geringeren Rüstzeiten, zu einer hohen Prozesssicherheit sowie zu einer optimalen Bedien- und Instandhaltungsfreundlichkeit von Produktionsanlagen zu führen.

Grundsätzlich regt TPM dabei zur kontinuierlichen Verbesserung und zur Vermeidung von Verschwendung in allen Produktionsbereichen eines Unternehmens an. Dabei ist eine **Null-Fehler-Produktion** Ziel des TPM mit null Ausfällen von Produktionsanlagen, null Qualitätsverlusten bei den produzierten Produkten sowie null Unfällen der Produktionsmitarbeiter. Bei TPM steht die Maximierung der Gesamteffizienz der Produktionsanlagen im Mittelpunkt. Technisch gesehen setzt sich die Gesamtanlageneffizienz aus der Verfügbarkeitsrate, dem Leistungsindex und der Qualitätsrate zusammen.

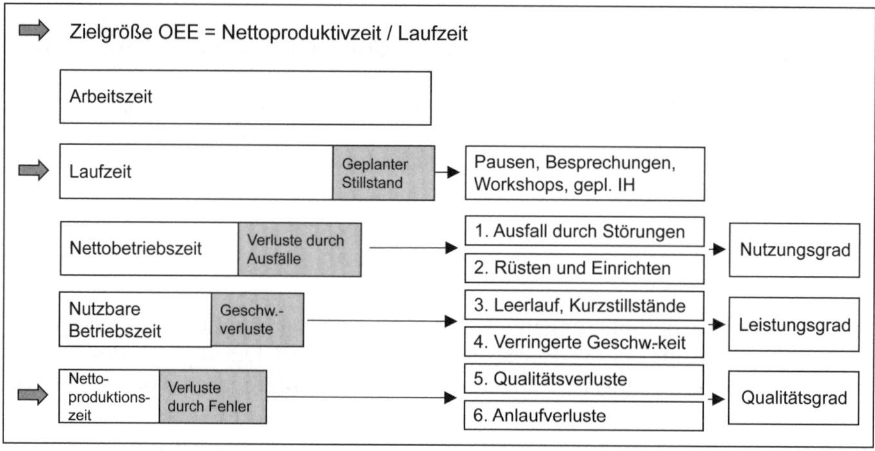

Abb. 195: Overall Equipment Effectiveness (OEE) (Quelle: May & Koch, 2008, S. 247)

Eine Kennzahl, mit der die Leistung einer Produktion im Sinne des TPM gemessen und gesteuert werden kann, ist die **Overall Equipment Effectiveness (OEE = Gesamtanlageneffektivität).**Die OEE wird als Spitzenkennzahl des TPM begriffen (vgl. Abb. 195). Produktionsanlagen sind höchst effektiv in dem Sinne zu nutzen, dass diese störungsfrei laufen und zudem fehlerfreie Produkte produzieren. Durch eine systematische und kontinuierliche Verbesserung der Wirksamkeit der eingesetzten Produktionsanlagen wird eine Maximierung von Produktivität, Qualität und Wirtschaftlichkeit angestrebt.

Im Zentrum von TPM stehen Wertschöpfungsverluste. In Abb. 196 sind für die Produktion wesentliche **Verlustarten** dargestellt: Verlustzeiten, Geschwindigkeitsverluste und Verluste durch Fehler.

Art des Verlustes	Ursachen
Verlustzeiten	– Anlagenausfälle durch Störungen – Rüstungen und Einstellung (Werkzeugwechsel, Formenwechsel in Pressen etc.)
Geschwindigkeitsverluste	– Leerlauf und geringfügige Unterbrechungen (fehlerhafte Sensoren, Blockierung von Werkstücken auf Zuführschächten etc.) – Verringerte Bearbeitungsgeschwindigkeit
Verluste durch Fehler	– Prozessfehler verursachen Ausschuss, Nacharbeit und Qualitätsminderung – Reduzierte Ausbringung durch Anlaufverluste während des Produktionsanlaufs bis zum stabilen Prozess

Abb. 196: Verlustarten der Produktion

Um in der Nutzung von TPM ein effizientes Ergebnis zu erreichen, baut das Konzept auf mehreren Säulen auf, wobei jede Säule ein spezifisches Teilziel verfolgt:

- **Kontinuierliche Verbesserung (KVP):** Anwendungsbezogene Eliminierung der in Abb. 196 aufgeführten Verlustarten: Verlustzeiten, Geschwindigkeitsverluste und Verluste durch Fehler.
- **Autonome Instandhaltung:** Der Anlagenbediener soll Inspektions-, Reinigungs- und Schmierarbeiten sowie kleine Wartungsarbeiten eigenständig in seiner Kostenstelle durchführen. Hierdurch werden die Verbundenheit und das Verantwortungsgefühl für seinen Arbeitsplatz gesteigert.
- **Geplante Instandhaltung:** Instandhaltungen sollen nicht erst im Störungsfall ansetzen. Durch eine vorbeugende Instandhaltung (z. B. auch an Sonn- und Feiertagen außerhalb der Kernarbeitszeiten) kann die Sicherstellung einer 100-prozentigen Verfügbarkeit der Anlagen realisiert werden. Hier sind insbesondere im Rahmen von Industrie 4.0 KI-basierte Fortschritte zu erwarten.
- **Training und Ausbildung:** Mitarbeiter sind bedarfsgerecht zu qualifizieren. Insbesondere Job-Enrichment und Job-Enlargement sind neben Job-Rotation zur Verbesserung der Bedienungs- und Instandhaltungsqualifikationen möglich.
- **Anlaufüberwachung:** Viele Fehler tauchen in der Anlaufphase eines Produktes auf. Durch eine konsequente Auseinandersetzung mit den Defekten der Vergangenheit kann die Anlaufkurve bei neuen Produkten deutlich verbessert werden.
- **Qualitätsmanagement:** Konzepte wie Six-Sigma fokussieren sich auf die Reduzierung von Fehlerquoten und damit Fehlerkosten. Ziel ist beim TPM die Realisierung der Null-Qualitätsdefekte-Quote bei Produkten und Anlagen.
- **TPM in administrativen Bereichen:** Ähnlich dem Gedanken der Prozesskostenrechnung kann auch in die administrativen Bereiche mehr Transparenz gebracht werden. Mit diesem Konzept sollen daher auch Verluste und Verschwendungen in nicht direkt produzierenden Abteilungen eliminiert werden.
- **Arbeitssicherheit, Umwelt- und Gesundheitsschutz:** Die Umsetzung der Null-Unfälle-Forderung im Unternehmen berührt auch diese Bereiche.

Durch die Einführung von TPM wird die Instandhaltungsabteilung nicht überflüssig, sondern gewinnt an Bedeutung, da sie weiterhin für das gesamte Instandhaltungsmanagement durchgeführt wird. Routinearbeiten (Reinigen, Einstellen, Schmieren und Inbetriebnahme) gehen in den Verantwortungsbereich des Produktionsmitarbeiters über. Dadurch werden die Mitarbeiter der Instandhaltung entlastet und haben nun mehr Zeit für High-Tech-Aktivitäten wie z. B. Überprüfen und Verbessern der Betriebsanlagen oder Schulung der Maschinenarbeiter. Die Kooperation zwischen der Instandhaltungsabteilung und der autonomen Bedienerinstandhaltung ist Voraussetzung, um sich einer perfekten Anlagenverfügbarkeit anzunähern.

TPM ist damit kein revolutionär neues Konzept, es baut vielmehr auf bewährten und bekannten Abläufen auf. Die Neuartigkeit des Ansatzes liegt in der systematischen Kombination von Abläufen, die durch geeignete Methoden unterstützt werden.

3.3 Operatives Produktionscontrolling

3.3.1 Themengebiete des operativen Produktionscontrollings

Ziel des operativen Produktionscontrollings ist es, die im strategischen Fertigungsmanagement festgelegten Fragestellungen zu Fertigungsstandorten, Fertigungstiefe, Fertigungstechnologien und Fertigungskonzepten optimal zu nutzen. Es geht also nicht um die Sicherstellung der Effektivität, sondern um die Sicherstellung der Effizienz der Nutzung.

Die Aufgaben des operativen Produktionscontrollings sind so vielfältig und in unterschiedlichen Unternehmen heterogen, dass es unmöglich ist, eine vollständige Aufzählung zusammenzustellen. Auf eine abstrakten Ebene könnte man die folgenden Aufgabengebiete betrachten (vgl. Bauer, 2017, S. 4):

- Produktionsprogrammcontrolling,
- Kostenstellencontrolling,
- Produkt- und Auftragskostencontrolling,
- Durchlaufzeitcontrolling,
- Kapazitätscontrolling,
- Bestandscontrolling.

Bei einer derartigen Aufzählung ist aber durchaus nicht klar, ob zum Beispiel die Analyse von In- und Outsourcingentscheidungen, die Ermittlung von innerbetrieblichen und internationalen Transferpreisen für Zwischen- und Endprodukte oder die Analyse von Losgrößen einem der oben genannten Punkte zuzuordnen ist. Eine ausführlichere Liste der Aufgaben, die einen guten Überblick über die konkrete Bandbreite der Aufgaben liefert, findet sich ebenfalls bei Bauer mit weiteren Verweisen (Bauer, 2017, S. 17 f.):

- „Gemeinkostenkontrolle der Fertigung und der Hilfsbetriebe in Form von Abweichungsanalysen über Kostenarten und Kostenstellen,
- Planung und Analyse der gewählten Losgrößen,
- Kapazitätskontrolle der Fertigungsmaschinen,
- laufende Kontrolle der Make-or-Buy-Praxis der Arbeitsvorbereitung [...] bzw. des Einkaufs,
- Analyse der Verfahrensentscheidungen,
- kurzfristiges Constraint Management (z. B. Einplanung der Aufträge, Schichtvariation),
- Produktkostencontrolling in Form von Kalkulationsabweichungen oder mitlaufenden Kalkulationen,
- laufende Überwachung des Cash-Beitrages der Produktionsanlagen,
- Analyse und laufende Verbesserung der Steuerungs- und Freigabestrategien [...],
- laufende Break-even-Analyse der Produktion und der kostenintensiven Anlagen,
- Maßnahmen zur Rüstkostenminimierung,

- Planung flexibler Schicht- bzw. Arbeitszeitmodelle,
- Bestandscontrolling in der Fertigung,
- Verbesserung von Führung und Anreizsystem [Fehler im Original]".

Im Vergleich zu den beiden anderen funktionalen Controllingbereichen, die wir behandelt haben, dem Personalcontrolling und dem Marketingcontrolling, fällt auf, dass viele der Aufgaben des Produktionscontrollings sehr nahe an den Fragestellungen der Kosten- und Leistungsrechnung (KLR) liegen. Die **Nähe des Produktionscontrollings zur KLR** ist nicht zufällig. Die Material- und Fertigungskosten der Produktion stellen in der klassischen KLR den Kern der Kostenrechnung dar, der ausführlichst in der Kostenrechnung behandelt wird, während zum Beispiel die Marketingkosten in der Overheadposition der Vertriebsgemeinkosten verschwinden. Diese Betrachtungsweise wird zwar aufgrund der steigenden Gemeinkostenanteile in den Selbstkosten immer häufiger hinterfragt wie z. B. durch die Prozesskostenrechnung. Das klassische Kalkulationsschema der differenzierenden Lohnzuschlagskalkulation ist aber auch heute noch in den deutschen Unternehmen sehr weit verbreitet.

3.3.2 Ausgewählte Kennzahlen des operativen Produktionscontrollings

Neben dem zuvor angeführten integrierten, strategischen Kennzahlensystem OEE des TPM-Konzepts sind auch einzelne Kennzahlen für die Steuerung der Produktion sehr wertvoll. Nachfolgend sollen einige ausgewählte Kennzahlen dieses Funktionsbereichs dargestellt werden.

Dabei kann man folgende **Kategorien von Kennzahlen** unterscheiden (vgl. Abb. 197):

- inputorientierte Kennzahlen,
- outputorientierte Kennzahlen sowie
- fertigungsprozessorientierte Kennzahlen.

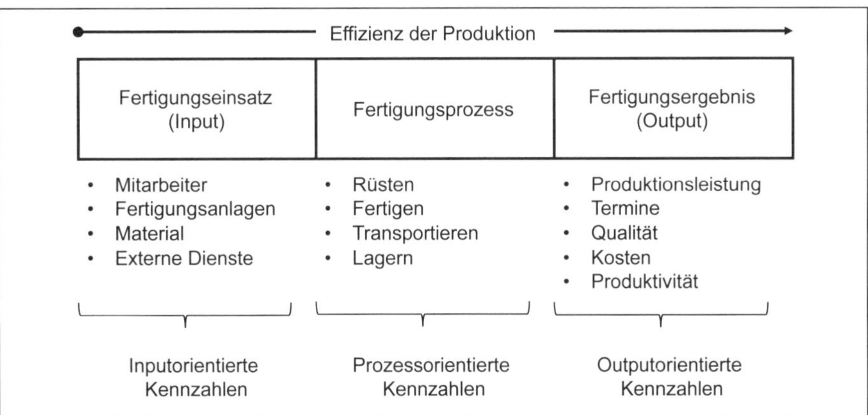

Abb. 197: Effizienzmessung in der Produktion (Quelle: Schnell, 2018a, S. 86)

Bei den inputorientierten Kennzahlen geht es um die Effizienz des Einsatzes der Produktionsfaktoren wie Mitarbeiter oder Material bzw. um die Nutzung der Produktionsanlagen. Die fertigungsprozessorientierten Kennzahlen befassen sich mit den Produktionsprozessen selbst. Hier sind es häufig Durchlaufzeiten oder Kosten für Produktionsaktivitäten wie Rüsten, Fertigen oder Lagern.

Outputorientierte Kennzahlen setzen häufig den Output ins Verhältnis zum Input, es handelt sich dann um Kennzahlen der **Produktivität**.

$$Produktivität = \frac{Output}{Input}$$

Die obenstehende sehr allgemeine Formel der Produktivität wird in der Praxis noch genauer spezifiziert. Man unterscheidet dabei eine Arbeitsproduktivität und eine Maschinenproduktivität. Mit der **Arbeitsproduktivität** ist eine outputorientierte Kennzahl gegeben, mit der man die produzierte Leistung je Arbeitsstunden unterschiedlicher Fertigungsstandorte (Betriebsvergleich) oder in unterschiedlichen Zeiträumen (Zeitvergleich) vergleichen kann.

$$Arbeitsproduktivität = \frac{Anzahl\ der\ produzierten\ Stück\ des\ Guts\ i}{Zahl\ der\ Arbeitsstunden}$$

Neben dem Vergleich unterschiedlicher Standorte ist darüber hinaus auch der Zeitvergleich möglich und es kann gemessen werden, ob Lernkurveneffekte, wie sie beispielsweise von der Zulieferindustrie seitens der Original Equipment Manufacturer (OEM) als **Savings** gefordert werden, auch realisiert werden. Die hier adressierte Kennzahl ist die **Lernrate**. Diese leitet sich aus Lernkurveneffekten ab und kann als Savings in die Kalkulation von mehrjährigen Produktionsprozessen einbezogen werden. So geht man davon aus, dass ein Unternehmen bei einer Verdopplung seiner kumulierten Produktionsmenge in einem bestimmten prozentualen Verhältnis Effizienzgewinne realisieren kann (vgl. Kapitel B.2.3.2.2 zur Erfahrungskurve).

$$Maschinenstundenproduktivität = \frac{Anzahl\ der\ produzierten\ Stück\ des\ Guts\ i}{Zahl\ der\ Maschinenstunden}$$

Bei einer stärker automatisierten Fertigung kann als Bezugsgröße für die gefertigten Gutteile eines Produktes auch die Zahl der eingesetzten Maschinenstunden herangezogen werden. Mithilfe der Kennzahl **Maschinenproduktivität** kann betrachtet werden, wie sich die Fertigungsintensität einer Anlage im Zeitverlauf entwickelt bzw. mit welcher Effizienz an unterschiedlichen Standorten, an denen die gleiche Produktionsanlage verwendet wird, produziert wird.

Alternativ zu den von uns gezeigten Kennzahlen, die den Output mengenmäßig (Stückzahl) erfassen, können Produktivitätskennziffern auch wertmäßig dargestellt werden. Dann wird in den Zähler der Wert der produzierten Güter eingesetzt. Wertmäßige Produktivitäten haben den Vorteil, dass auf ihrer Basis die Produktion unterschiedlicher Güter verglichen werden kann.

Bei den Kennzahlen des Produktionscontrollings werden inhaltlich in den meisten Fällen Aspekte der drei Leistungsmerkmale der Produktion abgedeckt:

- Kosten,
- Zeit und
- Qualität.

Abb. 198 zeigt eine Auswahl von Kennzahlen, die den drei Leistungsmerkmalen nahestehen. Hier sind auch die beiden Produktivitäten, die Arbeits- und die Maschinenproduktivität, zu finden oder auch die strategische Kennzahl OEE aus Kapitel D.3.2.3.

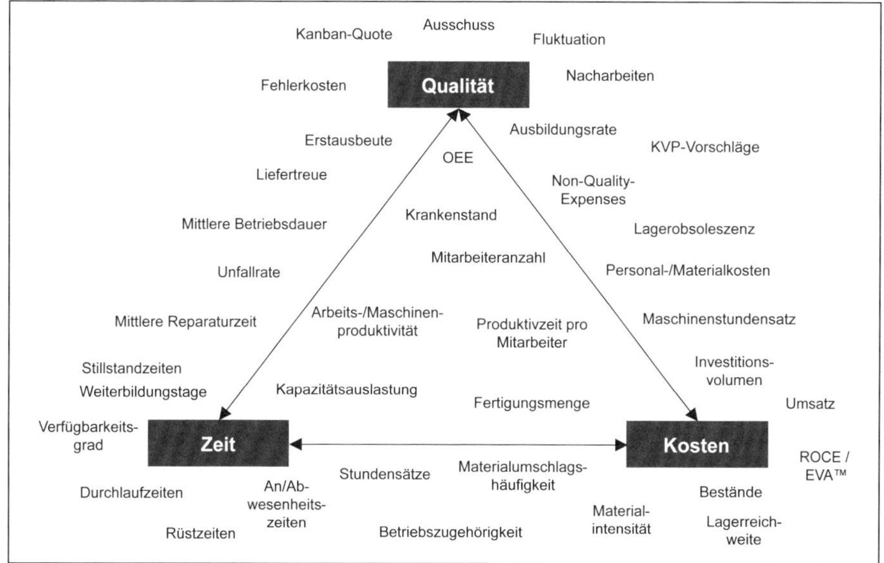

Abb. 198: Kennzahlen des Produktionscontrollings (Quelle: in Anlehnung an Schmelting, 2020, S. 284; Schnell, 2018a, S. 84 ff.)

Wir verzichten an dieser Stelle darauf, alle Kennzahlen zu definieren. Diese können in der angegebenen Literatur des Produktionscontrollings nachgeschlagen werden. Zum Abschluss wollen wir auf einen wichtigen abschließenden Aspekt der Produktionskennzahlen hinweisen: die notwendige **Berichtsfrequenz der Kennzahl**.

Die notwendige Berichtsfrequenz ist von Kennzahl zu Kennzahl sehr unterschiedlich und kann von täglich über wöchentlich und monatlich bis zu quartalsweise oder jährlich gehen (vgl. Schmelting, 2020, S. 349).

- Eine **tägliche Berichtsfrequenz** ist bei Kennzahlen wie Stillstandzeiten, Ausschuss, Nacharbeiten oder Arbeits- und Maschinenproduktivität denkbar.
- Eine **wöchentliche Berichtsfrequenz** kann bei Kennzahlen wie Krankenstand, Durchlaufzeiten oder Rüstzeiten sinnvoll sein.
- Eine **monatliche Berichtsfrequenz** gilt für die meisten anderen Kennzahlen. Insbesondere Kosten- und Umsatz-/Ergebniskennzahlen werden meist monatlich berichtet, da diese in das gesamte Berichtswesen des Unternehmens eingehen.
- Einige Kennzahlen betrachtet man aber noch seltener in einer **quartalsweisen oder jährlichen Berichtsfrequenz**. Beispiele hierfür sind die Betriebszugehörigkeit, die Weiterbildungstage, der ROCE / EVA™ oder die Nutzung des Investitionsbudgets.

Einflussfaktoren auf die Berichtsfrequenz sind die Durchlaufzeit und die Frequenz der der Kennzahl zugrundeliegenden Prozesse. Je häufiger die Prozesse ablaufen und je kürzer ihre Durchlaufzeit ist, desto höher sollte die Berichtsfrequenz sein. Darüber hinaus sind aber auch das im Prozess immanente Risiko einerseits, die

Verfügbarkeit von Informationen und die Kosten der Informationsgenerierung andererseits Einflussfaktoren auf die Berichtsfrequenz.

Literaturverzeichnis

Aaker, D. A. (1991). *Managing Brand Equity. Capitalizing On The Value Of A Brand Name.* New York (NY USA): Free Press.

Achouri, C. (2015). *Human Resources Management.* Wiesbaden: Gabler.

ACMG (2015). *Airline Cost Management Group (ACMG).* Zugriff am 27.08.2021. Verfügbar unter: https://www.iata.org/contentassets/3b5a413027704ce08976fe1890fb43e2/acmg_highlights.pdf

Agilemanifesto (2001). *Manifest für Agile Softwareentwicklung.* Zugriff am 01.05.2021. Verfügbar unter: http://agilemanifesto.org/iso/de/manifesto.html

Andaç Güler, H. (2021). *Digitalisierung operativer Controlling-Prozesse. Begriffsklärung, Anwendungsfälle und Erfolgsbeurteilung.* Wiesbaden: Springer Gabler.

Ansoff, H. I. (1965). *Corporate Strategy. An Analytic Approach To Business Policy For Growth And Expansion.* New York (NY USA): McGraw-Hill.

Ansoff, H. I. (1976). Managing Suprise And Discontinuity. Strategic Response To Weak Signals. *ZfbF, 28,* S. 129–152.

Arnold, G. (2008). *Corporate Financial Management* (4. Aufl.). Harlow (UK): Pearson.

Baetge, J. (1974). *Betriebswirtschaftliche Systemtheorie.* Opladen: Westdeutscher Verlag.

Baetge, J., Niemeyer, K., Kümmel, J. & Schulz, R. (2009). Darstellung der Discounted Cashflow-Verfahren (DCF-Verfahren) mit Beispiel. In V. H. Peemöller (Hrsg.), *Praxishandbuch der Unternehmensbewertung* (4. Aufl., S. 339–478). Herne: NWB Verlag.

BASF (2016). *Wertemanagement.* Zugriff am 07.05.2019. Verfügbar unter: https://bericht.basf.com/2016/de/konzernlagebericht/unsere-strategie/wertmanagement.html

Bauer, J. (2017). *Produktionscontrolling und -management mit SAP® ERP. Effizientes Controlling, Logistik und Kostenmanagement moderner Produktionssysteme* (5. Aufl.). Wiesbaden: Vieweg.

Baum, H.-G., Coenenberg, A. & Günther, T. (2013). *Strategisches Controlling* (5. Aufl.). Stuttgart: Schäffer-Poeschel.

Bayer (2019). *Geschäftsbericht 2018.* Zugriff am 07.05.2019. Verfügbar unter: https://www.geschaeftsbericht2018.bayer.de/downloads.html

Bea, F. X. & Haas, J. (2005). *Strategisches Management* (4. Aufl.). Stuttgart: Lucius & Lucius.

Becker, H. P. & Peppmeier, A. (2018). *Investition und Finanzierung. Grundlagen der betrieblichen Finanzwirtschaft* (8. Aufl.). Springer.

Becker, W. & Pflaum, A. (2019). Begriff der Digitalisierung – Extension und Intension aus betriebswirtschaftlicher Perspektive. In W. Becker, B. Eierle, A. Fliaster, B. Ivens, A. Leischnig, A. Pflaum et al. (Hrsg.), *Geschäftsmodelle in der digitalen Welt. Strategien, Prozesse und Praxiserfahrungen* (S. 1–13). Wiesbaden: Springer Gabler.

Bendle, N. T., Farris, P. W., Pfeifer, P. E. & Reibstein, D. J. (2016). *Marketing Metrics. The Manager's Guide To Measuring Marketing Performance* (3. Aufl.). Upper Saddle River (NJ USA): Pearson.

Bitkom (2012). *Big Data im Praxiseinsatz – Szenarien, Beispiele, Effekte.* Zugriff am 29.08.2021. Verfügbar unter: https://www.bitkom.org/sites/default/files/file/import/BITKOM-LF-big-data-2012-online1.pdf

Bitkom (2020). *Digitalisierung der Wirtschaft. Präsentation des Bitkom-Präsidenten Achim Berg am 01.04.2020.* Zugriff am 24.08.2021. Verfügbar unter: https://www.bitkom.org/sites/default/files/2020-03/bitkom-charts-digitalisierung-der-wirtschaft-01-04-2020_final.pdf

Bleiber, R. (2014). Mehrstufige Deckungsbeiträge als Instrument der Ergebnissteuerung im Vertrieb. In A. Klein (Hrsg.), *Marketingcontrolling im Online-Zeitalter* (Controlling Berater, Bd. 34, S. 41–62). Freiburg: Haufe.

Born, K. (2003). *Unternehmensanalyse und Unternehmensbewertung* (2. Aufl.). Stuttgart: Schäffer-Poeschel.

Botti, J. (2005). *Was können Hochschulen von den Erfahrungen mit der BSC in der Privatwirtschaft lernen?* Vortrag auf dem 2. Osnabrücker Kolloquium zum Hochschul- und Wissenschaftsmanagement. Zugriff am 29.06.2021. Verfügbar unter: https://www.hs-osnabrueck.de/fileadmin/HSOS/Studium/Studienangebot/Studiengaenge/Masterstudiengaenge/WiSo/Hochschul-_und_Wissenschaftsmanagement/Kolloquium/02/Vortrag_Botti.BSC-Tagung.08.03.05.pdf

Bruch, H. (1998). *Outsourcing. Konzepte und Strategien, Chancen und Risiken.* Wiesbaden: Gabler.

Bruner, R. F. (2004). *Applied Mergers and Acquisitions Workbook.* New York (NY USA): Wiley.

Buggert, W. & Wielpütz, A. (1995). *Target Costing. Grundlagen und Umsetzung des Zielkostenmanagments.* München: Hanser.

Bühner, R. (1994). *Der Shareholder-Value-Report. Erfahrungen, Ergebnisse, Entwicklungen.* Landsberg am Lech: Moderne Industrie.

Bühner, R. & Tuschke, A. (1999). Wertmanagement. Rechnen wie ein Unternehmer. In R. Bühner & K. Sulzbach (Hrsg.), *Wertorientierte Steuerungs- und Führungssysteme. Shareholder Value in der Praxis* (S. 3–41). Stuttgart: Schäffer-Poeschel.

Bundesagentur für Arbeit (2020). *Der Arbeitsmarkt in Deutschland 2019. Amtliche Nachrichten der Bundesagentur für Arbeit,* Bundesagentur für Arbeit. Zugriff am 19.08.2021. Verfügbar unter: https://statistik.arbeitsagentur.de/Statistikdaten/Detail/201912/ama/heft-arbeitsmarkt/arbeitsmarkt-d-0-201912-pdf.pdf?__blob=publicationFile&v=2

Buzzell, R. D. & Gale, B. T. (1987). *The PIMS Principles. Linking Strategy To Performance.* New York (NY USA): Free Press.

Capital Online (2021). *Wirecard-Autorin: „Das Geld wurde lastwagenweise rausgeschafft".* Zugriff am 05.09.2021. Verfügbar unter: https://www.capital.de/wirtschaft-politik/wirecard-autorin-das-geld-wurde-lastwagenweise-rausgeschafft

Capone, R. (2011). *Kostenrechnung für Elektrotechniker. Zielorientierte Deckungsbeitragsrechnung und wettbewerbsfähige Angebotskalkulation: Eine Navigation durch die Betriebswirtschaft.* Wiesbaden: Vieweg.

Caritas (2021). *Trends der Digitalisierung.* Zugriff am 21.08.2021. Verfügbar unter: https://www.caritas.de/fuerprofis/fachthemen/caritas/tandem40/trends-der-digitalisierung

Chiapello, E. & Lebas, M. (1996). *The Tableau de Board. Arbeitsbericht.* European Accounting Association Conference.

Coenenberg, A., Fischer, T. M. & Günther, T. (2016). *Kostenrechnung und Kostenanalyse* (9. Aufl.). Stuttgart: Schäffer-Poeschel.

Coenenberg, A. & Schulze, W. (2011). Akquisition und Unternehmensbewertung. In W. Busse von Colbe, A. G. Coenenberg, P. Kajüter, U. Linnhoff & B. Pellens (Hrsg.), *Betriebswirtschaft für Führungskräfte* (4. Aufl., S. 353–384). Stuttgart: Schäffer-Poeschel.

Copeland, T. E., Koller, T. & Murrin, J. (2002). *Unternehmenswert. Methoden und Strategien für eine wertorientierte Unternehmensführung* (3. Aufl.). Frankfurt: Campus.

Corsten, H. & Corsten, M. (2013). Produktionscontrolling im Dienstleistungsunternehmen. *Controlling, 25*(8/9), S. 441–449.

Cross, K. F. & Lynch, R. L. (1988). The „SMART" way to define and sustain sucess. *National Productivity Review, 8*(1), S. 23–33.

Daum, J. H. (2006). Tableau de Bord. Besser als die Balanced Scorecard? In BVBC (Hrsg.), *Praxis des Rechnungswesens. Umfangreiches Praxiswissen zum Rechnungswesen* (5. Aufl., S. 815–852). Freiburg: Haufe.

Deimel, K. (2002a). Investitionstheoretische Fundierung des Shareholder Value-Konzepts. *WISU, 31*(1), S. 77–82.

Deimel, K. (2002b). Shareholder Value Kennzahlen und wertorientierte Unternehmenssteuerung. *WISU, 31*(4), S. 506–510.

Deimel, K., Erdmann, G., Isemann, R. & Müller, S. (2017). *Kostenrechnung. Das Lehrbuch für Bachelor, Master und Praktiker.* München: Pearson.

Deltl, J. (2011). *Strategische Wettbewerbsbeobachtung* (2. Aufl.). Wiesbaden: Gabler.

Destatis (2021a). *Arbeitskosten in Deutschland 2020 im oberen EU-Drittel. Bei den Lohnnebenkosten lag Deutschland unter dem EU-Durchschnitt,* Destatis. Zugriff am 19.08.2021. Verfügbar unter: https://www.destatis.de/DE/Presse/Pressemitteilungen/2021/05/PD21_203_624.html

Destatis (2021b). *Krankenstand,* Destatis. Zugriff am 19.08.2021. Verfügbar unter: https://www.destatis.de/DE/Themen/Arbeit/Arbeitsmarkt/Qualitaet-Arbeit/Dimension-2/krankenstand.html

Drucker, P. F. (1954). *The Practice of Management.* New York (NY USA): Harper & Row.

Drucker, P. F. (1968). *Managing for Results.* London (UK): HarperBusiness.

Drukarczyk, J. & Schüler, A. (2016). *Unternehmensbewertung* (7. Aufl.). München: Vahlen.

Ehrmann, H. (2016). *Marketing-Controlling* (5. Aufl.). Herne: Kiehl.

Esch, F.-R. (2005). *Moderne Markenführung. Grundlagen – Innovative Ansätze – Praktische Umsetzungen* (4. Aufl.). Wiesbaden: Gabler.

Fernandez, A. (2018). *Léssentiel du tableau de bord. Méthode completè et mise en pratique avec Microsoft Excel.* Paris (F): Eyrolles.

Fiege, S. (2006). *Risikomanagement- und Überwachungssystem nach KonTraG. Prozess, Instrumente, Träger.* Wiesbaden: Deutscher Universitätsverlag.

Finance Magazin (2019). *Finance Multiples. Multiples To Go – Ihre Eintrittskarte in die Welt der Unternehmensbewertung.* Zugriff am 07.05.2019. Verfügbar unter: https://www.finance-magazin.de/research/multiples/#c2215192

Focus Online (2018). *J.D. Power 2018 – Toyota, Seat und Volvo top – BMW schlechter als Fiat: Mit welchen Autos Käufer wirklich zufrieden sind.* Zugriff am 30.10.2019. Verfügbar unter: https://www.focus.de/auto/neuheiten/j-d-power-studie-2018-premiummarken-machen-oefter-probleme-mit-diesen-autos-sind-kunden-wirklich-zufrieden_id_9277174.html

Franz, K.-P. (1995). Die Gemeinkostenwertanalyse als Instrument des Kostenmanagements. In C. Scholz & M. Djarrahzadeh (Hrsg.), *Strategisches Personalmanagement: Konzeptionen und Realisationen* (2. Aufl., S. 131–140). Stuttgart: Schäffer-Poeschel.

Franz, K.-P. (2004). Die Ergebniszielorientierung des Controlling als Unterstützungsfunktion. In E. Scherm & G. Pietsch (Hrsg.), *Controlling. Theorien und Konzeptionen* (S. 271–288). München: Vahlen.

Gaitanides, M. (2013). *Prozessorganisation. Entwicklung, Ansätze und Programme des Managements von Geschäftsprozessen* (3. Aufl.). München: Vahlen.

Gälweiler, A. (1990). *Strategische Unternehmensführung.* Frankfurt: Campus.

Gartner (2020). *Gartner Top 10 Trends in Data and Analytics for 2020.* Zugriff am 03.09.2021. Verfügbar unter: https://www.gartner.com/smarterwithgartner/gartner-top-10-trends-in-data-and-analytics-for-2020

Gillenkirch, R. (2008). Finanzcontrolling. *Zeitschrift für Controlling und Management, 52*(1), S. 19–23.

Gladen, W. (2003). *Kennzahlen- und Berichtssysteme. Grundlagen zum Performance Measurement* (2. Aufl.). Wiesbaden: Gabler.

Gladen, W. (2014). *Performance Measurement. Controlling mit Kennzahlen* (6. Aufl.). Wiesbaden: Gabler.

Gleich, R. & Leyk, J. (2003). Beyond Budgeting – Bessere Perfomance durch Abkehr von festen Budgets oder durch adäquate Berücksichtigung der Umfeldturbulenz? *Controller Magazin, 28*(5), S. 491–495.

Gleich, R., Munck, C. & Schulze, M. (2016). Revolution und Evolution. In R. Gleich, H. Losbichler & R. Zierhofer (Hrsg.), *Unternehmenssteuerung im Zeitalter von Industrie 4.0* (S. 21–41). Freiburg: Haufe.

Götze, U. (2010). *Kostenrechnung und Kostenmanagement* (5. Aufl.). Berlin: Springer.

Gräfer, H., Rösner, S. & Schiller, B. (2010). *Finanzierung. Grundlagen, Institutionen, Instrumente und Kapitalmarkttheorie* (7. Aufl.). Berlin: Schmidt.

Grant, R. M. (2010). *Contemporary Strategy Analysis. Text and Cases Edition* (7. Aufl.). Hoboken (NJ USA): Wiley.

Grothe, M. & Gentsch, P. (2000). *Business Intelligence. Aus Informationen Wettbewerbsvorteile gewinnen.* München: Pearson.

Grove, A. S. (1983). *High Output Management.* New York (NY USA): Vintage Books.

Grüning, M. (2002). *Performance-Measurement-Systeme. Messung und Steuerung von Unternehmensleistung.* Wiesbaden: Deutscher Universitätsverlag.

Guerny, J. de, Guiriec, J. C. & Lavergne, J. (1990). *Principles et mise en place du Tableau de Bord de Gestion.* Paris (F): Elsevier Masson.

Günther, T. (1997). *Unternehmenswertorientiertes Controlling.* München: Vahlen.
Haberstock, L. (2008). *Kostenrechnung* (10. Aufl.). Berlin: Erich Schmidt Verlag.
Hahn, D. & Hungenberg, H. (2001). *PuK. Wertorientierte Controllingkonzepte* (6. Aufl.). Wiesbaden: Gabler.
Hammer, M. & Champy, J. (2003). *Business Reengineering. Die Radikalkur für das Unternehmen* (7. Aufl.). Frankfurt: Campus.
Handelsblatt Online (2019a). *BMW-Hauptversammlung – „Erwarte jetzt eine Modelloffensive, die Tesla vom Tisch fegt".* Zugriff am 08.06.2019. Verfügbar unter: https://www.handelsblatt.com/unternehmen/industrie/bmw-hauptversammlung-erwarte-jetzt-eine-modelloffensive-die-tesla-vom-tisch-fegt/24350482.html
Handelsblatt Online (2019b). *Staatsanleihen – Alle Bundesanleihen erstmals mit negativer Rendite.* Zugriff am 12.09.2019. Verfügbar unter: https://www.handelsblatt.com/finanzen/maerkte/anleihen/staatsanleihen-alle-bundesanleihen-erstmals-mit-negativer-rendite/24865700.html
Handelsblatt Online (2020). *Bafin: Strengere Wirecard-Kontrolle nicht an EZB gescheitert.* Zugriff am 05.09.2021. Verfügbar unter: https://www.handelsblatt.com/finanzen/banken-versicherungen/banken/finanzausschuss-bafin-strengere-wirecard-kontrolle-nicht-an-ezb-gescheitert/25966016.html?ticket=ST-838731-fNayWXTFVvvPuxM7B2FL-ap3
Heesen, B. (2014). *Beteiligungsmanagement und Bewertung für Praktiker* (3. Aufl.). Wiesbaden: Springer Gabler.
Henderson, B. D. (1984). *Die Erfahrungskurve in der Unternehmensstrategie* (2. Aufl.). Frankfurt: Campus.
Heupel, T. & Lange, V. W. (2019). Wird der Controller zum Data Scientist? Herausforderungen und Chancen in Zeiten von Big Data, Predictive Analytics und Echtzeitverfügbarkeit. In B. Hermeier, T. Heupel & S. Fichtner-Rosada (Hrsg.), *Arbeitswelten der Zukunft. Wie die Digitalisierung unsere Arbeitsplätze und Arbeitsweisen verändert* (S. 201–221). Wiesbaden: Gabler.
Heupel, T. & Reinhardt, M. (2019). Das Controlling-Bild der Zukunft: Welche Chancen und Risiken ergeben sich im Spannungsverhältnis zwischen IT und Controlling für den Controller der Zukunft? In T. Kümpel, K. Schlenkrich & T. Heupel (Hrsg.), *Controlling & Innovation 2019. Digitalisierung* (S. 111–134). Wiesbaden: Gabler.
Hinterhuber, H. H. (2011). *Strategische Unternehmensführung* (8. Aufl.). Berlin: Erich Schmidt Verlag.
Hofer, C. W. & Schendel, D. (1978). *Strategy Formulation. Analytical Concepts.* St. Paul (MN USA): West Publishing.
Hofstede, G. (1967). *The Game of Budget Control.* Assen (NL): Koninklijke Van Gorcum.
Hoitsch, H.-J. (1990). *Produktionswirtschaft.* München: Vahlen.
Holtbrügge, D. (2018). *Personalmanagement* (7. Aufl.). Wiesbaden: Springer Gabler.
Holtz, A. (2012). *5-Phasen-Methode der Markenbewertung. Ein systematischer Leitfaden zur ganzheitlichen Bewertung von Marken.* Wiesbaden: Springer Gabler.
Homburg, C. (2017). *Marketingmanagement. Strategie – Instrumente – Umsetzung – Unternehmensführung* (6. Aufl.). Wiesbaden: Springer Gabler.
Hope, J. & Fraser, R. (2003). *Beyond Budgeting. Wie sich Manager aus der jährlichen Budgetierungsfalle befreien.* Stuttgart: Schäffer-Poeschel.
Horváth, P., Gleich, R. & Michel, U. (2011). *Finanz-Controlling. Strategische und operative Steuerung der Liquidität.* Freiburg: Haufe.
Horváth, P., Gleich, R. & Seiter, M. (2020). *Controlling* (14. Auflage). München: Vahlen.
Horváth und Partners (2003). *Studie „100 x Balanced Scorecard".* Stuttgart: Horváth und Partners.
Howard, T., Hitchcock, L. & Dumarest, L. (2001). Grading The Corporate Report Card. In N. Klingebiel (Hrsg.), *Performance Measurement & Balanced Scorecard* (S. 25–35). München: Vahlen.
Huber, R. (1987). *Gemeinkosten-Wertanalyse: Methoden der Gemeinkosten-Wertanalyse (GWA) als Element einer Führungsstrategie für die Unternehmungsverwaltung.* Bern: Haupt.
Hunger, J. D. & Wheelen, T. L. (2000). *Strategic Management* (7. Aufl.). New York (NY USA): Addison-Wesley.

ICV Controlling Wiki. (2019). *Gemeinkostenwertanalyse*. Zugriff am 03.09.2021. Verfügbar unter: https://www.controlling-wiki.com/de/index.php/Gemeinkostenwertanalyse

IDC (2019). *IDC FutureScape: Worldwide IT Industry 2020 Predictions*. Zugriff am 03.09.2021. Verfügbar unter: https://www.idc.com/getdoc.jsp?containerId=US45599219

IGC (2011). *Controlling-Prozessmodell. Ein Leitfaden für die Beschreibung und Gestaltung von Controlling-Prozessen*. Freiburg: Haufe.

IGC (2017). *Controlling-Prozessmodell 2.0. Leitfaden für die Beschreibung und Gestaltung von Controllingprozessen* (2. Aufl.). Freiburg: Haufe.

IMAA (2021). *Number & Value of M&A Worldwide*, IMAA. Zugriff am 24.08.2021. Verfügbar unter: https://de.statista.com/statistik/daten/studie/153735/umfrage/volumen-der-fusionen-und-uebernahmen-weltweit/

Internationaler Controller Verein (2013). *Das Controller-Leitbild der IGC*. Zugriff am 14.05.2019. Verfügbar unter: https://www.icv-controlling.com/fileadmin/Verein/Verein_Dateien/Sonstiges/Das_Controller-Leitbild.pdf

Internationaler Controller Verein (2016). *Kommunikationscontrolling. Starter-Kit zur Konzeption und Implementierung eines Controllingsystems für die Unternehmenskommunikation*. Freiburg: Haufe.

Jansen, S. A. (2016). *Mergers & Acquisitions. Unternehmensakquisitionen und -kooperationen. Eine strategische, organisatorische und kapitalmarkttheoretische Einführung* (6. Auflage). Wiesbaden: Gabler.

Jung, H. (2017). *Personalwirtschaft* (10. Aufl.). Berlin: De Gruyter Oldenbourg.

Kaiser, M.-O. (2006). *Kundenzufriedenheit kompakt. Leitfaden für dauerhafte Wettbewerbsvorteile*. Berlin: Erich Schmidt Verlag.

Kaplan, R. S. & Norton, D. P. (1992). The Balanced Scorecard—Measures that Drive Performance. *Harvard Business Review, 70*(1), S. 71–79.

Kaplan, R. S. & Norton, D. P. (1996). *The Balanced Scorecard. Translating Strategy Into Action*. Boston (MA USA): Harvard Business Review Press.

Kaplan, R. S. & Norton, D. P. (1997). *Balanced Scorecard. Strategien erfolgreich umsetzen*. Stuttgart: Schäffer Poeschel.

Kaplan, R. S. & Norton, D. P. (2000). *Strategy-Focused Organisation: How Balanced Scorecard Companies Thrive in the New Business Environment*. Boston (MA USA): Harvard Business Review Press.

Kaplan, R. S. & Norton, D. P. (2001). Transforming the Balanced Scorecard from Performance Measurement to Strategic Measurement. *Accounting Horizons, 15*(2), S. 147–160.

Kaplan, R. S. & Norton, D. P. (2004a). The Strategy Map. Guide To Aligning Intangible Assets. *Strategy & Leadership, 32*(5), S. 10–17.

Kaplan, R. S. & Norton, D. P. (2004b). *Strategy Maps. Der Weg von immateriellen Werten zum materiellen Erfolg*. Stuttgart: Schäffer-Poeschel.

Kaplan, R. S. & Norton, D. P. (2006). *Alignment: Using the Balanced Scorecard to Create Corporate Synergies*. Boston (MA USA): Harvard Business Review Press.

Kemper, H.-G., Mehanna, W. & Baars, H. (2010). *Business Intelligence – Grundlagen und praktische Anwendungen. Eine Einführung in die IT-basierte Managementunterstützung* (3. Aufl.). Wiesbaden: Vieweg + Teubner.

Kern, W. (1662). Bewertung von Warenzeichen. *Betriebswirtschaftliche Forschung und Praxis, 14*(1), 17–31.

Kieninger, M., Michel, U. & Mehanna, W. (2015). Auswirkungen der Digitalisierung auf die Unternehmenssteuerung. In P. Horváth & U. Michel (Hrsg.), *Controlling im digitalen Zeitalter. Herausforderungen und Best-Practice-Lösungen* (S. 3–13). Stuttgart: Schäffer-Poeschel.

Klau, R. (2013). *How Google sets goals. OKRs / Startup Lab Workshop, 2013*. Zugriff am 01.05.2021. Verfügbar unter: https://www.youtube.com/watch?v=mJB83EZtAjc

Klein, A. (Hrsg.). (2010). *Marketing- und Vertriebs-Controlling* (Controlling Berater, Bd. 11). Freiburg: Haufe.

Klein, A. (Hrsg.). (2014). *Marketingcontrolling im Online-Zeitalter* (Controlling Berater, Bd. 34). Freiburg: Haufe.

Koch, W. J. (2006). *Zur Wertschöpfungstiefe von Unternehmen. Die strategische Logik der Integration*. Wiesbaden: Deutscher Universitätsverlag.

Kotler, P., Keller, K. L. & Opresnik, M. O. (2017). *Marketing-Management. Konzepte – Instrumente – Unternehmensfallstudien* (15. Aufl.). München: Pearson.

KPMG (2021). *Die 10 Top-Tech-Trends 2021. Wie die digitale Transformation unser Leben zukünftig gestalten wird.* Zugriff am 23.08.2021. Verfügbar unter: https://klardenker.kpmg.de/digital-hub/die-10-top-tech-trends-2021/

Krystek, U. & Müller-Stewens, G. (1993). *Frühaufklärung für Unternehmen. Identifikation und Handhabung zukünftiger Chancen und Bedrohungen.* Stuttgart: Schäffer-Poeschel.

Krystek, U. & Müller-Stewens, G. (2006). Strategische Frühaufklärung. In D. Hahn & B. Taylor (Hrsg.), *Strategische Unternehmungsplanung – Strategische Unternehmungsführung. Stand und Entwicklungstendenzen* (9. Aufl., S. 175–194). Berlin: Springer.

Kühnapfel, J. B. (2013). *Vertriebscontrolling. Methoden im praktischen Einsatz* (2. Aufl.). Wiesbaden: Springer Gabler.

Küpper, H.-U., Friedl, G., Hofmann, C., Hofmann, Y. & Pedell, B. (2013). *Controlling. Konzeption, Aufgaben, Instrumente* (6. Aufl.). Stuttgart: Schäffer-Poeschel.

Küting, K. & Lorson, P. (1991). Grenzplankostenrechnung versus Prozesskostenrechnung. *Betriebs-Berater, 46*(21), S. 1421–1433.

Landsmann, C. (2007). *Wertorientierte Unternehmenssteuerung bei E.ON.* Zugriff am 31.01.2007. Verfügbar unter: http://www.competence-sie.de/controlling.nsf/fbfca92242324208c12569e4003b2580/427abd15b4ca2f01c125696700457b9c!OpenDocumen.

Lewis, T. G. (1995). *Steigerung des Unternehmenswertes. Total Value Management* (2. Aufl.). Landsberg am Lech: Moderne Industrie.

Leyk, J., Kappes, M., Kreisler, B. & Grünebaum, D. (2006). *Advanced Budgeting: Schneller und besser planen.* Zugriff am 07.05.2019. Verfügbar unter: http://www.competence-site.de/downloads/a8/52/i_file_26629/horvath_advanced-budgeting_besser%20planen.pdf

Limanowicz, H. & McCandless, K. (2014). *The Surprising Power of Liberating Structures. Simple Rules To Unleash A Culture Of Innovation.* Paolo Alto (CA USA): Liberating Structures Press.

Link, J. & Weiser, C. (2014). *Marketing-Controlling. Systeme und Methoden für mehr Markt- und Unternehmenserfolg* (3. Aufl.). München: Vahlen.

Losbichler, H. & Ablinger, K. (2018). Digitalisierung und die zukünftigen Aufgaben des Controllers. In R. Gleich & M. Tschandl (Hrsg.), *Digitalisierung & Controlling. Technologien, Instrumente und Kompetenzen im Wandel* (Controlling Berater, Bd. 57, S. 49–71). Freiburg: Haufe.

Lufthansa (2011). *Leitlinien.* Zugriff am 10.06.2011. Verfügbar unter: http://investor-relations.lufthansa.com/fakten-zum-unternehmen/konzernstrategie/leitlinien.html

Lunau, S., Meran, R., John, A., Staudter, C. & Roenpage, O. (2014). *Six Sigma + Lean toolset. Mindset zur erfolgreichen Umsetzung von Verbesserungsprojekten* (5. Aufl.). Berlin: Springer.

Lynch, R. L. & Cross, K. F. (1995). *Measure up! Yardsticks For Continuous Improvement.* Cambridge (UK): Blackwell.

Macharzina, K. (1999). *Unternehmensführung. Das internationale Managementwissen: Konzepte – Methoden – Praxis* (3. Aufl.). Wiesbaden: Gabler.

Macharzina, K. & Wolf, J. (2015). *Unternehmensführung. Das internationale Managementwissen* (9. Aufl.). Wiesbaden: Springer.

Macharzina, K. & Wolf, J. (2017). *Unternehmensführung. Das internationale Managementwissen: Konzepte – Methoden – Praxis* (10. Aufl.). Wiesbaden: Gabler.

Mahlendorf, M. (2009). Sticky Cost Issues – Kostenremanenz bei Nachfrageschwankungen. *Zeitschrift für Controlling und Management, 53*(3), S. 193–195.

Mandl, G. & Rabel, K. (2009). Methoden der Unternehmensbewertung. In V. H. Peemöller (Hrsg.), *Praxishandbuch der Unternehmensbewertung* (4. Aufl., S. 49–90). Herne: NWB Verlag.

Marn, M. V. & Rosiello, R. L. (1992). Managing Price, Gaining Profit. *Harvard Business Review, 70*(Sept/Oct), S. 84–94.

Marr, B. & Schiuma, G. (2003). Business performance measurement – past, present and future. *Management Decision, 41*(8), S. 680–687.

May, C. & Koch, A. (2008). Overall Equipment Effectiveness (OEE). Werkzeuge zur Produktivitätssteigerung. *Zeitschrift der Unternehmensberatung (ZUB), 3*(6), S. 245–250.

Meffert, H., Burmann, C., Kirchgeorg, M. & Eisenbeiß, M. (2019). *Marketing. Grundlagen marktorientierter Unternehmensführung* (13. Aufl.). Wiesbaden: Springer Gabler.

Mensch, G. (2008). *Finanz-Controlling. Finanzplanung und -kontrolle* (2. Aufl.). München: Oldenbourg.

Mertens, P., Bodendorf, F., König, W., Schuhmann, M., Hess, T. & Buxmann, P. (2016). *Grundzüge der Wirtschaftsinformatik* (12. Aufl.). Wiesbaden: Gabler.

Meyer-Piening, A. (1994). *Zero Base Planning als analytische Personalplanungsmethode im Gemeinkostenbereich. Einsatzbedingungen und Grenzen der Methodenanwendung.* Stuttgart: Schäffer-Poeschel.

Middelmann, U. (2004). *Wertsteigerungspotenziale schaffen und realisieren – Zum Zusammenhang von Wertmanagement. Corporate Governance und Value Reporting.* Vortrag auf dem Controller Forum. Zugriff am 31.01.2004. Verfügbar unter: http://www.controller-forum.com/2004/dat/referenten_pdf/Middelmann.pdf

Mintzberg, H. (1994). *Rise And Fall of Strategic Planning.* New York (NY USA): Free Press.

Müller-Stewens, G. & Lechner, C. (2016). *Strategisches Management. Wie strategische Initiativen zum Wandel führen* (5. Aufl.). Stuttgart: Schäffer-Poeschel.

Müller-Stewens, G., Spickers, J. & Deiss, C. (1999). *Mergers & Acquisitions. Markttendenzen und Beraterprofile.* Stuttgart: Schäffer-Poeschel.

Nasca, D., Munck, J. C. & Gleich, R. (2018). Controlling-Hauptprozesse: Einfluss der digitalen Transformation. In R. Gleich & M. Tschandl (Hrsg.), *Digitalisierung & Controlling. Technologien, Instrumente und Kompetenzen im Wandel* (Controlling Berater, Bd. 57, S. 73–88). Freiburg: Haufe.

Nattermann, P. M. (2000). Best Practice Does Not Equal Best Strategy. *McKinsey Quarterly, 37*(2), S. 38–45.

Nicolini, H. J. (2008). *Jahresabschlussanalyse* (3. Aufl.). München: Beck.

Niederdrenk, R. & Fischer, J. (2017). *Commercial Due Diligence: Die Königsdisziplin.* Freiburg: Haufe.

Nink, J. *Strategisches Fixkostenmanagement. Konzeption und ausgewählte Instrumente zur Bestimmung von Fixkostenstrategien.* Göttingen: Cuvillier Verlag.

NTV Online (2018). *https://www.n-tv.de/wirtschaft/Vom-Porno-Vom Porno Bezahldienst-zum-Dax-Konzern.* Zugriff am 05.09.2021. Verfügbar unter: https://www.n-tv.de/wirtschaft/Vom-Porno-Bezahldienst-zum-Dax-Konzern-article20605915.html

NZZ Online (2020). *«House of Wirecard»: Nach fünf Jahren krachte das Kartenhaus ein.* Zugriff am 05.09.2021. Verfügbar unter: https://nzzas.nzz.ch/wirtschaft/skandal-bei-wirecard-boersenstar-am-ende-ld.1563536?reduced=true

Odiorne, G. S. (1984). *Strategic Management of Human Resources. A Portfolio Approach.* San Francisco (CA USA): Jossey-Bass.

Oecking, G. (1997). Fixkostenmanagement bei wechselnden Marktverhältnissen. In C.-C. Freidank, U. Götze & J. Weber (Hrsg.), *Kostenmanagement. Aktuelle Konzepte und Anwendungen.* Berlin: Springer.

Olfert, K. (2012). *Personalwirtschaft* (15. Aufl.). Herne: Kiehl.

Palloks-Kahlen, M. (2003). Kontrolle. In P. Horváth & T. Reichmann (Hrsg.), *Vahlens Großes Controlling Lexikon* (2. Aufl., S. 391–393). München: Vahlen.

Pape, U. (2018). *Grundlagen der Finanzierung und Investition. Mit Fallbeispielen und Übungen* (4. Aufl.). Berlin: De Gruyter.

Peemöller, V. H. & Hofmann, S. (2005). *Bilanzskandale. Delikte und Gegenmaßnahmen.* Berlin: Erich Schmidt Verlag.

Peemöller, V. H. & Kunowski, S. (2009). Ertragswertverfahren nach IDW. In V. H. Peemöller (Hrsg.), *Praxishandbuch der Unternehmensbewertung* (4. Aufl., S. 265–338). Herne: NWB Verlag.

Perridon, L., Rathgeber, A. W. & Steiner, M. (2017). *Finanzwirtschaft der Unternehmung* (17. Aufl.). München: Vahlen.

Peters, T. J. & Waterman, R. H. (1984). *In Search of Excellence. Lessons From America's Best-Run Companies.* New York (NY USA): Collins.

Pfaff, D. (2005). *Competitive Intelligence in der Praxis.* Frankfurt: Campus.

Pfeiffer, W., Metze, G., Schneider, W. & Amler, R. (1991). *Technologie-Portfolio zum Management strategischer Zukunftsgeschäftsfelder* (6. Aufl.). Göttingen: Vandenhoeck & Ruprecht.

Pfläging, N. (2011). *Beyond Budgeting, Better Budgeting. Ohne feste Budgets zielorientiert führen und erfolgreich steuern* (2. Aufl.). Norderstedt: Books on Demand.

Phyrr, P. A. (1970). Zero-Base Budgeting. *Harvard Business Review, 48*(6), S. 111–121.

Porter, M. E. (1999). *Wettbewerbsstrategie. Competitive Strategy* (10. Aufl.). Frankfurt: C.E. Poeschel.

Porter, M. E. (2013). *Wettbewerbsstrategie. Methoden zur Analyse von Branchen und Konkurrenten* (12. Aufl.). Frankfurt: Campus.

Pümpin, C. (1986). *Management strategischer Erfolgspositionen* (3. Aufl.). Bern: Haupt.

PWC (2005). *Compliance Management.* Zugriff am 21.02.2015. Verfügbar unter: https://www.pwc.de/de/risk/compliance-management.html

Qlik (2021). *BI- und Daten-Trends 2021 – Der große digitale Umbruch.* Zugriff am 03.09.2021. Verfügbar unter: https://www.qlik.com/de-de/-/media/files/resource-library/de/register/ebooks/eb-2021-data-and-bi-trends-de.pdf

Rappaport, A. (1999). *Shareholder Value* (2. Aufl.). Stuttgart: Schäffer-Poeschel.

Regelmann, P., Schmelting, J. & Kordus, P. (2018). Business-Partner oder Obsoleszenz? Eine Inhaltsanalyse des Controllings im Zuge der Industrie 4.0. In H. Proff & T. M. Fojcik (Hrsg.), *Mobilität und digitale Transformation. Technische und betriebswirtschaftliche Aspekte* (S. 153–164). Wiesbaden: Gabler.

Regierungskommission Deutscher Corporate Governance Kodex (2017). *Kodex.* Zugriff am 07.05.2019. Verfügbar unter: https://www.dcgk.de/de/kodex.html

Reichheld, F. F. (2003). The One Number You Need to Grow. *Harvard Business Review, 82*(December), S. 47–54.

Reichheld, F. F. & Markey, R. (2011). *The Ultimate Question 2.0.* Boston (MA USA): Harvard Business Review Press.

Reichmann, T., Kißler, M. & Baumöl, U. (2017). *Controlling mit Kennzahlen. Die systemgestützte Controlling-Konzeption* (9. Aufl.). München: Beck.

Reichmann, T. & Lachnit, L. (1976). Planung, Steuerung und Kontrolle mit Hilfe von Kennzahlen. *ZfbF, 28*(5), S. 705–723.

Reindl, C. U. & Krügl, S. (2017). *People Analytics in der Praxis. Mit Datenanalyse zu besseren Entscheidungen im Personalmanagement.* Freiburg: Haufe.

Reinecke, S. & Janz, S. (2007). *Marketingcontrolling.* Stuttgart: Kohlhammer.

Remer, D. (2005). *Einführen der Prozesskostenrechnung. Grundlagen, Methodik, Einführung und Anwendung der verursachungsgerechten Gemeinkostenzurechnung* (2. Aufl.). Stuttgart: Schäffer-Poeschel.

Schacht, U. & Fackler, M. (2009). *Praxishandbuch Unternehmensbewertung. Grundlagen, Methoden, Fallbeispiele* (2. Aufl.). Wiesbaden: Gabler.

Schäffer, U. & Weber, J. (2016). Die Digitalisierung wird das Controlling radikal verändern. *Controlling & Management Review, 60*(6), S. 6–17.

Schäffer, U. & Willauer, B. (2003). *Strategische Überwachung in deutschen Unternehmen. Ergebnisse einer empirischen Erhebung.* Oestrich-Winkel: EBS.

Schieck, C. (2017). *Working-Capital-Management. Und wie steht es um Ihre Liquidität?* Frankfurt: PWC. Zugriff am 19.09.2018. Verfügbar unter: https://www.pwc.de/de/deals/working-capital-management-studie-2017.pdf

Schierenbeck, H. & Wöhle, C. B. (2016). *Grundzüge der Betriebswirtschaftslehre* (19. Aufl.). München: Oldenbourg.

Schmelting, J. (2020). *Produktions-Controlling im Übergang zur Digitalisierung.* Wiesbaden: Springer Gabler.

Schmelting, J. & Hoffjan, A. (2021). Produktionscontrolling – Empirische Resultate zum industriellen Anwendungsstand. *Controller Magazin, 46*(2), S. 62–67.

Schnell, H. (2018a). Kennzahlen des Produktionscontrollings zur Sicherung der Produktivität. In A. Klein (Hrsg.), *Produktionscontrolling und Industrie 4.0. Konzepte, Instrumente und Kennzahlen* (Controlling Berater, Bd. 54, S. 83–105). Freiburg: Haufe.

Schnell, H. (2018b). Produktionscontrolling: Selbstverständnis, Aufgaben und Instrumente. In A. Klein (Hrsg.), *Produktionscontrolling und Industrie 4.0. Konzepte, Instrumente und Kennzahlen* (Controlling Berater, Bd. 54, S. 21–40). Freiburg: Haufe.

Scholz, C. (2014). *Personalmanagement* (6. Aufl.). München: Vahlen.

Scholz, C. & Scholz, T. M. (2019). *Grundzüge des Personalmanagements* (3. Aufl.). München: Vahlen.

Scholz, C., Stein, V. & Bechtel, R. (2011). *Human Capital Management – Raus aus der Unverbindlichkeit* (3. Aufl.). Köln: Wolters Kluwer.

Schön, D. (2016). *Planung und Reporting. Grundlagen, Business Intelligence, Mobile BI und Big-Data-Analytics*. Wiesbaden: Gabler.

Schreyögg, G. [Georg] (1991). Planung und Kontrolle – Eine Zwillingsbeziehung im neuen Licht. In G. Fandel & H. Gehring (Hrsg.), *Operations Research. Beiträge zur quantitativen Wirtschaftsforschung* (S. 267–278). Berlin, Heidelberg: Springer.

Schulte, C. (2020). *Personalcontrolling mit Kennzahlen* (4. Aufl.). München: Vahlen.

Schwarzecker, J. & Spandl, F. (1993). *Kennzahlen-Krisenmanagement. Mit Stufenplan zur Sanierung*. Wien: Ueberreuter.

Schweitzer, M., Küpper, H.-U., Friedl, G., Hofmann, C. & Pedell, B. (2016). *Systeme der Kosten- und Erlösrechnung* (11. Aufl.). München: Vahlen.

Schwellnuß, A.-G. (2021). *Produktionscontrolling – Strategie, Investition, Kosten und Kennzahlen*. München: Vahlen.

Seicht, G. (2001). *Moderne Kosten- und Leistungsrechnung. Grundlagen und praktische Gestaltung* (11. Auflage). Wien: Linde.

Seidenschwarz, W. (2011). *Target Costing. Marktorientiertes Zielkostenmanagement* (2. Auflage). München: Vahlen.

Sieben, G. & Maltry, H. (2009). Der Substanzwert der Unternehmung. In V. H. Peemöller (Hrsg.), *Praxishandbuch der Unternehmensbewertung* (4. Aufl., S. 541–565). Herne: NWB Verlag.

Siller, H. (2017). Personalcontrolling. In J. Stierle, K. Glasmachers & H. Siller (Hrsg.), *Praxiswissen Personalcontrolling. Erfolgreiche Strategien und interdisziplinäre Ansätze für die Ressource Mensch* (S. 305–354). Wiesbaden: Springer Gabler.

Simon, H. (1988). Management strategischer Wettbewerbsvorteil. In H. Simon (Hrsg.), *Wettbewerbsvorteile und Wettbewerbsfähigkeit* (S. 1–17). Stuttgart: Schäffer Poeschel.

Simon, H. (Hrsg.). (1993). *Industrielle Dienstleistungen*. Stuttgart: Schäffer-Poeschel.

Simon, H. (1998). *Die heimlichen Gewinner (Hidden Champions). Die Erfolgsstrategien unbekannter Weltmarktführer*. Frankfurt: Campus.

Simon, H. (2007). *Hidden Champions des 21. Jahrhunderts. Die Erfolgsstrategien unbekannter Weltmarktführer*. Frankfurt: Campus.

Simon, H. (2012). *Hidden Champions. Aufbruch nach Globalia: Die Eerfolgsstrategien unbekannter Weltmarktführer*. Frankfurt: Campus.

Simon, H. (2021). *Hidden Champions. Die neuen Spielregeln im chinesischen Jahrhundert*. Frankfurt: Campus.

Simon, H. & Faßnacht, M. (2016). *Preismanagement. Strategie – Analyse – Entscheidung – Umsetzung* (4. Aufl.). Wiesbaden: Springer Gabler.

Smith, A. (1976). *Über den Wohlstand der Nationen. Eine Untersuchung über seine Natur und seine Ursachen*. Reprint von 1776. München: dtv.

Steinle, C. (2007). Controlling. In C.-C. Freidank, L. Lachnit & J. Tesch (Hrsg.), *Vahlens großes Auditing Lexikon* (S. 288–289). München: Beck.

Steinmann, H. & Schreyögg, G. [G.]. (1984). *Strategische Kontrolle – empirische Ergebnisse und theoretische Konzeption*. Diskussionsbeiträge. Universität Nürnberg, Nürnberg.

Tagesschau Online (2021). *Die Fehlleistungen des Wirtschaftsprüfers EY*. Verfügbar unter: https://www.tagesschau.de/investigativ/ey-wirecard-101.html

Tegel, T. (2005). *Multidimensionale Konzepte zur Controllingunterstützung in kleinen und mittleren Unternehmen*. Dordrecht: Springer.

Thiele, P., Munck, C. & Riechmann, D. (2016). Controller-Kompetenzen im Zeitalter von Industrie 4.0 gezielt weiterentwickeln. In R. Gleich, H. Losbichler & R. Zierhofer (Hrsg.), *Controlling und Industrie 4.0. Konzepte, Instrumente und Praxisbeispiele für die erfolgreiche Digitalisierung* (S. 61–84). Freiburg: Haufe.

Tomczak, T., Reinecke, S. & Kaetzke, P. (2004). Markencontrolling — Sicherstellung der Effektivität und Effizienz der Markenführung. In M. Bruhn (Hrsg.), *Handbuch Markenführung* (S. 1821–1852). Wiesbaden: Gabler.

Tonnesen, C. T. (2000). Die HR-Balanced Scorecard als Ansatz eines modernen Personalcontrolling. In K.-F. Ackermann (Hrsg.), *Balanced Scorecard für Personalmanagement und Personalführung. Praxisansätze und Diskussion* (S. 77–100). Wiesbaden: Gabler.

Töpfer, A. (2008). Phasen und Inhalte des Kundenmanagements: Prozess und Schwerpunkte für kundenorientiertes Handeln und Verhalten. In A. Töpfer (Hrsg.), *Handbuch Kundenmanagement. Anforderungen, Prozesse, Zufriedenheit, Bindung und Wert von Kunden* (3. Aufl., S. 3–36). Berlin: Springer.

U.S. Securities and Exchange Commission (2002). *The Laws That Govern the Securities Industry*. Zugriff am 07.05.2019. Verfügbar unter: https://www.sec.gov/answers/aboutlawsshtml.html#sox2002

Vollmuth, H. J. (2008). *Controlling-Instrumente von A-Z* (7. Aufl.). Freiburg: Haufe.

Wagenhofer, A. (2010). Corporate Governance und Controlling. In A. Wagenhofer & A. Bassen (Hrsg.), *Controlling und Corporate Governance-Anforderungen. Verbindungen, Maßnahmen, Umsetzung* (S. 1–22). Berlin: Erich Schmidt Verlag.

Weber, J. (2005). *Strategisches Controlling. Wie Controller auf diesem Spielfeld wettbewerbsfähig werden* (Advanced Controlling, Bd. 44). Weinheim: Wiley.

Weber, J. & Hirsch, B. (2003). *Controlling als akademische Disziplin. Eine Bestandsaufnahme.* Wiesbaden: Deutscher Universitätsverlag.

Weber, J. & Linder, S. (2003). *Budgeting, Better Budgeting oder Beyond Budgeting? Konzeptionelle Eignung und Implementierbarkeit* (Advanced Controlling, Bd. 33). Weinheim: Wiley.

Weber, J. & Schäffer, U. (2000). *Balanced Scorecard & Controlling. Implementierung – Nutzen für Manager und Controller – Erfahrungen in deutschen Unternehmen* (3. Aufl.). Wiesbaden: Gabler.

Weber, J. & Schäffer, U. (2020). *Einführung in das Controlling* (16. Aufl.). Stuttgart: Schäffer-Poeschel.

Weichel, P. & Hermann, J. (2016). Wie Controller von Big-Data profitieren. In U. Schäffer & J. Weber (Hrsg.), *Controlling & Management Review* (CMR-Sonderhefte, 2016, 1, S. 8–14). Wiesbaden: Springer Gabler.

Weinrich, K. (2014). *Nachhaltigkeit im Employer Branding.* Wiesbaden: Springer Gabler.

Weißenberger, B. E., Wolf, S., Neumann-Giesen, A. & Elbers, G. (2012). Controller als Business Partner: Ansatzpunkte für eine erfolgreiche Umsetzung des Rollenwandels. *Zeitschrift für Controlling und Management, 56*(5), S. 330–335.

Welge, M. K., Al-Laham, A. & Eulerich, M. (2017). *Strategisches Management. Grundlagen – Prozess – Implementierung* (7. Aufl.). Wiesbaden: Springer Gabler.

Wiedmann, K.-P. (1989). Konzeptionelle und methodische Grundlagen der Früherkennung. In H. Raffée & K.-P. Wiedmann (Hrsg.), *Strategisches Marketing.* Stuttgart: Schäffer-Poeschel.

Wikipedia (2019). *Fließbandfertigung.* Zugriff am 07.05.2019. Verfügbar unter: https://de.wikipedia.org/wiki/Flie%C3%9Fbandfertigung

Wild, J. (1974). *Grundlagen der Unternehmungsplanung* (4. Aufl.). Hamburg: Westdeutscher Verlag.

Wildemann, H. (2002). *Produktionscontrolling. Controlling von Verbesserungsprozessen in Unternehmen* (4. Aufl.). München: TCW Verlag.

Wilke, P., Schmid, K. & Gröning Stefanie. (2016). *Branchenanalyse Luftverkehr. Entwicklung von Beschäftigung und Arbeitsbedingungen* (Study der Hans-Böckler-Stiftung, Bd. 326). Düsseldorf: Hans-Böckler-Stiftung. Zugriff am 23.08.2021. Verfügbar unter: https://www.boeckler.de/pdf/p_study_hbs_326.pdf

Williamson, O. E. (1984). Corporate Governance. *Yale Law Journal, 93*(7), S. 1197–1230.

Wiltinger, A. (2002). *Vergleichende Werbung. Theoretischer Bezugsrahmen und empirische Untersuchung zur Werbewirkung.* Wiesbaden: Deutscher Universitätsverlag.

Wiltinger, A. & Wiltinger, K. (2006). Messung der Werbewirkung anhand differenzierter kommunikationspsychologischer Werbewirkungskriterien. *WISU, 35*(Juli/August), S. 207–223.

Wiltinger, K. (1996). Der Einfluß von Umfeldcharakteristika auf die Delegation von Preiskompetenz an den Außendienst. *ZfbF, 48*(11), S. 983–998.

Wiltinger, K. (1998). *Preismanagement in der unternehmerischen Praxis. Probleme der organisatorischen Implementierung.* Wiesbaden: Gabler Verlag.

Wiltinger, K. (2014). Social Media Controlling – oder was wollen wir eigentlich in Facebook? In A. Klein (Hrsg.), *Marketingcontrolling im Online-Zeitalter* (Controlling Berater, Bd. 34, S. 63–78). Freiburg: Haufe.

Wiltinger, K. (2021). Objectives and Key Results (OKR). *WISU*, *50*(7), S. 785–792.

Wiltinger, K. & Wricke, M. (2014a). Herausforderungen im Preismanagement und Preiscontrolling. In Hochschule Mainz – Fachbereich Wirtschaft (Hrsg.), *Jahrbuch Fachbereich Wirtschaft 2013/2014* (S. 73–75). Mainz: Hochschule Mainz.

Wiltinger, K. & Wricke, M. (2014b). Preiscontrolling: Die wichtigsten Instrumente zur optimalen Preisgestaltung. In A. Klein (Hrsg.), *Marketing- und Vertriebscontrolling. Grundlagen, Konzepte, Kennzahlen, Best Practice* (S. 145–166). Freiburg: Haufe.

Winkelmann, P. (2008). *Vertriebskonzeption und Vertriebssteuerung. Die Instrumente des integrierten Kundenmanagements (CRM)* (4. Aufl.). München: Vahlen.

Wirtz, B. W. (2003). *Mergers & Acquisitions Management. Strategie und Organisation von Unternehmenszusammenschlüssen*. Wiesbaden: Gabler.

Wißkirchen, F. (1999). *Outsourcing-Projekte erfolgreich realisieren. Strategie, Konzept, Partnerauswahl: mit Vorgehensweisen, Fallbeispielen und Checklisten*. Stuttgart: Schäffer-Poeschel.

Wöhe, G., Döring, U. & Brösel, G. (2016). *Einführung in die Allgemeine Betriebswirtschaftslehre* (26. Aufl.). München: Vahlen.

Wolf, K. & Runzheimer, B. (2003). *Risikomanagement und KonTraG. Konzeption und Implementierung* (4. Aufl.). Wiesbaden: Gabler.

Wunderer, R. & Jaritz, A. (2007). *Unternehmerisches Personalcontrolling. Evaluation der Wertschöpfung für das Personalmanagement* (4. Aufl.). Köln: Luchterhand.

Zdrowomyslaw, N. & Kasch, R. (2002). *Betriebsvergleiche und Benchmarking für die Managementpraxis*. München: Oldenbourg.

Zeit Online (1983). Wenn McKinsey kommt… Die Amerikaner haben bereits die Hälfte der deutschen Großunternehmen durchleuchtet. Zugriff am 06.10.2019. Verfügbar unter: https://www.zeit.de/1983/12/wenn-mckinsey-kommt

Zeit Online (2002). *Der Totalausfall*. Zugriff am 07.05.2019. Verfügbar unter: http://pdf.zeit.de/2002/07/Der_Totalausfall.pdf

Zeithaml, V. A., Parasuraman, A., Berry, L. L. & Rastalsky, H. J. H. (1992). *Qualitätsservice. Was Ihre Kunden erwarten – was Sie leisten müssen*. Frankfurt: Campus.

Zerres, C. (Hrsg.). (2017). *Handbuch Marketing-Controlling. Grundlagen – Methoden – Umsetzung* (4. Aufl.). Wiesbaden: Springer Gabler.

Ziegenbein, K. (2012). *Controlling* (10. Aufl.). Herne: Kiehl.

Ziehe, N. (2013). *Marketing-Controlling*. Köln: Johanna-Verlag.

Abkürzungsverzeichnis

ABS Asset Backed Securities
ACE Average Capital Employed
AD Auftragseingang je Außendienstler
AG Aktiengesellschaft
AktG Aktiengesetz
Allg. Allgemein
APV Adjusted Present Value
Aufl. Auflage
AV Arbeitsvorbereitung
BAB Betriebsabrechnungsbogen
BAFIN Bundesanstalt für Finanzdienstleistungsaufsicht
BCF Brutto Cashflows
BCG Boston Consulting Group
BEP Break-even-Punkt
BI Business Intelligence
BIB Bruttoinvestitionsbasis
BörsG Börsengesetz
BRIC Brasilien, Russland, Indien, China
BSC Balanced Scorecard
BWL Betriebswirtschaftslehre
CAGR Calculated Average Growth Rate
CAPM Capital Asset Pricing Modell
CASM Cost per Available Seat Mile
C/D Confirmation/Disconfirmation
CE Capital Employed
CEO Chief Executive Officer
CF Cashflow
CFROI Cashflow Return on Investment
CLV Customer Lifetime Value
CO_2 Kohlendioxid
COO Chief Operating Officer
CRM Customer Relationship Management
CVA Cash Value Added
DAX Deutsche Aktien Index
DBW Die Betriebswirtschaft
DCF Discounted Cashflow
DIO Days Inventory Open
DPO Days Payables Open
DSO Days Sales Open
DSS Decision Support Systems
EBIT Earnings before Interest and Taxes
EBITDA Earnings Before Interests, Taxes, Depreciation and Amortization
EBT Earnings before Taxes

EIS	Executive Information Systems
EKQ	Eigenkapitalquote
EKR	Eigenkapitalrendite
ERP	Enterprise Resource Planning
ETL	Extraction, Transforming, Loading
EV	Entity Value, Enterprise Value
EVA™	Economic Value Added
EY	Ernst & Young
F&E	Forschung und Entwicklung
FCF	Free Cashflow
FEI	Financial Executive Institute
FMEA	Failure Mode and Effect Analysis
FRUG	Finanzmarktrichtlinie-Umsetzungsgesetz
FTE	Mitarbeitermannjahre (Full Time Equivalent)
ggf.	gegebenenfalls
GmbHG	Gesetz betreffend die Gesellschaften mit beschränkter Haftung
GuV	Gewinn- und Verlustrechnung
GTK	Ganztagskräfte
GWA	Gemeinkostenwertanalyse
HBR	Harvard Business Review
Hub	Hauptumschlagbasis
ICV	Internationaler Controller Verein
i. a. R.	in aller Regel
i. d. R.	in der Regel
IDW	Institut der Wirtschaftsprüfer
IFRS	International Financial Reporting Standards
IGC	International Group of Controlling
IoT	Internet of Things
JÜ	Jahresüberschuss
K	Kosten (Gesamtkosten)
k	Gesamte Stückkosten
K_f	Fixkosten
k_f	Fixe Stückkosten
KGV	Kurs-Gewinn-Verhältnis
KLR	Kosten- und Leistungsrechnung
KI	Künstliche Intelligenz
KonTraG	Gesetz zu Verbesserung von Kontrolle und Transparenz im Unternehmensbereich
KPI	Key Performance Indicators
KR	Key Result
KRP	Kostenrechnungspraxis
KU	Kapitalumschlag
K_V	Variable Kosten
k_v	Variable Stückkosten
KVP	Kontinuierlicher Verbesserungsprozess
LoI	Letter of Intent
LuL	Lieferung und Leistung
M&A	Mergers & Acquisitions
MBO	Management by Objectives

ML	Machine Learning
M_i	Motivationsindex
MIS	Managementinformationssysteme
MoU	Memorandum of Understanding
NAA	nicht abschreibbares Anlagevermögen
NIBL	Non Interest Bearing Liability, nicht zinstragende Verbindlichkeit
NOPAT	operative Gewinngröße vor Zinsen und nach Steuern
NPV	Net Present Value
O	Objective
o. S.	ohne Seite
ÖA	Ökonomische Abschreibung
OEE	Overall Equipment Effectiveness
OEM	Original Equipment Manufacturer
OKR	Objectives and Key Results
OLAP	Online Analytical Processing
p. a.	pro Jahr (per annum)
PAX	Passagiere
P/E	Price/Earnings
PE	Personalentwicklung
p_F	Fremdbezugspreis
PIMS	Profit Impact of Market Strategies
PLZ	Produktlebenszyklus
PWC	Pricewaterhouse Coopers
RASM	Reliability, Availability, Maintainability, Safety (Zuverlässigkeit, Verfügbarkeit, Instandhaltbarkeit, Sicherheit)
RL	Rentabilitäts-Liquidäts-(kennzahlensystem)
ROCE	Return on Capital Employed
ROI	Return on Investment
RONA	Return on Net Asset
SE	Societas Europaea, Europäische Aktiengesellschaft
SEC	Security and Exchange Commission
SGE	Strategische Geschäftseinheit
SPE	Special Purpose Entity
SOX	Sarbanes-Oxley Act
SWOT	Strenghs, Weaknesses, Opportunities, Threats
T	Tausend
TPM	Total Productive Maintenance
UW	Unternehmenswert (=Equity Value)
VDMA	Verband Deutscher Maschinen- und Anlagenbau
VUCA	Volatile, Uncertain, Complex, Ambiguous
WACC	Weighted Average Costs of Capital
WHU	Wissenschaftliche Hochschule für Unternehmensführung
WpHG	Wertpapierhandelsgesetz
WPÜG	Wertpapierübernahmegesetz
ZfbF	Zeitschrift für betriebswirtschaftliche Forschung
z. T.	zum Teil
ZUB	Zeitschrift für Unternehmensberatung
ZVEI	Zentralverband der Elektrotechnik- und Elektronikindustrie

Stichwortverzeichnis